前　言

建筑有“凝固的音乐”和“人类文明史册”之称，而建筑工程的总体效果、功能的实现都是通过材料体现出来的，材料的品种、质量及规格直接影响建筑工程的坚固、耐久和适用，并在一定程度上影响着建筑的结构形式和施工方法。所以，建筑及其材料反映了一个时代的文明、艺术和科学技术水平。

历史事实表明，建筑工程中许多技术问题的突破，往往依赖于建筑结构材料问题的解决，而新的建筑结构材料的出现又将促进建筑风格、结构设计及施工技术的革新。譬如粘土砖瓦的出现，建筑材料由天然材料变为可以人工生产，为大规模建筑房屋创造了物质条件，并创造出了砖石结构和拱形结构，为人类文明进步作出了重要贡献。同样，水泥的发明，造就了新的人造材料——混凝土，进而出现了钢筋混凝土和预应力混凝土。随着水泥与混凝土生产技术的迅速发展，混凝土的用量急剧增加，使用范围日益扩大，现已成为世界上用量最多的人造材料，并由此创造出了诸如砖混、框架、剪力墙、筒体、壳体以及高耸等结构形式。

高效能减水剂的发明与应用，促进了混凝土技术的重大发展。在混凝土中掺入高效能减水剂可以大幅度减少用水量、提高强度，或者急剧地增加混凝土拌合物的流动性，使混凝土混合料的拌制、运输、浇注和成型等工艺过程变得容易，甚至能做到泵送浇筑或免振自密实，使混凝土性能得到改善，施工效率显著提高。

优质钢材及高强度钢筋的出现，促进了网架结构、空间结构、预应力大跨结构、斜拉结构以及悬索结构等先进宏伟的结构形式的迅速发展，其艺术表现形式和艺术感染力也不断得到升华。

目前，建筑材料的发展已步入高分子材料时代，正酝酿着建筑技术的新的变革。

由于复合材料各组分之间“取长补短”、“协同作用”，极大地弥补了单一材料的缺点，产生单一材料所不具有的新性能，也是材料设计方面的一个突破，它综合了各种材料的优点，按需要进行设计复合成为综合性能优异的新型材料。可以预言，如果用材料作为历史分期的依据，那么21世纪将是复合材料的时代。

《建筑结构材料》是“材料科学与工程”专业之“无机非金属材料”方向的主要专业课程之一，旨在研究各种材料的组分、内部结构和性能之间的依存关

系，以及外界因素对其结构形成和性能的影响，以期逐步达到按指定性能设计和制造材料。

本课程主要培养学生牢固掌握各种材料的结构、性能、各种参数与结构和性能的关系的基本理论，以及主要材料的基本试验技术，使读者能根据实际工程中对各种材料的使用要求，正确地选用原材料，合理地设计，最后制成经济、适用、耐久的各种材料。同时，也注意引导学生运用已修课程及一些现代科学知识来解释和研究材料的结构和性能，为其今后从事建筑结构材料科学研究准备好必要的理论基础，以适应材料科学日益发展的需要。在编著本书过程中得到了青岛理工大学教务处及土木工程学院等部门领导和同事们的大力支持和无私帮助，同时也得到了材料科学与工程教研室的同事们的无私协助，在此一并表示衷心感谢。

由于本书涉及面广，作者水平有限，疏漏之处在所难免，恳请读者不吝赐教，本书所摘引的有关材料，在此向原作者谨表谢意。

作 者

2007.5

目　录

第 1 章 材料学基础

1.1 概 述

1.1.1 土木工程材料的分类(Classification of civil engineering materials)

组成建筑结构物的最基本构成元素是材料,能用于土建工程的材料品种繁多,性质各异,用途不同。最基本的分类方法是根据组成物质的化学成分,将土木工程材料分为无机材料、有机材料和复合材料三大类,各大类又可细分为许多小类,具体分类如表 1.1 所示。

表 1.1 土木工程材料按化学组成分类

无机材料	金属材料	黑色金属:铁、碳素钢、合金钢、不锈钢等 有色金属:铝、镁、铜等及其合金等
	非金属材料	天然石材:砂、碎石及石材制品等 烧土制品:砖、瓦、陶瓷、玻璃等 胶凝材料:石灰、石膏、苦土、水玻璃、水泥等 混凝土、砂浆及硅酸盐制品
有机材料	植物质材料	木材、竹材、植物纤维及其制品
	动物质材料	皮、毛等及其制品
	高分子材料	塑料、橡胶、涂料、胶粘剂、合成纤维及其制品
	沥青材料	石油沥青、煤沥青等及其制品、沥青混合料
复合材料	金属 - 非金属材料	钢纤维混凝土、钢筋混凝土、金属陶瓷等
	无机非金属 - 有机材料	玻璃钢、聚合物混凝土、沥青混凝土等

按使用功能通常可分为承重结构材料、非承重结构材料和功能材料三大类。

(1) 承重结构材料:主要指梁、板、基础、墙体和其他受力构件所用的材料,最常用的有钢材、木材、混凝土、砖、砌块、料石等。

(2) 非承重结构材料:主要包括框架结构的填充墙、内隔墙和其他围护材料等。

(3) 功能材料:主要有防水材料、防火材料、装饰材料、绝热材料、吸音隔声材料等。

1.1.2 土木工程材料与工程结构的关系(Relation between civil engineering materials and engineering structure)

土木工程材料的更新是新型结构出现与发展的基础。在古代,土木工程材料主要是木材、石材等,限制了建筑物的规模,公元 125 年,古罗马时期以火山灰和石灰作为胶凝材料配制了早期的混凝土,用 12 000 t 这种混凝土建造了穹形屋顶、直径 44 m、外观非常宏伟的万神庙,成为人类建筑史上的一座丰碑。到了 19 世纪,随着硅酸盐水泥的发明,出现

了钢筋混凝土,1912 年在波兰布雷劳斯市建造的肋形拱顶、直径 65 m 的世纪大厅,耗用了钢筋混凝土 1 500 t。随着建筑技术的发展,出现了钢筋混凝土薄壁构件,墨西哥的洛斯马南什斯饭店采用双曲抛物面薄壳屋盖,直径 32 m,厚度 4 cm,质量只有 100 t。随着材料科学技术的发展,1997 年德国斯图加特市联邦园艺展览厅,采用玻璃纤维增强水泥的双曲抛物面屋盖,厚 1 cm,直径 31 cm,质量只有 25 t。近些年出现采用厚为 1 mm 的薄钢板,在现场加工成大跨度的彩板轻钢屋面,质量进一步减轻,而用厚度仅为 0.2 mm 的建筑膜搭建起的新型膜结构,每平方米质量仅 20 kg。由此可见,土木工程材料的品种、质量及规格直接影响工程结构的坚固、耐久和适用,并在一定程度上影响着结构形式和施工方法。而且,工程结构中许多技术问题的突破,往往依赖于土木工程材料问题的解决,而新的土木工程材料的出现又将促使建筑风格、结构设计及施工技术革新,所以,新的轻质高强材料的不断涌现,为结构向大跨度、轻型化和新型结构形式发展提供了前提条件。

要合理地选用材料,就必须对不同材料进行比较,了解各种材料的特征,包括强度与破坏特性,变形性能,耐久性能等。

首先,材料必须具有足够的强度,不仅要安全地承受设计荷载,而且由于强度提高可减轻其自重,减小下部结构和基础的负荷,从而使整体结构断面的尺寸减小,这说明发展高强、轻质和高效能的新型材料,具有重大技术和经济意义。

不同的材料变形性能大小的影响因素差异很大,例如,沥青主要受温度变化影响,导致混凝土变形的主要因素则是凝胶体或水分的迁移。变形性能不仅影响材料承载能力,而且因为变形受约束导致开裂,对材料的耐久性能也带来明显的影响。

耐久性是指土木工程材料应用于结构物时,维持正常使用性能的能力。由于恶劣环境里各种基础设施建设的发展,例如,在沙漠、海洋中开采石油的相关设施,海洋与近海结构物等的建设和使用,对于材料的耐久性要求日益提高。

还有一些其他性能,例如,在需要尽快交付使用的时候,加快施工速度就成为决定性因素。经济也常起决定作用,很多材料性能良好,但价格不能被广泛接受,因此长期得不到推广,在更高一个层次上,经济性要体现在延长工程结构的使用寿命并尽量减少维修费用,从而降低年均投资。

1.2 材料的结构层次

我们需要从不同尺度的结构层次去分析材料,由小到大可分为分子尺度、材料结构尺度和工程尺度。

1.2.1 分子尺度(Molecular scale)

从原子分子尺度来分析材料,基本上属于材料学的领域,这个范围的粒子大小约为 $10^{-7} \sim 10^{-3}$ mm,例如硬化水泥浆体中的硅酸钙水化物、氢氧化钙结晶等。

材料的化学成分也决定着材料的物理结构。当化学反应不断地进行时,材料的物理结构也随时间不断发生变化,例如,水泥水化是一个缓慢的过程,随着时间的推移,水泥的结构和性能都相应发生变化。还有些材料,例如金属由于周围环境影响,氧和酸等介质与其发生反应的速度,决定了它们的耐久性。

材料的孔隙率大小，由化学和物理方面的很多因素决定，砖、混凝土等多孔材料许多重要的性质，如强度、刚度都与其孔隙率成反比，其渗透性和孔隙率也有直接联系。

在这个尺度上，测定材料结构的试验技术已经相当先进，使用电子显微镜、X射线衍射仪、热重分析等复杂的仪器，对金属的位错、水泥浆硬化时的收缩与开裂等很多现象，可以通过直接观测的结果进行分析。但是大多数情况下还需要通过建立数学、几何模型来推测材料的结构和可能呈现的特性。

在这个尺度上，只有断裂力学可以直接通过分子的行为分析材料的工程性质，多数情况下这个尺度得到的信息还只能提供一些思路，用于分析和预测不同条件下材料的特性。

材料学家们对材料化学、物理结构的认识，则是开发新材料的重要途径之一。

1.2.2 材料结构尺度(Material structural scale)

这个大一级的研究尺度把材料看作不同相的组合，相与相之间的相互作用使整体呈现出一定的特性，相可以是材料结构内许多可分的个体，如木材的细胞、金属的晶粒，或者由性质完全不同的几个相随机混合形成的混凝土、沥青、纤维复合材料，以及砌体中有规则的情况。这些材料通常是由大量颗粒，如骨料分散在基体(如水泥或沥青材料)中组成，单元大小从厚度只有 5×10^{-5}mm 的木材细胞壁，到长达 240 mm 的一块砖。

该尺度之所以重要，在于它比对材料整体进行测试得到的结果更具普遍性，通过建立多相组合模型，就可预测常规试验范围以外的多相材料特性，因此模型的提出要注意以下几点。

(1)几何形态。模型必须以颗粒(即分散相)分散在基体(也就是连续相)中的形式建立，要考虑颗粒的形状和大小分布，以及它们占总体积的比例。

(2)状态与性质。各相的化学与物理状态和性质影响整体的结构和性能，例如材料的刚度取决于各相的弹性模量，材料随时间发生的变形取决于各相的粘度。

(3)界面的影响。上述两方面得到的信息还不够充分，相与相之间存在界面，因此有可能会呈现出与组成相的特性差异显著的结果，例如强度，材料的破坏常取决于界面粘结力的强弱。

研究材料结构尺度时，对以上三方面要充分地了解，首先要对各个相进行实验，其次对界面进行实验，多相模型通常只用于加深了解，有时可经过简化用于实际，例如预测混凝土的弹性模量或纤维复合材料的强度等。

1.2.3 工程尺度(Engineering scale)

这一尺度的研究对象是整个材料，所以前提是将材料看作均匀连续的，通过研究获得材料整体的平均特性。人们对各种土木工程材料的认识通常是基于工程尺度，本书讲述的内容也要归结到材料在工程尺度上呈现的特性。

从工程尺度去分析材料，其最小尺度要由能代表其特性，即结构无序性的最小单元决定。单元的尺度从金属的 10^{-3}mm 到混凝土的 100 mm，乃至砌体结构的 1 000 mm 不等。只要是体积大于单元体，所测得的数据对于该材料就认为可以普遍适用。

在实际应用中对有关材料性能的了解，通常来源于用其制备的试件放在工程结构同等环境条件下进行试验得到的结果，进行多种方式试验，根据得到的一系列图表或经验公

式来表征其特性值随关键参数,如钢材含碳量、混凝土含水量,以及沥青温度的变化而变化。在试验范围内的推测,结果较为可靠,而利用外推法进行推测时可能会得出错误的结论。

1.3 材料的变异性

工程师要根据现行的标准选用材料,在比较各种材料的过程中,一个很重要的问题是材料本身的变异性。当然这取决于结构物所用材料的性质,而材料的均匀程度又取决于材料制造加工过程的工艺。钢材的生产已很完善,能较精确控制其过程,因此工程上所需的各种钢材可以迅速地、复演良好地再生产,其强度等性能的变异性很小。反之,未经加工的木材存在很多缺陷,例如结疤,其性能的波动就很大。

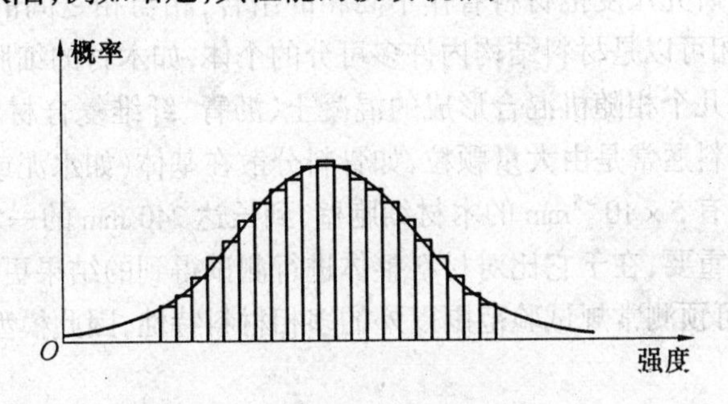

图1.1 材料强度正态分布曲线

材料很多特性的变异符合图1.1所示的正态分布曲线。如果对大量相同的试件进行试验,例如强度,结果可以画成直方图,见图1.1。如果 x 为强度$f_{\mathrm{cu},i}$,这样强度就可以用两个数值表示。

(1) 平均强度$\bar{f}$,对 n 个试件有

$$\bar{f} = \frac{1}{n}\sum_{i=1}^{n} f_{\mathrm{cu},i}$$

(2) 变化范围用标准差 σ 表示

$$\sigma = \sqrt{\frac{\sum_{i=1}^{n}(f_{\mathrm{cu},i} - \bar{f})^2}{n-1}} = \sqrt{\frac{\sum_{i=1}^{n} f_{\mathrm{cu},i}^2 - n\bar{f}^2}{n-1}}$$

标准差的单位和变量相同,表示变量的变异性,在比较不同的材料或者同种材料的不同品种时,常用无量纲的变异系数表示

$$C_v = \frac{\sigma}{\bar{f}}$$

对于可比性能,原木的变异必定要比钢材高得多,因此它的变异系数就大。表1.2是通过同批材料的大量样品进行试验,列出一些典型材料的平均强度和变异系数。

土木工程材料在工厂生产与加工过程中,自然是考虑其各种性能的因素。但是另一方面,其使用过程也是影响性能的重要环节,例如搅拌好的混凝土运到现场,还只是一种中间产品,把其浇入模板里以后,要进行振捣,待混凝土开始硬化后要及时洒水或喷雾足

够长时间养护,才能保证结构物具备设计要求的承载力和其他性能。再如钢筋,虽然在工厂里已加工成型,但施工现场要进行焊接,焊点的质量对于其承载力非常关键。所以从某种意义上可以说,施工现场的工程师或施工者,不仅是土木工程材料的用户,也是最终产品的生产者,在相当大的程度上决定最终产品的质量。

表 1.2 一些土木工程材料的强度变异性

材 料	平均强度/MPa	变异系数/%	备注
钢 材	460	2	结构低碳钢
混凝土	40	15	普通混凝土
木 材	30	35	针叶木原材
	120	18	无结疤、直纹针叶木
	11	10	结构用木屑板
纤维水泥复合材料	18	10	掺 6%聚丙烯纤维
砖砌体	20	10	矮小砖墙

1.4 材料存在的状态

世界上物质的聚集状态分为气、液、固三态,其中气、液两态又称为流态。土木工程材料主要是固态物质,即使液态的材料(如粘结剂、油漆、涂料等),也是在凝固以后才有实用价值。另一大类物质是由气、液、固三种状态中的两种构成的高分散体系,称为胶体物质。

1.4.1 固体物质(Solid substance)

按粒子排列的特点,固体可分为无定形体和晶体两大类,无定形体又称为非晶体,实际上是一种过冷液体,例如玻璃和塑料等。组成此类物质的粒子仅在局部有序排列,即短程有序,没有固定熔点。大多数固体物质是晶体,组成晶体的粒子(离子、原子或分子)在三维空间作有规律的周期性排列,贯穿整个体积,形成空间格子构造,即长程有序。构成空间格子的粒子之间存在一定的结合力,以保证它们在晶体内固定在一定的位置上作有序的排列,当粒子或原子间通过化学结合力产生了结合,称为形成了化学键,而分子间的结合一般形成分子间键或范德华键。

晶体中的原子能够规则排列,是原子间的相互作用平衡的结果。当两个原子接近并产生相互作用,原子中的外层电子将重新排布,这种相互作用包括静电吸引与排斥作用,吸引力为异性电荷之间的库仑引力,是一种长程力,从比原子间距大得多的距离处即开始起作用,这种引力随原子间距的减小成指数关系增大(吸引力为负值),如图 1.2(a)曲线中 f_a 所示。排斥力产生于同性电荷之间的库仑斥力和原子之间相互接近的电子云相互重叠所引起的斥力等,它们都是短程力,即只有原子之间的距离接近原子间距时才有显著作用。随着原子间距离进一步减小,斥力迅速增大(斥力为正值),增大速度大于引力增大速度,如图 1.2(a)中 f_r 曲线所示。原子间总的相互作用力随距离的变化如图 1.2(a)f_t 曲线所示。

f_t 曲线交横轴于 A,A 点的合力为零,即原子间距 r 为 r_0 时吸引力与排斥力平衡,原子间相互作用的势能最低,见图 1.2(b)。原子间距 r 小于 r_0 时,斥力大于引力,总的作用力为斥力,原子间距 r 大于 r_0 时引力大于斥力,总的作用力为引力。所以欲将相距为 r_0 的原子压近或者拉远,都要相应地对斥力或引力做功,导致体系能量升高。凝聚体只有当其原子间距为平衡距离,作规则排列,形成晶体,对应于最低能量分布时,才处于稳定状态。图 1.2(b)中平衡的位置 A 所对应的最低热能 U_0,为晶体原子的结合能,相当于把原子完全拆散所需要做的功,U_0 是影响物质状态,决定晶体结构和性能的最本质因素。

从晶体结构中粒子结合能与间距,作用力与间距的关系,可以得到一些与实际应用有关的结论。

(1)当材料受拉伸或压缩时,力和材料长度变化成正比,这是著名的虎克定律。$F-r$ 曲线在 $r=r_0$ 时的斜率就是弹性模量(或者称刚度)。

(2)曲线在平衡位置两侧是对称的,所以材料的刚度在拉伸和压缩时应该是相同的,事实正是如此。

(3)原子间的引力存在最大值,因此拉伸强度有极限值。

(4)原子间的斥力可以无限增大,所以材料不会受压破坏,在压应力的作用下,破坏仍由拉力或剪力引起。

(5)如果原子在其平衡位置周围振动,其间隔会随振动加剧而增大,这可以从 $U-r$ 曲线波谷的不对称性看出,在绝对零度以上的任何温度,材料原子的振动都与温度成正比,因而材料受热时会膨胀。

(6)任何振动都能削弱原子间的结合强度,即温度升高时材料的拉伸强度降低,如果持续受热升温,原子的振动会达到使原子间的化学键断裂的程度,此时固体发生熔融。

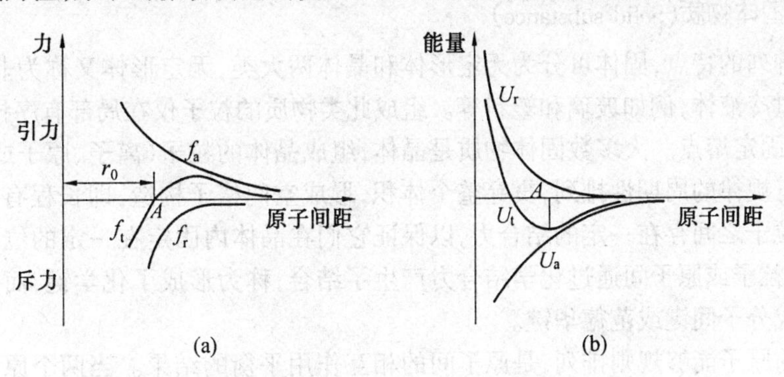

图 1.2　物质内部质点相互作用的力、能量与质点间距的关系

1.4.2　胶体物质(Colloid substance)

除了典型的固、液、气三种物质状态之外,还有一些材料中是由两种状态的物质组成的,例如胶体,常见的如果冻、泥浆等。胶体是由具有物质三态(固、液、气)中某种状态的高分散度的粒子作为分散相,分散于另一相(分散介质)中所形成的系统。显然,高度分散性和多相性是胶体物质系统的特点,从而导致胶体具有聚结不稳定性和流变性等特性。胶体的表面能很大,因此在热力学上是不稳定的体系。

常见的由液、固两相组成的胶体可分为溶胶和凝胶两种。溶胶是指平均尺寸小于

100 nm 的极细固体微粒分散于液体中的胶态悬浮体。如果溶胶中的胶态微粒连接在一起，形成固体网络，而液体包含在微粒之间的极细毛细管内，或包含在骨架中的极小空洞内，则得到凝胶。如果凝胶内微粒间的连接键很少或很弱，单个颗粒有很大自由度在其接触点附近运动，凝胶就很容易变形，表现出类似于液体的性质。如果微粒间的键合程度很高，尽管凝胶是多孔的，仍可形成十分坚硬而结实的结构，表现出类似于固体的性质，沥青是一种组分非常复杂的胶体材料，由于制备过程和存在条件的不同，沥青可以是溶胶，也可以是凝胶，其性能也相应变化。工程中用到的最重要的凝胶，无疑是能形成坚固骨架的水泥凝胶。

如果一种凝胶只以很弱的键力连接，便可以通过剧烈的搅拌使之破坏，使凝胶重新恢复成液态，而搅拌停止后，微粒重新键合，凝胶再次变稠，最后恢复到原始的凝聚状态，这种在外力增大时材料呈流动性的性质称为触变性。新拌混凝土在早期表现出明显的触变性，在滑模摊铺机通过时，摊铺机前面的振动器插入混凝土，进行高频率地强力振动，在其作用下混凝土产生液化、流动并填充摊铺机两边侧模之间的空间，经过一段时间后，混凝土硬化并产生足够强度，成为固体物质。

粘土泥浆也可表现出触变性(与粘土的结构和含水量有关)，在石油钻井工程中，这种特性得到了应用，这种有触变性的粘土泥浆在井壁形成不透水层，中心部分则靠钻杆转动时力的作用保持流动性，作为载体将钻下来的岩屑携带出来。但是，若在土木工程结构物基础下面遇到触变性的粘土时，则可能产生很大的危害，例如英国的北海油田就曾发生过钻井平台因这种效应而移位失踪的事故(海洋的粘土天然含水量非常高，而钻井平台有些是悬浮的，不与海底的岩石基础相连，在这种特殊条件下产生了上述现象)。

1.5 材料的基本状态参数

1.5.1 材料的密度、表观密度和堆积密度

1. 密度(Density)

材料在绝对密实状态下单位体积的质量称为密度，其公式为

$$\rho = \frac{m}{V}$$

式中，ρ 为材料的密度(g/cm^3)；m 为材料在干燥状态下的质量(g)；V 为材料在绝对密实状态下的体积(cm^3)。

所谓绝对密实状态下的体积，是指不包括材料内部孔隙的固体物质的实体积。

常用的土木工程材料中，除钢、玻璃、沥青等可认为不含孔隙外，绝大多数均或多或少含有孔隙。测定含孔材料绝对密实体积的简单方法，是将该材料磨成细粉，干燥后用排液法测得的粉末体积即为绝对密实体积。由于磨得越细，内部孔隙消除得越完全，测得的体积也越精确，因此，一般要求细粉的粒径至少小于 0.20 mm。

2. 表观密度(Apparent density)

材料在自然状态下单位体积的质量称为表观密度，其公式为

$$\rho_0 = \frac{m}{V_0}$$

式中，ρ_0 为材料的表观密度（kg/m^3）；m 为材料的质量（kg）；V_0 为材料在自然状态下的体积（m^3）。

所谓自然状态下的体积，是指包括材料实体积和内部孔隙的外观几何形态的体积。

测定材料自然状态体积的方法较简单，若材料外观形状规则可直接度量其外形尺寸，按几何公式计算。若外观形态不规则可用排液法求得，为了防止液体由孔隙渗入材料内部而影响测值，应在材料表面涂蜡。

另外，材料的表观密度与含水量有关。材料含水时，质量要增加，体积也会发生不同程度的变化。因此，一般测定表观密度时，以干燥状态为准，而对含水状态下测定的表观密度，须注明含水情况。

3．堆积密度（Bulk density）

散粒材料在自然堆积状态下单位体积的质量称为堆积密度，其公式为

$$\rho'_0 = \frac{m}{V'_0}$$

式中，ρ'_0 为散粒材料的堆积密度（kg/m^3）；m 为散粒材料的质量（kg）；V'_0 为散粒材料的自然堆积体积（m^3）。

散粒材料堆积状态下的外观体积，既包含了颗粒在自然状态下的体积，又包含了颗粒之间的空隙体积。散粒材料的堆积体积，常用其所填充满的容器的体积来表示。散粒材料的堆积方式或是松散的，为自然堆积；也可是捣实的，为紧密堆积。由紧密堆积测试得到的是紧密堆积密度。

1.5.2　材料的孔隙和空隙

1．材料的孔隙（Pore of material）

大多数土木工程材料的内部都含有孔隙，这些孔隙会对材料的性能产生不同程度的影响，一般认为孔隙可从两个方面对材料产生影响，一是孔隙的多少，二是孔隙的特征。

材料中含有孔隙的多少常用孔隙率表征，孔隙率是指材料内部孔隙体积（V_p）占材料总体积（V_0）的百分率。因为 $V_p = V_0 - V$，所以孔隙率可用下式表示

$$P = \frac{V_0 - V}{V_0} \times 100\% = (1 - \frac{\rho_0}{\rho}) \times 100\%$$

与孔隙率相对应的是材料的密实度，即材料内部固体物质的实体积占材料总体积的百分率，可用下式表示

$$D = \frac{V}{V_0} \times 100\% = \frac{\rho_0}{\rho} \times 100\% = 1 - P$$

材料的孔隙特征包括许多内容，以下仅介绍以后章节经常涉及的三个特征。

(1) 按孔隙尺寸大小，可把孔隙分为微孔、细孔和大孔三种。

(2) 按孔隙之间是否相互贯通，把孔隙分为互相隔开的孤立孔，或互相贯通的连通孔。

(3) 按孔隙与外界之间是否连通，把孔隙分为与外界相连通的开口孔，或不相连通的

封闭孔。若把开口孔的孔体积记为 V_k,闭口孔的孔体积记为 V_B,则有 $V_p = V_k + V_B$。另外,定义开口孔孔隙率为 $P_k = V_k/V_0$,闭口孔孔隙率为 $P_B = V_B/V_0$,则孔隙率 $P = P_k + P_B$。开口孔隙率增加,材料吸水量增大,则材料易受冻破坏。

2. 空隙(Void)

散粒材料颗粒间的空隙多少常用空隙率表示,空隙率定义为:散粒材料颗粒间的空隙体积(V_s)占堆积体积的百分率,因为 $V_s = V'_0 - V_0$,所以空隙率可按下式计算

$$P' = \frac{V'_0 - V_0}{V'_0} \times 100\% = (1 - \frac{\rho'_0}{\rho_0}) \times 100\%$$

与空隙率(Void Ratio)相对应的是填充率,即颗粒的自然状态体积占堆积体积的百分率,可按下式计算

$$D' = \frac{V_0}{V'_0} \times 100\% = \frac{\rho'_0}{\rho_0} \times 100\% = 1 - P'$$

1.6 材料的力学性质

1.6.1 材料的理论强度(Theoretical strength of material)

固体材料的强度多取决于结构质点(原子、离子、分子)之间的相互作用力。以共价键或离子键结合的晶体,其结合力比较强,材料的弹性模量值也较高。而以分子键结合的晶体,其结合力较弱,弹性模量值也较低。

材料受外力(荷载)作用而产生破坏的原因,主要是由于拉力造成结合键的断裂,或是由于剪力造成质点间的滑移而破坏。材料受压力破坏,实际上也是由压力引起内部产生拉应力或剪力而造成了破坏。

材料的理论抗拉强度,可用下式表示

$$f_t = \sqrt{\frac{E\gamma}{d}}$$

式中,f_t 为理论抗拉强度;E 为纵向弹性模量;γ 为单位表面能;d 为原子间的距离。

材料的理论强度远远大于材料的实际强度,这是由于材料实际结构中都存在着许多缺陷,如晶格的位错、杂质、孔隙、微裂缝等。当材料受外力作用时,在裂缝端部产生应力集中,其局部应力将大大超过平均应力,引起了裂缝不断扩展、延伸以至互相连通起来,最后导致材料的破坏。

以材料的断裂过程为例,早在 1921 年,格列菲斯(Griffith)根据裂缝假说,提出了关于理想脆性材料的格列菲斯断裂理论,把材料的强度与表面能、裂缝尺寸联系起来。他假定材料中有长度为 $2C$ 的椭圆形裂缝,当材料受拉时,裂缝扩展,材料弹性能释放为

$$\in_e = \frac{\pi\sigma^2 C^2}{E}$$

式中,E 为弹性模量;σ 为抗拉强度。

同时,裂缝扩展产生了新表面,所需表面能为 $4C\gamma$,γ 为材料的表面自由能,所以总能量为

$$\in = 4C\gamma - \frac{\pi C^2\sigma^2}{E}$$

弹性能与表面能随裂缝尺寸 C 的变化可用图 1.3 表示，图中的虚线表示总能量与裂缝尺寸的关系。

由图 1.3 可见，当 $\mathrm{d}\in/\mathrm{d}C \leqslant 0$ 时，裂纹开展使总能量降低，于是裂缝自发开展，导致材料破坏。由此条件求得材料的理论抗拉强度为

$$\sigma_{\mathrm{t}} = \sqrt{\frac{2E\gamma}{\pi C}}$$

当 C 等于分子半径时，达到理论上的最大抗拉强度，即

$$\frac{\sigma_{\mathrm{t}}}{\sigma_{\max}} = \frac{\sigma_{\mathrm{t}}}{f_{\mathrm{t}}} = K\sqrt{\frac{r}{C}}$$

式中，γ_0 为分子半径。

上式表示材料中裂缝尺寸对抗拉强度的影响，裂缝尺寸越大，与理论最大强度的偏差也越大。可见，决定材料强度的不是总孔隙率，而是孔结构特性。最近，英国学者布雷恰（Brichall）等人通过试验，提出一个观点：决定材料强度的关键在于材料中某种尺寸以上的大孔所占的比例，大孔所占的比例越少，最大尺寸孔的孔径越小，则强度越高。根据这个观点及所得实验结果，他们配制了一种被称为 MDF（Macro-Defect-Free）水泥，用这种水泥制得的水泥系材料抗折强度为 100 MPa，总孔隙率达 15%左右，并且使一般水泥系材料的脆性得到根本的改变，满足于轻质高强多功能的要求。可以认为，由于这种材料中所含的孔隙的尺寸一般小于几十个微米，正处于长程力的作用范围，因此，这种孔对强度无妨碍，对改性却有益。无机非金属材料大多数是多孔材料，正确的途径不在于一味降低总孔隙率，而是要通过原材料选择及适当的工艺措施使孔缝细化、均匀化。

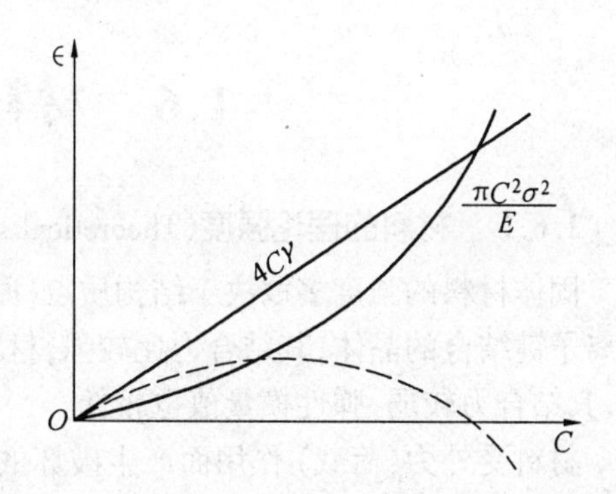

图 1.3　弹性能与表面能随裂缝尺寸 C 的变化

真实材料往往是不匀质的复合体，因此材料内部结构的改变，或外部环境的影响，往往通过界面发生作用。材料的强度是人们十分感兴趣的、确实重要的宏观性质。但是对强度根本起作用的是界面性质及其变化，界面及孔缝结构属于亚微观性质，因此我们要研究材料的组分、结构和性能之间的关系，一定要依据表面物理化学及其他相邻基础学科的原理原则，重视更深一层次结构特性的研究，以便达到按照指定性能设计材料和制造材料的最终目的。

1.6.2　强度与比强度（Strength and specific strength）

材料的强度是指材料在外力作用下不破坏时能承受的最大应力。由于外力作用的形式不同，破坏时的应力形式也不同，工程中最基本的外力作用如图 1.4 所示，相应的强度分为抗拉强度如图（a），抗压强度如图（b），抗剪强度如图（c），抗弯强度如图（d）。

材料的抗拉、抗压、抗剪强度可用下式计算

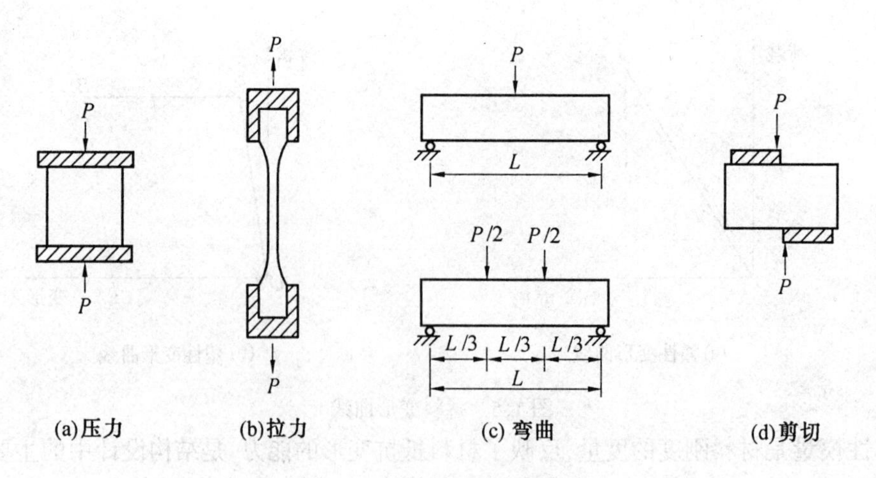

图 1.4　材料所受外力示意图

$$f = \frac{P}{A}$$

式中，f 为抗拉或抗压或抗剪强度(MPa)；P 为材料破坏时的最大荷载(N)；A 为受力面积(mm^2)。

材料的抗弯试验一般用矩形截面试件，抗弯强度计算有两种情况，一种是试件在两支点的中间受一集中荷载作用，计算公式为

$$f_{tm} = \frac{3PL}{2bh^2}$$

式中，f_{tm}为抗弯(折)强度(MPa)；P 为试件破坏时的最大荷载(N)；L 为两支点之间的距离(mm)；b、h 为试件截面的宽度和高度(mm)。

另一种是试件两支点间的三分点处作用两个相等的集中荷载，计算公式为

$$f_{tm} = \frac{PL}{bh^2}$$

影响材料强度的因素很多，除了材料的组分外，材料的孔隙率增加，强度将降低；材料含水率增加，温度升高，一般强度也会降低；另外试件尺寸大的比小的强度低；加荷速度偏低或表面不平整均会使测得的强度值偏低。

承重的结构材料除了承受外荷载外，尚需承受自身质量。因此，不同强度材料的比较，可采用比强度指标。比强度是指单位体积质量的材料强度，它等于材料的强度与其表观密度之比，是衡量材料是否轻质、高强的指标。

1.6.3　材料的弹性与塑性(Elasticity and plasticity of material)

材料在外力作用下产生变形，当外力去除后，能完全恢复原来形状的性质，称为弹性。这种可恢复的变形称弹性变形，如图 1.5(a)所示。若去除外力，材料仍保持变形后的形状和尺寸，且不产生裂缝的性质，称为塑性，此种不可恢复的变形称为塑性变形，如图 1.5(b)所示。

材料在弹性范围内应力与应变之间的关系符合虎克定律

$$\sigma = E\varepsilon$$

式中，σ 为应力(MPa)；ε 为应变；E 为弹性模量(MPa)。

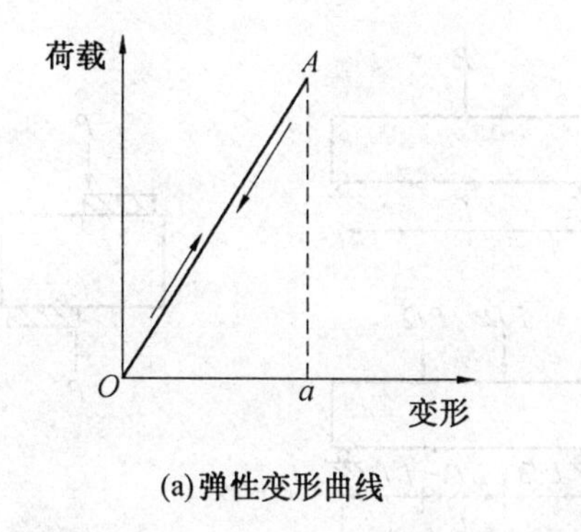

(a)弹性变形曲线

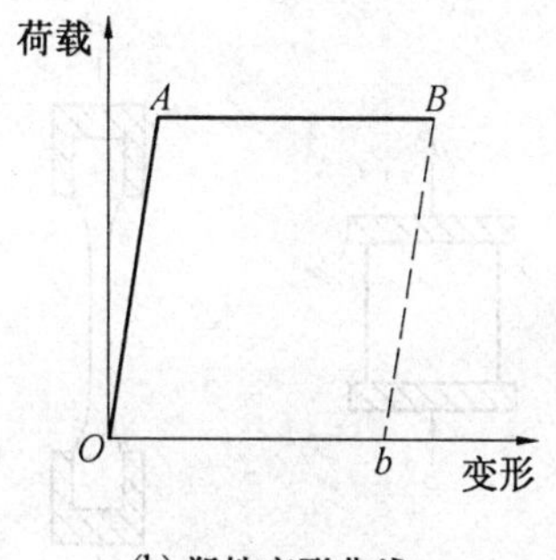

(b) 塑性变形曲线

图 1.5　材料变形曲线

弹性模量是材料刚度的度量,反映了材料抵抗变形的能力,是结构设计中的主要参数之一。

土木工程材料中有不少材料称为弹塑性材料,它们在受力时,弹性变形和塑性变形会同时发生,外力去除后,弹性变形恢复,塑性变形保留,如图 1.6 所示。

1.6.4　脆性和韧性(Brittleness and toughness)

材料在外力作用下,无明显塑性变形而突然破坏的性质,称为脆性。具有这种性质的材料称为脆性材料,它的变形曲线如图 1.7 所示。

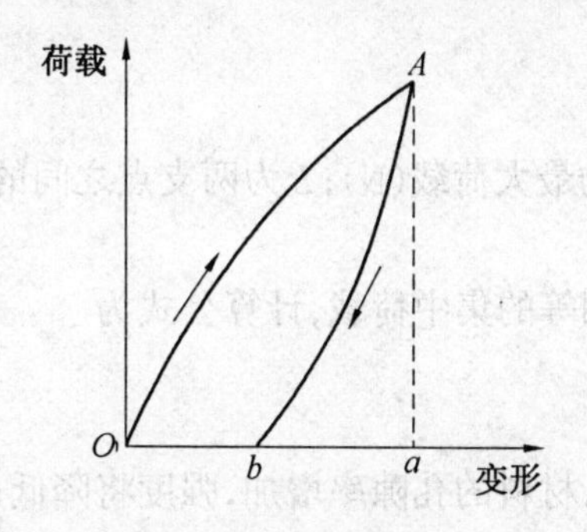

图 1.6　弹塑性变形曲线

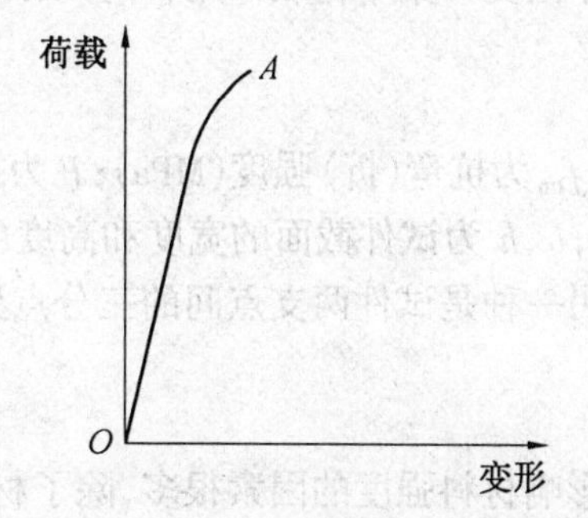

图 1.7　脆性变形曲线

材料在冲击或震动荷载作用下,能吸收较大的能量,产生一定的变形而不破坏的性质,称为韧性或冲击韧性。它可用材料受荷载达到破坏时所吸收的能量来表示,由下式计算

$$\alpha_k = \frac{W}{A}$$

式中,α_k 为材料的冲击韧性(J/mm^2);W 为试件破坏时所消耗的功(J);A 为试件受力净截面积(mm^2)。

1.6.5　硬度和耐磨性(Hardness and wearability)

硬度是材料抵抗硬物质刻划或压入的能力。测定硬度的方法很多,常用刻划法和压入法。刻划法常用于测定天然矿物的硬度,即按滑石、石膏、方解石、萤石、磷灰石、正长石、石英、黄玉、刚玉、金刚石的硬度递增顺序分为 10 级,通过它们对材料的划痕来确定所测材

料的硬度,称为莫氏硬度。压入法是以一定的压力将一定规格的钢球或金刚石制成的尖端压入试样表面,根据压痕的面积或深度来测定其硬度。常用的方法有布氏法、洛氏法和维氏法,相应的硬度称为布氏硬度、洛氏硬度和维氏硬度。

耐磨性是材料抵抗磨损的能力,用耐磨率表示,其计算公式为

$$M = \frac{m_0 - m_1}{A}$$

式中,M 为耐磨率(g/cm^2); m_0 为磨前质量(g);m_1 为磨后质量(g);A 为试样受磨面积(cm^2)。

1.7 材料与水有关的性质

1.7.1 材料的亲水性与憎水性(Hydrophilic and hydrophobic property)

当固体材料与水接触时,由于水分子与材料表面之间的相互作用不同,会产生如图1.8所示的两种情况。图中在材料、水和空气的三相交叉点处沿水滴表面作切线,此切线与材料和水接触面的夹角 θ 称为润湿边角。一般认为,当 $\theta \leqslant 90°$ 时,材料能被水润湿而表现出亲水性,这种材料称为亲水性材料;当 $\theta > 90°$ 时,材料不能被水润湿而表现出憎水性,这种材料称为憎水性材料。由此可见,润湿边角越小,材料亲水性越强,越易被水润湿,当 $\theta = 0$ 时,表示该材料完全被水润湿。

大多数土木工程材料,如砖、木、混凝土等均属于亲水性材料;沥青、石蜡等则属于憎水性材料。

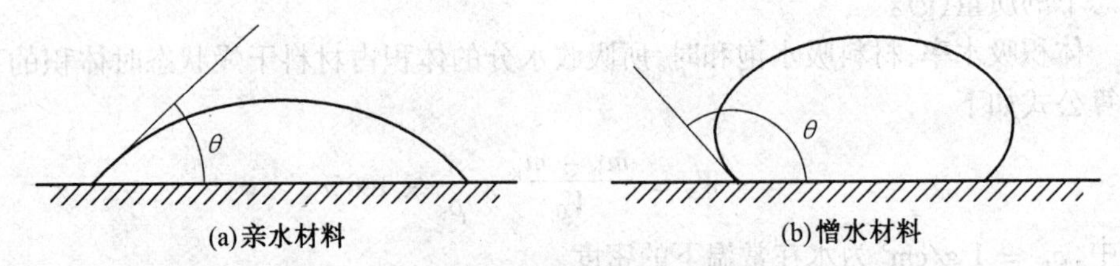

图1.8 亲水材料和憎水材料的区别

1.7.2 材料的含水状态

图(a)为亲水性材料的含水状态可分为如图1.9所示的四种基本状态。

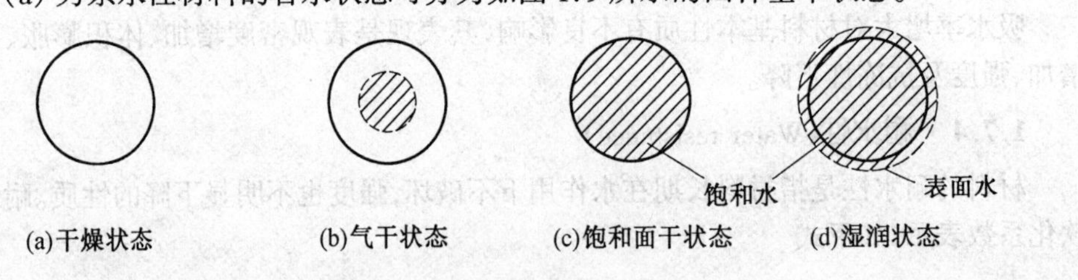

图1.9 亲水性材料的含水状态

图(a)为干燥状态,材料的孔隙中不含水或含水极微;

图(b)为气干状态,材料的孔隙中所含水与大气湿度相平衡;

图(c) 为饱和面干状态,材料表面干燥,而孔隙中充满水达饱和;

图(d) 为湿润状态,材料不仅孔隙中含水饱和,而且表面上为水润湿附有一层水膜。

除上述四种基本含水状态外,材料还可以处于两种基本状态之间的过渡状态。

1.7.3 材料的吸湿性和吸水性

1. 吸湿性(Hygroscopicity)

材料在潮湿空气中吸收水分的性质称为吸湿性,反之在干燥空气中会放出所含水分,为还湿性。材料的吸湿性用含水率表示,按下式计算

$$W_h = \frac{m_s - m_g}{m_g} \times 100\%$$

式中,W_h为材料含水率(%);m_s为材料吸湿状态下的质量;m_g为材料干燥状态下的质量。

材料的含水率随环境的温度和湿度变化发生相应的变化,在湿度较大,温度较低时,材料含水率变大,反之变小。材料中所含水分与环境的温度所对应的湿度相平衡时的含水率称为平衡含水率。材料开口的微孔越多,吸湿性越强。

2. 吸水性(Water - absorption)

材料在水中吸水的性质称吸水性,材料的吸水性用吸水率表示,它有以下两个定义。

质量吸水率:材料吸水饱和时,吸收的水分质量占材料干燥时质量的百分率,计算公式如下

$$W_m = \frac{m_b - m_g}{m_g} \times 100\%$$

式中,W_m 为材料的质量吸水率(%); m_b 为材料吸水饱和时的质量(g);m_g 为材料在干燥状态下的质量(g)。

体积吸水率:材料吸水饱和时,所吸收水分的体积占材料干燥状态时体积的百分率,计算公式如下

$$W_v = \frac{m_b - m_g}{V_0} \times \frac{1}{\rho_w} \times 100\%$$

式中,$\rho_w = 1\ g/cm^3$ 为水在常温下的密度。

材料的吸水率,不仅与材料的亲水或憎水性有关,也与孔隙率大小及孔隙特征有关。

材料的开口孔越多,吸水量越多。虽然水分很易进入开口的大孔,但无法存留,只能润湿孔壁,所以吸水率不大。而开口细微连通孔越多,吸水量就越大。

吸水率增大对材料基本性质有不良影响,其表现是表观密度增加、体积膨胀、导热性增加、强度及抗冻性下降。

1.7.4 耐水性(Water resistance)

材料的耐水性是指材料长期在水作用下不破坏,强度也不明显下降的性质。耐水性用软化系数表示,如下式

$$K_R = \frac{f_b}{f_g}$$

式中,K_R 为材料的软化系数; f_b 为材料在饱和吸水状态下的抗压强度(MPa);f_g 为材料在干燥状态下的抗压强度(MPa)。

一般材料吸水后，强度均会有所降低，强度降低越多，软化系数越小，说明该材料耐水性越差。

材料的 K_R 为 0 ~ 1，工程中将 $K_R > 0.85$ 的材料，称为耐水材料。长期处于水中或潮湿环境中的重要结构，所用材料必须 $K_R > 0.85$；用于受潮较轻或次要结构的材料，其值不宜小于 0.75。

1.7.5 抗渗性(Anti-permeability)

材料的抗渗性是指其抵抗压力水或液体渗透的性质。材料的抗渗性常用渗透系数或抗渗等级表示。

渗透系数按照达西定律以公式表示为

$$K = \frac{Qd}{AtH}$$

式中，K 为渗透系数(cm/h)；Q 为渗水总量(cm^3)；A 为渗水面积(cm^2)；d 为试件厚度(cm)；t 为渗水时间(h)；H 为静水压力水头(cm)。

抗渗等级(记为 P) 是以规定的试件，在标准试验方法下所能承受的最大水压力(MPa) 来确定。

材料的抗渗性与孔隙率及孔隙特征有关。开口的连通大孔越多，抗渗性越差；闭口的孔隙率大的材料，抗渗性仍可良好。

材料的渗透系数越小，或抗渗等级越高，表明材料的抗渗性越好。地下建筑、压力管道等设计时都必须考虑材料的抗渗性。

1.7.6 抗冻性(Frost resistance)

抗冻性是指材料在含水饱和状态下，能经受多次冻融循环作用而不破坏，强度也不显著降低的性质。

材料的抗冻性常用抗冻等级(记为 F) 表示。抗冻等级是以规定的吸水饱和试件，在标准试验条件下，经一定次数的冻融循环后，强度降低不超过规定数值，也无明显损坏和剥落，则此冻融循环次数即为抗冻等级。显然，冻融循环次数越多，抗冻等级越高，抗冻性越好。

材料受冻融破坏的原因是材料孔隙内所含水结冰时体积膨胀(约增大 9%)，对孔壁造成的压力使孔壁破裂所致。因此，材料抗冻能力的好坏，与材料吸水程度、材料强度及孔隙特征有关。一般而言，在相同冻融条件下，材料含水率越大，材料强度越低及材料中含有开口的毛细孔越多，受到冻融循环的损伤越大。在寒冷地区和环境中结构设计和材料选用时，必须考虑到材料的抗冻性能。

1.8 材料的热性质

材料的热性质主要包括热容性、导热性和热变形性。

1.8.1 热容性(Thermal apacity)

同种材料的热容性差别常用热容量比较，热容量是指材料在温度变化时吸收或放出

热量的能力,以下式表示

$$Q = m \cdot c(T_1 - T_2)$$

式中,Q 为热容量(kJ);m 为材料的质量(kg);$T_1 - T_2$ 为材料受热或冷却前后的温差(K);c 为材料的比热容(kJ/(kg · K))。

不同材料间的热容性可用比热容作比较,比热容是指单位质量的材料升高单位温度时所需热量,公式如下

$$c = \frac{Q}{m(T_1 - T_2)}$$

采用高热容量的材料作为墙体、屋面或房屋其他构件,可以长时间保持房间温度的稳定。

1.8.2 导热性(Thermal conductivity)

材料的导热性是指材料两侧有温差时,热量由高温侧流向低温侧传递的能力,常用导热系数表示

$$\lambda = \frac{Q \cdot d}{T_1 - T_2} A \cdot t$$

式中,λ 为导热系数(W/(m·k));Q 为传导热量(J);d 为材料厚度(m);A 为材料传热面积(m^2);$T_1 - T_2$ 为材料两侧温差(K); t 为传热时间(s)。

导热系数与材料的化学组成、显微结构、孔隙率、孔隙特征、含水率及导热时的温度有关。

无机材料的导热系数大于有机材料。化学组成相同,因显微结构不同,导热系数也有很大差异,如晶体的导热系数大于无定形体的导热系数。宏观结构呈层状或纤维状的材料,其导热系数因热流与层或纤维的方向而异,如木材顺纹导热系数为横纹导热系数的3倍。

建筑材料的导热系数在很大程度上取决于孔隙率和孔隙特征。在含孔材料中热是通过固体骨架和孔隙中空气而传递的。空气导热系数很小,为 0.025 W/(m · K),而构成固体骨架的物质均具有较大的导热系数。因此,材料的孔隙率越大,即空气越多,导热系数越小。由微细而封闭孔隙组成的材料,与由粗大而连通孔隙组成的材料比较,前者导热系数要小。这是因为粗大而连通的孔隙中的空气可能产生热对流,致使传递的热量增加。从孔隙率计算公式可以看出,同类材料(密度 ρ 一定时)的表观密度随孔隙率 P 的增加而减小,即导热系数随表观密度的增加而增加。据此可建立 $\lambda = f(\rho_0)$ 的经验公式,根据材料的表观密度来推算材料的导热系数。

材料含水率增加,导热系数也随之增加。因为水的导热系数($\lambda = 0.58$ W/(m·K))是空气导热系数的25倍。如水结冰($\lambda = 2.3$ W/(m·K),是水导热系数的4倍,是空气导热系数 100 倍),导热系数进一步增加。

大多数土木工程材料(金属除外)的导热系数随温度升高而增加,当选择绝热材料时必须注意到这一特性。

材料导热系数是采暖房屋的墙体和屋面热工计算,以及确定热表面和冷藏库绝热层厚度的重要数据。

1.8.3 热变形性(Thermal deformation)

材料的热变形性是指材料在温度变化时的尺寸变化,除个别的如水结冰之外,一般材料均符合热胀冷缩这一自然规律。材料的热变形性常用线膨胀系数表示

$$\alpha = \frac{\Delta L}{L(T_2 - T_1)}$$

式中,α 为线膨胀系数(1/K);L 为材料的原来长度(mm);$\triangle L$ 为材料的线变形量(mm);$T_2 - T_1$ 为材料在升、降温前后的温度差(K)。

土木工程总体上要求材料的热变形不要太大,在有隔热保温要求的工程中,设计时应尽量选用热容量(或比热容)大,导热系数小的材料。

1.9 材料的耐久性

材料的耐久性是指用于构筑物的材料,在环境的各种因素影响下,能长久地保持其性能的性质。

土木工程在使用中受到环境的各种影响,除了上两节有关的外界物理作用外,还会发生某些化学变化,例如钢筋会锈蚀,水泥混凝土会受到各种酸、碱、盐类的侵蚀,沥青和塑料会老化等。这些化学变化都使材料的组成或结构发生改变,性质也随之发生变化,使用功能恶化。所以选用合适的材料,保持材料使用时的化学性质稳定,不使其恶化是结构设计中必须考虑的重要问题。

材料所受的环境影响是多方面的,可以是物理作用的影响,例如:环境温度、湿度的交替变化,使材料在冷热、干湿、冻融的循环作用下,发生破坏;或者可能是化学作用的影响,例如:紫外线或大气和环境中的酸、碱、盐作用,使材料的化学组成和结构发生改变而恶化;也可能是机械作用的影响,例如:材料在长期荷载、或交替荷载、或冲击荷载的作用下发生破坏,还有受到磨损或磨耗而破坏;还可能是生物作用的影响,例如材料受菌类、昆虫等的侵害,发生虫蛀、腐朽等破坏现象。

由上可知,土木工程材料在使用中会受到多种因素的作用,使其性能变坏,所以在构筑物的设计及材料的选用中,必须慎重考虑材料的耐久性问题,以节约材料,减少维修费用,延长构筑物的使用寿命。

第2章　建筑金属材料

在土木工程中，金属材料有着广泛的用途。金属材料可分为黑色金属（Ferrous Metal）和有色金属（Non-Ferrous Metal）两大类。黑色金属主要是指以铁元素为主要成分的金属及其合金，如生铁、碳素钢、合金钢等；有色金属则是以其他金属元素为主要成分的金属及其合金，如铝合金、铜合金等。在各种金属材料中，钢材是最重要的土木工程材料之一，主要应用于钢筋混凝土结构和钢结构。近年来随着金属结构体系的兴起，一些厂房、大型商场、仓库、体育设施、机场乃至别墅、多层及高层住宅相继采用钢结构体系，可以预计，建筑金属材料的用量将会越来越大。

钢材具有强度高，有一定塑性和韧性，有承受冲击和振动荷载的能力，可以焊接或铆接，便于装配等特点，因此，在土木工程中大量使用钢材作为结构材料。用型钢制作钢结构，安全性大，自重较轻，适用于大跨度及多层结构。用钢筋制作的钢筋混凝土结构，自重较大，但用钢量较少，还克服了钢结构因易锈蚀而维护费用大的缺点，因而钢筋混凝土结构在土木工程中采用尤为广泛。钢筋是最重要的土木工程材料之一。

由于建筑钢材主要用作结构材料，钢材的性能往往对结构安全起着决定性作用，因此，我们应对各种钢材的性能有充分的了解，以便在设计和施工中合理地选择和使用。

2.1　钢材的分类

2.1.1　钢材按化学成分分类（Classification by chemical component）

钢材是以铁为主要元素，含碳量为0.02%～2.06%，并含有其他元素的合金材料。钢材按化学成分可分为碳素钢和合金钢两大类。

1. 碳素钢（Carbon steel）

含碳量为0.02%～2.06%的铁碳合金称为碳素钢，也称碳钢。碳素钢根据含碳量可分为：

低碳钢：含碳小于0.25%；

中碳钢：含碳0.25%～0.6%；

高碳钢：含碳大于0.6%。

2. 合金钢（Alloy steel）

碳素钢中加入一定量的合金元素则称为合金钢。在合金钢中除含铁、碳和少量不可避免的磷（P）、硫（S）、氮（N）之外，还加入一定量的硅（Si）、锰（Mn）、钛（Ti）、钒（V）、镍（Ni）、铌（Nb）等一种或几种元素进行合金化，以改善钢材的使用性能和工艺性能，这些元素称为合金元素。按合金元素的总含量可分为：

低合金钢：合金元素总含量小于5%；

中合金钢：合金元素总含量为5%～10%；

高合金钢:合金元素总含量大于10%。

建筑上所用的钢材主要是碳素钢中的低碳钢和合金钢中的低合金钢。

2.1.2 按品质(杂质含量)分类(Classification by quality)

普通钢:含硫量≤0.050%;含磷量≤0.045%;

优质钢:含硫量≤0.035%;含磷量≤0.035%;

高级优质钢:含硫量≤0.025%,高级优质钢的钢号后加“高”字或“A”;含磷量≤0.025%;

特级优质钢:含硫量≤0.015%,特级优质钢后加“E”;含磷量≤0.025%。

2.1.3 按冶炼时脱氧程度分类

根据炼钢过程中脱氧程度不同,钢材可分沸腾钢、镇静钢、半镇静钢和特殊镇静钢四类。

1. 沸腾钢(Boiling steel)

如果炼钢时脱氧不充分,钢液中还有较多金属氧化物,浇铸钢锭后钢液冷却到一定的温度,其中的碳会与金属氧化物发生反应,生成大量一氧化碳气体外逸,引起钢液激烈沸腾,因而这种钢材称为沸腾钢,其代号为“F”。沸腾钢中碳和有害杂质磷、硫等在钢中分布不均,富集于某些区间的现象较严重,钢的致密程度较差,故沸腾钢的冲击韧性和可焊性较差,特别是低温冲击韧性的降低更显著。但从经济上比较,沸腾钢中消耗少量的脱氧剂,钢锭的收缩孔减少,成品率较高,故成本较低。

2. 镇静钢(Sedative steel)

如果炼钢时脱氧充分,钢液中金属氧化物很少或没有,在浇铸钢锭时钢液会平静地冷却凝固,这种钢称为镇静钢,其代号为“Z”。镇静钢组织致密,气泡少,偏析程度小,各种力学性能比沸腾钢优越,可用于受冲击荷载的结构或其他重要结构。

3. 半镇静钢(Half sedative steel)

半镇静钢指脱氧程度和性能都介于沸腾钢和镇静钢之间的钢材,其代号为“b”。

4. 特殊镇静钢(Special sedative steel)

比镇静钢脱氧程度更充分彻底的钢,称为特殊镇静钢,代号为“TZ”。特殊镇静钢的质量最好,适用于特别重要的结构工程。

2.2 建筑钢材的主要技术性能

钢材的主要性能包括力学性能和工艺性能,其中力学性能是钢材最重要的使用性能,包括强度、弹性、塑性和耐疲劳性等,工艺性能表示钢材在各种加工过程中的行为,包括冷变形性能和可焊性等。

2.2.1 抗拉性能(Tensile property)

抗拉性能是建筑钢材最重要的力学性能。钢材受拉时,在产生应力的同时,相应地产生应变。应力和应变关系反映出钢材的主要力学特征。从图2.1低碳钢(软钢)的应力-应变关系中可以看出,低碳钢从受拉到拉断,经历了四个阶段:弹性阶段(OA)、屈服阶段

(AB)、强化阶段(BC)和颈缩阶段(CD)。

1. 弹性阶段

在图中 OA 段,应力较低,应力与应变成正比例关系,卸去外力,试件恢复原状,无残余变形,这一阶段称为弹性阶段。弹性阶段的最高点(A 点)所对应的应力称为弹性极限。用 σ_p 表示,在弹性阶段,应力和应变的比值为常数称为弹性模量,用 E 表示,即 $E=\sigma/\varepsilon$。弹性模量反映钢材的刚度,是计算结构受力变形的重要指标。土木工程中常用钢材的弹性模量为$(2.0 \sim 2.1)\times 10^5$ MPa。

2. 屈服阶段

当应力超过弹性极限后,应变的增长比应力快,此时,除产生弹性变形外,还产生塑性变形。当应力达到 $B_上$ 后塑性变形急剧增加,应力-应变曲线出现一个小平台,这种现象称为屈服,这一阶段称为屈服阶段。在屈服阶段中,外力不增大,而变形继续增加,这时相应的应力称为屈服极限(σ_s)或屈服强度。如果应力在屈服阶段出现波动,则应区分上屈服点 $B_上$ 和下屈服点 $B_下$。上屈服点是指试样发生屈服而应力首次下降前的最大应力。下屈服点是指不计初始瞬时效应时屈服阶段中的最小应力。由于下屈服点比较稳定且容易测定,因此,采用下屈服点作为钢材的屈服强度。钢材受力达到屈服强度后,变形迅速增长,尽管尚未断裂,已不能满足使用要求,故结构设计中以屈服强度作为许用应力取值的依据。

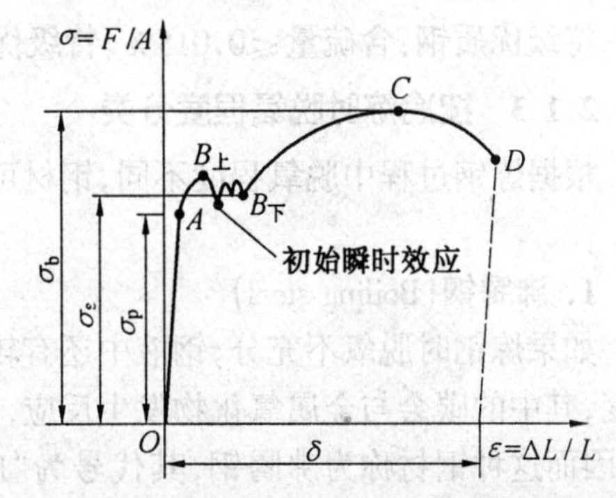

图 2.1 低碳钢拉伸时的应力-应变图

3. 强化阶段

在钢材屈服到一定程度后,由于内部晶格扭曲、晶粒破碎等原因,阻止了塑性变形的进一步发展,钢材抵抗外力的能力重新提高,在应力-应变图上,曲线从 $B_下$ 点开始上升直至最高点 C,这一过程为强化阶段;对应于最高点 C 的应力称为抗拉强度(σ_b),它是钢材所承受的最大拉应力。常用低碳钢的抗拉强度为 375~500 MPa。

抗拉强度在设计中虽然不能利用,但是抗拉强度与屈服强度之比(强屈比)σ_b/σ_s,却是评价钢材使用可靠性的一个参数。强屈比越大,钢材受力超过屈服点工作时的可靠性越大,安全性越高,但是,强屈比太大,钢材强度的利用率偏低,浪费材料。钢材的强屈比一般不低于 1.2,用于抗震结构的普通钢筋实测的强屈比应不低于 1.25。

4. 颈缩阶段

在钢材达到 C 点后,试件薄弱处的断面将显著减小,塑性变形急剧增加,产生“颈缩”现象而断裂,如图 2.2 所示。

塑性是钢材的一个重要性能指标。钢材的塑性通常用拉伸试验时的伸长率或断面收缩率来表示。将拉断后试件拼合起来,测量出标距长度 L_1,L_1 与试件受力前的原标距 L_0 之差为塑性变形值,其与原标距 L_0 之比为伸长率 δ,按下式计算

$$\delta = \frac{L_1 - L_0}{L_0} \times 100\%$$

式中，δ 为伸长率；L_0 为试件原始标距长度(mm)；L_1 为断裂试件拼合后标距长度(mm)。

伸长率 δ 是衡量钢材塑性的指标，它的数值越大，表示钢材塑性越好。良好的塑性，可将结构上的应力（超过屈服点的应力）重新分布，从而避免结构过早破坏。

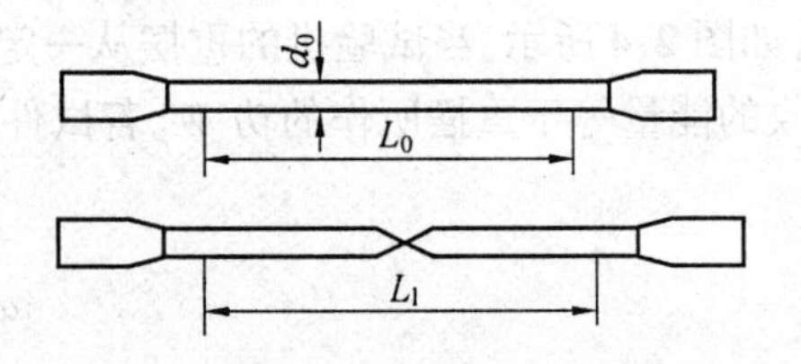

图 2.2　试件拉伸前和断裂后标距的长度

通常钢材拉伸试件取 $L_0 = 5d_0$ 或 $L_0 = 10d_0$，其伸长率分别以 δ_5 和 δ_{10} 表示，对于同一种钢材，$\delta_5 > \delta_{10}$。这是因为钢材中各段在拉伸的过程中伸长量是不均匀的，颈缩处的伸长率较大，因此当原始标距 L_0 与直径 d_0 之比越大，则颈缩处伸长值在整个伸长值中的比重越小，因而计算得的伸长率就越小。某些钢材的伸长率是采用定标距试件测定的，如标距 $L_0 = 100$ mm 或 200 mm，则伸长率用 δ_{100} 或 δ_{200} 表示。其塑性变形还可用断面收缩率(Shrinking Rate of a Cross-section) ψ 表示，即

$$\psi = \frac{A_0 - A_1}{A_0}$$

式中，A_0 为试件原始截面积；A_1 为试件拉断后颈缩处的截面积。

伸长率和断面收缩率表示钢材断裂前经受塑性变形的能力。伸长率越大或断面收缩率越高，说明钢材塑性越大。钢材塑性大，不仅便于进行各种加工，而且能保证钢材在建筑上的安全使用。因为钢材的塑性变形能调整局部高峰应力，使之趋于平缓，以免引起建筑结构局部破坏及其所导致的整个结构破坏；钢材在塑性破坏前，有很明显的变形和较长的变形持续时间，便于人们发现和补救。

某些合金钢或含碳量高的钢材（如预应力混凝土用钢筋和钢丝）具有硬钢的特点，其抗拉强度高，无明显的屈服阶段，伸长率小。由于在外力作用下屈服现象不明显，不能测出屈服点，故采用产生残余变形为 0.2% 原标距长度时的应力作为屈服强度，称为条件屈服点，用 $\sigma_{0.2}$ 表示，如图 2.3 所示。

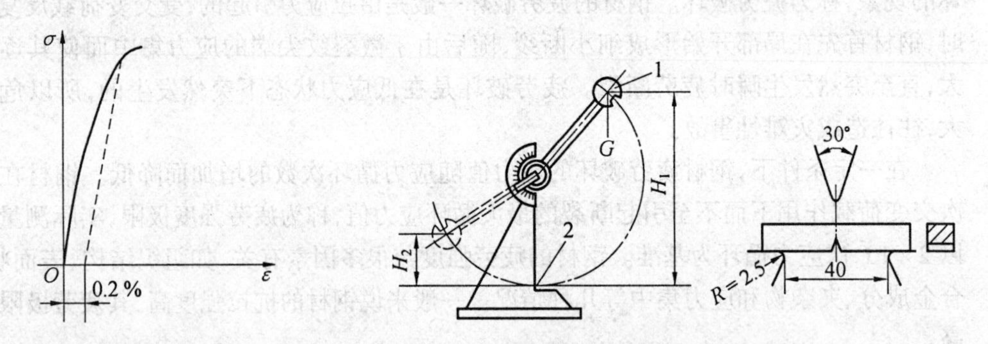

图 2.3　硬钢应力 - 应变图

图 2.4　冲击韧性试验原理图

2.2.2　冲击韧性(Impact toughness)

钢材的冲击韧性是处在简支梁状态的金属试样在冲击负荷作用下折断时的冲击吸收功。钢材的冲击韧性试验是将标准弯曲试样置于冲击机的支架上，并使切槽位于受拉的一

侧,如图 2.4 所示。当试验机的重摆从一定高度自由落下时,在试样中间开 V 型缺口,试样吸收的能量等于重摆所作的功 W。若试件在缺口处的最小横截面积为 A,则冲击韧性 α_k 为

$$\alpha_k = \frac{W}{A}$$

式中,α_k 的单位为 J/mm^2。

钢材的冲击韧性与钢材的化学成分、组织状态,以及冶炼、加工都有关系。例如,钢材中磷、硫含量较高,存在偏析、非金属夹杂物和焊接中形成的微裂纹等都会使冲击韧性显著降低。

冲击韧性随温度的降低而下降,其规律是:开始下降缓和,当达到一定温度范围时,突然下降很多而呈脆性,这种性质称为钢材的冷脆性,这时的温度称为脆性临界温度。脆性临界温度的数值越低,钢材的抗低温冲击性能越好。在负温下使用的结构,应当选用脆性临界温度比使用温度低的钢材。由于脆性临界温度的测定工作较复杂,通常是根据使用环境的温度条件规定 -20℃ 或 -40℃ 的负温冲击值指标,以保证钢材在脆性临界温度以上使用。

钢材的冲击韧性越大,钢材抵抗冲击荷载的能力越强。α_k 值与试验温度有关,有些材料在常温时冲击韧性并不低,但当温度降到某一温度范围时,却呈现脆性破坏特征。

随着时间的进展,钢的强度逐渐提高,而塑性和韧性相应降低的现象称为时效。完成时效变化的过程,在自然条件下往往要数十年,但钢材若受到振动或复荷载作用,时效迅速发展,可在短时间内完成。因时效而导致钢材冲击韧性降低,及其他性能改变的程度称为钢材的时效第三敏感性。时效敏感性大的钢材,经时效后,其冲击韧性值降低较大。在受振动冲击荷载作用的重要结构(如吊车梁 、桥梁等),应选用时效敏感性小的钢材。

2.2.3 耐疲劳性(Anti-fatigue)

受交变荷载反复作用时,钢材在应力低于其屈服强度的情况下突然发生脆性断裂破坏的现象,称为疲劳破坏。钢材的疲劳破坏一般是由拉应力引起的,受交变荷载反复作用时,钢材首先在局部开始形成细小断裂,随后由于微裂纹尖端的应力集中而使其逐渐扩大,直至突然发生瞬时疲劳断裂。疲劳破坏是在低应力状态下突然发生的,所以危害极大,往往造成灾难性事故。

在一定条件下,钢材疲劳破坏的应力值随应力循环次数的增加而降低。钢材在无穷次交变荷载作用下而不至引起断裂的最大循环应力值,称为疲劳强度极限,实际测量时常以 2×10^6 次应力循环为基准。钢材的疲劳强度与很多因素有关,如组织结构、表面状态、合金成分、夹杂物和应力集中等几种情况。一般来说钢材的抗拉强度高,其疲劳极限也较高。

2.2.4 工艺性能(Processing property)

1. 冷弯性能(Cold-bending property)

冷弯性能是指钢材在常温下承受弯曲变形的能力,以试验时的弯曲角度和弯心直径 d 为指标表示。钢材的冷弯试验是通过直径(或厚度)为 a 的试件,采用标准规定的弯心

直径 $d(d = na, n$ 为整数),弯曲到规定的角度时(180°或 90°),检查弯曲处有无裂纹、断裂及起层等现象,若没有这些现象则认为冷弯性能合格。钢材冷弯时的弯曲角度越大,d/a 越小,则表示冷弯性能越好,如图 2.5 所示。

应该指出的是,伸长率反映的是钢材在均匀变形下的塑性,而冷弯性能是钢材处于不利变形条件下的塑性,可提示钢材内部组织是否均匀,存在内应力和夹杂物等缺陷。而这些缺陷在拉伸试验中常因塑性变形导致应力重分布而得不到反映。

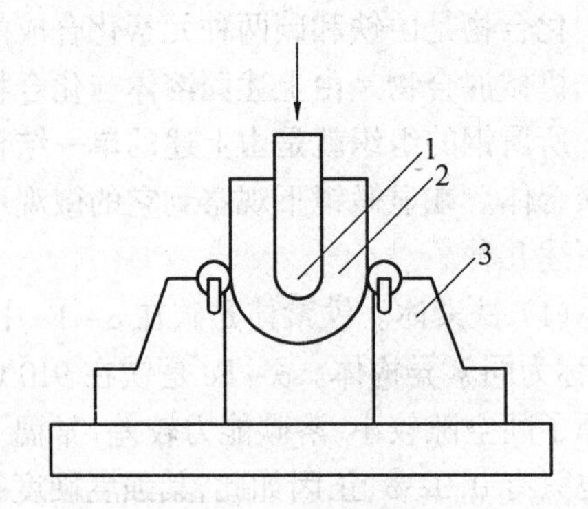

图 2.5 钢材冷弯试验

2. 焊接性能(Welding property)

焊接是把两块金属局部加热、并使其接缝部分迅速呈熔融或半熔融状态,而牢固地连接起来,它是钢结构的主要连接形式。建筑工程的钢结构中,焊接结构要占 90%以上。

钢材的焊接性能是指在一定的焊接工艺条件下,在焊缝及其附近过热区不产生裂纹及硬脆倾向,焊接后钢材的力学性能,特别是强度不低于原有钢材的强度。

钢材的化学成分对钢材的可焊性有很大的影响。随钢材的含碳量、合金元素及杂质元素含量的提高,钢材的可焊性降低。钢材的含碳量超过 0.25%时,可焊性明显降低;硫含量较多时,会使焊口处产生热裂缝,严重降低焊接质量。

2.3 钢材的组成结构及其性能的影响

2.3.1 钢材的晶体结构(Crystal structure of steel)

钢材和一切金属材料一样,也为晶体结构,它是铁-碳合金晶体,钢的晶格有两种构架,即体心立方晶格和面心立方晶格。其晶体结构中,各个原子以金属键相互结合在一起,这种结合方式就决定了钢材具有很高的强度和良好的塑性。

碳素钢从液态变为固态晶体结构时,随着温度的降低,其晶格要发生两次转变,即在 1 390℃以上的高温时,形成体心立方晶格,称 δ-Fe;温度由 1 390℃降至 910℃时,则转变为面心立方晶格,称 γ-Fe;继续降至 910℃以下的低温时,又转变成体心立方晶格,称 α-Fe。

钢材的晶格并不都是完好无缺的规则排列,而是存在许多缺陷,它们将显著地影响钢材的性能,这是钢材的实际强度远比理论强度小的根本原因,其主要的缺陷有点缺陷、线缺陷和面缺陷。

2.3.2 钢材的晶体组织(Crystal tissue of steel)

钢的性质是其内部组织的宏观表现,而化学成分则是决定其组织的内在因素,因此,要了解化学成分对性质的影响,首先应对钢的组织有初步的概念。

1. 钢的基本组织(Basic tissue of steel)

钢是铁碳合金,钢中的碳原子与铁原子之间的结合有三种基本形式:固溶体、化合物

和机械混合物。

固溶体是以铁为溶剂，碳为溶质所形成的固态“溶液”。铁保持原来的晶格，碳溶解其中。

化合物是由铁和碳两种元素化合成的化合物(Fe_3C)，其晶格已与原来的晶格不同。

机械混合物是由上述固溶体与化合物混合而组成。

所谓钢的组织就是由上述的单一结合形式或多种结合形式所构成的、具有一定形态的聚合体。在显微镜下观察到它的微观形貌图像，故也称显微组织。钢的基本组织主要有下述几种。

(1) 铁素体。铁素体是碳在 α - Fe 中的固溶体。纯铁在不同温度下有不同的晶体结构，称为同素异构体。α - Fe 是铁在 910℃温度以下的异构体，为体心立方晶格。铁素体内原子间空隙较小，溶碳能力较差，常温下只有 0.006%，当温度为 723℃时溶碳量最大，但也只有 0.02%，正因如此，其强度硬度很低，塑性韧性大。

(2) 奥氏体。奥氏体是碳在 γ - Fe 中的固溶体。γ - Fe 是铁在 910 ~ 1 390℃温度下的异构体，为面心立方晶格。它存在于高温下，溶碳能力较强，最大溶碳量在 1 130℃时可达 2.06%，当温度冷却至 723℃时，含碳量降至 0.8%。奥氏体的强度和硬度低，塑性大，适合于加工成型。

(3) 渗碳体。渗碳体是铁和碳组成的化合物(Fe_3C)。渗碳体的含碳量达 6.67%，其晶体结构复杂，性质硬而脆，抗拉强度很低。

(4) 珠光体。珠光体是铁素体和渗碳体的机械混合物。珠光体含碳量为 0.8%，它是奥氏体在 723℃以下分解的产物，其强度较高，塑性和韧性介于铁素体和渗碳体之间。

2. 碳素钢的组织及其对钢性质的影响(Tissue of carbon steel and influencing on steel properties)

常温下，随着含碳量的变化，碳素钢的组织和性能也不同，碳素钢基本组织相对含量与含碳量的关系如图 2.6 所示。

(1) 含碳量小于 0.80% 的碳素钢称为亚共析钢。随着含碳量的增加，铁素体比例逐渐减少，而珠光体逐渐增加，因而钢的强度、硬度逐渐提高，塑性、韧性则逐渐降低。

(2) 含碳量为 0.80% 的碳素钢称为共析钢，其组织是由珠光体组成。

(3) 含碳量大于 0.80%(小于 2.06%)的碳素钢称为过共析钢，其组织是由珠光体和渗碳体组成。随着含碳量的增加，珠光体逐渐减少、而渗碳体逐渐增加，因而钢的硬度、强度也逐渐增大(当含碳量超过 1%后，抗拉强度将开始下降)，塑性、韧性逐渐降低。

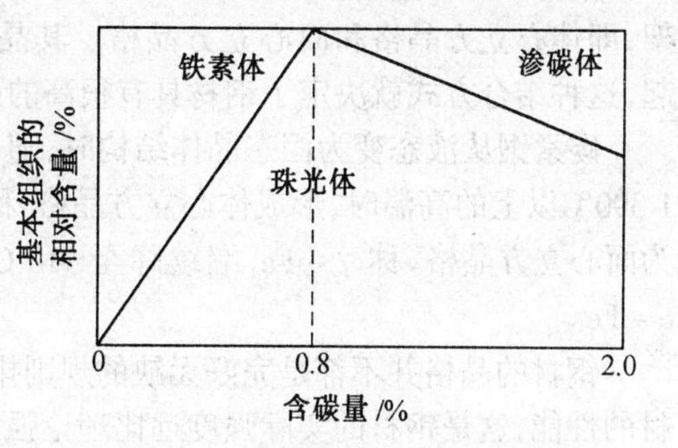

图 2.6　碳素钢基本组织相对含量与含碳量的关系

3. 钢的化学成分对钢材性能的影响(Steel properties effect of chemical components)

除铁以外，碳素钢中的主要元素是碳，含碳量对热轧碳素钢性质的影响如图 2.7 所示，其次还有冶炼中带入钢中的硅、锰、硫、磷、氮、氧、氢等元素。

(1) 碳。碳是碳素钢的重要元素，对钢的组织和性能有决定性的影响。如前所述，随着含碳量的增加，钢的硬度增大，塑性和韧性降低，而强度以含碳量为0.8%（共析钢）左右为最高。

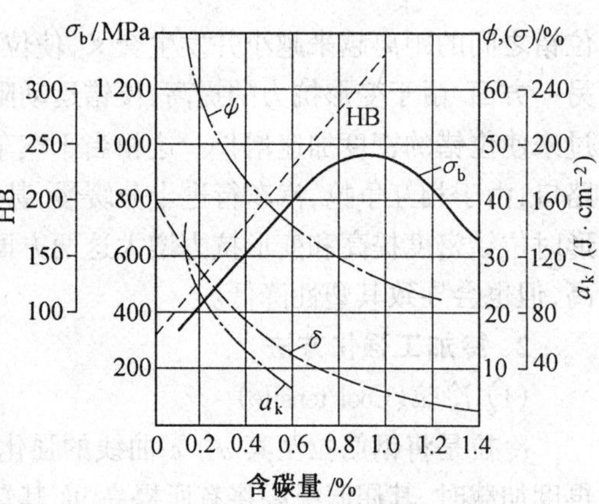

图2.7　含碳量对热轧碳素钢性质的影响
σ_b 为抗拉强度；α_k 为冲击韧性；HB为硬度；δ 为伸长率；ψ 为面积缩减率

(2) 硅。硅是炼钢时用的脱氧剂，硅铁脱氧而残留在钢中的。当硅含量小1.0%时，大部分硅溶于铁素体中，使铁素体强化，从而提高钢的强度，且对钢的塑性和冲击韧性无明显影响。硅是有益元素，因此在合金钢中，有时加入一定量的硅，作为合金元素以改善其机械性能。

(3) 锰。锰在炼钢过程中，可形成MnO及MnS，成为钢渣而排出，起到脱氧去硫作用，提高了强度，只是含量超过1%时，在强化的同时，塑性和韧性有所下降。锰是有益元素，但因碳素钢中含量少，对钢性能影响不大。锰常作为合金元素而加入合金钢中。

(4) 磷。磷是炼铁原料中带入的杂质。磷能与铁形成固溶体，但当磷含量增加时，将以磷化铁(Fe_3P)夹杂物形式存在，因而使钢在常温下脆性增加。若含磷量较高，或在低温条件下，脆性增加尤为显著（即冷脆性大）。此外，磷含量增加，一定程度地提高了钢的机械强度和切削加工性。

(5) 硫。硫是从炼铁原料和焦炭中进入钢中的有害成分，在钢中是以硫化铁(FeS)夹杂物形式存在的。硫含量增加，显著地降低了钢的热加工性能和可焊性。这是由于FeS与Fe的共晶熔点很低(985℃)，当焊接等热加工时（常达到此温度），使钢内部出现热裂纹，这种特性称为“热脆性”。硫和磷一样，易于偏析，含量过高时，会降低钢的韧性。

(6) 氮、氧、氢。这三种气体元素也是钢中的有害杂质，它们在固态钢中溶解度极小，偏析严重，使钢的塑性、韧性显著降低，甚至会造成微裂纹断裂事故。钢的强度越高，其危害性越大，所以应严格限制氮、氧、氢的含量。

2.4　钢材的强化与加工

2.4.1　冷加工强化(Cold working strengthening)

1. 冷加工强化的机理

将钢材于常温下进行冷拉、冷拔或冷轧，使其产生塑性变形，从而提高屈服强度，降低塑性和韧性，这个过程称为冷加工强化处理。

冷加工强化的机理描述如下：金属的塑性变形是通过位错运动来实现的。位错是指原子行列间相互滑移形成的线状缺陷。如果位错运动受阻，则塑性变形困难，即变形抗力增大，因而强度提高。在塑性变形过程中，位错运动的阻力主要来自位错本身。因为随着塑性变形的进行，位错在晶体中运动时可通过各种机制发生增殖，使位错密度不断增加，

位错之间的距离越来越小并发生交叉，使位错运动的阻力增大，导致塑性变形抗力提高。另一方面，由于变形抗力的提高，位错运动阻力的增大，位错更容易在晶体中发生塞积，反过来使位错的密度加速增长。这相当于汽车通过一个十分拥挤，又没有交通指挥的十字路口，由于相互争抢，汽车行进十分缓慢，甚至完全堵塞。所以，在冷加工时，依靠塑性变形时位错密度提高和变形抗力增大这两方面的相互促进，很快导致金属强度和硬度的提高，但也会导致其塑性降低。

2. 冷加工强化方法

(1) 冷拉(Cool tensile)

冷拉是将钢筋拉至其 $\sigma-\varepsilon$ 曲线的强化阶段内任一点 K 处，然后缓慢卸去荷载，则当再度加载时，其屈服极限将有所提高，而其塑性变形能力将有所降低。冷拉一般可控制冷拉率。钢筋经冷拉后，一般屈服点可提高 20% ~ 25%。

(2) 冷拔(Cool drawing)

冷拔是将光圆钢筋通过硬质合金拔丝模孔强行拉拔。冷拔作用比纯拉伸的作用强烈，钢筋不仅受拉，而且同时受到挤压作用。经过一次或多次的冷拔后得到的冷拔低碳钢丝，其屈服点可提高 40% ~ 60%，但失去软钢的塑性和韧性，而具有硬钢的特点。

(3) 冷轧(Cool rolling)

冷轧是将圆钢在冷轧机上轧成断面形状规则的钢筋，可提高其强度及与混凝土的粘结力。钢筋在冷轧时，纵向与横向同时产生变形，因而能较好地保持其塑性和内部结构的均匀性。

土木工程中大量使用的钢筋采用冷加工强化具有明显的经济效益。经过冷加工的钢材，可适当减小钢筋混凝土结构设计截面或减小混凝土中配筋数量，从而达到节约钢材的目的。钢筋冷拉还有利于简化施工工序。冷拉盘条钢筋可省去开盘和调直工序；冷拉直条钢筋则可与矫直、除锈等工序一并完成。但冷拔钢丝的屈强比较大，相应的安全储备较小。

2.4.2 时效处理(Aging treatment)

将冷加工处理后的钢筋，在常温下存放 15 ~ 20 d，或加热至 100 ~ 200℃后保持一定时间(2 ~ 3 h)，其屈服强度进一步提高，且抗拉强度也提高，同时塑性和韧性进一步降低，弹性模量则基本恢复，这个过程称为时效处理。

时效处理方法有两种：在常温下存放 15 ~ 20 d，称为自然时效(Natural aging)，适合用于低强度钢筋；加热至 100 ~ 200℃后保持一定时间(2 ~ 3 h)，称人工时效(Manmade aging)，适合于高强钢筋。

钢材经冷加工和时效处理后，其性能变化的规律明显地在应力 - 应变图上得到反映，如图 2.8 所示。

图 2.8 中 *OBCD* 为未经冷拉和时效处理试件的 $\sigma-\varepsilon$ 曲线。当试件冷拉至超过屈服强度任意一点 K 时卸荷载，此时由于试件已产生塑性变形，曲线沿 KO' 下降，KO' 大致与 *BO* 平行。如果立即重新拉伸，则新的屈服点将提高至 K 点，以后的 $\sigma-\varepsilon$ 曲线将与原来曲线 *KCD* 相似。如果在 K 点卸荷载后不立即重新拉伸，而将试件进行自然时效或人工时

效，然后再拉伸，则其屈服点又进一步提高至 K_1 点，继续拉伸时曲线沿 $K_1C_1D_1$ 发展。这表明钢筋冷拉和时效处理后，屈服强度得到进一步提高，抗拉强度亦有所提高，塑性和韧性则相应降低。

2.4.3 热处理(Heat treatment)

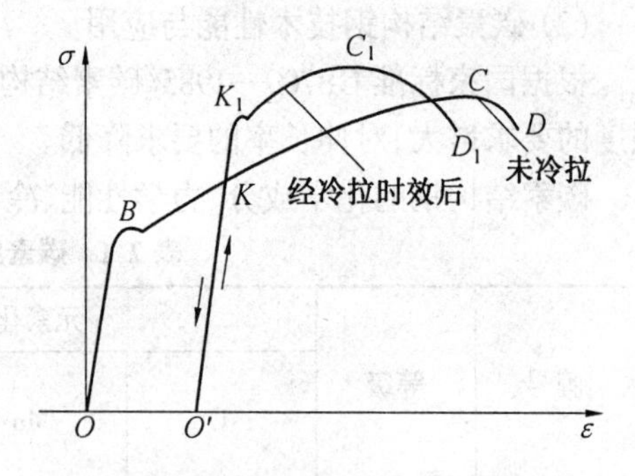

图 2.8 钢筋冷拉时效后应力－应变曲线

热处理是将钢材按规定的温度，进行加热、保温和冷却处理，以改变其组织，得到所需要性能的一种工艺。热处理包括淬火、回火、退火和正火。

1．淬火

将钢材加热至基本组织改变温度以上，保温使基本组织转变成奥氏体，然后投入水或矿物油中急冷，使晶粒细化，碳的固溶量增加，强度和硬度增加，塑性和韧性明显下降。

2．回火

将比较硬脆、存在内应力的钢加热至基本组织改变温度以下(150～650℃)，保温后按一定制度冷却至室温的热处理方法称回火。回火后的钢材，内应力消除，硬度降低，塑性和韧性得到改善。

3．退火

将钢材加热至基本组织转变温度以下(低温退火)或以上(完全退火)，适当保温后缓慢冷却，以消除内应力，减少缺陷和晶格畸变，使钢的塑性和韧性得到改善。

4．正火

将钢材加热至基本组织改变温度以上，然后在空气中冷却，使晶格细化，钢的强度提高而塑性有所降低。

2.5 土木工程常用金属材料的性质与应用

土木工程常用的金属材料主要是建筑钢材和铝合金。建筑钢材分为钢结构用钢和钢筋混凝土结构用钢，前者主要是型钢和钢板，后者主为是钢筋、钢丝、钢绞线等。建筑钢材的原料钢多为碳素钢和低合金钢。

2.5.1 建筑常用钢种

1．碳素结构钢(Carbon structnral steel)

(1)牌号及其表示方法

国家标准 GB700—1988《碳缘结构钢》中规定，牌号由代表屈服点的字母、屈服点数值、质量等级符号、脱氧方法等四部分按顺序组成。其中以“Q”代表屈服点；屈服点数值共分 195 MPa，215 MPa，235 MPa，255 MPa 和 275 MPa 五种；质量等级以硫、磷等杂质含量由多到少，分别用 A，B，C，D 符号表示；脱氧方法以 F 表示沸腾钢，b 表示半镇静钢，Z 和 TZ 表示镇静钢和特殊镇静钢，Z 和 TZ 在钢的牌号中予以省略。例如：Q235－A·F 表示屈

服点为 235 MPa 的 A 级沸腾钢。

随着牌号的增大，其含碳量增加，强度提高，塑性和韧性降低，冷弯性能逐渐变差。同一钢号内质量等级越高，钢材的质量越好，如 Q235C 级优于 Q235A 和 Q235B。

(2) 碳素结构钢技术性能与应用

根据国家标准 GB700—1985《碳素结构钢》，随着牌号的增大，对钢材屈服强度和抗拉强度的要求增大，对伸长率的要求降低。

碳素结构钢的化学成分、力学性能、冷弯性能应符合表 2.1、表 2.2 和表 2.3 的规定。

表 2.1　碳素结构钢的化学成分

牌号	等级	元素化学成分(质量分数)/%					脱氧方法
		C	Mn	Si	S	P	
				≯			
Q195	–	0.06～0.12	0.25～0.50	0.30	0.050	0.045	F,b,Z
Q215	A	0.09～0.15	0.25～0.55	0.30	0.050	0.045	F,b,Z
	B				0.045		
Q235[①]	A	0.14～0.22	0.30～0.65	0.30	0.050	0.045	F,b,Z
	B	0.12～0.20	0.30～0.70		0.045		
	C	≤0.18	0.35～0.80		0.040	0.040	Z
	D	≤0.17			0.035	0.035	TZ
Q255	A	0.18～0.28	0.40～0.70	0.30	0.050	0.045	F,b,Z
	B				0.045		
Q275	–	0.28～0.38	0.50～0.80	0.35	0.050	0.045	b,Z

①:Q235A,B 级沸腾钢锰含量上限为 0.60%。

表 2.2　碳素结构钢的力学性能

牌号	等级	拉伸试验													冲击试验	
		屈服强度 σ_s/MPa						抗拉强度 σ_b/MPa	伸长率 δ_5/%						温度/℃	V 型冲击功(纵向)/J
		钢材厚度(直径)/mm							钢材厚度(直径)/mm							
		≤16	16～40	40～60	60～100	100～150	>150		≤16	16～40	40～60	60～100	100～150	>150		
		≯							≮							≮
Q195	–	195	185	–	–	–	–	315～390	33	32	–	–	–	–	–	–
Q215	A	215	205	195	185	175	165	335～410	31	30	29	28	27	26	–	27
	B														20	

续表 2.2

Q235	A	235	225	215	205	195	187	375 ~ 460	26	25	24	23	22	21	–	–
	B														20	27
	C														–	
	D														20	
Q255	A	255	245	235	225	215	205	410 ~ 510	24	23	22	21	20	19	–	27
	B														20	
Q275	–	275	265	255	245	235	225	490 ~ 610	20	19	18	17	16	15	–	–

表 2.3　碳素结构钢的工艺性质

牌号	试样方向	冷弯试验 $B=2a,180°$		
		钢材厚度(直径)/mm		
		60	60 ~ 100	100 ~ 200
		弯心直径 d/mm		
Q195	纵	0	—	—
	横	$0.5a$		
Q215	纵	$0.5a$	$1.5a$	$2.0a$
	横	$1.0a$	$2.0a$	$2.5a$
Q235	纵	$1.0a$	$2.0a$	$2.5a$
	横	$1.5a$	$2.5a$	$3.0a$
Q255	—	$2.0a$	$3.0a$	$3.5a$
Q275	—	$3.0a$	$4.0a$	$4.5a$

注:B 为试样宽度,a 为钢材厚度(直径)。

2. 优质碳素结构钢(High quality carbon structural steel)

优质碳素结构钢大部分为镇静钢,对有害杂质含量控制严格,质量稳定,综合性能好,但成本较高。优质碳素结构钢分为普通含锰量(w(Mn) = 0.35% ~ 0.80%)和较高含锰量(w(Mn) = 0.70% ~ 1.20%)两大组。

优质碳素结构钢共有 31 个牌号,表示方法以平均含碳量(以 w(C) = 0.01% 为单位)、含锰量标注、脱氧程度代号组合而成。如牌号为"10F"的优质碳素钢表示平均含碳量为 0.10%,普通含锰量的沸腾钢;牌号为"45Mn"的表示平均含碳量为 0.45%,较高含锰量的镇静钢;牌号为"30"的表示平均含碳量为 0.30%,普通含锰量的镇静钢。

优质碳素钢的性能主要取决于含碳量。含碳量高,则强度高,但塑性和韧性降低。在土木工程中,30 ~ 45 号钢主要用于重要结构的钢铸件和高强度螺栓等,45 号钢用作预应力混凝土锚具,65 ~ 80 号钢用于生产预应力混凝土用钢丝和钢绞线。

3. 低合金高强度结构钢(Low-alloy and high-tehsile sructural steel)

低合金高强度结构钢是一种在碳素钢的基础上添加总量小于 5% 的一种或多种合金元素的钢材。合金元素有硅(Si)、锰(Mn)、钒(V)、铌(Nb)、铬(Cr)、镍(Ni)及稀土元素等。

（1）牌号(Codname)

根据国家标准 GB1591—1994《低合金高强度结构钢》的规定,低合金高强度结构钢分为 Q295,Q345,Q390,Q420 和 Q460 共五个牌号。每个牌号根据硫、磷等有害杂质的含量,分为 A,B,C,D 和 E 五个等级。

低合金钢均为镇静钢,其牌号由代表钢材屈服强度的字母“Q”,屈服强度数值和质量等级符号三个部分按顺序组成。牌号表示方法为

Q　屈服强度　质量等级

如 Q345B 表示屈服强度不小于 345 MPa,质量等级为 B 级的低合金高强度结构钢。

（2）技术性能与应用(Technical property and application)

根据国家标准 GB1591—1994《低合金高强度结构钢》的规定,表 2.4 和 2.5 中分别列出了低合金高强度结构钢的化学成分与力学性能。

表 2.4　低合金高强度结构钢的化学成分

牌号	质量等级	元素化学成分(质量分数)/%										
		C≤	Mn	Si	P≤	S≤	V	Nb	Ti	Al≤	Cr≤	Ni≤
Q295	A	0.16	0.80~1.50	0.55	0.045	0.045	0.02~0.15	0.015~0.060	0.02~0.20	–		
	B	0.16	0.80~1.50	0.55	0.040	0.040	0.02~0.15	0.015~0.060	0.02~0.20	–		
Q345	A	0.20	1.00~1.60	0.55	0.045	0.045	0.02~0.15	0.015~0.060	0.02~0.20	–		
	B	0.20	1.00~1.60	0.55	0.040	0.040	0.02~0.15	0.015~0.060	0.02~0.20	–		
	C	0.20	1.00~1.60	0.55	0.035	0.035	0.02~0.15	0.015~0.060	0.02~0.20	0.015		
	D	0.18	1.00~1.60	0.55	0.030	0.030	0.02~0.15	0.015~0.060	0.02~0.20	0.015		
	E	0.18	1.00~1.60	0.55	0.025	0.025	0.02~0.15	0.015~0.060	0.02~0.20	0.015		
Q390	A	0.20	1.00~1.60	0.55	0.045	0.045	0.02~0.20	0.015~0.060	0.02~0.20	–	0.030	0.70
	B	0.20	1.00~1.60	0.55	0.040	0.040	0.02~0.20	0.015~0.060	0.02~0.20	–	0.030	0.70
	C	0.20	1.00~1.60	0.55	0.035	0.035	0.02~0.20	0.015~0.060	0.02~0.20	0.015	0.030	0.70
	D	0.20	1.00~1.60	0.55	0.030	0.030	0.02~0.20	0.015~0.060	0.02~0.20	0.015	0.030	0.70
	E	0.20	1.00~1.60	0.55	0.025	0.025	0.02~0.20	0.015~0.060	0.02~0.20	0.015	0.030	0.70
Q420	A	0.20	1.00~1.70	0.55	0.045	0.045	0.02~0.20	0.015~0.060	0.02~0.20	–	0.040	0.70
	B	0.20	1.00~1.70	0.55	0.040	0.040	0.02~0.20	0.015~0.060	0.02~0.20	–	0.040	0.70
	C	0.20	1.00~1.70	0.55	0.035	0.035	0.02~0.20	0.015~0.060	0.02~0.20	0.015	0.040	0.70
	D	0.20	1.00~1.70	0.55	0.030	0.030	0.02~0.20	0.015~0.060	0.02~0.20	0.015	0.040	0.70
	E	0.20	1.00~1.70	0.55	0.025	0.025	0.02~0.20	0.015~0.060	0.02~0.20	0.015	0.040	0.70
Q460	C	0.20	1.00~1.70	0.55	0.035	0.035	0.02~0.20	0.015~0.060	0.02~0.20	0.015	0.070	0.70
	D	0.20	1.00~1.70	0.55	0.030	0.030	0.02~0.20	0.015~0.060	0.02~0.20	0.015	0.070	0.70
	E	0.20	1.00~1.70	0.55	0.025	0.025	0.02~0.20	0.015~0.060	0.02~0.20	0.015	0.070	0.70

注:表中 Al 为全铝含量。如化验酸溶铝时,其含量应不小于 0.010%。

表 2.5　低合金高强度结构钢的力学性能

牌号	质量等级	屈服强度 σ_s/MPa				抗拉强度 σ_b/MPa	伸长率 σ_s/%	冲击功(纵向)/J				180°弯曲试验 d = 弯心直径 a = 试样厚度 /mm	
		厚度(直径,边长)/mm						温度/℃				钢材厚度(直径/mm)	
		≤15	16~35	36~50	51~100			20	0	-20	-40	≤15	16~100
		≮						≮					
Q295	A	295	275	255	235	390~570	23	34				$d=2a$	$d=3a$
	B	295	275	255	235	390~570	23					$d=2a$	$d=3a$
Q345	A	345	325	295	275	470~630	21	34				$d=2a$	$d=3a$
	B	345	325	295	275	470~630	21					$d=2a$	$d=3a$
	C	345	325	295	275	470~630	22		34			$d=2a$	$d=3a$
	D	345	325	295	275	470~630	22			34		$d=2a$	$d=3a$
	E	345	325	295	275	470~630	22				27	$d=2a$	$d=3a$
Q390	A	390	370	350	330	490~650	19	34				$d=2a$	$d=3a$
	B	390	270	350	330	490~650	19					$d=2a$	$d=3a$
	C	390	370	350	330	490~650	20		34			$d=2a$	$d=3a$
	D	390	370	350	330	490~650	20			34		$d=2a$	$d=3a$
	E	390	370	350	330	490~650	20				27	$d=2a$	$d=3a$
Q420	A	420	400	380	360	520~680	18	34				$d=2a$	$d=3a$
	B	420	400	380	360	520~680	18					$d=2a$	$d=3a$
	C	420	400	380	360	520~680	19		34			$d=2a$	$d=3a$
	D	420	400	380	360	520~680	19			34		$d=2a$	$d=3a$
	E	420	400	380	360	520~680	19				27	$d=2a$	$d=3a$
Q460	C	460	440	420	400	550~720	17		34			$d=2a$	$d=3a$
	D	460	440	420	400	550~720	17			34		$d=2a$	$d=3a$
	E	460	440	420	400	550~720	17				27	$d=2a$	$d=3a$

低合金高强度结构钢与碳素结构钢相比,具有较高的强度,综合性能好,其强度的提高主要是靠加入的合金元素细晶强化和固溶强化来达到。在相同的使用条件下,可比碳素结构钢节省用钢20%~30%,对减轻结构自重有利。同时还具有良好的塑性、韧性、可焊性、耐蚀性、耐低温性等性能。

低合金高强度结构钢主要用于轧制各种型钢、钢板、钢管及钢筋,广泛用于钢结构和钢筋混凝土结构中,特别适用于各种重型结构、高层结构、大跨度结构及桥梁工程等。

2.5.2　钢结构用钢(Steels for steel structure)

钢结构用钢主要是热轧成形的钢材和型钢等;薄壁轻型结构中主要采用薄壁型钢、圆钢和小角钢;钢材所用的母材主要是普通碳素结构钢及低合金高强度结构钢。

1. 热轧型钢(Hot rolled section steels)

钢结构常用的型钢有工字钢、H 型钢、T 型钢、槽钢、等边角钢、不等边角钢等。型钢由于截面形式合理,材料在截面上分布对受力最为有利,且构件间连接方便,所以它是钢结构中采用的主要钢材。

H 型钢由工字钢发展而来,优化了截面的分布,如图 2.9 所示。与工字钢相比,H 型钢具有翼缘宽,侧向刚度大,抗弯能力强,翼缘两表面相互平行、连接构件方便、省劳力、质量轻、节省钢材等优点。H 型钢截面形状经济合理,力学性能好,常用于要求承载力大、截面稳定性好的大型建筑。T 型钢由 H 型钢对半剖分而成,如图 2.10 所示。

根据国家标准 GB/T11263—1998《热轧 H 型钢和剖分 T 型钢》,H 型钢分为三类:宽翼缘 H 型钢(代号为 HW)、中翼缘 H 型钢(代号为 HM)和窄翼缘 H 型钢(代号 HN);H 型钢桩代号 HP;剖分 T 型钢分为三类:宽翼缘剖分 T 型钢(代号为 TW)、中翼缘剖分 T 型钢(代号为 TM)和窄翼缘剖分 T 型钢(代号 TN)。

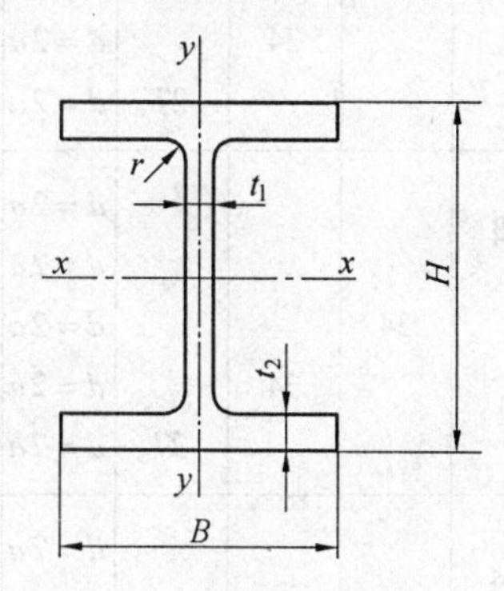

图 2.9　H 型钢、H 型钢桩截面图
H – 高度;B – 宽度;
t_1 – 腹板宽度;t_2 – 翼缘厚度;r – 圆角半径

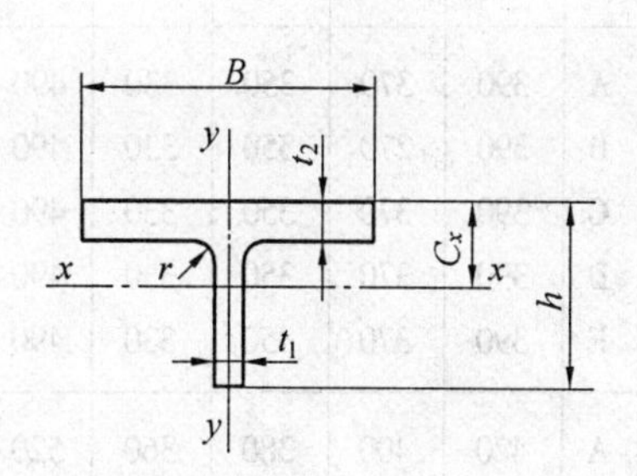

图 2.10　剖分 T 型钢截面图
h – 高度;B – 宽度;t_1 – 腹板宽度;t_2 – 翼缘厚度;
C_x – 重心至翼缘边的距离;r – 圆角半径

H 型钢、H 型钢桩的规格标记采用

$$高度\ H \times 宽度\ B \times 腹板宽度\ t_1 \times 翼缘厚度\ t_2$$

表示,例如

$$H340 \times 250 \times 9 \times 14$$

剖分 T 型钢的规格标记采用

$$高度\ H \times 宽度\ B \times 腹板宽度\ t_1 \times 翼缘厚度\ t_2$$

表示,例如

$$T248 \times 199 \times 9 \times 14$$

2. 冷弯薄壁型钢(Cold-formed thin-wall steels)

(1) 结构用冷弯空心型钢

空心型钢是用连续辊式冷弯机组生产的,按形状可分为方形空心型钢(代号为 F)和矩形空心型钢(代号为 J)。

(2) 通用冷弯开口型钢

冷弯开口型钢是用可冷加工变形的冷轧或热轧钢带在连续辊式冷弯机组上生产的,

按形状分为:冷弯等边角钢、冷弯不等边角钢、冷弯等边槽钢、冷弯不等边槽钢、冷弯内卷边槽钢、冷弯外卷边槽钢、冷弯Z型钢、冷弯卷边Z型钢8种。

3. 棒材、钢管和板材(Bars、pipes and plates of steel)

(1) 棒材。常用的棒材有六角钢、八角钢、扁钢、圆钢和方钢。

热轧六角钢和八角钢是截面为六角形和八角形的长条钢材,规格以"对边距离"表示。建筑钢结构的螺栓常以此种钢材为坯材。

热轧扁钢是截面为矩形并稍带钝边的长条钢材,规格以"厚度×宽度"表示,规格范围为3×10~60×150(单位为mm)。扁钢在建筑上用作房架构件、扶梯、桥梁和栅栏等。

(2) 钢管。钢结构中常用热轧无缝钢管和焊接钢管。钢管在相同截面积下,刚度较大,因而是中心受压杆的理想截面;流线型的表面使其承受风压小,用于高耸结构十分有利。在建筑结构上钢管多用于制作桁架、塔桅等构件,也可用于制作钢管混凝土。钢管混凝土是指在钢管内浇筑混凝土而形成的构件,可使构件承载力大大提高,且具有良好的塑性和韧性,经济效果显著,施工简单、工期短。钢管混凝土可用于厂房柱、构架柱、地铁站台柱、塔柱和高层建筑等。

(3) 板材。钢板材包括钢板、花纹钢板、建筑用压型钢板和彩色涂层钢板等。

钢板是矩形平板状的钢材,可直接轧制成或由宽钢带剪切而成,按轧制方式分为热轧钢板和冷轧钢板。钢板规格表示方法为宽度×厚度×长度(单位为mm)。钢板分厚板(厚度>4 mm)和薄板(厚度≤4 mm)两种。厚板主要用于结构,薄板主要用于屋面板、楼板和墙板等。在钢结构中,单块钢板一般较少使用,而是用几块板组合成工字形、箱形等结构来承受荷载。

2.5.3 混凝土结构用钢(Steels for reinforced concrete structure)

混凝土具有较高的抗压强度,但抗拉强度很低。用钢筋增强混凝土可大大扩展混凝土的应用范围,而混凝土又对钢筋起保护作用。钢筋混凝土结构的钢筋主要由碳素结构钢和优质碳素钢制成,包括如下几项。

1. 热轧钢筋(Hot-rolled steel bars)

热轧钢筋是土木工程中用量最大的钢材品种之一,主要用于钢筋混凝土和预应力钢筋混凝土结构的配筋。

热轧钢筋根据表面形状分为光圆钢筋和带肋钢筋,其中带肋钢筋有月牙肋钢筋和等高肋钢筋等,如图2.11所示。光圆钢筋需符合国家标准GB13013—1991《钢筋混凝土用热轧光圆钢筋》的规定,带肋钢筋需符合国家标准GB1499—1998《钢筋混凝土用热轧带肋钢筋》的规定,其力学性能和工艺性能规定如表2.6所示。

热轧光圆钢筋的牌号用HPB235表示,是用Q235碳素结构钢轧制而成的光圆钢筋。它的强度较低,但具有塑性好,伸长率高($\delta_5 \geq 25\%$),便于弯折成型,容易焊接等特点。它的使用范围很广,可用作中、小型钢筋混凝土结构主要受力钢筋,构件的箍筋,钢、木结构的拉杆等;可作为冷轧带肋钢筋的原材料;盘条还可作为冷拔低碳钢丝的原材料。

热轧带肋钢筋的牌号由HRB和屈服点最小值构成,有HRB335,HRB400,HRB500三个牌号。H,R,B分别为热轧(Hot rolled)、带肋(Ribbed)、钢筋(Bars)三个词的英文首位字母。带肋钢筋表面轧有通长的纵肋(平行于钢筋轴线的均匀连续肋)和均匀分布的横肋(与纵

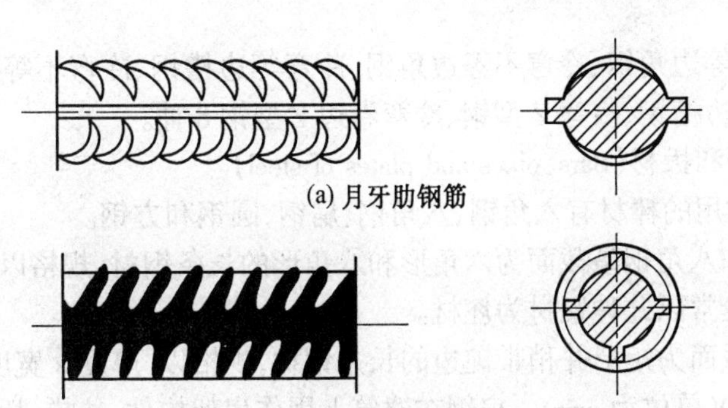

(a) 月牙肋钢筋

(b) 等高肋钢筋

图 2.11　带肋钢筋

肋不平行的其他肋)，从而加强了钢筋与混凝土之间的粘结力，可有效防止混凝土与配筋之间发生相对位移。

HRB335 和 HRB400 用低合金镇静钢和半镇静钢轧制，以硅、锰作为主要固溶强化元素，其强度较高，塑性和可焊性均较好。钢筋表面轧有通长的纵肋和分布的横肋，从而加强了钢筋与混凝土之间的粘结力。这两种钢筋广泛用于大、中型钢筋混凝土结构的主筋，经冷拉处理后也可作为预应力筋。

HRB500 用中碳低合金镇静钢轧制而成，除以硅、锰为主要合金元素外，还加入钒或钛作为固溶弥散强化元素，使之在提高强度的同时保证塑性和韧性。HRB500 表面形态与 HRB335 和 HRB400 相同，主要用于工程中的预应力钢筋。

表 2.6　热轧钢筋的力学性能和工艺性能

强度等级	表面形状	牌号	公称直径/mm	屈服点 σ_s 或 $\sigma_{0.2}$/MPa	抗拉强度 σ_b/MPa	伸长率 δ_5/%	弯曲试验弯心直径①
				≮			
Ⅰ	光圆	HPB235	8 ~ 20	235	370	25	$d=a$②
Ⅱ	月牙肋	HRB335	6 ~ 25	335	490	16	$d=3a$
			28 ~ 50				$d=4a$
Ⅲ	月牙肋	HRB400	6 ~ 25	400	570	14	$d=4a$
			28 ~ 50				$d=5a$
Ⅳ	月牙肋	HRB500	6 ~ 25	500	630	12	$d=6a$
			28 ~ 50				$d=7a$

注：①弯曲试验的弯曲角度为 180°。

②表中 d 为弯心直径，a 为钢筋公称直径。

2. 冷轧扭钢筋(Cold rolled twisted steel bars)

冷轧扭钢筋是采用低碳钢无扭控冷热轧盘条经冷轧扁和冷扭转而成的具有连续螺旋状的钢筋。该钢筋刚度大，不易变形，与混凝土的握裹力大，无需加工(预应力或弯钩)，可直接用于混凝土工程，节约钢材 30%。使用冷轧扭钢筋可减小板的设计厚度、减轻自重，施工时可按需要将成品钢筋直接供应现场铺设，免除现场加工钢筋，改变了传统加工钢筋占用场地、不利于机械化生产的弊端。冷轧扭钢筋的力学性能应符合表 2.7 的规定。

表 2.7 冷轧扭钢筋的力学性能(JG3046—1998)

抗拉强度 σ_b/MPa	伸长率 δ_{10}/%	冷弯 180°(弯心直径 = $3d$)
≥580	≥4.5	弯曲部位表面不得产生裂纹

3. 冷轧带肋钢筋(Cold rolled ribbed steel bars)

冷轧带肋钢筋是由热轧圆盘条经冷轧后,在其表面带有沿长度方向均匀分布的三面或二面横肋的钢筋。根据国家标准 GB13788—2000《冷轧带肋钢筋》的规定,冷轧带肋钢筋的牌号由 CRB 和钢筋的抗拉强度最小值构成,C,R,B 分别为冷轧(Cold rolled)、带肋(Ribbed)、钢筋(Bar)三个词的英文首位字母构成。冷轧带肋钢筋分为 CRB550,CRB650,CRB800,CRB970,CRB1170 五个牌号,CRB550 为普通钢筋混凝土钢筋,其他牌号为预应力混凝土钢筋。CRB550 钢筋的公称直径范围为 4 ~ 12 mm;CRB650 以上牌号钢筋的公称直径为 4 mm、5 mm、6 mm。

4. 预应力混凝土用钢丝(Steel wires for prestressed concrete)

预应力混凝土用钢丝是以优质碳素结构钢盘条为原料,经淬火奥氏体化、酸洗、冷拉制成的,用作预应力混凝土骨架的钢丝。钢丝的抗拉强度比钢筋混凝土用热轧光圆钢筋、热轧带肋钢筋高许多,在构件中采用预应力钢丝可收到节省钢材、减少构件截面和节省混凝土的效果,主要用于桥梁、吊车梁、大跨度屋架、管桩等预应力钢筋混凝土构件中。

国家标准 GB/T5223—2002《预应力混凝土用钢丝》规定,钢丝按加工状态分为冷拔钢丝和消除应力钢丝两类。消除应力钢丝按松弛性能又分为低松弛钢丝和普通松弛钢丝。冷拉钢丝代号为 WCD;低松弛钢丝代号为 WLR;普通松弛钢丝代号为 WNR。钢丝按外形分为光圆、螺旋肋、刻痕三种,光圆钢丝代号为 P;螺旋肋钢丝代号为 H;刻痕钢丝代号为 I。

5. 钢绞线(Steel strand)

预应力混凝土用钢绞线(GB/T5224—1995)是以数根优质碳素结构钢钢丝经绞捻和消除应力的热处理而制成。根据钢丝的股数分为 1×2,1×3 和 1×7 三种类型,其中 1 表示以一根钢丝为芯;2,3,7 分别表示其周围围绕的钢丝数量为 2 根、3 根和 7 根。

预应力钢绞线按其应力松弛性能分为两类:I 级松弛,代号 I;II 级松弛,代号 II。

预应力钢绞线主要用于预应力混凝土配筋。与钢筋混凝土中的其他配筋相比,预应力钢绞线具有强度高、柔性好、质量稳定、成盘供应无需接头等优点,适用于大型屋架、薄腹梁、大跨度桥梁等负荷大、跨度大的预应力结构。

2.5.4 铝合金及其制品(Aluminum alloy and products)

1. 铝及铝合金(Aluminum and its alloy)

铝为银白色轻金属,密度为 2.7 g/cm³,塑性好,但强度较低。纯铝在土木工程上的应用较少。纯铝可加工成铝粉,用于加气混凝土的发气,也可作为防腐涂料(又称银粉)用于铸铁、钢材等的防腐。为提高铝的强度,在铝中可加入锰、镁、铜、硅、锌等制成各种铝合金,其强度和硬度大大提高。通过电化学处理可使铝合金制品的表面具有各种颜色,使其装饰效果大大提高。铝合金的大气稳定性高。

2．铝合金制品(Aluminum alloy products)

通过热挤压、轧制、铸造等工艺，铝合金可被加工成各种铝合金门窗、龙骨、压型板、花纹板、管材、型材、棒材等。压型板和花纹板可直接用于墙面、屋面、顶棚等的装饰，也可与泡沫塑料或其他隔热保温材料复合为轻质、隔热保温的复合板材。某些铝合金可替代部分钢材用于建筑结构，使建筑结构自重大大降低。

(1) 铝合金门窗(Aluminum-alloyed doors and windows)

铝合金门窗按其结构与开启方式可分为推拉窗(门)、平开窗(门)、悬挂窗、回转窗、百叶窗、纱窗等。按其抗风压强度、气密性和水密性三项性能指标，将产品分为A，B，C三类，每类又分为优等品、一等品和合格品三个等级。

(2) 铝合金板(Aluminum alloy sheet)

用于装饰工程铝合金板，其品种和规格很多。按装饰效果分，有铝合金花纹板、铝合金波纹板、铝合金压型板、铝合金浅花纹板、铝合金冲孔板等。

2.6 钢材的腐蚀与防护

2.6.1 钢材的腐蚀(Corrsion of steels)

钢材与周围介质发生作用而引起破坏的现象称作腐蚀(锈蚀)。钢材腐蚀的现象普遍存在，如在大气中生锈，特别是当环境中有各种侵蚀性介质或湿度较大时，情况就更为严重。腐蚀不仅使钢材有效截面积减小，还会产生局部锈坑，引起应力集中；腐蚀会显著降低钢材的强度、塑性、韧性等力学性能。根据钢材与环境介质的作用原理，腐蚀可分为化学腐蚀和电化学腐蚀。

1．化学腐蚀(Chemical corrosion)

化学腐蚀指钢材与周围的介质(如氧气、二氧化碳、二氧化硫和水等)直接发生化学作用，生成疏松的氧化物而引起的腐蚀。在干燥环境中化学腐蚀的速度缓慢，但在温度高和湿度较大时腐蚀速度大大加快。

2．电化学腐蚀(Electrochemical corrosion)

钢材由不同的晶体组织构成，并含有杂质，由于这些成分的电极电位不同，当有电解质溶液(如水)存在时，就会在钢材表面形成许多微小的局部原电池。整个电化学腐蚀过程如下：

阳极区：$Fe - 2e = Fe^{2+}$

阴极区：$H_2O + 2e + 1/2O_2 = 2OH^-$

溶液区：$Fe^{2+} + 2OH^- = Fe(OH)_2$

$$4Fe(OH)_2 + O_2 + 2H_2O = 4Fe(OH)_3$$

水是弱电解质溶液，而溶有 CO_2 的水则成为有效的电解质溶液，从而加速电化学腐蚀的过程。钢材在大气中的腐蚀，实际上是化学腐蚀和电化学腐蚀共同作用所致，但以电化学腐蚀为主。

2.6.2 钢材的防护(Protection of steel)

1.钢材的防腐(Anticorrosion of steel)

钢材腐蚀既有内因(材质),又有外因(环境介质的作用),因此要防止或减少钢材的腐蚀可以从隔离环境中的侵蚀性介质或改变钢材本身的易腐蚀性方面入手。

(1) 采用耐候钢

耐候钢即耐大气腐蚀钢,是在碳素钢和低合金钢中加入少量铜、铬、镍、钼等合金元素而制成。这种钢在大气作用下,能在表面形成一种致密的防腐保护层,起到耐腐蚀作用,同时保持钢材良好的焊接性能。耐候钢的强度级别与常用碳素钢和低合金钢一致,技术指标也相近,但其耐腐蚀能力却高出数倍。

(2) 金属覆盖

用耐腐蚀性好的金属,以电镀或喷镀的方法覆盖在钢材表面,提高钢材的耐腐蚀能力。常用的方法有镀锌(如白铁皮)、镀锡(如马口铁)、镀铜和镀铬等。根据防腐蚀的作用原理可分为阴极覆盖和阳极覆盖。

(3) 非金属覆盖

在钢材表面用非金属材料作为保护膜,与环境介质隔离,以避免或减缓腐蚀,如喷涂涂料、搪瓷和塑料等。

涂料通常分为底漆、中间漆和面漆。底漆要求有比较好的附着力和防锈能力,中间漆为防锈漆,面漆要求有较好的牢度和耐候性以保护底漆不受损伤或风化。

(4) 混凝土用钢筋的防锈

在正常的混凝土中 pH 值约为 12,这时在钢材表面能形成碱性氧化膜(钝化膜),对钢筋起保护作用。若混凝土碳化后,由于碱度降低(中性化)会失去对钢筋的保护作用。此外,混凝土中氯离子达到一定浓度,也会严重破坏钢筋表面的钝化膜。

为防止钢筋锈蚀,应保证混凝土的密实度以及钢筋外侧混凝土保护层的厚度,在二氧化碳浓度高的工业区采用硅酸盐水泥或普通硅酸盐水泥,限制含氯盐外加剂掺量并使用混凝土用钢筋防锈剂。预应力混凝土应禁止使用含氯盐的集料和外加剂。钢筋涂覆环氧树脂或镀锌也是一种有效的防锈措施。

2. 钢材的防火(Fire proofing of steel)

钢是不燃性材料,但这并不表明钢材能够抵抗火灾。耐火试验与火灾案例表明:以失去支持能力为标准,无保护层时钢柱和钢屋架的耐火极限只有 0.25 h,而裸露钢梁的耐火极限为 0.15 h。温度在 200℃以内,可以认为钢材的性能基本不变;超过 300℃以后,弹性模量、屈服点和极限强度均开始显著下降,应变急剧增大;达到 600℃时已经失去承载能力,所以没有防火保护层的钢结构是不耐火的。

钢结构防火保护的基本原理是采用绝热或吸热材料,阻隔火焰和热量,推迟钢结构的升温速率。防火方法以包覆法为主,即以防火涂料、不燃性板材或混凝土和砂浆将钢构件包裹起来。

2.7 钢筋连接

钢筋连接有绑轧连接、焊接连接、冷压连接和螺旋连接四种常用的连接方法。除个别情况(如不准出现明火)应尽量采用焊接连接,以保证质量、提高效率和节约钢材。钢筋焊接分为压焊和熔焊两种形式,压焊包括闪光对焊、电阻点焊和气压焊;熔焊包括电弧焊和电渣压力焊。此外,钢筋与预埋件T形接头的焊接应采用埋弧压力焊。

钢筋的焊接质量与钢材的可焊性、焊接工艺有关。可焊性与含碳量、合金元素的数量有关,含碳、锰数量增加,则可焊性差;而含适量的钛可改善可焊性。焊接工艺(焊接参数与操作水平)亦影响焊接质量,即使可焊性差的钢材,若焊接工艺适宜,亦可获得良好的焊接质量。当环境温度低于-5℃,即为钢筋低温焊接,此时应调整焊接工艺参数,使焊缝和热影响区缓慢冷却。风力超过4级时,应有挡风措施。环境温度低于-20℃时不得进行焊接。

2.7.1 对焊(Butt welding)

钢筋对焊原理是将两钢筋成对接形式水平安置在对焊机夹钳中,使两钢筋接触,通以低电压的强电流,使电能转化为热能(电阻热)。钢筋加热到一定程度后,即施加轴向压力挤压(称为顶锻),便形成对焊接头。

钢筋对焊应采用闪光对焊,它具有生产效率高、操作方便、节约钢材、焊接质量高、接头受力性能好等许多优点。适用于直径10~40 mm的I~III级热轧钢筋、直径10~25 mm的IV级热轧钢筋以及直径10~25 mm的热处理III级钢筋的焊接。

1. 钢筋闪光对焊工艺

钢筋闪光对焊过程如下:先将钢筋夹入对焊机的两电极中(钢筋与电极接触处应清除锈污,电极内应通入循环冷却水),闭合电源,然后使钢筋两端面轻微接触,这时即有电流通过,由于接触轻微,钢筋端面不平,接触面很小,故电流密度和接触电阻很大,因此接触点很快熔化,形成“金属过梁”。过梁进一步加热,产生金属蒸气飞溅(火花般的熔化金属微粒自钢筋两端面的间隙中喷出,称为烧化),形成闪光形象,故称闪光对焊。通过烧化使钢筋端部温度升高到要求温度后,快速将钢筋挤压(称为顶锻),然后断电,即形成对焊接头。

根据所用对焊机功率大小及钢筋品种、直径不同,闪光对焊又分连续闪光焊、预热闪光焊、闪光-预热闪光焊等不同工艺。钢筋直径较小时,可采用连续闪光焊;钢筋直径较大,端面较平整时,宜采用预热闪光焊;直径较大,且端面不够平整时,宜采用闪光-预热闪光焊,IV级钢筋必须采用预热闪光焊或闪光-预热闪光焊,对IV级钢筋中焊接性差的钢筋还应采取焊后通电热处理的方法以改善接头焊接质量。

(1) 连续闪光焊。采用连续闪光焊时,先闭合电源,然后使两钢筋端面轻微接触,形成闪光。闪光一旦开始,应徐徐移动钢筋,形成连续闪光过程。待钢筋烧化到规定的长度后,以适当的压力迅速进行顶锻,使钢筋焊牢。连续闪光焊所能焊接的最大钢筋直径,应随着焊机容量的降低和钢筋级别的提高而减小。

(2) 预热闪光焊。预热闪光焊是在连续闪光焊前增加一次预热过程,以达到均匀加

热的目的。采用这种焊接工艺时，先闭合电源，然后使两端钢筋端面交替地接触和分开，这时钢筋端面的间隙中即发出断续的闪光，而形成预热过程。当钢筋烧化到规定的预定的预热留量后，随即进行连续闪光和顶锻，使钢筋焊牢。

(3) 闪光－预热闪光焊。在预热闪光焊加一次闪光过程，目的是使不平整的钢筋端面烧化平整，使预热均匀。这种焊接工艺的焊接过程是首先连续闪光，使钢筋端部闪平，然后断续闪光，进行预热，接着连续闪光，最后进行顶锻，以完成整个焊接过程。

2．钢筋焊接质量与焊接参数有关

闪光对焊参数主要包括调伸长度、烧化留量、预热留量、烧化速度、顶锻留量、顶锻速度及变压器级次等。

3．焊后通电热处理

Ⅳ级钢筋焊接性差，钢筋对氧化、淬火及过热较敏感，易产生氧化缺陷和脆性组织。为改善焊接质量，可采用焊后通电热处理的方法对焊接接头进行一次退火或高温回火处理，以达到消除热影响区产生的脆性组织，改善塑性的目的。通电热处理应待接头稍冷却后进行，过早会使加热不均匀，近焊缝区容易遭受过热。热处理温度与焊接温度有关，焊接温度较低者宜采用较低的热处理温度，反之宜采用较高的热处理温度。

4．钢筋的低温对焊

钢筋在环境温度低于－5℃的条件下进行对焊属低温对焊。在低温条件下焊接时，焊件冷却快，容易产生淬硬现象，内应力将增大，接头处力学性能降低。因此在低温条件下焊接时，应掌握好减小温度梯度和冷却速度。为使加热均匀、增大焊件受热区域，宜采用预热闪光焊或闪光－预热闪光焊。

2.7.2 电阻点焊(Electrical ressistance point welding)

钢筋骨架或钢筋网中交叉钢筋的焊接宜采用电阻点焊，其所适用的钢筋直径和级别为：直径 6～14 mm 的热轧Ⅰ、Ⅱ级钢筋，直径 3～5 mm 的冷拔低碳钢丝和直径 4～12 mm 的冷轧带肋钢筋。所用的点焊机有单点点焊机(用以焊接较粗的钢筋)、多头点焊机(一次焊数点，用以焊钢筋网)和悬挂式点焊机(可焊接平面尺寸大的骨架或钢筋网)。现场还可采用手提式点焊机。

点焊时，将已除锈污的钢筋交叉点放入点焊机的两电极间，使钢筋通电发热至一定温度后，加压使焊点金属焊牢。

采用点焊代替绑扎，可提高工效，节约劳动力，成品刚性好，便于运输。钢筋点焊参数主要有通电时间、电流强度、电极压力及焊点压入深度等。应根据钢筋级别、直径及焊机性能合理选择。

点焊时，部分电流会通过已焊好的各点而形成闭合电路，这样将使通过焊点的电流减小，这种现象叫电流的分流现象。分流会使焊点强度降低，分流大小随通路的增加而增加，随焊距的增加而减少。个别情况下分流可达焊点电流的 40%以上。为消除这种有害影响，施焊时应合理考虑施焊顺序或适当延长通电时间或增大电流，在焊接钢筋交叉角小于 30°的钢筋网或骨架时，也须增大电流或延长时间。

焊点应做外观检查和强度试验。合格的焊点无脱落、漏焊、气孔、裂纹、空洞及明显烧伤，焊点处应挤出饱满而均匀的熔化金属，压入深度符合要求。热轧钢筋焊点应做抗剪试

验;冷拔低碳钢丝焊点除做抗剪试验外,还应对较小钢丝做抗拉试验。强度指标应符合《钢筋焊接及验收规程》的规定。

2.7.3 气压焊(Gas pressure welding)

钢筋气压焊是采用一定比例的氧气和乙炔焰为热源,对需要连接的两钢筋端部接缝处进行加热,使其达到热塑状态,同时对钢筋施加 30 ~ 40 MPa 的轴向压力,使钢筋顶锻在一起。该焊接方法使钢筋在还原气体的保护下,发生塑性流变后相互紧密接触,促使端面金属晶体相互扩散渗透,再结晶,再排列,形成牢固的焊接接头。这种方法,设备投资少、施工安全、节约钢材和电能,不仅适用于竖向钢筋的连接,也适用于各种方向布置的钢筋连接。适用范围为直径 14 ~ 40 mm 的 I ~ III 级钢筋(25MnSi 钢筋除外);当不同直径钢筋焊接时,两钢筋直径差不得大于 7 mm。

2.7.4 电弧焊(Electric arc welding)

电弧焊是利用弧焊机使焊条与焊件之间产生高温电弧(焊条与焊件间的空气介质中出现强烈持久的放电现象称电弧),使焊条和电弧燃烧范围内的焊件金属熔化,熔化的金属凝固后,便形成焊缝或焊接接头。电弧焊应用范围广,如钢筋的接长、钢筋骨架的焊接、钢筋与钢板的焊接、装配式结构接头的焊接及其他各种钢结构的焊接等。

弧焊机分为交流弧焊机、直流弧焊机和整流弧焊机三种,工地多采用交流弧焊机。钢筋电弧焊可分为搭接焊、帮条焊、坡口焊、熔槽帮条焊和窄间隙焊五种接头形式。

1. 搭接焊接头

搭接焊接头适用于焊接直径 10 ~ 40 mm 的 I ~ III 级钢筋。钢筋搭接焊宜采用双面焊,不能进行双面焊时,可采用单面焊,焊接前,钢筋宜预弯,以保证两钢筋的轴线在一直线上,使接头受力性能良好。

2. 帮条焊接头

帮条焊接头适用于焊接直径 10 ~ 40 mm 的 I ~ III 级钢筋。钢筋帮条焊宜采用双面焊,不能进行双面焊时,也可采用单面焊。帮条宜采用与主筋同级别或同直径的钢筋制作,如帮条级别与主筋相同时,帮条直径可以比主筋直径小一个规格;如帮条直径与主筋相同时,帮条钢筋级别可比主筋低一个级别。

钢筋搭接头或帮条焊接头的焊缝厚度 h 应不小于 0.3 倍主筋直径;焊缝宽度 b 不应小于 0.7 倍主筋直径。

3. 坡口焊接头

坡口焊接头比以上两种接头节约钢材,适用于在现场焊接装配现浇式构件接头中直径 18 ~ 40 mm 的 I ~ III 级钢筋。

坡口焊按焊接位置不同可分为平焊与立焊。

4. 熔槽帮条焊接头

钢筋熔槽帮条焊接头适用于直径等于和大于 20 mm 钢筋的现场安装焊接。焊接时,应加边长为 40 ~ 60 mm 的角钢作垫板模,此角钢除用作垫板模外,还起帮条作用。

5. 窄间隙焊接头

钢筋窄间隙焊是将两根需对接的钢筋水平置于 U 形模具中,中间留出一定间隙予以

固定，随后采取电弧焊连续焊接，熔化钢筋端面，并使熔敷金属填满空隙而形成接头的一种焊接方法，原理简图如图 2.12 所示。

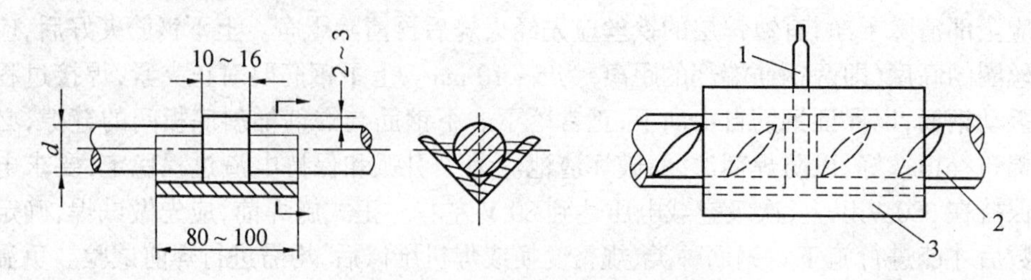

图 2.12　钢筋窄间隙焊原理简图

窄间隙焊具有焊前准备简单、焊接操作难度较小、焊接质量好、效率高、焊接成本低、受力性能好的特点。适用于直径 16 mm 及 16 mm 以上 I ~ III 级钢筋的现场水平连接，但不适用于热处理 III 级钢筋。

钢筋电弧焊接头的质量应符合外观检查和拉伸试验的要求。外观检查时，接头焊缝应表面平整，不得有较大凹陷或焊瘤；接头区域不得有裂纹；坡口焊、熔槽帮条焊和窄间隙焊接头的焊缝余高不得大于 3 mm；咬边深度、气孔、夹渣的数量和大小以及接头尺寸偏差应符合有关规定。做拉伸试验时，要求三个热轧钢筋接头试件的抗拉强度均不得低于该级别钢筋规定的抗拉强度值；余热处理 III 级钢筋接头试件的抗拉强度均不得低于热轧 III 级钢筋规定的抗拉强度值 570 MPa；三个接头试件均应断于焊缝之外，并至少有两个试件呈延性断裂。

2.7.5　电渣压力焊(Electric slag pressure welding)

钢筋电渣压力焊是将两钢筋安放成竖向对接形式，利用焊接电流通过两钢筋端面间隙，在焊剂层下形成电弧过程和电渣过程，产生电弧热和电阻热，熔化钢筋，加压完成连接的一种焊接方法。具有操作方便、效率高、成本低、工作条件好等特点，在高层建筑施工中取得了很好的效果。适用于现浇混凝土结构中直径为 14 ~ 40 mm、级别为 I、II 级竖向或斜向(倾斜度在 4:1 范围内)钢筋的连接。

1. 焊接设备

钢筋电渣压力焊机按操作方式可分成托运式和自动式两种，一般由焊接电源、焊接机头和控制箱三部分组成。

2. 焊接过程

钢筋电渣压力焊具有电弧焊、电渣焊和压力焊的特点，其焊接过程可分四个阶段，即引弧过程→电弧过程→电渣过程→顶压过程。

3. 焊缝参数及操作要求

电渣压力焊主要焊接参数包括焊接电流、焊接电压和焊接通电时间等。焊接电流根据直径选择，它将直接影响渣池温度、粘度、电渣过程的稳定性和钢筋熔化时间。渣池电压影响着电渣过程的稳定，电压过低，表示两钢筋距离过小，易产生短路；电压过高，表示两钢筋间距过大，容易产生断路，一般宜控制在 40 ~ 60 V。焊接通电时间和钢筋熔化量均根据钢筋直径大小确定。施工时，钢筋焊接的端头要直，端面要平，以免影响接头的成型。

焊接前需将上下钢筋端面及钢筋与电极块接触部位的铁锈、污物清除干净。焊剂使用前，需经250℃左右烘焙2 h，以免发生气孔和夹渣。铁丝圈用12～14号铁丝弯成，铁丝上的锈迹应全部清除干净，有镀锌层的铁丝应先经火烧后再清除干净。上下钢筋夹好后，应保持铁丝圈的高度（即两钢筋端部的距离）为5～10 mm。上下钢筋要对正夹紧，焊接过程中不许扳动钢筋，以保证钢筋自由向下，正常落下。下钢筋与焊剂桶斜底板间的缝隙，必须用石棉布等填塞好，以防焊剂泄漏，破坏渣池。为了引弧和保持电渣过程稳定，要求电源电压保持在380 V以上，次级空载电压达到80 V左右。正式施焊前，应先做试焊，确定焊接参数后才能进行施工。钢筋种类、规格变换或焊机维修后，均需进行焊前试验。负温焊接时（气温在－5℃左右）应根据钢筋直径的不同，延长焊接通电时间1～3 s，适当增大焊接电流，搭设挡风设置等。雪天不施焊。

4．焊接接头外观质量检查

电渣压力焊焊接接头四周应焊包均匀，凸出钢筋表面的高度至少有4 mm，不得有裂纹；钢筋与电极接触处，表面无明显烧伤等缺陷；接头处钢筋轴线的偏移不得超过0.1倍钢筋直径，同时不得大于2 mm；接头处的弯折角不得大于4°。

对外观检查不合格的接头，应切除重焊。

2.8 机械连接

钢筋机械连接是通过连接件的机械咬合作用或钢筋端面的承压作用，将一根钢筋中的力传递至另一根钢筋的连接方法，它具有施工简便、工艺性能良好、接头质量可靠、不受钢筋焊接性的制约、可全天候施工、节约钢材和能源等优点。

常用的机械连接接头类型有挤压套筒接头、锥螺纹套筒接头、直螺纹套筒接头、熔融金属充填套筒接头、水泥灌浆充填套筒接头和受压钢筋端面平接头等。

2.8.1 带肋钢筋套筒挤压连接（Pressure interlinking ribbed steel bar with casing pipe）

带肋钢筋套筒挤压连接是将需要连接的带肋钢筋，插于特制的钢套筒内，利用挤压机压缩套筒，使之产生塑性变形，靠变形后的钢套筒与带肋钢筋之间的紧密咬合来实现钢筋的连接，它适用于钢筋直径为16～40 mm的Ⅱ、Ⅲ级带肋钢筋的连接。

钢筋挤压连接有钢筋径向挤压连接和钢筋轴向挤压连接。

1．带肋钢筋套筒径向挤压连接

带肋钢筋套筒径向挤压连接，是采用挤压机沿径向（即与套筒轴线垂直）将钢套筒挤压产生塑性变形，使之紧密地咬住带肋钢筋的横肋，实现两根钢筋的连接。当不同直径的带肋钢筋采用挤压接头连接时，若套筒两端外径和壁厚相同，被连接钢筋的直径相差不应大于5 mm。

挤压连接工艺流程主要是：钢筋套筒验收→钢筋断料，刻画钢筋套入长度定出标记→套筒套入钢筋、安装挤压机→开液压泵，逐渐加压套筒至接头成型→卸下挤压机→接头外形检查。

2．带肋钢筋套筒轴向挤压连接

钢筋轴向挤压连接，是采用挤压机和压模对钢套筒及插入的两根对接钢筋，沿其轴向

方向进行挤压,使套筒咬合到带肋钢筋的肋间,使其结合成一体。

2.8.2 钢筋锥螺纹接头连接

钢筋锥螺纹接头是把钢筋的连接端加工成锥形螺纹(简称丝头),通过锥螺纹连接套把两根带丝头的钢筋,按规定的力矩值连接成一体的钢筋接头,适用于直径为 16~40 mm 的 II、III 级钢筋的连接。

1. 锥螺纹连接套

锥螺纹连接套的材料宜用 45 号优质碳素结构钢或其他经试验确认符合要求的材料。提供锥螺纹连接套应有产品合格证;两端锥孔应有密封盖;套筒表面应有规格标记。进场时,施工单位应进行复检,可用锥螺纹塞规拧入连接套,若连接套的大端边缘在锥螺纹塞规大端的缺口范围内则为合格。

2. 钢筋锥螺纹加工

钢筋应先调直再下料,钢筋下料可用钢筋切断机或砂轮锯,但不得用气割下料。下料时,要求切口端面与钢筋轴线垂直,端头不得挠曲或出现马蹄形。加工好的钢筋锥螺纹丝头的锥度、牙形、螺距等必须与连接套的锥度、牙形、螺距一致,并应进行质量检验。检验内容包括:①锥螺纹丝头牙形检验;②锥螺纹丝头锥度与小端直径检验。

3. 钢筋连接

连接钢筋之前,先回收钢筋连接端的保护帽和连接套上的密封盖,并检查钢筋是否与连接套规格相同,检查锥螺纹丝头是否完好无损、清洁。连接钢筋时,应先把已拧好连接套的一端钢筋对正轴线拧到被连接的钢筋上,然后用力矩扳手按规定的力矩值把钢筋接头拧紧,不得超拧,以防止损坏接头丝扣。拧紧后随即画上油漆标记,以防钢筋接头漏拧。

2.9 钢筋的配料与代换

2.9.1 钢筋配料(Assortment of steel bars)

钢筋加工前应根据图纸按不同构件先编制配料单,然后进行备料加工。为了使工作方便和不漏配钢筋,配料应该有顺序地进行。

下料长度计算是配料计算中的关键。由于结构受力上的要求,许多钢筋需在中间弯曲和两端弯成弯钩。钢筋弯曲时,其外壁伸长,内壁缩短,而中心线长度并不改变。但是简图尺寸或设计图中注明的尺寸是根据外包尺寸计算,且不包括端头弯钩长度。显然外包尺寸大于中心线长度,它们之间存在一个差值,称为“量度差值”,因此钢筋的下料长度应为

钢筋下料长度 = 外包尺寸 + 端头弯钩长度 - 量度差值;

箍筋下料长度 = 箍筋周长 + 箍筋调整值。

当弯心的直径为 $2.5d$(d 为钢筋的直径),半圆弯钩的增加长度和各种弯曲角度的量度差值,其计算方法如下:

弯钩全长　　　　$3d + 3.5d\pi/2 = 8.5d$

弯钩增加长度　　$8.5d - 2.25d = 6.25d$

在实践中由于实际弯心直径与理论直径有时不一致、钢筋粗细和机具条件不同等而影响长短，所以在实际配料时，对弯钩增加长度采用经验数据。

2.9.2 钢筋的代换（Substitution of steel bar）

施工中如供应的钢筋品种规格与设计图纸要求不符时，可以进行代换。但代换时，必须充分了解设计意图和代换钢材的性能，严格遵守规范的各项规定。对抗裂性要求高的构件，不宜用光面钢筋代换变形钢筋；钢筋代换时不宜改变构件中的有效高度；凡属重要的结构和预应力钢筋，在代换时应征得设计单位的同意；代换后的钢筋用量不宜大于原设计用量的5%，亦不低于2%，且应满足规范规定的最小钢筋直径、根数、钢筋间距、锚固长度等要求。

钢筋代换的方法有以下三种。

(1) 当结构构件是按强度控制时，可按强度等同原则代换，称等强代换。

(2) 当构件按最小配筋率控制时，可按钢筋面积相等的原则代换，称等面积代换。

(3) 当结构构件按裂缝宽度或挠度控制时，钢筋的代换需要进行裂缝宽度或挠度验算。代换后还应满足构造方面的要求（如钢筋间距、最小直径、最少根数、锚固长度、对称性等）及设计中提出的特殊要求（如冲击韧性、抗腐蚀性等）。

第3章　混凝土

混凝土是由胶凝材料、水和粗、细骨料按适当比例配合、拌制成的拌和物，经一定时间硬化而成的人造石材。

混凝土常按照表观密度的大小分为三类。

(1)重混凝土。表观密度(试件在温度为105±5℃的条件下干燥至恒重后测定)大于2 600 kg/m³，是用特别密实和特别重的骨料制成的。如重晶石混凝土、钢屑混凝土等，它们具有不透X－射线和γ－射线的性能。

(2)普通混凝土。表观密度为1 950～2 500 kg/m³，是用天然的砂、石作骨料配制成的。这类混凝土在土建工程中最常用，如房屋及桥梁等承重结构，道路建筑中的路面等。

(3)轻混凝土。表观密度小于1 950 kg/m³。它又可以分为三类：①轻骨料混凝土，其表观密度为800～1 950 kg/m³，是用轻骨料如浮石、火山渣、膨胀珍珠岩、膨胀矿渣、煤渣、陶粒等配制成。②多孔混凝土(泡沫混凝土、加气混凝土)，其表观密度为300～1 000 kg/m³。泡沫混凝土是由水泥浆或水泥砂浆与稳定的泡沫制成的。加气混凝土是由水泥、水与发气剂配制成的。③大孔混凝土(普通大孔混凝土、轻骨料大孔混凝土)，其组成中无细骨料。普通大孔混凝土的表观密度为1 500～1900 kg/m³，是用碎石、卵石、重矿渣作骨料配制成的。轻骨料大孔混凝土的表观密度为500～1 500 kg/m³，是用陶粒、浮石、碎砖、煤渣等作骨料配制成的。

此外，还有满足不同工程的特殊要求而配制成的各种特种混凝土，如高强高性能混凝土、流态混凝土、防水混凝土、沥青混凝土、补偿收缩混凝土、耐热混凝土、耐酸混凝土、纤维混凝土、聚合物混凝土和喷射混凝土等。

混凝土具有许多优点，可根据不同要求配制各种不同性质的混凝土；在凝结前具有良好的塑性，因此可以浇制成各种形状和大小的构件或结构物；它与钢筋有牢固的粘结力，能制作钢筋混凝土结构和构件；经硬化后有抗压强度高与耐久性良好的特性；其组成材料中砂、石等材料占80%以上，符合就地取材和经济的原则。但事物总是一分为二的，混凝土也存在着抗拉强度低，受拉时变形能力小，容易开裂，自重大等缺点。

由于混凝土具有上述各种优点，因此它是一种主要的土木工程材料，无论是工业与民用建筑、给水与排水工程、水利工程以及地下工程、国防建设等都被广泛地应用。因此，它在国家基本建设中占有重要地位。

一般对混凝土质量的基本要求是：具有符合设计要求的强度；具有与施工条件相适应的施工和易性；具有与工程环境相适应的耐久性。

3.1 普通混凝土的组成

3.1.1 通用硅酸盐水泥(Common portland cement)

水泥呈粉末状,与水混合后,经过物理化学反应过程能由可塑性浆体变成坚硬的石状体,并能将散粒状材料胶结成为整体,是一种良好的矿物胶凝材料。水泥属于水硬性胶凝材料。

以硅酸盐水泥熟料、适量石膏和混合材料制成的水硬性胶凝材料,称为通用硅酸盐水泥。

通用硅酸盐水泥按混合材料的品种和掺量分为硅酸盐水泥、普通硅酸盐水泥、矿渣硅酸盐水泥、火山灰质硅酸盐水泥、粉煤灰硅酸盐水泥和复合硅酸盐水泥。

3.1.1.1 硅酸盐水泥(Portland cement)

1.硅酸盐水泥生产及其矿物组成

凡由硅酸盐水泥熟料、0~5%石灰石或粒化高炉矿渣、适量石膏磨细制成的水硬性胶凝材料,称为硅酸盐水泥(Portland cement)。硅酸盐水泥分两种类型,不掺加混合材料的称Ⅰ型硅酸盐水泥,其代号为P·Ⅰ。在硅酸盐水泥熟料粉磨时掺加不超过水泥质量5%的石灰石或粒化高炉矿渣混合材料的称Ⅱ型硅酸盐水泥,其代号为P·Ⅱ。

(1) 硅酸盐水泥生产

硅酸盐水泥的原料主要是石灰质原料和粘土质原料两类。石灰质原料主要提供CaO,它可以采用石灰石、白垩、石灰质凝灰岩等。粘土质原料主要提供SiO_2、Al_2O_3及少量Fe_2O_3,它可以采用粘土、黄土等。如果所选用的石灰质原料和粘土质原料按一定比例配合不能满足化学组成要求时,则要掺加相应的校正原料,校正原料有铁质校正原料和硅质校正原料。铁质校正原料主要补充Fe_2O_3,它可采用铁矿粉、黄铁矿渣等;硅质校正原料主要补充SiO_2,它可采用砂岩、粉砂岩等。此外,为了改善煅烧条件,常常加入少量的矿化剂、晶种等。

硅酸盐水泥生产的大体步骤是:先把几种原材料按适当比例配合后在磨机中磨成生料;然后将制得的生料入窑进行煅烧;再把烧好的熟料配以适当的石膏(和混合材料)在磨机中磨成细粉,即得到水泥如图3.1所示。

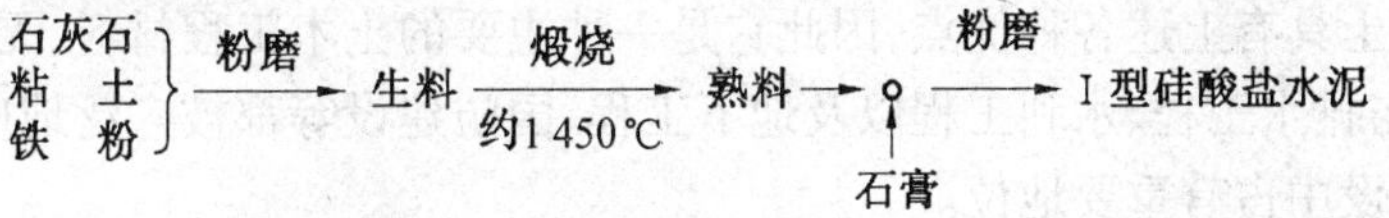

石灰石、粘土、铁粉 —粉磨→ 生料 —煅烧(约1 450 ℃)→ 熟料 → (+石膏) —粉磨→ Ⅰ型硅酸盐水泥

图3.1 硅酸盐水泥生产的主要工艺流程

(2) 水泥熟料的矿物组成(Mineral component of cement clinker)

在以上的主要熟料矿物中,硅酸三钙和硅酸二钙的总含量在70%以上,铝酸三钙与铁铝酸四钙的含量在25%左右,故称为硅酸盐水泥。除主要熟料矿物外,水泥中还含有少量游离氧化钙、游离氧化镁和碱,但其总含量一般不超过水泥总量的10%。

表 3.1　硅酸盐水泥的主要熟料矿物组成

名　　称	矿物成分	简称	含量/%	密度/($g\cdot cm^{-1}$)
硅酸三钙	$3CaO\cdot SiO_2$	C_3S	37 ~ 60	3.25
硅酸二钙	$2CaO\cdot SiO_2$	C_2S	15 ~ 37	3.28
铝酸三钙	$3CaO\cdot Al_2O_3$	C_3A	7 ~ 15	3.04
铁铝酸四钙	$4CaO\cdot Al_2O_3\cdot Fe_2O_3$	C_4AF	10 ~ 18	3.77

(3) 水泥熟料矿物的水化特性(Hydration properties of cement clinker)

硅酸盐水泥的性能是由其组成矿物的性能决定的。水泥具有许多优良建筑技术性能,主要是由于水泥熟料中几种主要矿物水化作用的结果。因此,要了解水泥的性质必须了解每种矿物的水化特性。

熟料矿物与水发生的水解或水化作用统称为水化,水泥单矿物与水发生水化反应,生成水化物,并放出一定的热量。

① 硅酸三钙(Tricalcium silicate)

C_3S 在常温下的水化反应,可大致用下列方程式表示

$$2(3CaO\cdot SiO_2) + 6H_2O = 3CaO\cdot 2SiO_2\cdot 3H_2O + 3Ca(OH)_2$$

硅酸三钙水化很快,生成的水化硅酸钙几乎不溶于水,而立即以胶体微粒析出,并逐渐凝聚而成为凝胶。水化硅酸钙的尺寸很小$(10 \sim 1\ 000) \times 10^{-10}$m),相当于胶体物质,其组成并不是固定的,且较难精确区分,所以统称为 C-S-H 凝胶。

水化硅酸钙凝胶(C-S-H)由于具有巨大的比表面积和刚性凝胶的特性,凝胶粒子间存在范德华力和化学结合键,因此,具有较高的强度。而氢氧化钙晶体生成的数量比水化硅酸钙凝胶少,通常只起填充作用,但因其具有层状构造,层间结合较弱,在受力较大时是裂缝的策源地。

② 硅酸二钙(Dicalcium silicate)

C_2S 的水化和 C_3S 极为相似,其水化反应可用下式表述

$$2(2CaO\cdot SiO_2) + 4H_2O = 3CaO\cdot 2SiO_2\cdot 3H_2O + Ca(OH)_2$$

硅酸二钙与硅酸三钙比较,其差别是水化速度特别慢,并且生成的氢氧化钙较少。

③ 铝酸三钙(Tricalcium aluminate)

C_3A 与水反应迅速,水化放热量较大,水化产物的组成结构受水化条件影响很大。

在常温下,铝酸三钙依下式水化

$$3CaO\cdot Al_2O_3 + 6H_2O = 3CaO\cdot Al_2O_3\cdot 6H_2O$$

生成的水化铝酸三钙为可溶性立方晶体。

在液相中的氢氧化钙浓度达到饱和时,水化铝酸三钙会转化

$$3CaO\cdot Al_2O_3\cdot 6H_2O + Ca(OH)_2 + 6H_2O = 4CaO\cdot Al_2O_3\cdot 13H_2O$$

生成的水化铝酸四钙为六方片状晶体,在室温下,它能稳定存在于水泥浆体的碱性介质中,其数量增长很快,据认为是使水泥浆体产生瞬时凝结的一个主要原因。因此,在水泥粉磨时,需掺入石膏,调节凝结时间。

在有石膏存在时，铝酸三钙开始水化生成的水化铝酸四钙还会立即与石膏反应，如下式

$$4CaO\cdot Al_2O_3\cdot 13H_2O_3+3(CaSO_4\cdot 2H_2O)+13H_2O=$$
$$3CaO\cdot Al_2O_3\cdot 3CaSO_4\cdot 31H_2O+Ca(OH)_2$$

生成的高硫型水化硫铝酸钙（$3CaO\cdot Al_2O_3\cdot 3CaSO_4\cdot 32H_2O$），又称钙矾石，是难溶于水的针状晶体，它包围在熟料颗粒周围，形成“保护膜”，延缓水化。

当石膏耗尽时，铝酸三钙还会与钙矾石反应生成单硫型水化硫铝酸钙

$$3CaO\cdot Al_2O_3\cdot 3CaSO_4\cdot 31H_2O+2(3CaO\cdot Al_2O_3)+3H_2O=$$
$$3(3CaO\cdot Al_2O_3\cdot CaSO_4\cdot 12H_2O)$$

单硫型水化硫铝酸钙（$3CaO\cdot Al_2O_3\cdot CaSO_4\cdot 12H_2O$）为六方板状晶体。

④ 铁铝酸四钙（Tetracalcium Aluminoferrite）

C_4AF 的水化与铝酸三钙极为相似，只是水化反应速度较慢，水化热较低。

铁铝酸四钙单独与水反应时，按下式水化

$$4CaO_2\cdot Al_2O_3\cdot Fe_2O_3+7H_2O=3CaO\cdot Al_2O_3\cdot 6H_2O+CaO\cdot Fe_2O_3\cdot H_2O$$

反应生成水化铝酸三钙晶体和水化铁酸一钙（$CaO\cdot Fe_2O_3\cdot H_2O$）凝胶体。

如果忽略一些次要的和少量的成分，则硅酸盐水泥与水作用后，生成的主要水化物有：水化硅酸钙和水化铁酸钙凝胶、氢氧化钙、水化铝酸钙和水化硫铝酸钙晶体。在充分水化的水泥石中，C－S－H 凝胶约占 70%，$Ca(OH)_2$ 约占 20%，钙矾石和单硫型水化硫铝酸钙约占 7%。

由以上水泥熟料中几种主要矿物的水化特性可知，不同熟料矿物与水作用所表现的性能是不同的。对水泥的性能要求主要是强度、凝结硬化速度、水化放热量的大小及收缩大小等。各种水泥熟料矿物水化所表现的特性如表 3.1 和图 3.2 所示。

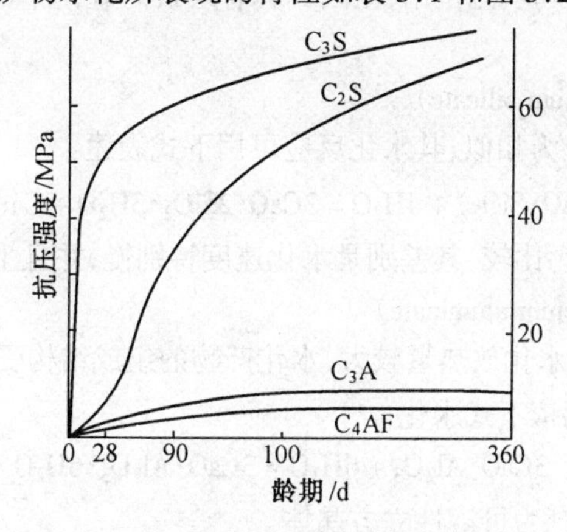

图 3.2　各种熟料矿物的强度增长

水泥是几种熟料矿物的混合物，改变熟料矿物成分间的比例时，水泥的性质即发生相应的变化。例如提高硅酸三钙的含量，可以制得高强度水泥；又如降低铝酸三钙和硅酸三钙含量，提高硅酸二钙含量，可制得水化热低的水泥，如大坝水泥。

表 3.2　各种熟料矿物单独与水作用时表现出的特性

名 称	硅酸三钙	硅酸二钙	铝酸三钙	铁铝酸四钙
凝结硬化速度	快	慢	最快	快
28d 水化放热量	多	少	最多	中
强 度	高	早期低、后期高	低	低

2.硅酸盐水泥的凝结硬化(Setting and hardening of portland cement)

水泥加水拌和后,成为可塑的水泥浆,水泥浆逐渐变稠失去塑性,但尚不具有强度的过程,称为水泥的“凝结”。随后产生明显的强度并逐渐发展而成为坚硬的人造石,即水泥石,这一过程称为水泥的“硬化”。凝结和硬化是人为地划分的,实际上是一个连续的复杂的物理化学变化过程。

硅酸盐水泥的凝结硬化过程自从 1882 年雷·查特理(Le Chatelier)首先提出水泥凝结硬化理论以来,至今仍在继续研究。

根据水泥水化反应速度和物理化学的主要变化,可将水泥的凝结硬化分为表 3.3 所示几个阶段。

表 3.3　水泥凝结硬化时的几个划分阶段

凝结硬化阶段	一般的放热反应速度	一般的持续时间	主要的物理化学变化
初始反应期	168 J/(g·h)	5 ~ 10 min	初始溶解和水化
潜伏期	4.2 J/(g·h)	1 h	凝胶体膜层围绕水泥颗粒成长
凝结期	在 6 h 内逐渐增加到 21 J/(g·h)	6 h	膜层增厚,水泥颗粒进一步水化
硬化期	在 24 h 内逐渐增加到 4.2 J/(g·h)	6 h 至若干年	凝胶体填充毛细孔

水泥的水化和凝结硬化是从水泥颗粒表面开始,逐渐往水泥颗粒的内核深入进行。开始时水化速度较快,水泥的强度增长快;但由于水化不断进行,堆积在水泥颗粒周围的水化物不断增多,阻碍水和水泥未水化部分的接触,水化减慢,强度增长也逐渐减慢,但无论时间多久,水泥颗粒的内核很难完全水化。因此,在硬化水泥石中,同时包含有水泥熟料矿物水化的凝胶体和结晶体、未水化的水泥颗粒、水(自由水和吸附水)和孔隙(毛细孔和凝胶孔),它们在不同时期相对数量的变化,使水泥石性质随之改变。

水泥的凝结硬化过程,也就是水泥强度发展的过程。为了正确使用水泥,并能在生产中采取有效措施,调节水泥的性能,必须了解水泥水化硬化的影响因素。

影响水泥凝结硬化的因素,除矿物成分、细度、用水量外,还有养护时间、环境的温湿度以及石膏掺量等。

(1) 养护时间(Curing time)

水泥的水化是从表面开始向内部逐渐深入进行的,随着时间的延续,水泥的水化程度在不断增大,水化产物也不断地增加并填充毛细孔,使毛细孔孔隙率减少,凝胶孔孔隙率相应增大,如图 3.3 所示。水泥加水拌和后的前 4 周的水化速度较快,强度发展也快,4 周之后显著减慢。但是,只要维持适当的温度与湿度,水泥的水化将不断进行,其强度在几个月、几年、甚至几十年后还会继续增长。

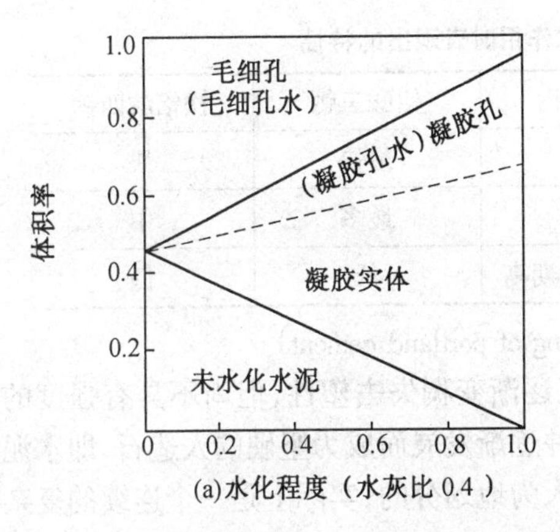

(a)水化程度（水灰比 0.4）

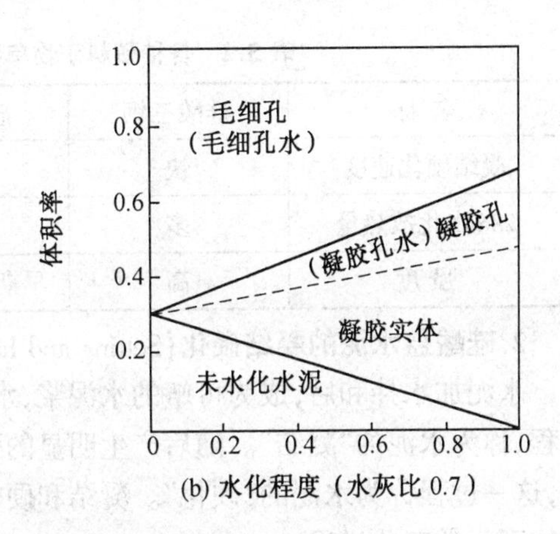

(b) 水化程度（水灰比 0.7）

图 3.3　不同水化程度水泥石的组成

(2) 温度和湿度(Temperature and humidity)

温度对水泥的凝结硬化有明显影响。当温度升高时,水化反应加快,水泥强度增加也较快;而当温度降低时,水化作用减缓,强度增加缓慢。当温度低于 5℃时,水化硬化大大减慢,当温度低于 0℃时,水化反应基本停止。同时,由于温度低于 0℃时,当水结冰时,还会破坏水泥石结构。

潮湿环境下的水泥石,能保持有足够的水分进行水化和凝结硬化,生成的水化物进一步填充毛细孔,促进水泥石的强度发展。

保持环境的温度和湿度,使水泥石强度不断增长的措施,称为养护。在测定水泥强度时,必须在标准规定的标准温度与湿度环境中养护至规定的龄期。

(3) 石膏掺量(Gypsum content)

水泥中掺入适量石膏,可调节水泥的凝结硬化速度。在水泥粉磨时,若不掺石膏或石膏掺量不足时,水泥会发生瞬凝现象,这是由于水化铝酸钙在溶液中电离出三价离子(Al^{3+}),它与硅酸钙凝胶的电荷相反,促使胶体凝聚。加入石膏后,石膏与水化铝酸钙作用,生成钙矾石,难溶于水,沉淀在水泥颗粒表面上形成保护膜,降低了溶液中 Al^{3+} 的浓度,并阻碍了水泥的水化,延缓了水泥的凝结。但如果石膏掺量过多,则会促使水泥凝结加快,同时,还会在后期引起水泥石的膨胀而开裂破坏。

3.硅酸盐水泥的技术性质(Technical properties of portland cement)

根据国家标准《硅酸盐、普通硅酸盐水泥》(GB175—1992)对硅酸盐水泥品质要求有细度、凝结时间、安定性和强度。实际工程有时还需了解水化热,故一并简述如下。

(1) 细度(Fineness of cement)

水泥颗粒的粗细对水泥的性质有很大影响。水泥颗粒粒径一般为 7 ~ 200 μm,颗粒越细,与水起反应的表面积就越大,因而水泥水化较快而且较完全,早期强度和后期强度都较高,但在空气中的硬化收缩性较大,成本也较高。如水泥颗粒过粗则不利于水泥活性的发挥。一般认为水泥颗粒小于 40 μm 时,才具有较高的活性,大于 100 μm 活性就很小了。在国家标准中规定水泥的细度可用筛析法和比表面积法检验。

比表面积法与筛析法相比,能较好地反映水泥粗细颗粒的分配情况,是较为合理的方法,按照国家标准《硅酸盐、普通硅酸盐水泥》(GB175—1992)规定,硅酸盐水泥、普通硅酸

盐水泥以比表面积表示，应不小于 300 m^2/kg。

(2) 凝结时间(Setting time)

凝结时间分初凝和终凝，初凝为水泥加水拌和起至标准稠度净浆开始失去可塑性所需的时间；终凝为水泥加水拌和起至标准稠度净浆完全失去可塑性并开始产生强度所需的时间。为使混凝土和砂浆有充分的时间进行搅拌、运输、浇捣和砌筑，水泥初凝时间不能过短。当施工完毕，则要求尽快硬化，具有强度，故终凝时间不能太长。

硅酸盐水泥标准规定，初凝时间不得早于 45 min，终凝时间不得迟于 6 h 30 min。

(3) 体积安定性(Volume soundness)

水泥在凝结硬化时体积均匀变化的性质称为体积安定性。如果在水泥已经硬化后，产生不均匀的体积变化，即所谓体积安定性不良，就会使构件产生膨胀性裂缝，降低建筑物质量，甚至引起严重事故。

体积安定性不良的原因，一般是由于熟料中所含的游离氧化钙过多，也可能是由于熟料中所含的游离氧化镁过多或掺入的石膏过多。熟料中所含的游离氧化钙或氧化镁都是过烧的，熟化很慢，在水泥已经硬化后才进行熟化

$$CaO + H_2O = Ca(OH)_2$$

$$MgO + H_2O = Mg(OH)_2$$

这时体积膨胀引起不均匀的体积变化，使水泥石开裂。当石膏掺量过多时，在水泥硬化后，它还会继续与固态的水化铝酸钙反应生成高硫型水化硫铝酸钙，体积约增大 1.5 倍，也会引起水泥石开裂。

国家标准规定，用沸煮法检测水泥的体积安定性，测试方法可以用饼法和雷氏法，有争议时以雷氏法为准。沸煮只能加速氧化钙的熟化作用，所以只能检查游离氧化钙引起的水泥体积安定性不良。由于游离氧化镁只在压蒸下加速熟化，石膏的危害则需长期在常温水中才能发现，两者均不便于快速检验。所以，国家标准规定水泥熟料中游离氧化镁含量不得超过 5.0%，水泥中三氧化硫含量不得超过 3.5%，以控制水泥的体积安定性。

体积安定性不良的水泥应作废品处理，不能用于工程中。

(4) 强度(Strength)

硅酸盐水泥的强度决定于熟料的矿物成分和细度。如前所述，四种主要熟料矿物的强度各不相同，因此它们的相对含量改变时，水泥的强度及其增长速度也随之改变，如图 3.4 所示。

根据国家标准《通用硅酸盐水泥》(报批稿)和《水泥胶砂强度检验方法》(GB/T17671—1999)的规定，将硅酸盐水泥分为 42.5、52.5、62.5 等三个等级。每个等级按早期强度分为两种类型。各等级、各类型硅酸盐水泥的各龄期强度不得低于表 3.5 中的数值。

(5) 水化热(Heat of hydration)

水泥在水化过程中放出的热称为水泥的水化热。水化放热量和放热速度不仅决定于水泥的矿物成分，而且还与水泥细度、水泥中掺混合材料及外加剂的品种、数量等有关。

鲍格(Bogue)研究得出，对于硅酸盐水泥，1 ~ 3 d 龄期内水化放热量为总放热量的 50%，7 d 为 75%，6 个月为 83% ~ 91%。由此可见，水泥水化热量大部分在早期(3 ~ 7 d)放出，以后逐渐减少。

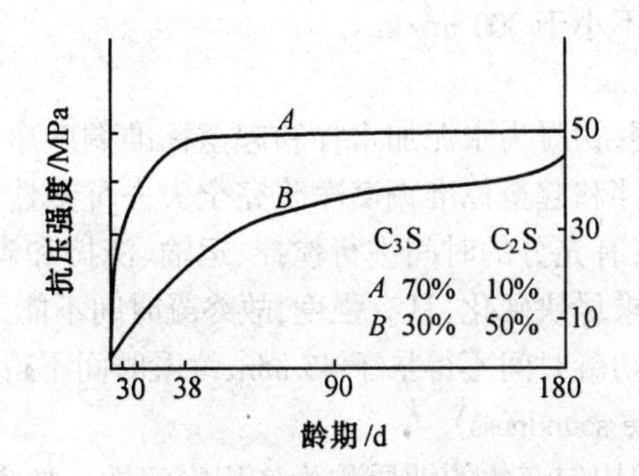

图 3.4　矿物成分含量不同的水泥强度增长曲线示意图

在进行混凝土配合比计算和储运水泥时，需要知道水泥的密度和堆积密度，硅酸盐水泥的密度为 3.0～3.15 g/cm^3，平均可取为 3.10 g/cm^3，其堆积密度按松紧程度为 1 000～1 600 kg/m^3。

4.水泥石的腐蚀与防止(Corrosion and prevention of hardened cement)

硅酸盐水泥在硬化后，在通常使用条件下，有较好的耐久性，但在某些腐蚀性液体或气体介质中，会逐渐受到腐蚀。

引起水泥石腐蚀的原因很多，作用亦甚为复杂，下面介绍几种典型介质的腐蚀作用。

(1) 软水的侵蚀(溶出性侵蚀)(Denudation corrosion)

雨水、雪水、蒸留水、工厂冷凝水及含重碳酸盐甚少的河水与湖水等都属于软水。当水泥石长期与这些水分相接触时，最先溶出的是氢氧化钙(每升水中能溶氢氧化钙 1.3 g 以上)。在静水及无水压的情况下，由于周围的水易为溶出的氢氧化钙所饱和，使溶解作用中止，所以溶出仅限于表面，影响不大。但在流水及压力水作用下，氢氧化钙会不断溶解流失，而且，由于石灰浓度的持续降低，还会引起其他水化物的分解溶蚀，使水泥石结构遭受进一步的破坏，这种现象称为溶析。

当环境水中含有重碳酸盐时，重碳酸盐与水泥石中的氢氧化钙起作用，生成几乎不溶于水的碳酸钙

$$Ca(OH)_2 + Ca(HCO_3)_2 = 2CaCO_3 \downarrow + 2H_2O$$

生成的碳酸钙积聚在已硬化水泥石的孔隙内，形成密实保护层，阻止外界水的浸入和内部氢氧化钙的扩散析出。如环境水中含有一定数量的重碳酸盐时，这种"自动填充"作用可以制止溶出侵蚀的继续进行。

将与软水接触的混凝土事先在空气中硬化，形成碳酸钙外壳，可对溶出性侵蚀起到保护作用。

(2) 盐类腐蚀(Salts attack)

① 硫酸盐的腐蚀(Sulphate attack)

在海水、湖水、盐沼水、地下水、某些工厂污水及流经高炉矿渣或煤渣的水中常含钠、钾、铵等硫酸盐，它们与水泥石中的氢氧化钙起置换作用，生成硫酸钙。

硫酸钙与水泥石中的固态水化铝酸钙作用生成高硫型水化硫铝酸钙

$$4CaO \cdot Al_2O_3 \cdot 12H_2O + 3CaSO_4 + 20H_2O =$$

$$3CaO \cdot Al_2O_3 \cdot 3CaSO_4 \cdot 31H_2O + Ca(OH)_2$$

生成的高硫型水化硫铝酸钙含有大量结晶水，比原有体积增加 1.5 倍以上，由于是在已经固化的水泥石中产生上述反应，因此对水泥石起极大的破坏作用。高硫型水化硫铝酸钙呈针状晶体，通常称为“水泥杆菌”，如图 3.5 所示。

图 3.5　水泥石中的针状晶体

当水中硫酸盐浓度较高时，硫酸钙将在孔隙中直接结晶成二水石膏，使体积膨胀，从而导致水泥石破坏。

② 镁盐的腐蚀(Magnesian salts attack)

在海水及地下水中，常含大量的镁盐，主要是硫酸镁和氯化镁，它们与水泥石中的氢氧化钙起复分解反应

$$MgSO_4 + Ca(OH)_2 + 2H_2O = CaSO_4 \cdot 2H_2O + Mg(OH)_2 \downarrow$$

$$MgCl_2 + Ca(OH)_2 = CaCl_2 + Mg(OH)_2 \downarrow$$

生成的氢氧化镁松软而无胶凝能力，氯化钙易溶于水，二水石膏则引起硫酸盐的破坏作用。因此，硫酸镁对水泥石起镁盐和硫酸盐的双重腐蚀作用。

(3) 酸类腐蚀(Acid attack)

① 碳酸腐蚀(Carbonic acid atteck)

在工业污水、地下水中常溶解有较多的二氧化碳，这种水对水泥石的腐蚀作用是通过下面方式进行的。

开始时二氧化碳与水泥石中的氢氧化钙作用生成碳酸钙

$$Ca(OH)_2 + CO_2 + H_2O = CaCO_3 + 2H_2O$$

生成的碳酸钙再与含碳酸的水作用转变成重碳酸钙，是可逆反应

$$CaCO_3 + CO_2 + H_2O = Ca(HCO_3)_2$$

生成的重碳酸钙易溶于水，当水中含有较多的碳酸，并超过平衡浓度，则上式反应向右进行。因此水泥石中的氢氧化钙，通过转变为易溶的重碳酸钙而溶失。氢氧化钙浓度降低，还会导致水泥石中其他水化物的分解，使腐蚀作用进一步加剧。

② 一般酸的腐蚀(General acid attack)

在工业废水、地下水、沼泽水中常含无机酸和有机酸，工业窑炉中的烟气常含有氧化硫，遇水后即生成亚硫酸。各种酸类对水泥石有不同程度的腐蚀作用，它们与水泥石中的

氢氧化钙作用后生成的化合物,或者易溶于水,或者体积膨胀,在水泥石内造成内应力而导致破坏。腐蚀作用最快的是无机酸中的盐酸、氢氟酸、硝酸、硫酸和有机酸中的醋酸、蚁酸和乳酸。

例如,盐酸与水泥石中的氢氧化钙作用

$$2HCl + Ca(OH)_2 = CaCl_2 + 2H_2O$$

生成的氯化钙易溶于水。

硫酸与水泥石中的氢氧化钙作用

$$H_2SO_4 + Ca(OH)_2 = CaSO_4 \cdot 2H_2O$$

生成的二水石膏或者直接在水泥石孔隙中结晶产生膨胀,或者再与水泥石中的水化铝酸钙作用,生成高硫型水化硫铝酸钙,其破坏性更大。

(4) 强碱的腐蚀(Alkali attack)

碱类溶液如浓度不大时一般是无害的,但铝酸盐含量较高的硅酸盐水泥遇到强碱(如氢氧化钠)作用后也会破坏。氢氧化钠与水泥熟料中未水化的铝酸盐作用,生成易溶的铝酸钠

$$3CaO \cdot Al_2O_3 + 6NaOH = 3Na_2O \cdot Al_2O_3 + 3Ca(OH)_2$$

当水泥石被氢氧化钠浸透后又在空气中干燥,与空气中的二氧化碳作用而生成碳酸钠

$$2NaOH + CO_2 = Na_2CO_3 + H_2O$$

碳酸钠在水泥石毛细孔中结晶沉积,而使水泥石胀裂。

除上述腐蚀类型外,对水泥石有腐蚀作用的还有一些其他物质,如糖、氨盐、动物脂肪、含环烷酸的石油产品等。

实际上水泥石的腐蚀是一个极为复杂的物理化学作用过程,它在遭受腐蚀时,很少仅有单一的侵蚀作用,往往是几种腐蚀同时存在,互相影响。但产生水泥石腐蚀的基本原因是:①水泥石中存在易被腐蚀的组成成分氢氧化钙和水化铝酸钙;②水泥石本身不密实,有很多毛细孔通道,侵蚀性介质易于进入其内部;③腐蚀与通道的相互作用。

(5) 腐蚀的防止(Prevention of corrosion)

根据以上腐蚀原因的分析,使用水泥时可采用下列防止措施:

① 根据侵蚀环境特点,合理选用水泥品种。例如采用水化产物中氢氧化钙含量少的水泥,可提高对软水等侵蚀作用的抵抗能力;为抵抗硫酸盐的腐蚀,采用铝酸三钙含量低于5%的抗硫酸盐水泥。

掺入活性混合材料,可提高硅酸盐水泥对多种介质的抗腐蚀性。

② 提高水泥石的紧密程度。硅酸盐水泥水化只需水(化学结合水)23%左右(占水泥质量的百分数),而实际用水量较大(约占水泥质量的40%~70%),多余的水蒸发后形成连通的孔隙,腐蚀介质就容易渗入水泥石内部,从而加速了水泥石的腐蚀。在实际工程中,提高混凝土或砂浆密实的各种措施如合理设计混凝土配合比,降低水灰比,仔细选择骨料,掺外加剂,以及改善施工方法等,均能提高其抗腐蚀能力。另外在混凝土或砂浆表面进行碳化或氟硅酸处理,生成难溶的碳酸钙外壳,或氟化钙及硅胶薄膜,提高表面密实

度,也可减少侵蚀性介质渗入内部。

③ 加做保护层。当侵蚀作用较强时,可在混凝土及砂浆表面加上耐腐蚀性高而且不透水的保护层,一般可用耐酸石料、耐酸陶瓷、玻璃、塑料、沥青等。

对具有特殊要求的抗侵蚀混凝土,还可采用聚合物混凝土等。

3.1.1.2 掺混合材料的硅酸盐水泥(Portland cement with blending materials)

1.水泥混合材料(Cement blending materials)

在生产水泥时,为改善水泥性能,调节水泥标号,而加到水泥中去的人工的或天然的矿物材料,称为水泥混合材料。水泥混合材料通常分为活性混合材料和非活性混合材料两大类。

(1) 活性混合材料(Active blending materials)

混合材料磨成细粉,与石灰或与石灰和石膏拌和在一起,加水后,在常温下,能生成具有胶凝性的水化产物,既能在水中,又能在空气中硬化的,称为活性混合材料。属于这类性质的有粒化高炉矿渣、火山灰质混合材料和粉煤灰。

① 粒化高炉矿渣(Granulated blast-furnace slag)

粒化高炉矿渣是将炼铁高炉的熔融矿渣,经急速冷却而成的松软颗粒,颗粒直径一般为0.5~5 mm。急冷一般用水淬方法进行,故又称水淬高炉矿渣。成粒的目的在于阻止结晶,使其绝大部分成为不稳定的玻璃体,储有较高的潜在化学能,从而有较高的潜在活性。

粒化高炉矿渣中的活性成分,一般认为是活性氧化铝和活性氧化硅,即使在常温下也可与氢氧化钙起作用而产生强度。在含氧化钙较高的碱性矿渣中,因其中还含有少量硅酸二钙等成分,故本身具有弱的水硬性。

② 火山灰质混合材料(Pozzolanas blending materials)

火山喷发时,随同熔岩一起喷发的大量碎屑沉积在地面或水中成为松软物质,称为火山灰。由于喷出后即槽急冷,因此含有一定量的玻璃体,这些玻璃体是火山灰活性的主要来源,它的成分主要是活性氧化硅和活性氧化铝。火山灰质混合材料是泛指火山灰一类物质,按其化学成分与矿物结构可分为含水硅酸质、铝硅玻璃质、烧粘土质等。

含水硅酸质混合材料有硅藻土、硅藻石、蛋白石和硅质渣等,其活性成分以氧化硅为主。

铝硅玻璃质混合材料有火山灰、凝灰岩、浮石和某些工厂废渣,其活性成分为氧化硅和氧化铝。

烧粘土质混合材料有烧粘土、煤渣、煤矸石等,其活性成分为氧化硅和氧化铝。

③ 粉煤灰(Fly ash)

它是发电厂锅炉以煤粉作燃料,从其烟气中收集下来的灰渣,又称飞灰。它的颗粒直径一般为0.001~0.05 mm,呈玻璃态实心或空心的球状颗粒,表面致密者较好。粉煤灰的活性主要决定于玻璃体含量,粉煤灰的成分主要是活性氧化硅和活性氧化铝。粉煤灰中未燃的碳应在规定范围(1%~2%)以内。

(2) 非活性混合材料(Inactive blending materials)

磨细的石英砂、石灰石、粘土、慢冷矿渣及各种废渣等属于非活性混合材料。它们与

水泥成分不起化学作用(即无化学活性)或化学作用很小,非活性混合材料掺入硅酸盐水泥中仅起提高水泥产量和降低水泥强度等级、减少水化热等作用。当工地用高强度等级水泥拌制砂浆或低强度等级混凝土时,可掺入非活性混合材料以代替部分水泥,起到降低成本及改善砂浆或混凝土和易性的作用。

2.活性混合材料的作用(Action of active blending materials)

粒化高炉矿渣、火山灰质混合材料和粉煤灰都属于活性混合材料,它们与水调和后,本身不会硬化或硬化极为缓慢,强度很低。但在氢氧化钙溶液中,就会发生显著的水化,而在饱和的氢氧化钙溶液中水化更快,其水化反应一般认为是

$$x\mathrm{Ca(OH)_2} + \mathrm{SiO_2} + n\mathrm{H_2O} \rightarrow x\mathrm{CaO}\cdot\mathrm{SiO_2}\cdot n\mathrm{H_2O}$$

式中,x 值决定于混合材料的种类、石灰和活性氧化硅的比例、环境温度以及作用所延续的时间等,一般为 1 或稍大;n 值一般为 1~2.5。

$Ca(OH)_2$ 和 SiO_2 相互作用的过程,是无定型的硅酸吸收了钙离子,开始形成不定成分的吸附系统,然后形成无定形的水化硅酸钙,再经过较长一段时间后慢慢地转变成微晶体或结晶不完善的凝胶。

$Ca(OH)_2$ 与活性氧化铝相互作用形成水化铝酸钙。

当液相中有石膏存在时,将与水化铝酸钙反应生成水化硫铝酸钙。这些水化物既能在空气中,又能在水中继续硬化,具有相当高的强度。可以看出,氢氧化钙和石膏的存在使活性混合材料的潜在活性得以发挥,即氢氧化钙和石膏起着激发水化,促进凝结硬化的作用,故称为激发剂。常用的激发剂有碱性激发剂和硫酸盐激发剂两类,一般用作碱性激发剂的是石灰和能在水化时析出氢氧化钙的硅酸盐水泥熟料。硫酸盐激发剂有二水石膏或半水石膏,并包括各种化学石膏。硫酸盐激发剂的激发作用必须在有碱性激发剂的条件下,才能充分发挥作用。

3.掺混合材料的硅酸盐水泥

掺混合材料硅酸盐水泥的组分应符合表 3.4 的规定。

表 3.4　掺混合材料硅酸盐水泥的组分

品　种	代号	组　分/%			
		熟料+石膏	粒化高炉矿渣	火山灰质混合材料	粉煤灰
普通硅酸盐水泥	P·O	≥80 且 <95	>5 且 ≤20		
矿渣硅酸盐水泥	P·S·A	≥50 且 <80	>20 且 ≤50		
	P·S·B	≥30 且 <50	>50 且 ≤70		
火山灰质硅酸盐水泥	P·P	≥60 且 <80		>20 且 ≤40	
粉煤灰硅酸盐水泥	P·F	≥60 且 <80			>20 且 ≤40
复合硅酸盐水泥	P·C	≥50 且 <80	>20 且 ≤50		

掺混合材料硅酸盐水泥的初凝时间不得早于 45 min,终凝时间不得迟于 10 h。在 0.08 mm方孔筛上的筛余不大于 10%或 45 μm 方孔筛筛余不大于 30%。沸煮安定性必须合格。水泥的强度等级划分及各龄期强度不低于表 3.5 的数值。

表 3.5　通用硅酸盐水泥各龄期的强度要求　　单位:MPa

品　种	强度等级	抗压强度		抗折强度	
		3d	28d	3d	28d
硅酸盐水泥	42.5	17.0	42.5	3.5	6.5
	42.5R	22.0		4.0	
	52.5	23.0	52.5	4.0	7.0
	52.5R	27.0		5.0	
	62.5	28.0	62.5	5.0	8.0
	62.5R	32.0		5.5	
普通硅酸盐水泥	42.5	17.0	42.5	3.5	6.5
	42.5R	22.0		4.0	
	52.5	23.0	52.5	4.0	7.0
	52.5R	27.0		5.0	
矿渣硅酸盐水泥 火山灰质硅酸盐水泥 粉煤灰硅酸盐水泥 复合硅酸盐水泥	32.5	10.0	32.5	2.5	5.5
	32.5R	15.0		3.5	
	42.5	15.0	42.5	3.5	6.5
	42.5R	19.0		4.0	
	52.5	21.0	52.5	4.0	7.0
	52.5R	23.0		4.5	

目前通用硅酸盐水泥仍是我国广泛使用的六种水泥,现将通用硅酸盐水泥特性汇总列于表 3.6。在混凝土结构工程中,常用水泥的使用可参照表 3.7 选择。

表 3.6　通用硅酸盐水泥的特性

	硅酸盐水泥	普通硅酸盐水泥	矿渣硅酸盐水泥	火山灰质硅酸盐水泥	粉煤灰硅酸盐水泥
特 性	1.硬化快,强度高 2.水化热大 3.耐冻性好 4.耐腐蚀与耐软水侵蚀性差	1.早期强度较高 2.水化热较大 3.耐冻性较好 4.耐腐蚀与耐软水侵蚀性较差	1.早期强度低,后期强度增长较快 2.水化热较小 3.耐冻性差 4.耐硫酸盐腐蚀及耐软水侵蚀性较好 5.抗碳化能力差	抗渗性较好,其他同矿渣硅酸盐水泥	干缩性较小,抗裂性较好,其他同火山灰质硅酸盐水泥
密 度 (g/cm^3)	3.0~3.15	3.0~3.15	2.8~3.10	2.8~3.1	2.8~3.1
堆积密度 (kg/m^3)	1 000~1 600	1 000~1 600	1 000~1 200	900~1 000	900~1 000

表 3.7 常用水泥的选用

	混凝土工程特点或所处环境条件	优先选用	可以使用	不宜使用
普通混凝土	1.在普通气候环境中的混凝土	普通硅酸盐水泥	矿渣硅酸盐水泥 火山灰质硅酸盐水泥 粉煤灰硅酸盐水泥 复合硅酸盐水泥	
	2.在干燥环境中的混凝土	普通硅酸盐水泥	矿渣硅酸盐水泥	火山灰质硅酸盐水泥 粉煤灰硅酸盐水泥
	3.在高湿度环境中或永远处在水下的混凝土	矿渣硅酸盐水泥	普通硅酸盐水泥 火山灰质硅酸盐水泥 粉煤灰硅酸盐水泥 复合硅酸盐水泥	
	4.厚大体积的混凝土	粉煤灰硅酸盐水泥 矿渣硅酸盐水泥 火山灰质硅酸盐水泥 复合硅酸盐水泥	普通硅酸盐水泥	硅酸盐水泥 快硬硅酸盐水泥
有特殊要求的混凝土	1.要求快硬的混凝土	快硬硅酸盐水泥 硅酸盐水泥	普通硅酸盐水泥	矿渣硅酸盐水泥 火山灰质硅酸盐水泥 粉煤灰硅酸盐水泥 复合硅酸盐水泥
	2.高强(> C40 级)混凝土	硅酸盐水泥	普通硅酸盐水泥	火山灰质硅酸盐水泥 粉煤灰硅酸盐水泥
	3.严寒地区的露天混凝土,寒冷地区的处在水位升降范围内的混凝土	普通硅酸盐水泥	矿渣硅酸盐水泥	火山灰质硅酸盐水泥 粉煤灰硅酸盐水泥
	4.严寒地区处在水位升降范围内的混凝土	普通硅酸盐水泥		火山灰质硅酸盐水泥 矿渣硅酸盐水泥 粉煤灰硅酸盐水泥 复合硅酸盐水泥
	5.有抗渗性要求的混凝土	普通硅酸盐水泥 火山灰质硅酸盐水泥		矿渣硅酸盐水泥
	6.有耐磨性要求的混凝土	硅酸盐水泥 普通硅酸盐水泥	矿渣硅酸盐水泥	火山灰质硅酸盐水泥 粉煤灰硅酸盐水泥

注:蒸气养护时用的水泥品种,宜根据具体条件通过试验确定。

3.1.1.3 特性水泥(Special cement)

1.铝酸盐水泥(Aluminate cement)

铝酸盐水泥是石灰石和铝矾土为主要原料,经煅烧至全部或部分熔融,得到以铝酸钙为主要矿物的熟料,经磨细而成的水硬性胶凝材料,代号为 CA。按 Al_2O_3 的含量,铝酸盐水泥分为 CA - 50($50\% \leqslant Al_2O_3 < 60\%$),CA - 60($60\% \leqslant Al_2O_3 < 68\%$),CA - 70($68\% \leqslant Al_2O_3 < 77\%$)和 CA - 80($77\% \leqslant Al_2O_3$)四类。铝酸盐水泥是一类快硬、高强、耐腐蚀、耐热

的水泥，又称高铝水泥。

铝酸盐水泥的主要矿物成分为铝酸一钙（$CaO \cdot Al_2O_3$，简写 CA）和二铝酸一钙（$CaO \cdot 2Al_2O_3$，简写 CA_2），还有少量的其他铝酸盐，如 $2CaO \cdot Al_2O_3 \cdot SiO_2$（简写 C_2AS），$12CaO \cdot 7Al_2O_3$（简写 $C_{12}A_7$）等，有时还含有很少量 $2CaO \cdot SiO_2$ 等。

CA 是高铝水泥的主要矿物，有很高的水硬活性，凝结时间正常，水化硬化迅速；CA_2 水化硬化慢，后期强度高，但早期强度却较低，具有较好的耐高温性能。

国家标准 GB201—2000《铝酸盐水泥》规定，铝酸盐水泥的细度、凝结时间及强度（胶砂）应符合表 3.8 的要求。

表 3.8　铝酸盐水泥的细度、凝结时间及强度（胶砂）要求

性能指标		水泥类型			
		CA-50	CA-60	CA-70	CA-80
细度		比表面积不小于 300 m²/kg 或 0.045 mm 筛筛余不大于 10%			
凝结时间	初凝时间/min，不早于	30	60	30	30
	终凝时间/h，不迟于	6	18	6	6
抗压强度/MPa	6 h	20	–	–	–
	1d	40	20	30	25
	3d	50	45	40	30
	28d	–	85	–	–
抗折强度/MPa	6 h	3.0	–	–	–
	1d	5.5	2.5	5.0	4.0
	3d	6.5	5.0	6.0	5.0
	28d	–	10.0	–	–

铝酸盐水泥的早期强度发展迅速，适用于工期紧急的工程，如国防、道路和特殊抢修工程等。

铝酸盐水泥硬化后，密实度较大，不含有铝酸三钙和氢氧化钙，因此，耐磨性好，对矿物水和硫酸盐的侵蚀作用具有很高的抵抗能力。适用于耐磨要求较高的工程和受软水、海水和酸性水腐蚀及受硫酸盐腐蚀的工程。

铝酸盐水泥有较高的耐热性，如采用耐火粗细集料（如铬铁矿等）可制成使用温度达 1 300～1 400℃的耐热混凝土。

铝酸盐水泥与硅酸盐水泥或石灰相混不但产生闪凝，而且由于生成高碱性的水化铝酸钙，使混凝土开裂破坏。因此，施工时除不得与石灰和硅酸盐水泥混合外，也不得与尚未硬化的硅酸盐水泥接触使用。铝酸盐水泥耐碱性极差，与碱性溶液接触，甚至在混凝土集料内含有少量碱性化合物，都会引起不断的侵蚀，因此，不得用于接触碱性溶液的工程。

铝酸盐水泥最适宜的硬化温度为 15℃左右，一般不得超过 25℃。如温度过高，水化铝酸一钙和水化铝酸二钙会转变成水化铝酸三钙，固相体积减少，孔隙大大增加，强度显著降低，因此，铝酸盐水泥混凝土不能进行蒸汽养护，也不宜在高温季节施工。

由于上述晶型转变，铝酸盐水泥的长期强度及其他性能有降低的趋势，因此，铝酸盐

水泥不宜用于长期承重的结构及处于高温高湿环境的工程。

2.快硬硫铝酸盐水泥(Rapid hardening sulphoaluminate cement)

以适当的生料烧至部分熔融,得到以无水硫铝酸钙和硅酸二钙为主要矿物成分的熟料,加入适量的石膏磨细制成的具有早期强度高的特点的水硬性胶凝材料,称为快硬硫铝酸盐水泥。JC714—1996《快硬硫铝酸盐水泥》对其性能指标提出了与硅酸盐水泥不同的要求。

细度:比表面积不得低于 350 m^2/kg;

凝结时间:初凝时间不得早于 25 min,终凝时间不得迟于 3 h;

安定性:水泥中不允许出现游离氧化钙,否则为废品;

强度等级:按 1 d,3 d,28 d 的抗压强度和抗折强度划分为 4 个标号。

快硬硫铝酸盐水泥熟料中的无水硫铝酸钙水化快,水化中能很快地与掺入的石膏反应生成钙矾石晶体和大量的铝胶。生成的大量钙矾石会迅速结晶形成水泥石骨架,使水泥的凝结时间缩短,随着 C_2S 水化不断进行,其水化产物不断生成,水泥石的孔隙不断地被填充,强度发展很快,早期强度高,且结构致密,孔隙率小,抗渗性高,水化产物中 $Ca(OH)_2$的含量少,抗硫酸盐侵蚀能力强。因此快硬硫铝酸盐水泥主要用于配制早强、抗渗、抗硫酸盐侵蚀的混凝土,可用于冬季施工、抢修、堵漏等工程。

3.道路硅酸盐水泥(Road silicate cement)

由较高铁铝酸四钙含量的硅酸盐道路水泥熟料,0~10%活性混合材料和适量石膏磨细制成的水硬性胶凝材料,称为道路硅酸盐水泥(Portland cement for road),简称道路水泥。

对道路水泥的性能要求是:耐磨性好、收缩小、抗冲击性好,有高的抗折强度和良好的耐久性。道路水泥的上述特性,主要依靠改变水泥熟料的矿物组成、粉磨细度、石膏加入量及外加剂来达到。道路水泥熟料的矿物组成与普通水泥熟料相比,一般适当提高 C_3S 和 C_4AF 含量。C_4AF 的脆性小,体积收缩最小,提高 C_4AF 的含量,对提高水泥的抗折强度及耐磨性有利。但是,有些国家和水泥厂也不强调提高 C_3S 含量,而主要适当提高 C_4AF 含量和限制 C_3A 含量。因此道路水泥的熟料矿物组成要求:$C_3A < 5\%$,$C_4AF > 16\%$,f-CaO旋窑生产的不得大于 1.0%,立窑生产的不得大于 1.8%,其水泥的细度为 0.08 mm 方孔筛筛余不得超过 10%,初凝不早于 1 h,终凝不迟于 10 h,28d 干缩不大于 0.10%,磨损量不得大于 3.6 kg/m^2。

除上述水泥外,还有快硬硅酸盐水泥、抗硫酸盐水泥、膨胀铁铝酸盐水泥、自应力水泥、中热硅酸盐水泥、低热矿渣硅酸盐水泥、油井水泥、砌筑水泥、白色硅酸盐水泥和彩色水泥等。下面仅介绍其中几种。

4.白色硅酸盐水泥和彩色水泥(White and color silicate cememt)

国家标准 GB2015—1991《白色硅酸盐水泥》规定,由白色硅酸盐水泥熟料加入适量石膏磨细制成的水硬性胶凝材料,称为白色硅酸盐水泥(简称白水泥)。白色硅酸盐水泥熟料是指以适当成分的生料烧至部分熔融,所得以硅酸钙为主要成分、氧化铁含量少的熟料。

白水泥的物理性能要求主要包括白度(Whiteness),白度是以白水泥与 MgO 标准白板的反射率的比值来表示的。为提高熟料白度在煅烧时宜采用弱还原气氛,另外采用漂白

措施，就是将刚出窑的熟料喷水冷却，使熟料急冷，也可以提高熟料的白度。为提高水泥白度，在粉磨时应加入白度较高的石膏，同时提高水泥粉磨细度。

用白水泥熟料与石膏以及颜料共同磨细可制得彩色水泥，所用颜料要求对光和大气耐久，能耐碱而又不对水泥性能起破坏作用。常用的颜料有氧化铁、二氧化锰、氧化铬、赭石、群青和炭黑等。

在水泥生料中加入少量金属氧化物着色剂直接烧成彩色熟料，也可制得彩色水泥。

5.抗硫酸盐硅酸盐水泥(Sulphate-resisting cement)

按抗硫酸盐侵蚀程度分为中抗硫酸盐硅酸盐水泥和高抗硫酸盐硅酸盐水泥两类。以适当成分的硅酸盐水泥熟料，加入适量石膏磨细制成的具有抵抗中等浓度硫酸根离子侵蚀的水硬性胶凝材料，称为中抗硫酸盐硅酸盐水泥，简称中抗硫水泥，代号 P·MSR。以适当成分的硅酸盐水泥熟料，加入适量石膏磨细制成的具有抵抗较高浓度硫酸根离子侵蚀的水硬性胶凝材料，称为高抗硫酸盐硅酸盐水泥，简称高抗硫水泥，代号 P·HSR。

在中抗硫水泥中，C_3S 和 C_3A 的含量分别不应超过 55.0% 和 5.0%。高抗硫水泥中 C_3S 的含量不应超过 50.0%，C_3A 的含量不应超过 3.0%。烧失量应小于 3.0%，水泥中 SO_3 含量小于 2.5%。水泥比表面积不得小于 280 m^2/kg。各龄期强度亦符合标准要求。抗硫酸盐水泥适用于一般受硫酸盐侵蚀的海港、水利、地下、隧涵、道路和桥梁基础等工程设施。

6.砌筑水泥(Building cement)

由活性混合材料加入适量硅酸盐水泥熟料和石膏磨细制成，主要用于配制砌筑砂浆的低强度水泥。砌筑水泥的强度低，硬化较慢，但其和易性、保水性较好。一般不用于钢筋混凝土结构和构件，主要用于工业与民用建筑的砌筑砂浆、内墙抹面砂浆，也可用于配制道路混凝土垫层或蒸养混凝土砌块。

7.膨胀和自应力水泥(Expansive and self-stressing cement)

使水泥产生膨胀的反应主要有三种：CaO 水化生成 $Ca(OH)_2$，MgO 水化生成 $Mg(OH)_2$ 以及形成钙矾石，因为前两种反应产生的膨胀不易控制，目前广泛使用的是钙矾石为膨胀组分的各种膨胀水泥。

水泥在无限制状态下，水化硬化过程中的体积膨胀称为自由膨胀。水泥在限制状态下，水化硬化过程中的体积膨胀称限制膨胀。水泥水化后体积膨胀能使砂浆或混凝土在限制条件下产生可自应用的化学预应力。通过测定水泥砂浆的限制膨胀率，计算可得自应力值。自应力水泥按自应力值分为不同的级别。

以适当比例的硅酸盐水泥或普通硅酸盐水泥、高铝水泥和天然二水石膏磨制而成的膨胀性的水硬性胶凝材料称为自应力硅酸盐水泥。自应力硅酸盐水泥根据 28 d 自应力值大小分为 S_1，S_2，S_3，S_4 四个等级。

自应力铝酸盐水泥是以一定量的高铝水泥熟料和二水石膏粉磨而成的大膨胀率胶凝材料。按 1:2 标准砂浆 28d 自应力值分为 3.0，4.5 和 6.0 三个级别。

凡以适当成分的生料，经煅烧所得以无水硫铝酸盐和硅酸二钙为主要矿物成分熟料，加入适量二水石膏磨细制成的具有可调膨胀性能的水硬性胶凝材料，称为膨胀硫铝酸盐水泥。

8. 中热水泥和低热矿渣水泥(Mid aud low heat blast-furnace cement)

中热硅酸盐水泥和低热矿渣硅酸盐水泥的主要特点为水化热低,适用于大坝和大体积混凝土工程。

中热硅酸盐水泥是由适当成分的硅酸盐水泥熟料加入适量石膏磨细而成的具有中等水化热的水硬性胶凝材料,简称中热水泥。

低热矿渣硅酸盐水泥是由适当成分的硅酸盐水泥熟料加入矿渣和适量石膏磨细而成具有低水化热的水硬性胶凝材料,简称低热矿渣水泥。其矿渣掺量为水泥质量的20%~60%,允许用不超过混合材料总量50%的磷渣或粉煤灰代替矿渣。

3.1.2 细骨料(也称细集料)(Fine aggregate)

公称粒径小于5.00 mm的骨料为细骨料,俗称砂(包括天然砂、人工砂和混合砂)。一般采用天然砂,它是岩石风化后所形成的大小不等、由不同矿物散粒组成的混合物,一般有河砂、海砂及山砂。人工砂为岩石经除土开采、机械破碎、筛分而成的。混合砂为由天然砂与人工砂按一定比例组合而成的。配制混凝土时所采用的细骨料的质量要求有以下几方面。

1. 有害杂质(Deleterious impurities)

配制混凝土的细骨料要求清洁不含杂质,以保证混凝土的质量。而砂中常含有一些有害杂质,如云母、粘土、淤泥、粉砂等,粘附在砂的表面,妨碍水泥与砂的粘结,降低混凝土强度;同时还增加混凝土的收缩,降低抗冻性和抗渗性。一些有机杂质、硫化物及硫酸盐,它们都对水泥有腐蚀作用。砂中杂质的含量一般应符合表3.10的规定。

2. 颗粒形状及表面特征(Particle shape and surface texture)

细骨料的颗粒形状及表面特征会影响其与水泥的粘结及混凝土拌和物的流动性。山砂的颗粒多具有棱角,表面粗糙,与水泥粘结较好,用它拌制的混凝土强度较高,但拌和物的流动性较差;河砂、海砂其颗粒多呈圆形,表面光滑,与水泥的粘结较差,用来拌制的混凝土的强度较低,但拌和物的流动性较好。

3. 砂的颗粒级配及粗细程度(Particle grading and fineness)

砂的颗粒级配即表示砂大小颗粒的搭配情况。在混凝土中砂粒之间的空隙是由水泥浆所填充,为达到节约水泥和提高强度的目的,应尽量减小砂粒之间的空隙。从图3.6可以看到:如果是同样粗细的砂,空隙最大如图(a)所示;两种粒径的砂搭配起来,空隙就减小了如图3.6(b)所示;三种粒径的砂搭配,空隙就更小了如图(c)所示。由此可见,要想减小砂粒间的空隙,就必须有大小不同的颗粒搭配。

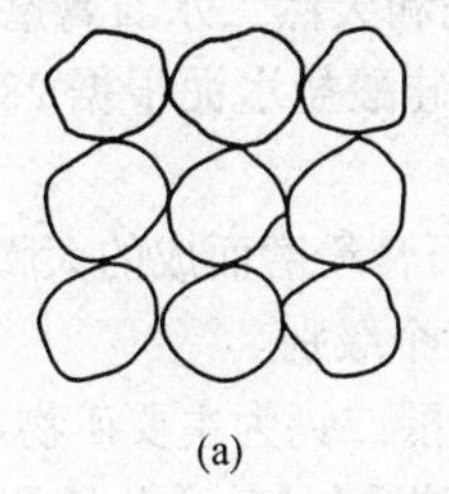
(a)

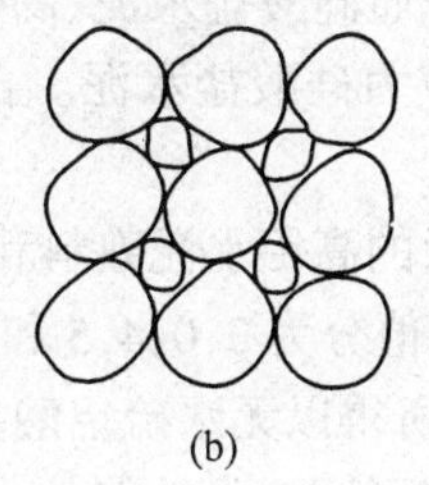
(b)

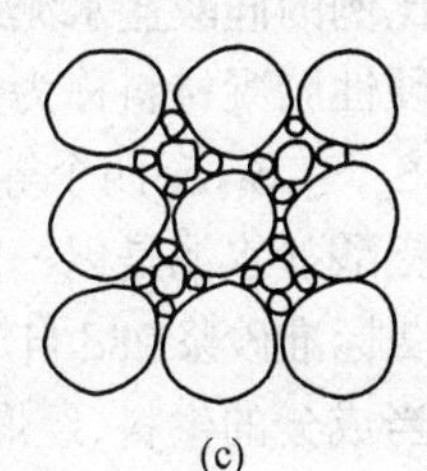
(c)

图3.6 骨料颗粒级配

砂的粗细程度是指不同粒径的砂粒混合在一起后的总体粗细程度，通常有粗砂、中砂与细砂之分。在相同质量条件下，细砂的总表面积较大，而粗砂的总表面积较小。在混凝土中，砂子的表面需要有水泥浆包裹，砂子的总表面积越大，则需要包裹砂粒表面的水泥浆就越多。因此，一般说用粗砂拌制混凝土比用细砂所需的水泥浆为省。

因此，在拌制混凝土时，砂的颗粒级配和粗细程度应同时考虑。当砂中含有较多的粗粒径砂，并以适当的中粒径砂及少量细粒径砂填充其空隙，则可达到空隙率及总表面积均较小，这样的砂比较理想，不仅水泥浆用量较少，而且还可提高混凝土的密实性和强度。可见控制砂的颗粒级配和粗细程度有很大的技术经济意义，因而它们是评定砂质量的重要指标。

砂的颗粒级配和粗细程度，常用筛分析(Sieve analysis)的方法进行测定。用级配区表示砂的颗粒级配，用细度模数表示砂的粗细。筛分析的方法，是用一套方孔筛(净尺寸)为4.75 mm、2.36 mm、1.18 mm、600 μm、300 μm及150 μm的标准筛，将500 g的干砂试样由粗到细依次过筛，然后称量在各个筛上的砂的质量，并计算出各筛上的分计筛余百分率 a_1、a_2、a_3、a_4、a_5 和 a_6(各筛上的筛余量占砂样总量的百分率)及累计筛余百分率 A_1、A_2、A_3、A_4、A_5 和 A_6(各个筛和比该筛粗的所有分计筛余百分率相加在一起)。累计筛余与分计筛余的关系如表3.9所示。

表3.9　累计筛余与分计筛余的关系

筛孔尺寸	分计筛余/%	累计筛余/%
4.75 mm	a_1	$A_1 = a_1$
2.36 mm	a_2	$A_2 = a_1 + a_2$
1.18 mm	a_3	$A_3 = a_1 + a_2 + a_3$
600 μm	a_4	$A_4 = a_1 + a_2 + a_3 + a_4$
300 μm	a_5	$A_5 = a_1 + a_2 + a_3 + a_4 + a_5$
150 μm	a_6	$A_6 = a_1 + a_2 + a_3 + a_4 + a_5 + a_6$

细度模数(Fineness modulus) μ_f 的计算公式为

$$\mu_f = \frac{(A_2 + A_3 + A_4 + A_5 + A_6) - 5A_1}{100 - A_1}$$

细度模数(μ_f)越大，表示砂越粗。普通混凝土用砂的粗细程度按细度模数分为粗、中、细三级，其细度模数范围：μ_f 在3.7~3.1为粗砂(Coarse sand)，μ_f 在3.0~2.3为中砂(Medium sand)，μ_f 在2.2~1.6为细砂(Fine sand)。

根据公称粒径630 μm筛孔的累计筛余(%)分成三个级配区(见表3.9)，混凝土用砂的颗粒级配，应处于表3.10中的任何一个级配区以内。砂的实际颗粒级配与表中所列的累计筛余百分率相比，除公称粒径为5.00 mm和630 μm的累计筛余外，允许有超出分区界线，但其总量百分率不应大于5%。砂过粗(细度模数大于3.7)配成的混凝土，其拌和物的和易性不易控制，且内摩擦大，不易振捣成型；砂过细(细度模数小于0.7)配成的混凝土，既要增加较多的水泥用量，而且强度显著降低，所以这两种砂未包括在级配区内。

表 3.10　砂颗粒级配区

公称粒径＼级配区	级配区		
	Ⅰ区	Ⅱ区	Ⅲ区
	累计筛余（按质量计）/%		
10.0 mm	0	0	0
5.00 mm	10～0	10～0	10～0
2.50 mm	35～5	25～0	15～0
1.25 mm	65～35	50～10	25～0
630 μm	85～71	70～41	40～16
315 μm	95～80	92～70	85～55
160 μm	100～90	100～90	100～90

注：①允许超出≯5%的总量，是指几个粒级累计筛余百分率超出的和，或只是某一粒级的超出百分率。

②摘自国家行业标准《普通混凝土用砂、石质量及检验方法标准》JGJ52—2006。

配制混凝土时宜优先选用Ⅱ区砂；当采用Ⅰ区砂时，应提高砂率，并保持足够的水泥用量，以满足混凝土的和易性要求；当采用Ⅲ区砂时，宜适当降低砂率，以保证混凝土的强度。对于泵送混凝土，宜选用中砂。

3.1.3　粗骨料（也称粗集料）（Coarse aggregate）

普通混凝土常用的粗骨料有碎石和卵石。由天然岩石或卵石经破碎、筛分而得的，公称粒径大于5.00 mm的骨料，称为粗骨料，俗称石。岩石由于自然条件作用而形成的，粒径大于5 mm的颗粒，称为卵石。

1. 有害杂质

粗骨料中常含有一些有害杂质，如粘土、淤泥、细屑、硫酸盐、硫化物和有机杂质，它们的危害作用与在细骨料中的相同，它们的含量一般应符合表3.11的规定。当粗骨料中夹杂着活性氧化硅（活性氧化硅的矿物形式有蛋白石、玉髓和鳞石英等，含有活性氧化硅的岩石有流纹岩、安山岩和凝灰岩等）时，如果混凝土中所用的水泥又含有较多的碱，就可能发生碱－骨料反应破坏，即骨料中的活性成分与水泥中的碱（Na_2O、K_2O）发生反应，生成碱－硅酸凝胶，遇水发生体积膨胀，导致混凝土裂破坏，这个过程称为碱－骨料反应。

2. 颗粒形状及表面特征

粗骨料的颗粒形状及表面特征同样会影响其与水泥的粘结及混凝土拌和物的流动性。碎石具有棱角，表面粗糙，与水泥粘结较好，而卵石多为圆型，表面光滑，与水泥的粘结较差。在水泥用量和水用量相同的情况下，碎石拌制的混凝土流动性较差，但强度较高，而卵石拌制的混凝土则流动性较好，但强度较低。如要求流动性相同，用卵石时用水量可少些，结果强度不一定低。

表 3.11 砂、石子中杂质含量及石子中针、片状颗粒含量

项 目		指 标		
		Ⅰ类	Ⅱ类	Ⅲ类
含泥量/%	碎石或卵石	<0.5	<1.0	<1.5
	砂	<1.0	<3.0	<5.0
泥块含量/%	碎石或卵石	0	<0.5	<0.7
	砂	0	<1.0	<2.0
硫化物和硫酸盐含量(折算为 SO_3),/%	碎石或卵石	<0.5	<1.0	<1.0
	砂	<0.5	<0.5	<0.5
有机物含量(用比色法试验)	卵石	合格	合格	合格
	砂	合格	合格	合格
云母含量 /%	砂	<1.0	<2.0	<2.0
轻物质含量 /%	砂	<1.0	<1.0	<1.0
针、片状颗粒含量 /%	碎石或卵石	<5	<15	<25
氯化物(以 Cl^- 计) /%	砂	<0.01	<0.02	<0.06

注:①摘自国家行业标准《普通混凝土用砂、石质量及检验方法标准》JGJ52—2006。

②Ⅰ类宜用于强度等级大于 C60 的混凝土;Ⅱ类宜用于强度等级 C30～C60 及抗冻、抗渗或其他要求的混凝土;Ⅲ类宜用于强度等级小于 C30 混凝土。

粗骨料的颗粒形状还有属于针状,其颗粒长度大于该颗粒所属粒级的平均粒径(指一个粒级下限和上限粒径的平均值)的 2.4 倍;而片状其厚度小于平均粒径的 0.4 倍。这种针、片状颗粒过多会使混凝土强度降低,针、片状颗粒含量一般应符合表 3.10 的规定。

3. 最大粒径及颗粒级配

(1) 最大粒径(Maximum size of coarse aggregot)

粗骨料中公称粒级的上限称为该粒级的最大粒径。当骨料粒径增大时,其比表面积随之减小。因此,保证一定厚度润滑层所需的水泥浆或砂浆的数量也相应减少,所以粗骨料的最大粒径应在条件许可下,尽量选用得大些。但骨料最大粒径受结构型式和配筋疏密限制。根据《混凝土结构工程施工及验收规范》GB50204—1992 的规定,混凝土粗骨料的最大粒径不得超过结构截面最小尺寸的 1/4,同时不得大于钢筋间最小净距的 3/4。对于混凝土实心板,可允许采用最大粒径为 1/2 板厚的骨料,但最大粒径不得超过 50 mm。石子粒径过大,对运输和搅拌都不方便。

为减少水泥用量、降低混凝土的温度和收缩应力,在大体积混凝土内,也常用毛石来填充。毛石(片石)是爆破石灰岩、白云岩及砂岩所得到的形态不规则的大石块,一般尺寸在一个方向达 30～40 cm,质量约 20～30 kg 左右。因此,这种混凝土也称为毛石混凝土。

(2) 颗粒级配(Particle grading)

石子级配好坏对节约水泥和保证混凝土具有良好的和易性有很大关系。特别是拌制

高强度混凝土,石子级配更为重要。

石子的级配也通过筛分试验来确定,石子的标准筛有孔径为2.36、4.75、9.50、16.0、19.0、26.5、31.5、37.5、53.0、63.0、75.0及90 mm12个筛子。普通混凝土用碎石或卵石的颗粒级配应符合表3.12的规定。试样筛分所需筛号,应按表3.12中规定的级配要求选用。分计筛余百分率和累计筛余百分率计算均与砂的相同。

表3.12 碎石或卵石的颗粒级配范围

级配情况	公称粒级/mm	累计筛余/%											
		筛孔尺寸(方孔筛)/mm											
		2.36	4.75	9.50	16.0	19.0	26.5	31.5	37.5	53.0	63.0	75.0	90
连续粒级	5~10	95~100	80~100	0~15	0	-	-	-	-	-	-	-	-
	5~16	95~100	90~100	30~60	0~10	0	-	-	-	-	-	-	-
	5~20	95~100	90~100	40~70	-	0~10	0	-	-	-	-	-	-
	5~25	95~100	90~100	-	30~70		0~5	0	-	-	-	-	-
	5~31.5	95~100	90~100	70~90	-	15~45	-	0~5	0	-	-	-	-
	5~40	-	95~100	75~90	-	30~65	-	-	0~5	0	-	-	-
单粒级	10~20	-	95~100	85~100	-	0~15	0	-	-	-	-	-	-
	16~31.5	-	95~100	-	85~100	-	-	0~10	-	-	-	-	-
	20~40	-	-	95~100	-	80~100	-	-	0~10	0	-	-	-
	31.5~63	-	-	-	95~100	-	-	75~100	45~75	-	0~10	0	-
	40~80	-	-	-	-	95~100	-	-	70~100	-	30~60	0~10	0

注:①摘自国家行业标准《普通混凝土用砂、石质量及检验方法标准》(JGJ52—2006)。

②公称粒级的上限为该粒级的最大粒径。单粒级一般用于组合成具有要求级配的连续粒级,它也可与连接粒级的碎石或卵石混合使用,以改善它们的级配或配成较大粒度的连续粒级。

③根据混凝土工程和资源的具体情况,进行综合技术经济分析后,在特殊情况下,允许直接采用单粒级,但必须避免混凝土发生离析。

4. 强度(Strength)

为保证混凝土的强度要求,粗骨料都必须是质地致密、具有足够的强度。碎石或卵石的强度可用岩石立方体强度和压碎指标两种方法表示。当混凝土强度等级为C60及以上时,应进行岩石抗压强度检验。在选择采石场或对粗骨料强度有严格要求或对质量有争议时,也宜用岩石立方体强度作检验。对经常性的生产质量控制则可用压碎指标值检验。

用岩石立方体强度表示粗骨料强度时,是将岩石制成50 mm×50 mm×50 mm的立方体(或直径与高均为50 mm的圆柱体)试件,在水饱和状态下,其抗压强度(MPa)与设计要求的混凝土强度等级之比,作为碎石或碎卵石的强度指标,根据JGJ53—1992规定不应小于1.5。但在一般情况下,火成岩的强度不宜低于80 MPa,变质岩不宜低于60 MPa,水成岩不宜低于30 MPa。

用压碎指标(Crushing index)表示粗骨料的强度时,是将一定质量气干状态下 9.50 ~ 19.0 mm 的石子分两层装入压碎值测定仪内,在压力机上施加荷载到 200 kN,卸荷后称量试样质量(m_0),用孔径为 2.5 mm 的筛筛除被压碎的细粒,称量试样的筛余量(m_1)

$$压碎指标(\delta_a) = \frac{m_0 - m_1}{m_0} \times 100\%$$

式中,m_0 为试样的质量(g);m_1 为压碎试验后筛余的试样质量(g)。

压碎指标表示石子抵抗压碎的能力,以间接地推测其相应的强度。压碎指标应符合表 3.13 的规定。

表 3.13 压碎指标值

项 目	指 标		
	Ⅰ类	Ⅱ类	Ⅲ类
碎石压碎指标/%	<10	<20	<30
卵石压碎指标/%	<12	<16	<16

5. 坚固性(Soundness)

坚固性是指石子在气候、环境变化或其他物理因素作用下抵抗碎裂的能力。有抗冻要求的混凝土所用粗骨料,要求测定其坚固性,即用硫酸钠溶液法检验,试样经 5 次循环后,其质量损失应不超过表 3.14 的规定。

表 3.14 坚固性指标

项 目	指 标		
	Ⅰ类	Ⅱ类	Ⅲ类
质量损失/%	<5	<8	<12

3.1.4 混凝土拌和及养护用水(Water for mixing and curing of concrete)

混凝土拌和用水按水源可分为饮用水、地表水、地下水、海水以及经适当处理或处置后的工业废水。

对混凝土拌和及养护用水的质量要求是:不得影响混凝土的和易性及凝结;不得有损于混凝土强度发展;不得降低混凝土的耐久性、加快钢筋腐蚀及导致预应力钢筋脆断;不得污染混凝土表面。当使用混凝土生产厂及商品混凝土厂设备的洗刷水时,水中物质含量限值应符合表 3.15 的要求。在对水质有怀疑时,应将该水与蒸馏水或饮用水进行水泥凝结时间、砂浆或混凝土强度对比试验。测得的初凝时间差及终凝时间差均不得大于 30 min,其初凝和终凝时间还应符合水泥国家标准的规定。用该水制成的砂浆或混凝土 28 d 抗压强度应不低于蒸馏水或饮用水制成的砂浆或混凝土抗压强度的 90%。海水中含有硫酸盐、镁盐和氯化物,对水泥石有侵蚀作用,对钢筋也会造成锈蚀,因此不得用于拌制钢筋混凝土和预应力混凝土。

表 3.15　水中物质含量限值

项 目	预应力混凝土	钢筋混凝土	素混凝土
pH 值	>4	>4	>4
不溶物/($mg \cdot L^{-1}$)	<2 000	<2 000	<500
可溶物/($mg \cdot L^{-1}$)	<2 000	<5 000	<10 000
氯化物(以 Cl^- 计)/($mg \cdot L^{-1}$)	<500①	<1 200	<3 500
硫酸盐(以 SO_4^{-2} 计)/($mg \cdot L^{-1}$)	<600	<2 700	<2 700
硫化物(以 S^{-2}计)/($mg \cdot L^{-1}$)	<100	—	—

注:①使用钢丝或经热处理钢筋的预应力混凝土氯化物含量不得超过 350 mg/L。

②本表摘自《混凝土拌和用水标准》(JGJ63—1989)。

3.1.5　混凝土外加剂(Coucrete admixtures)

在混凝土拌和物中掺入不超过水泥质量的 5%(特殊情况除外),且能使混凝土按要求改变性质的物质,称为混凝土外加剂。

随着科学技术的迅速发展,在土建工程中对其所用混凝土的性能,不断提出新的要求。实践证明,采用混凝土外加剂对满足这些要求是一种十分有效的手段,外加剂已成为混凝土中除水泥、水、砂、石之外的第五种组成材料。

混凝土外加剂的种类繁多,按外加剂的主要功能将混凝土外加剂分为四类。

(1) 改善新拌混凝土流变性能的外加剂,包括减水剂和引气剂等。

(2) 调节混凝土凝结硬化性能的外加剂,包括缓凝剂、早强剂和促凝剂等。

(3) 改善混凝土耐久性的外加剂,包括引气剂、防水剂和阻锈剂等。

(4) 为混凝土提供其他特殊性能的外加剂,包括加气剂、发泡剂、膨胀剂、粘结剂、抗冻剂和着色剂等。

根据化学成分,外加剂可分为无机化合物、有机化合物及无机和有机的复合物三大类。

1.减水剂(Watar-reducing admixture)

在混凝土拌和物流动性基本相同的条件下,能减少拌和用水量的外加剂,称为减水剂。

减水剂的作用机理:不掺减水剂的水泥浆,由于水泥粒子间的分子引力作用,会形成絮凝结构,如图 3.7 所示,絮凝结构中封闭着很大一部分拌和用水,使混凝土拌和物流动性降低。当掺用减水剂后,由于减水剂多属亲水性的表面活性物质,能定向吸附于水泥颗粒表面,使水泥粒子表面带上相同电荷,在电性斥力作用下,水泥粒子分散开来;同时,由于极性水分子吸附在亲水基团表面,使水泥粒子的吸附水膜增厚,增大了水泥粒子间的润滑能力,使之更易于分散,如图 3.8 所示。

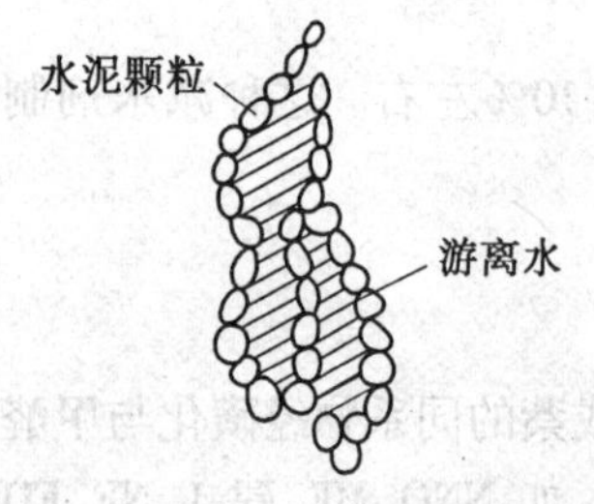

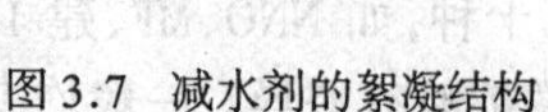

图 3.7 减水剂的絮凝结构

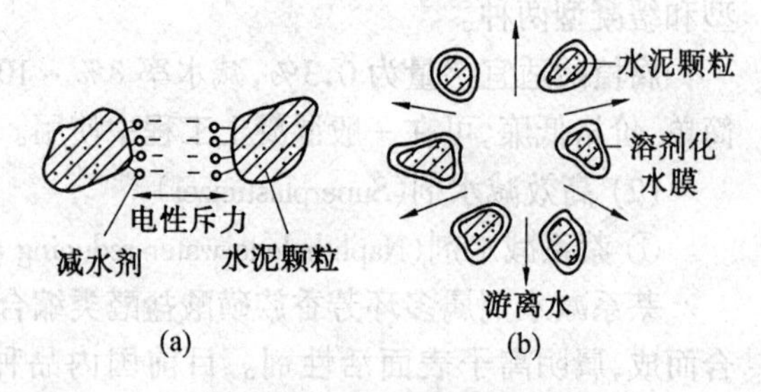

图 3.8 减水剂的作用简图

根据使用条件不同,掺用减水剂可以产生以下几个主要方面的效果。

① 在原配合比不变的条件下,可增大混凝土拌和物的流动性,且不致降低混凝土的强度。

② 在保持流动性及水灰比不变的条件下,可以减少用水量及水泥用量,以节约水泥。

③ 在保持流动性及水泥用量不变的条件下,可以减少用水量,从而降低水灰比,显著改善混凝土的孔结构,增加密实度,使混凝土的强度及耐久性得到提高。此外,减水剂的加入还有减少混凝土拌和物泌水、离析现象等效果。

(1) 普通减水剂(Water-reducing admixture)

① 木质素系减水剂(Lignin water-reducing admixtnre)

主要成分为木质素磺酸盐,是由生产纸浆或纤维浆的废液,经生物发酵提取酒精后的残渣,再用石灰乳中和、过滤、喷雾干燥而制得的黄色粉末。主要品种为木质磺酸钙(木钙),此外还有木钠、木镁,以及碱木素等,均属普通减水剂。

木质素磺酸钙又称 M 型减水剂(简称 M 剂),M 剂的适宜掺量为水泥质量的 0.2% ~ 0.3%,减水率在 10%左右。

M 剂有一定的缓凝作用,当掺量 0.25%时,一般能使混凝土的凝结时间延缓 1 ~ 3 h。但若掺量过多时会使混凝土硬化进程变慢,甚至降低混凝土的强度,造成质量事故。

M 剂有一定的引气作用,当掺量 0.25%时,可使混凝土含气量由不掺时的 2%增为 3.6%。引气对混凝土强度有一定影响,但对改善和易性有利,能减少泌水量;同时对提高耐久性也有一定作用,但由于气泡结构不理想,故对耐久性的改善不及引气剂。

② 糖蜜类减水剂(Treacle water-reducing admixture)

糖蜜是制糖工业的下脚料,经石灰中和处理,即得糖蜜减水剂,其主要成分为蔗糖化钙、葡萄糖化钙及果糖化钙等。糖蜜减水剂的效果与一般木质素类减水剂相近,糖蜜减水剂对混凝土的缓凝作用较显著,掺量多时,会影响混凝土的凝结性能,一般掺量以0.2%为宜。掺糖蜜减水剂的混凝土的后期强度增长较好。

糖蜜减水剂由于其具有强缓凝性,因此更多的是作为缓凝剂使用,适用于大体积混凝土浇注及夏季混凝土施工(如滑模),多用于水工混凝土工程。

③ 腐植酸减水剂

腐植酸又名胡敏酸,是由草炭、泥煤或褐煤等原料所提取的磺化胡敏酸,它是一种天然有机高分子化合物,具有一定的减水作用。因所用原料和制取方法不同,可配制成早强

型和缓凝型两种。

腐植酸适宜掺量为0.3%,减水率8%~10%,节约水泥10%左右。这种减水剂制取简单,价格低廉,可在一般混凝土工程中使用。

(2) 高效减水剂(Superplasticizer)

① 萘系减水剂(Naphthalene water-reducing admixtnre)

萘系减水剂属多环芳香族磺酸盐醛类缩合物。是用萘或萘的同系物经磺化与甲醛缩合而成,属阴离子表面活性剂。目前国内品种已达几十种,如NNO、MF、建1、NF、FDN、UNF、JN、HN等。由于原料及合成条件不同,各品种的性能略有差异。一般均有较大的分散作用,属高效减水剂,适宜掺量为水泥质量的0.5%~1.5%,减水率在15%以上,主要用于配制要求早强和高强的混凝土或高流动性混凝土。

② 水溶性树脂减水剂(Resinous water-ruducing admixture)

主要为磺化三聚氰胺甲醛树脂,是由三聚氰胺、甲醛及亚硫酸钠缩聚而成,属阴离子表面活性剂,为非引气型早强高效减水剂,它的分散作用很强,对混凝土减水、增强效果比萘系减水剂还高,掺量为水泥质量的0.5%~2.0%,减水率可高达20%~27%,可用以配制高强混凝土,并可提高混凝土的抗渗抗冻性能,提高混凝土的弹性模量。

③ 脂肪族羟基磺酸盐缩合物高效减水剂

合成该剂的主要原料为丙酮、甲醛及焦亚硫酸钠等。合成反应是利用具有α-H的羰基化合物,在稀碱条件下,通过碳负离子反应历程产生逐步缩合反应(即醇醛缩合反应),形成具有β-OH的醛或酮。反应中通过加入羰基活性高的甲醛进行复杂的共缩聚反应,并在磺化剂存在下,控制适当的碱度和温度,形成含有不饱和键的脂肪族链状化合物,其分子链中含有 $-SO_3H$、$-OH$ 和共轭双键,属阴离子表面活性物质。

该剂具有较强的分散能力,属非引气型高效减水剂,适宜掺量为水泥质量的0.5%~1.0%,减水率可达15%~20%。但掺加该剂的混凝土拌和物的流动性损失较大,因此需要进行化学或复合改性。

(3) 高性能减水剂(High-performance water-reducing admixture)

目前高性能减水剂具有高分散性(减水率高)和分散保持性(流动性损失小)的特点,是由于分子结构上具有能产生强烈的电子效应(静电斥力)和立体效应(空间位阻或拥挤作用)的基团和链段,这一原因已成为高性能减水剂合成分子设计的指导思想和理论依据。

① 氨基磺酸盐系减水剂

该剂以对-氨基苯磺酸盐和苯酚为聚合单体,在水中与甲醛加热缩合而成。其疏水部分为烷基苯和氨基苯,功能基团为磺酸基、羟基和氨基,其分子结构为:

NH_3　OH　OH

CH_2　CH_2　CH_2

SO_3M　R

氨基磺酸盐系减水剂为棕色液体,含固量约30%,为阴离子型表面活性剂,属高性能

减水剂，掺量为水泥质量的0.6%~1.5%，减水率可达15%~30%，并且具有良好的流动性保持性。但是，该剂掺量过大时会有较大的泌水性，故宜与萘系或木质素系减水剂复合使用。

② 反应型聚羧酸盐系减水剂

接枝共聚高性能减水剂　通过共聚接枝的高分子合成途径，将所需的基团加入到线型聚合物链中。这部分官能团有两类，一类是亲水性的，如—COOH、—SO_3H等；另一类是易被碱催化酯解的酯链，如马来酸和丙烯酸及其酯的共聚物，其结构可示意如下：

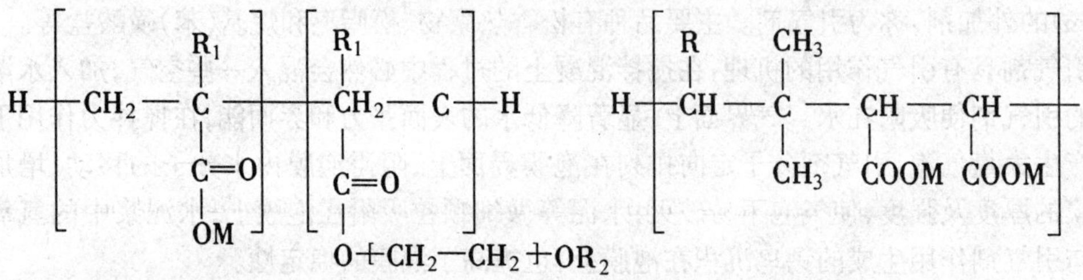

$$H\!-\!\left[CH_2-\underset{\underset{\underset{OM}{|}}{\overset{|}{C=O}}}{\overset{\overset{R_1}{|}}{C}}\right]\!-\!\left[CH_2-\underset{\underset{\underset{O+CH_2-CH_2+OR_2}{|}}{\overset{|}{C=O}}}{\overset{\overset{R_1}{|}}{C}}\right]\!-\!H \qquad H\!-\!\left[\overset{\overset{R}{|}}{CH}-\underset{\underset{CH_3}{|}}{\overset{\overset{CH_3}{|}}{C}}-\underset{\underset{COOM}{|}}{CH}-\underset{\underset{COOM}{|}}{CH}\right]\!-$$

体系的pH值为12~13，酯链不断地被水解使—COO^-增加，从而能保持其Zeta电位，控制其流动性损失。

共混高性能减水剂　将接枝共聚物与其他高效减水剂以适当比例共混也是高性能减水剂的开发方向之一。例如，接枝共聚物与多羧酸盐系共混合的高性能减水剂，有着使Zeta电位保持的功能作用。

载体高性能减水剂　将接枝共聚物、共混物及高效减水剂，借助载体对其吸附能力的差异，吸收、干燥后备用。常用的载体有超细的天然沸石粉或矿粉等。

2.早强剂(Hardening accelerater)

能加速混凝土早期强度发展的外加剂称早强剂。

早强剂主要有氯盐类、硫酸盐类、有机胺三类以及由它们组成的复合早强剂。

氯化钙产生早强的作用机理如下。

$CaCl_2$能与水泥中C_3A作用，生成几乎不溶于水和$CaCl_2$溶液的水化氯铝酸钙($3CaO\cdot Al_2O_3\cdot 3CaCl_2\cdot 32H_2O$)，又能与水化产物$Ca(OH)_2$反应，生成溶解度极小的氧氯化钙($CaCl_2\cdot 3Ca(OH)_2\cdot 2H_2O$)。水化氯铝酸钙和氧氯化钙固相早期析出，形成骨架，加速水泥浆体结构的形成，同时也由于水泥浆中$Ca(OH)_2$浓度的降低，有利于C_3S水化反应的进行，因此早期强度获得提高。但是，掺用氯盐类早强剂的缺点是易使钢筋锈蚀，故掺用量必须严格限制，必要时可同时掺加阻锈剂。

硫酸钠产生早强的作用机理如下。

Na_2SO_4掺入混凝土中能与水泥水化生成的$Ca(OH)_2$发生如下反应

$$Na_2SO_4 + Ca(OH)_2 + 2H_2O \rightarrow CaSO_4\cdot 2H_2O + 2NaOH$$

生成的$CaSO_4\cdot 2H_2O$均匀分布在混凝土中，并且与C_3A反应，迅速生成水化硫铝酸钙，此反应的发生又能加速C_3S的水化，这大大加快了硬化速度，提高了早期强度。

三乙醇胺产生早强的作用机理如下：

三乙醇胺是一种络合剂，在水泥水化的碱性溶液中，能与Fe^{3+}和Al^{3+}等离子形成较

稳定的络离子,这种络离子与水泥的水化物作用生成溶解度很小的络盐并析出,有利于早期骨架的形成,从而使混凝土早期强度提高。

早强剂的掺入方法,含有硫酸钠的粉状早强剂使用时,应加入水泥中,不能先与潮湿的砂石混合。含有粉煤灰等不溶物及溶解度较小的早强剂、早强减水剂应以粉剂掺入,并要适当延长搅拌时间。

3.引气剂(Air entraining admixture)

在搅拌混凝土过程中能引入大量均匀分布的、稳定而封闭的微小气泡(直径为 10~100 μm)的外加剂,称为引气剂。主要品种有松香热聚物、松脂皂和烷基(苯)磺酸盐等。

引气剂具有引气作用的机理:在搅拌混凝土的过程中必然会混入一些空气,加入水溶液中的引气剂便吸附在水-气界面上,显著降低水的表面张力和界面能,在搅拌力作用下就会产生大量气泡,引气剂分子定向排列在泡膜界面上,阻碍泡膜内水分子的移动,增加了泡膜的厚度及强度,使气泡不易破灭;水泥等微细颗粒吸附在泡膜上,水泥浆中的氢氧化钙与引气剂作用生成的钙皂沉积在泡膜上,也提高了泡膜的稳定性。

引气剂掺入混凝土中能改善混凝土拌和物的和易性,在混凝土拌和物中引入的大量微小气泡,相对增加了水泥浆体积,气泡本身又起到如同滚珠轴承的作用,使颗粒间摩擦力减小,从而可提高混凝土的流动性。由于水分被均匀分布在气泡表面,又显著提高了混凝土的保水性和粘聚性。

由于气泡能隔断混凝土中毛细管通道以及气泡对水泥石内水分结冰时所产生的水压力的缓冲作用,故能显著提高混凝土的抗渗性和抗冻性。

由于引入大量的气泡,减小了混凝土受压有效面积,使混凝土强度和耐磨性有所降低,当保持水灰比不变时,含气量增加 1%,混凝土强度约下降 3%~5%,故应使混凝土具有适宜的含气量,一般引气量以 3%~6%为宜。

引气剂的掺量应根据混凝土的含气量确定。

一般松香类引气剂的适宜掺量为 0.006%~0.012%(占水泥质量)。

4.缓凝剂(Set retarder)

能延长混凝土凝结时间而不显著降低混凝土后期强度的外加剂,称为缓凝剂。主要种类有羟基羧酸及其盐类、含糖碳水化合物、无机盐类和木质素磺酸盐类等。

缓凝剂的作用机理:有机类缓凝剂多为表面活性剂,掺入混凝土中,能吸附在水泥颗粒表面,形成同种电荷的亲水膜,使水泥颗粒相互排斥,阻碍水泥水化产物凝聚,起到缓凝作用;无机类缓凝剂,往往是在水泥颗粒表面形成一层难溶的薄膜,对水泥颗粒的正常水化起阻碍作用,从而导致缓凝。

缓凝剂主要用于:高温季节施工、大体积混凝土工程、泵送与滑模施工及较长时间停放或远距离运送的商品混凝土等。

5.速凝剂(Flash setting admixture)

速凝剂是一种能够在短时间内迅速使混凝土凝结硬化的外加剂,常用的速凝剂有以下几种。

(1) 铝氧熟料系列的速凝剂,有铝氧熟料与碳酸钠、铝氧熟料与硫酸钠等。

(2) 水玻璃系列的速凝剂,有以硅酸钠为主的水玻璃与重铬酸钾和亚硝酸钠等。

(3) 可溶性树脂系列的速凝剂,有聚丙烯酸盐、聚甲基丙烯酸盐、羟基胺盐等。

速凝剂的作用机理。速凝剂加入混凝土后,其主要成分中的铝酸钠、碳酸钠在碱性溶液中迅速与水泥中的石膏反应生成硫酸钠,使石膏丧失其原有的缓凝作用,从而导致铝酸钙矿物 C_3A 迅速水化,并在溶液中析出其水化产物晶体,致使水泥混凝土迅速凝结。

速凝剂一般用量在 2% ~ 10%,可根据工程需要通过试验确定。

速凝剂主要用于抢修堵漏、喷锚支护等工程。

速凝剂法主要是采用喷射工艺,当采用干法喷射时,是将速凝剂(一般为细粉状)按一定比例与水泥、砂、石一起干拌均匀后,压缩空气通过胶管将材料送到喷射机的喷嘴里,引入高压水,与干拌料拌成混凝土,喷射到建筑物或构筑物上,这种方法简便,目前使用普遍。当采用湿法喷射时,是在搅拌机中按水泥、砂、石、速凝剂和水拌成混凝土后,再由喷射机通过胶管从喷嘴喷出。

6.防冻剂(Anti-freezing admixture)

防冻剂是能使混凝土在负温下硬化,并在规定养护条件下达到预期性能的外加剂。

常用防冻剂是由多组分复合而成,其主要组分有防冻组分、减水组分、引气组分和早强组分等。防冻组分可分为三类:氯盐类(如氯化钙、氯化钠);氯盐阻锈类(氯盐与阻锈剂复合,阻锈剂有硝酸盐、亚硝酸盐、铬酸盐、磷酸盐等);无氯盐类(硝酸盐、亚硝酸盐、碳酸盐、尿素、乙酸盐等)。减水、引气、早强组分则分别采用前面所述的各类减水剂、引气剂和早强剂。

防冻剂中各组分对混凝土所起作用:防冻组分可改变混凝土液相浓度,降低冰点,保证混凝土在负温下有液相存在,使水泥仍能继续水化;减水组分可减少混凝土拌和用水量,从而减少混凝土中的成冰量,并使冰晶粒度细小且均匀分散,减小对混凝土的破坏应力;引气组分是引入一定量的微小封闭气泡,减缓冻胀应力;早强组分是能提高混凝土早期强度,使混凝土在较短的时间内达到抗冻临界强度,增强混凝土抵抗冰冻的破坏能力。因此,防冻剂的综合效果是能保证混凝土不遭受冻害。

7.膨胀剂(Expanding admixture)

膨胀剂是能使混凝土产生一定体积膨胀的外加剂。混凝土工程中采用的膨胀剂种类有硫铝酸钙类、硫铝酸钙 - 氧化钙复合类、氧化钙类等。

膨胀剂的作用机理:硫铝酸钙类膨胀剂加入混凝土后,自身的无水硫铝酸钙水化或参与水泥矿物的水化或与水泥水化产物反应,生成三硫型水化硫铝酸钙(钙矾石),使固相体积大为增加,而导致体积膨胀。氧化钙类膨胀剂的膨胀作用主要是由氧化钙水化生成氢氧化钙晶体,体积增大而导致的。

膨胀剂掺量以胶凝材料(水泥 + 膨胀剂,或水泥 + 膨胀剂 + 掺合料)总量为基数,膨胀剂的掺量与水泥及掺合料的活性有关,应通过试验确定。考虑混凝土的强度,在有掺合料的情况下,膨胀剂的掺量应分别取代水泥和掺合料。

8.泵送剂(Pumping aid)

泵送剂是指能改善混凝土拌和物泵送性能的外加剂。

泵送剂一般分为非引气剂型和引气剂型两类。个别情况下,如对大体积混凝土,为防止收缩裂缝,掺入适量的膨胀剂。减水剂除可使拌和物的流动性显著增大外,还能减少泌

水，这对泵送的混凝土十分重要。引气剂能使拌和物的流动性增加，而且也能降低拌和物的泌水性及水泥浆的离析现象，这对泵送混凝土的和易性和可泵性很有利。

泵送混凝土所掺外加剂的品种和掺量宜由试验确定，不得任意使用，这主要是考虑外加剂对水泥的适宜性。

3.1.6 混凝土掺合料(Concrete mineral admixtures)

为了节约水泥改善混凝土性能，在拌制混凝土时掺入的矿物粉状材料，称为混凝土掺合料。常用的有粉煤灰、硅粉、磨细矿渣粉、烧粘土、天然火山灰质材料(如凝灰岩粉、沸石岩粉等)及磨细自燃煤矸石，其中粉煤灰的应用最为普遍。

1.粉煤灰(Fly Ash)

粉煤灰是从煤粉炉排出的烟气中收集到的细粉末，分为干排灰与湿排灰两种。湿排灰内含水量大，活性降低较多，质量不如干排灰。

粉煤灰的质量要求。粉煤灰有高钙灰(一般 $CaO > 10\%$)和低钙灰($CaO < 10\%$)之分，由褐煤燃烧形成的粉煤灰呈褐黄色，为高钙灰，具有一定的水硬性；由烟煤和无烟煤燃烧形成的粉煤灰呈灰色和深灰色，为低钙灰，具有火山灰活性。

细度是评定粉煤灰品质的重要指标之一。粉煤灰中实心微珠颗粒最细、表面光滑，是粉煤灰中需水量最小、活性最高的成分，如果粉煤灰中实心微珠含量较多、未燃尽碳及不规则的粗粒含量较少时，粉煤灰品质较好。未燃尽的碳粒，颗粒较粗，可降低粉煤灰的活性，增大需水性，是有害成分，可用烧失量来评定。多孔玻璃体等非球形颗粒，表面粗糙、粒径较大，可增大需水量，当其含量较多时，使粉煤灰品质下降。SO_3 是有害成分，应限制其含量。

根据《用于水泥混凝土中的粉煤灰》(GB1596—1991)规定，粉煤灰分Ⅰ、Ⅱ、Ⅲ三个等级，其质量指标如表3.16所示。

表3.16 粉煤灰等级及质量指标

质量指标	粉煤灰等级		
	Ⅰ	Ⅱ	Ⅲ
细度(0.045 mm方孔筛筛余/%)不大于	12	20	45
烧失量不大于/%	5	8	15
需水量比不大于/%	95	105	115
三氧化硫不大于/%	3	3	3
含水量不大于/%	1	1	不规定

注：代替细骨料或主要用以改善和易性的粉煤灰不受此限制。

按《粉煤灰混凝土应用技术规范》(GBJ146—1990)规定：Ⅰ级粉煤灰适用于钢筋混凝土和跨度小于6 m的预应力钢筋混凝土；Ⅱ级粉煤灰适用于钢筋混凝土和无筋混凝土；Ⅲ级粉煤灰主要用于无筋混凝土。对强度≥C30的无筋粉煤灰混凝土，宜采用Ⅰ、Ⅱ级粉煤灰。

粉煤灰掺入混凝土中的作用与效果。粉煤灰在混凝土中具有火山灰活性作用，它的

活性成分 SiO_2 和 Al_2O_3 与水泥水化产物 $Ca(OH)_2$ 反应，生成水化硅酸钙和水化铝酸钙，成为胶凝材料的一部分；微珠球状颗粒，具有增大混凝土（砂浆）的流动性、减少泌水、改善和易性的作用，若保持流动性不变，则可起到减水作用；其微细颗粒均匀分布在水泥浆内，填充孔隙，改善混凝土孔结构，提高混凝土的密实度，从而使混凝土的耐久性得到提高。同时还可降低水化热、抑制碱-骨料反应。

混凝土中掺入粉煤灰的效果与粉煤灰的掺入方法有关，常用的方法有等量取代法、超量取代法和外加法。

等量取代法。指以等质量粉煤灰取代混凝土中的水泥。可节约水泥并减少混凝土发热量，改善混凝土和易性，提高混凝土抗渗性。适用于掺Ⅰ级粉煤灰、混凝土超强及大体积混凝土。

超量取代法。指掺入的粉煤灰量超过取代的水泥量，超出的粉煤灰取代同体积的砂，其超量系数按规定选用，其目的是保持混凝土 28 d 强度及和易性不变。

外加法。指在保持混凝土中水泥用量不变的情况下，外掺一定数量的粉煤灰，其目的只是为了改善混凝土拌和物的和易性。

有时也有用粉煤灰代砂的，由于粉煤灰具有火山灰活性，故使混凝土强度有所提高，而且混凝土和易性及抗渗性等也有显著改善。

混凝土中掺入粉煤灰时，常与减水剂或引气剂等外加剂同时掺用，称为双掺技术。减水剂的掺入可以克服某些粉煤灰增大混凝土需水量的缺点；引气剂的掺入，可以解决粉煤灰混凝土抗冻性较差的问题；在低温条件下施工时，宜掺入早强剂或防冻剂。混凝土中掺入粉煤灰后，会使混凝土抗碳化性能降低，不利于防止钢筋锈蚀。为改善混凝土抗碳化性能也应采取双掺措施，或在混凝土中掺入阻锈剂。

2. 硅粉（Silica fume）

硅粉又称硅灰，是从生产硅铁合金或硅钢等所排放的烟气中收集的颗粒极细的烟尘，呈浅灰色。硅粉的颗粒是微细的玻璃球体，粒径为 0.1～1.0 μm，是水泥颗粒的 1/50～1/100，比表面积为 18.5～20 m^2/g。密度为 2.1～2.2 g/cm^3，堆积密度为 250～300 kg/m^3。硅粉中无定形二氧化硅含量一般为 85%～96%，具有很高的活性。

由于硅粉具有高比表面积，因而其需水量很大，将其作为混凝土掺合料须配以高效减水剂方可保证混凝土的和易性。

硅粉掺入混凝土中，可取得以下几方面效果。

(1) 改善混凝土拌和物的粘聚性和保水性。在混凝土中掺入硅粉的同时又掺用了高效减水剂，保证了混凝土拌和物必须具有的流动性，由于硅粉的掺入，会显著改善混凝土拌和物的粘聚性和保水性。故适宜配制高流态混凝土、泵送混凝土及水下灌注混凝土。

(2) 提高混凝土强度。当硅粉与高效减水剂配合使用时，硅粉与水泥水化产物 $Ca(OH)_2$ 反应生成水化硅酸钙凝胶，填充水泥颗粒间的空隙，改善界面结构及粘结力，形成密实结构，从而显著提高混凝土强度。一般硅粉掺量为 5%～10%，便可配制出抗压强度达 100 MPa 的超高强混凝土。

(3) 改善混凝土的孔结构，提高耐久性。掺入硅粉的混凝土虽然其总孔隙率与不掺时基本相同，但其大毛细孔减少，超细孔隙增加，改善了水泥石的孔结构。因此混凝土的

抗渗性、抗冻性、抗溶出性及抗硫酸盐腐蚀性等耐久性显著提高。此外,混凝土的抗冲磨蚀性随硅粉掺量的增加而提高,故适用于水工建筑物的抗冲刷部位及高速公路路面。硅粉还同样有抑制碱-骨料反应的作用。

3.沸石粉(Pumice powder)

沸石粉是天然的沸石岩磨细而成,颜色为灰白色。沸石岩是一种经天然燃烧后的火山灰质铝硅酸盐矿物,含有一定量的活性二氧化硅和三氧化二铝,能与水泥的水化产物 $Ca(OH)_2$ 作用,生成胶凝物质。沸石粉具有很大的内表面积和开放性结构,细度为 0.08 mm 筛筛余量<5%,平均粒径为 5.0~6.5 μm。

沸石粉掺入混凝土后有以下几方面效果。

(1) 改善混凝土拌和物的和易性。沸石粉与其他矿物掺合料一样,具有改善混凝土和易性及可泵性的功能,因此适宜于配制流态混凝土和泵送混凝土。

(2) 提高混凝土强度。沸石粉与高效减水剂配合使用,可显著提高混凝土强度,因而适用于配制高强混凝土。

4.其他混凝土掺合料

(1)粒化高炉矿渣粉(Granulated blast-fwruace slag powder)

粒化高炉矿渣粉是指将粒化高炉矿渣经干燥、磨细达到相当细度且符合相应活性指数的粉状材料,细度大于 350 m^2/kg,一般为 400~600 m^2/kg。其活性比粉煤灰高,根据 GB/T18046,按 7 d 和 28 d 的活性指数,分为 S105、S95 和 S75 三个级别,作为混凝土掺合料,其掺量也可较大。

(2)磨细自燃煤矸石粉(Ground self-combustion coaly-stone powder)

自燃煤矸石是由煤矿洗煤过程中排出的矸石,经自燃而成,具有一定火山灰活性,将其磨细后成粉状,作为混凝土掺合料使用。

(3)超细微粒矿物质掺合料(Superfine particle mineral admixtures)

超细微粒矿物质掺合料(简称超细粉掺合料),其比表面积一般大于 500 m^2/kg。将活性混合材制成超细粉,超细化便具有新的特性与功能:①表面能高;②微观填充作用;③化学活性增高。超细粉掺入混凝土中对混凝土有显著的流化与增强效应,并使结构致密化。采用的超细粉的品种、细度和掺量的不同,其效果也不同。一般有以下几方面效果。

①改善混凝土的流变性　当掺入超细矿渣粉后,可填充于水泥颗粒的间隙和絮凝结构中,占据了充分空间,原来絮凝结构中的水被释放出来,使流动性增大。如果掺入超细沸石粉,除有上述填充稀化效果外,由于其本身的多孔性,且为开放型,能吸入一部分水分,吸水性带来的稠化作用占优势,会使流动性减小。无论何种超细粉均有表面能高的特点,自身或对水泥颗粒会产生吸附现象,在一定程度上形成凝聚结构,会使超细粉的填充稀化效应减小。但如将玻璃体的超细粉与高效减水剂共同掺用,这时超细粉可迅速吸附高效减水剂分子,从而降低其本身的表面能,不会再对水泥颗粒产生吸附,反而起分散作用,这样超细粉的微观填充稀化效应也得以正常发挥,混凝土的流动性显著增大。采用超细粉可配制大流动性且不离析的混凝土,如泵送混凝土等。

②提高混凝土强度　超细化一方面明显增加了混合材的化学反应活性,另一方面由于微观填充作用产生的减水增密效应,对混凝土起到显著增强效果,后者正是超细粉与一

般混合材的不同之处。采用超细粉可配制高强与超高强混凝土。

③显著改善混凝土的耐久性　超细粉能显著改善硬化混凝土的微结构、使 $Ca(OH)_2$ 显著减少、C-S-H 增多,结构变得致密。从而显著提高混凝土的抗渗、抗冻等耐久性能,而且还能抑制碱-骨料反应。

利用超细粉作混凝土掺合料是当今混凝土技术发展的趋势之一。

3.2　普通混凝土的主要技术性质

混凝土在凝结硬化以前称为混凝土拌和物,它必须具有良好的和易性,便于施工,以保证能获得良好的浇灌质量;混凝土拌和物凝结硬化以后,应具有足够的强度,以保证建筑物能安全地承受设计荷载;并应具有必要的耐久性。

3.2.1　混凝土拌和物的和易性(Workability of fresh concrete)

和易性是指混凝土拌和物易于施工操作(搅拌、运输、浇灌、捣实)并能获致质量均匀,成型密实的混凝土的性能。和易性是一项综合的技术性质,包括流动性、粘聚性和保水性三方面的含义。

(1) 流动性(Mobility)

流动性是指混凝土拌和物在本身自重或外力的作用下,能产生流动,并均匀密实地填满模板的性能。流动性好的混凝土操作方便,易于捣实、成型。

(2) 粘聚性(Viscidity)

粘聚性是指混凝土拌和物在施工过程中,其组成材料之间具有一定的粘聚力,不致产生分层和离析的现象。由于比重和颗粒大小不同,混凝土拌和物各组成材料的沉降不相同,粘聚性差,则施工中易发生分层(即混凝土拌和物各组分出现层状分离现象)、离析(即混凝土拌和物内某些组分分离、析出现象)等情况,致使混凝土硬化产生“蜂窝”、“麻面”等缺陷,影响混凝土强度和耐久性。

(3) 保水性(Water retentivity)

保水性是指混凝土拌和物在施工过程中,具有一定的保水能力,不致产生严重的泌水现象。保水性不良的混凝土易出现泌水,水分泌出后会形成连通孔隙,影响混凝土的密实性;泌出的水还会聚集到混凝土表面,引起表面疏松;泌出的水积聚在集料或钢筋的下表面会形成孔隙,从而削弱集料或钢筋与水泥石的粘结力,影响混凝土质量。

由此可见,混凝土拌和物的流动性、粘聚性、保水性有其各自的内容,而彼此既互相联系又存在矛盾。所谓和易性就是这三方面性质在一定工程条件下达到统一。

1. 和易性的测定方法及评定(Testing method and judgement of workability)

和易性是一项综合技术性质,很难用一种指标能全面反映混凝土拌和物的和易性。通常是以测定拌和物稠度(即流动性)为主,而粘聚性和保水性主要通过观察的方法进行评定。

根据拌和物的流动性不同,可分别用坍落度与坍落扩展度法和维勃稠度法测定混凝土的稠度。

(1)坍落度与坍落扩展度试验(Slump and extension test)

坍落度试验的方法是将混凝土拌和物按规定方法装入标准圆锥坍落度筒(图 3.9)内,装满刮平后,垂直向上将筒提起,移到一旁。混凝土拌和物由于自重将会产生坍落现象。然后量出向下坍落的尺寸(图 3.10),该尺寸(单位为 mm)就是坍落度,作为流动性指标,坍落度越大表示流动性越好。

当坍落度大于 220 mm 时,用钢尺测量混凝土扩展后最终的最大和最小直径,在两直径之差小于 50 mm 的条件下,用其算术平均值作为坍落扩展度值;否则试验无效。

粘聚性的检测方法是:用捣棒在已坍落的混凝土锥体侧面轻轻敲打,若锥体逐渐下沉,则表示粘聚性良好;如果锥体倒塌、部分崩裂或出现离析现象,则表示粘聚性不好。

图 3.9 坍落度筒

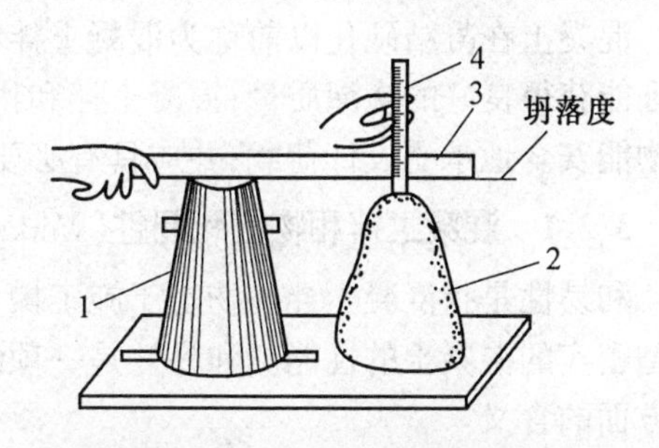

图 3.10 坍落度测定示意图

1—坍落度筒;2—拌和物试体;3—木尺; 4—钢尺

保水性是以混凝土拌和物中的稀水泥浆析出的程度来评定。坍落度筒提起后,如有较多稀水泥浆从底部析出,锥体部分混凝土拌和物也因失浆而集料外露,则表明混凝土拌和物的保水性能不好。如坍落度筒提起后无稀水泥浆或仅有少量稀水泥浆自底部析出,则表示此混凝土拌和物保水性良好。

根据坍落度不同,可将混凝土拌和物分为 4 级,如表 3.17 所示。坍落度试验只适用于粗骨料最大粒径不大于 40 mm,坍落度不小于 10 mm 的混凝土拌和物。

表 3.17 混凝土按坍落度的分级

级别	名 称	坍落度/mm	级别	名 称	坍落度/mm
T_1	干硬性混凝土	<10	T_3	流动性混凝土	100~150
T_2	塑性混凝土	10~90	T_4	大流动性混凝土	$\geqslant 160$

注:在分级判定时,坍落度检验结果值,取舍到临近的 10 mm。

(2)维勃稠度试验(Vebe consistence test)

对于干硬性的混凝土拌和物(坍落度值小于 10 mm)通常采用维勃稠度仪(图 3.11)测定其稠度(即维勃稠度)。维勃稠度测试方法是:开始在坍落度筒中按规定方法装满拌和物,提起坍落度筒,在拌和物试体顶面放一透明圆盘,开启振动台,同时用秒表计时,到透明圆盘的底面完全为水泥浆所布满时,停止秒表,关闭振动台。此时可认为混凝土拌和物已密实。所读秒数,称为维勃稠度。该法适用于粗骨料最大粒径不超过 40 mm,维勃稠度在 5~30 s 之间的混凝土拌和物的稠度测定。

根据维勃稠度的大小,混凝土拌和物也分为四级,如表 3.18 所示。

表 3.18　混凝土按维勃稠度的分级

级别	名 称	维勃稠度/s	级别	名 称	维勃稠度/s
V_0	超干硬性混凝土	≥31	V_2	干硬性混凝土	20～11
V_1	特干硬性混凝土	30～21	V_3	半干硬性混凝土	10～5

2.影响和易性的主要因素(Workability effect of major factors)

(1) 水泥浆的数量 (Quantity of cement paste)

混凝土拌和物中,除必须有足够的水泥浆填充骨料的空隙外,还需要有一定数量的水泥浆包裹在骨料表面,形成润滑层,以减小骨料颗粒间的摩擦力,使混凝土拌和物具有一定的流动性。在水灰比不变的条件下,增加混凝土单位体积中的水泥浆用量,则骨料用量相对减少,增大了骨料之间的润滑作用,从而使混凝土拌和物的流动性有所提高。

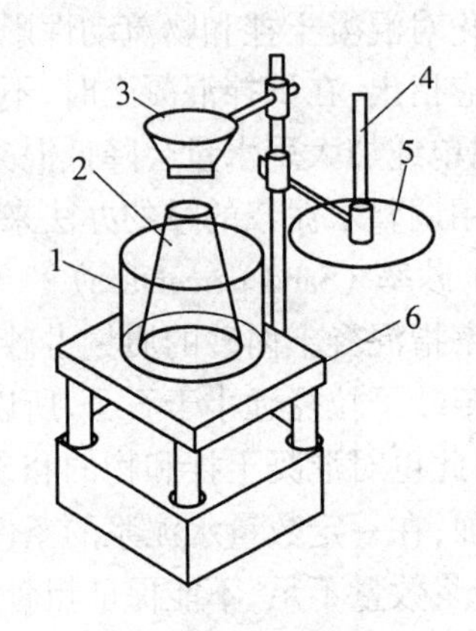

图 3.11　维勃稠度仪

1—容器;2—坍落度筒;3—漏斗;4—测杆;5—透明圆盘;6—振动台

实际上,水泥浆的数量对混凝土拌和物流动性的影响,可以用单位用水量(1 m^3 混凝土的用水量)来反映,当水灰比变化在一定范围(水灰比在 0.40～0.80)内以及其他条件不变时,在单位用水量与混凝土拌和物的流动性之间,可以建立直接的数量关系。也就是在一定的条件下,要使混凝土拌和物获得一定的坍落度,所需要的单位用水量基本上是一个定值。表 3.19、表 3.20 是现行标准《普通混凝土配合比设计技术规定》(JGJ55—2000)提供的混凝土用水量选用参考表。

表 3.19　干硬性混凝土的单位用水量　　kg·m^{-3}

拌和物稠度		卵石最大粒径/mm			碎石最大粒径/mm		
项目	指标	10	20	40	16	20	40
维勃调度/s	16～20	175	160	145	180	170	155
	11～15	180	165	150	185	175	160
	5～10	175	170	155	190	180	165

表 3.20　塑性混凝土的单位用水量　　kg·m^{-3}

拌和物稠度		卵石最大粒径/mm				碎石最大粒径/mm			
项目	指标	10	20	31.5	40	16	20	31.5	40
坍落度 /mm	10～30	190	170	160	150	200	185	175	165
	35～50	200	180	170	160	210	195	185	175
	55～70	210	190	185	170	220	205	195	185
	75～90	215	195	185	175	230	215	205	195

注:①本表用水量是采用中砂时的平均取值,采用细砂时,1 m^3 混凝土的用水量可增加 5～10 kg;采用粗砂时,则可减少 5～10 kg。

②掺用各种外加剂或掺合料时,用水量应相应调整。

水泥浆数量不宜过多或过少，水泥浆过多会产生流浆及泌水现象；水泥浆过少，则会产生崩坍现象，使粘聚性变差。

(2) 水泥浆的稠度(Consistence of cement paste)

水泥浆的稀稠主要取决于水灰比的大小，水灰比较小时，水泥浆较稠，混凝土拌和物流动性也较小，当水灰比小至某一极限值以下，会造成混凝土无法施工。反之，水灰比过大，水泥浆变稀，产生严重的离析及泌水现象。因此水灰比值不宜过小或过大，一般应根据混凝土强度和耐久性要求合理地选用。但是在常用水灰比范围(0.40~0.75)内，水灰比的变化对混凝土拌和物流动性影响不显著。

但应指出，在试拌混凝土时，不能用单纯改变用水量的办法来调整混凝土拌和物的流动性，因单纯加大用水量会降低混凝土的强度和耐久性。因此，应该在保持水灰比不变的条件下用调整水泥浆的量的办法来调整混凝土拌和物的流动性。

(3) 砂率 (Sand percentage)

砂率指混凝土内砂的质量占砂、石总质量的百分率，砂率通常以 Sp 表示。

由于砂子粒径远小于石子，所以砂率的大小对骨料的空隙率和总表面积有着显著的影响，因此也对混凝土拌和物的和易性有明显的影响。当砂率过大，骨料的空隙率及总表面积增加，在一定数量水泥浆的条件下，混凝土拌和物会显得干稠，流动性减小。如砂率过小，砂浆数量不足，不能保证粗骨料周围形成足够的砂浆层，也会降低混凝土拌和物的流动性，同时还严重影响粘聚性和保水性。因此，砂率有一个合理值。采用合理砂率的原则，是在用水量及水泥用量一定的条件下，能使混凝土拌和物获得最大流动性，并且能保持良好的粘聚性及保水性。合理砂率一般是通过试验确定的，在不具备试验条件又无使用经验时，可参照 JGJ55—2000 提供的混凝土砂率选用表 3.21。

表 3.21　混凝土砂率选用表

水灰比	卵石最大粒径/mm			碎石最大粒径/mm		
	10	20	40	16	20	40
0.40	26~32	25~31	24~30	30~35	29~34	27~32
0.50	30~35	29~34	28~33	33~38	32~37	30~35
0.60	33~38	32~37	31~36	36~41	35~40	33~38
0.70	36~41	35~40	34~39	39~44	38~43	36~41

注：①表中数值系中砂的选用砂率，对细砂或粗砂，可相应地减少或增加砂率；

②只用一个单粒级粗骨料配制混凝土时，砂率值应适当增加；

③对薄壁构件，砂率取偏大值。

(4)其他因素(Other factors)

① 水泥品种(Types of cement)　由于水泥品种不同，其矿物成分、标准稠度用水量也不相同，因此对混凝土拌和物的和易性有一定的影响。用硅酸盐水泥及普通水泥时，拌和物流动性较大，保水性较好。用矿渣水泥及某些火山灰水泥，流动性较小，保水性较差。用粉煤灰水泥比普通水泥流动性更好，而且保水性及粘聚性也都较好。此外，水泥细度对拌和物和易性也有影响，水泥磨得细，则拌和物流动性小，但粘聚性及保水性较好。

② 骨料物理性质(Physical properties of aggregate)　卵石拌制的混凝土拌和物比用碎石

拌制的流动性大，骨料级配越好，其拌和物流动性也越大。

③ 外加剂(Admixtures)　在拌制混凝土时，加入很少量的外加剂(如减水剂、引气剂)能使混凝土拌和物在不增加水泥用量的条件下，获得很好的和易性，增大流动性和改善粘聚性、降低泌水性。并且由于改变了混凝土的结构，尚能提高混凝土的耐久性。

④ 温度与时间(Temperature and time)　拌和物拌制后，随时间的延长而逐渐变得干稠，流动性减少，这是因为水分损失和水泥水化。水分损失的原因是：水泥水化消耗掉一部分水；集料吸收一部分水；水分蒸发。由于拌和物流动性的这种变化，在施工中测定和易性的时间，推迟至搅拌完成后约 15 min 为宜。

拌和物的和易性也受温度的影响，因为环境温度的升高，水分蒸发及水泥水化反应加快，坍落度损失也变快。因此施工中为保证一定的和易性，必须注意环境的变化，采取相应的措施。

3. 和易性的调整与改善(Improving and adjusting workability)

(1) 当混凝土拌和物流动性小于设计要求时，为了保证混凝土的强度和耐久性，不能单独加水，必须保持水灰比不变，增加水泥浆用量。

(2) 当坍落度大于设计要求时，可在保持砂率不变的前提下，增加砂石用量。实际上是减少水泥浆数量，选择合理的浆骨比。

(3) 改善集料级配，既可增加混凝土流动性，也能改善粘聚性和保水性。

(4) 掺减水剂或引气剂，是改善混凝土和易性的有效措施。

(5) 尽可能选用最优砂率，当粘聚性不足时可适当增大砂率。

4. 新拌混凝土的凝结时间(Setting time of fresh concrete)

水泥的水化反应是混凝土产生凝结的主要原因，但是混凝土的凝结时间与配制该混凝土所用水泥的凝结时间并不一致，因为水泥浆体的凝结和硬化过程要受到水化产物在空间填充情况的影响。因此，水灰比的大小会明显影响混凝土凝结时间，水灰比越大，凝结时间越长。一般配制混凝土所用的水灰比与测定水泥凝结时间规定的水灰比是不同的，所以这两者的凝结时间便有所不同。而且混凝土的凝结时间，还会受到其他各种因素的影响，例如环境温度的变化、混凝土中掺入的外加剂，如缓凝剂或速凝剂等，将会明显影响混凝土的凝结时间。

通常用贯入阻力仪测定混凝土拌和物的凝结时间。先用 5 mm 筛孔的筛从拌和物中筛取砂浆，按一定方法装入规定的容器中，然后每隔一定时间测定砂浆贯入到一定深度时的贯入阻力，绘制贯入阻力与时间的关系曲线，从而确定其凝结时间。通常情况下混凝土的凝结时间为 6 ~ 10 h，但水泥组成、环境温度、外加剂等都会对混凝土凝结时间产生影响。当混凝土拌和物在 10℃下养护时，其初凝和终凝时间要比 23℃时约分别延缓 4 h 和 7 h。

5. 坍落度的选择(Selection of slump)

混凝土拌和物坍落度指标的选择，应根据结构条件及施工条件来确定。如考虑结构尺寸大小、钢筋的疏密、运输方法及捣实工具等因素。一般在便于施工操作和振捣密实的条件下，应尽可能采用较小的坍落度，以节约水泥并获得质量较高的混凝土。表 3.22 是 GBJ204—1983 提供的混凝土浇注时的坍落度选用表，可供参考。

表3.22 混凝土浇注时的坍落度

项次	结构种类	坍落度/cm
1	基础和地面等的垫层、无配筋的厚大结构(挡土墙、基础或厚大的块体等)或配筋稀疏的结构	1~3
2	板、梁和大型及中型截面的柱子等	3~5
3	配筋密列的结构(薄壁、斗仓、筒仓、细柱等)	5~7
4	配筋特密的结构	7~9

注:①本表系指采用机械振捣的坍落度,采用人工捣实可适当增大;

②需要配制大坍落度混凝土时应掺用外加剂。

3.2.2 硬化混凝土的物理力学性能(Mechanical properties of hardened concrete)

1.混凝土强度(Strength of concrete)

混凝土的强度包括抗压、抗拉、抗弯、抗剪以及握裹钢筋强度等,其中抗压强度最大,故工程上混凝土主要承受压力。而且混凝土的抗压强度与其他强度间有一定的相关性,可以根据抗压强度的大小来估计其他强度值,因此混凝土的抗压强度是最重要的一项性能指标。

(1)混凝土立方体抗压强度与强度等级(Cubic compressive strength and grade of concrete)

按照国家标准GB/T50081—2002《普通混凝土力学性能试验方法》规定,将混凝土拌和物制作成边长为150 mm的立方体试件,在标准条件(温度20℃±2℃,相对湿度95%以上)下,养护到28 d龄期,测得的抗压强度值为混凝土立方体试件抗压强度(简称立方体抗压强度),以f_{cu}表示。

按照国家标准GB50010—2002《混凝土结构设计规范》,混凝土强度等级应按立方体抗压强度标准值确定。立方体抗压强度标准值系指按标准方法制作和养护的边长为150 mm的立方体试件,在28d龄期用标准试验方法测得的具有95%保证率的抗压强度,以$f_{cu,k}$表示。普通混凝土划分为十四个强度等级:C15,C20,C25,C30,C35,C40,C45,C50,C55,C60,C65,C70,C75和C80。混凝土强度等级是混凝土结构设计、施工质量控制和工程验收的重要依据。

钢筋混凝土结构的混凝土强度等级不应低于C15;当采用HRB335级钢筋时,混凝土强度等级不宜低于C20;当采用HRB400和RRB400级钢筋以及承受重复荷载的构件,混凝土强度等级不得低于C20。

预应力混凝土结构的混凝土强度等级不应低于C30;当采用钢绞线、钢丝、热处理钢筋作预应力钢筋时,混凝土强度等级不宜低于C40。

(2)轴心抗压强度(Axial compressive strength)

混凝土的立方体抗压强度只是评定强度等级的一个标志,它不能直接用来作为结构设计的依据。为了符合工程实际,在结构设计中混凝土受压构件的计算采用混凝土的轴心抗压强度。轴心抗压强度设计值以f_c表示,轴心抗压强度标准值以f_{ck}表示。

轴心抗压强度的测定采用150 mm×150 mm×300 mm棱柱体作为标准试件。试验表明,轴心抗压强度f_c比同截面的立方体强度值f_{cu}小,棱柱体试件高宽比(h/a)越大,轴心

抗压强度越小，但当 h/a 达到一定值后，强度就不再降低。但是过高的试件在破坏前由于失稳产生较大的附加偏心，又会降低其抗压的试验强度值。

试验表明：在立方抗压强度 $f_{cu}=10\sim55$ MPa 的范围内，轴心抗压强度 f_c 与 f_{cu}之比约为 0.70～0.80。

(3) 轴心抗拉强度(Axial tensile strength)

混凝土是一种脆性材料，在受拉时产生很小的变形就要开裂，它在断裂前没有残余变形。

混凝土的抗拉强度只有抗压强度的 1/10～1/20，且随着混凝土强度等级的提高，比值降低。

混凝土在工作时一般不依靠其抗拉强度，但抗拉强度对于抗开裂性有重要意义。在结构设计中抗拉强度是确定混凝土抗裂能力的重要指标，有时也用它来间接衡量混凝土与钢筋的粘结强度等。

混凝土抗拉强度采用立方体劈裂抗拉试验来测定，称为劈裂抗拉强度 f_{ts}。

该方法的原理是在试件的两个相对表面的中线上，作用着均匀分布的压力，这样就能够在外力作用的竖向平面内产生均布拉伸应力(图 3.12)，混凝土劈裂抗拉强度应按下式计算：

$$f_{ts}=\frac{2F}{\pi A}=0.637\frac{F}{A}$$

式中，f_{ts} 为混凝土劈裂抗拉强度(MPa)；F 为破坏荷载(N)；A 为试件劈裂面面积(mm^2)。

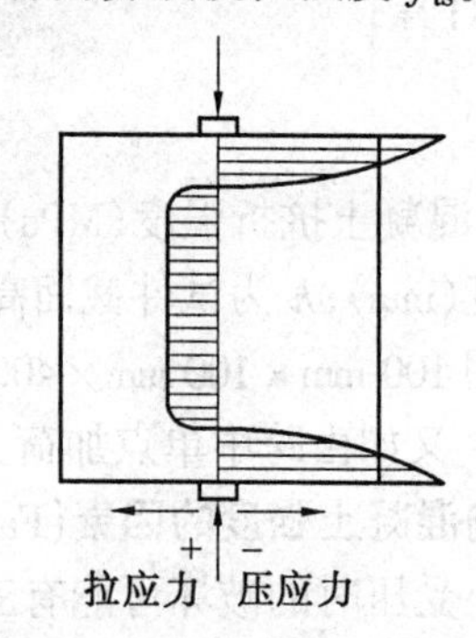

图 3.12 混凝土劈裂抗拉试验示意图

混凝土轴心抗拉强度 f_t 可按劈裂抗拉强度 f_{ts} 换算得到，换算系数可由试验确定。

各强度等级的混凝土轴心抗压强度标准值 f_{ck}、轴心抗拉强度标准值 f_{tk} 应按表 3.23 采用。

表 3.23 混凝土强度标准值

强度/MPa	混凝土强度等级													
	C15	C20	C25	C30	C35	C40	C45	C50	C55	C60	C65	C70	C75	C80
f_{ck}	10.0	13.4	16.7	20.1	23.4	26.8	29.6	32.4	35.5	38.5	41.5	44.5	47.4	50.2
f_{tk}	1.27	1.54	1.78	2.01	2.20	2.39	2.51	2.64	2.74	2.85	2.93	2.99	3.05	3.11

还需注意的是，相同强度等级的混凝土轴心抗压强度设计值 f_c、轴心抗拉强度设计值低于混凝土轴心抗压、轴心抗拉强度标准值 f_{ck}和 f_{tk}。

(4)混凝土的抗折强度(Bending strength of concrete)

实际工程中常会出现混凝土的断裂破坏现象，例如，水泥混凝土路面和桥面主要破坏形态就是断裂。因此，在进行路面结构设计以及混凝土配合比设计时，是以抗折强度作为主要强度指标。根据《公路水泥混凝土路面设计规范》(JTJ012—94)规定，不同交通量分

级的水泥混凝土计算抗折强度见表 3.24。道路水泥混凝土抗折强度与抗压强度的关系见表 3.25。

表 3.24　路面水泥混凝土计算抗折强度

交通量分级	特重	重	中等	轻
混凝土计算抗折强度/MPa	5.0	4.5	4.5	4.0

表 3.25　道路水泥混凝土抗折强度与抗压强度的关系

抗折强度 f_{cf}/MPa	4.0	4.5	5.0	5.5
抗压强度 f_{cu}/MPa	25.0	30.0	35.0	40.0

按 GBJ81—1985 规定，测定混凝土的抗折强度应采用 150 mm × 150 mm × 600 mm(或 550 mm)小梁作为标准试件，在标准条件下养护 28 d 后，按三分点加荷方式测得其抗折强度，按下式计算：

$$f_{cf} = \frac{PL}{bh^2}$$

式中，f_{cf} 为混凝土抗折强度(MPa)；P 为破坏荷载(N)；L 为支座间距即跨度(mm)；b 为试件截面宽度(mm)；h 为试件截面高度(mm)。

当采用 100 mm × 100 mm × 400 mm 非标准试件时，取得的抗折强度值应乘以尺寸换算系数 0.85。又如由跨中单点加荷方式得到的抗折强度，应乘以折算系数 0.85。

2.影响混凝土强度的因素(Factors of influencing strength of concrete)

混凝土受压时的破坏可能有三种形式：①骨料与水泥石界面的粘结破坏；②水泥石本身的破坏；③骨料发生劈裂破坏。混凝土受压破坏一般是出现在骨料与水泥石的界面上，当水泥石强度较低时，水泥石本身破坏也是常见的破坏形式。骨料首先发生破坏的可能性较小，因为骨料强度一般都高于水泥石的强度。因此，混凝土的强度主要取决于水泥石及其与骨料表面的粘结强度，而水泥石强度及其与骨料的粘结强度又与水泥强度、水灰比以及骨料的性质有密切关系。此外，混凝土强度还受施工工艺(拌和、温度及湿度、龄期及试验加荷速度等)的影响。

(1)原材料(Raw materials)因素

① 水泥强度(Strength of cement)　水泥强度的大小直接影响混凝土强度。在配合比相同的条件下，所用的水泥强度等级越高，制成的混凝土强度也越高。试验证明，混凝土的强度与水泥强度成正比关系。

② 水灰比(Water-cement ratio)　当用同一种水泥时，混凝土的强度主要决定于水灰比。因为水泥水化时所需的结合水，一般只占水泥质量的 23%左右，但在拌制混凝土拌和物时，为了获得必要的流动性，实际采用较大的水灰比。当混凝土硬化后，多余的水分或残留在混凝土中形成水泡，或蒸发后形成气孔，混凝土内部的孔隙削弱了混凝土抵抗外力的能力。因此，满足和易性要求的混凝土，在水泥强度等级相同的情况下，水灰比越小，水泥石的强度就越高，与集料粘结力也越大，混凝土的强度就越高。如果加水太少(水灰比太小)，拌和物过于干硬，在一定的捣实成型条件下，无法保证浇灌质量，混凝土中将出

现较多的孔洞,强度也将下降。试验证明,混凝土的强度随水灰比的增大而降低,呈曲线关系,而混凝土的强度和灰水比的关系,则呈直线关系如图 3.13 所示。

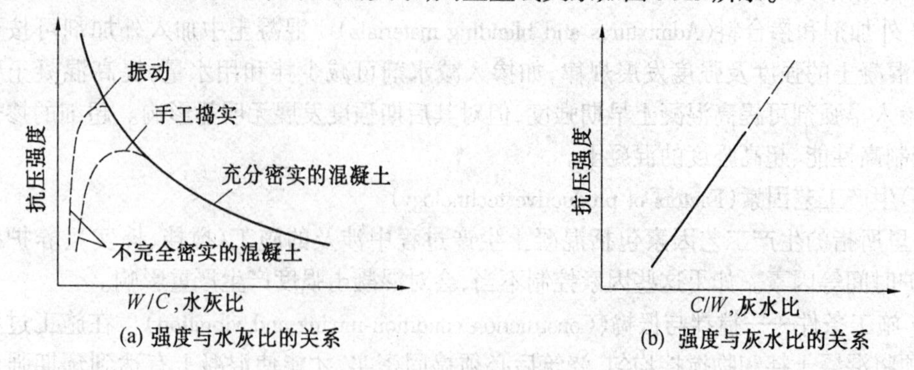

图 3.13　混凝土强度与水灰比及灰水比的关系

③ 骨料的种类、质量和数量(Type 、quality and quantity of aggregate)　水泥石与集料的粘结力除了受水泥石强度的影响外,还与骨料(尤其是粗骨料)表面状态有关。碎石表面粗糙,粘结力比较大,卵石表面光滑,粘结力比较小。因而在水泥强度等级和水灰比相同的条件下,碎石混凝土的强度往往高于卵石混凝土。

当粗骨料级配良好,用量及砂率适当,能组成密集的骨架使水泥浆数量相对减小,集料的骨架作用充分,也会使混凝土强度有所提高。

大量试验表明,混凝土强度与水灰比、水泥强度等级等因素之间保持近似恒定的关系。一般采用下面直线型的经验公式来表示

$$f_{cu} = \alpha_a f_{ce}\left(\frac{C}{W} - \alpha_b\right)$$

式中,$\frac{C}{W}$为灰水比(水泥与水质量比);f_{cu}为混凝土 28 d 抗压强度(MPa);f_{ce}为水泥的 28 d 抗压强度实测值(MPa);α_a,α_b为回归系数,与骨料的品种、水泥品种等因素有关。

一般水泥厂为了保证水泥的出厂强度等级,其实际抗压强度往往比其强度等级高。当无水泥 28 d 抗压强度实测值时,用水泥强度等级($f_{ce,g}$)代入式中,并乘以水泥强度等级富余系数(γ_c),即 $f_{ce} = \gamma_c \cdot f_{ce,g}$,$\gamma_c$值应按统计资料确定。

回归系数 α_a 和 α_b 应根据工程所使用的水泥、骨料,通过试验由建立的水灰比与混凝土强度关系式确定;当不具备试验统计资料时,其回归系数可按 JGJ55—2000《普通混凝土配合比设计规程》选用,如表 3.26 所示。

表 3.26　回归系数 α_a 及 α_b 选用表

石子品种 / 回归系数	碎石	卵石
α_a	0.46	0.48
α_b	0.07	0.33

上面的经验公式,一般只适用于流动性混凝土和低流动性混凝土,对干硬性混凝土则不适用。利用混凝土强度经验公式,可进行下面两个问题的估算。

A．根据所用水泥强度和水灰比来估算所配制的混凝土强度；

B．根据水泥强度和要求的混凝土强度等级来计算应采用的水灰比。

④ 外加剂和掺合料(Admixtures and blending materials)　混凝土中加入外加剂可按要求改变混凝土的强度及强度发展规律，如掺入减水剂可减少拌和用水量，提高混凝土强度；如掺入早强剂可提高混凝土早期强度，但对其后期强度发展无明显影响。超细的掺合料可配制高性能、超高强度的混凝土。

(2)生产工艺因素(Factors of productive technology)

这里所指的生产工艺因素包括混凝土生产过程中涉及的施工(搅拌、捣实)、养护条件、养护时间等因素。如果这些因素控制不当，会对混凝土强度产生严重影响。

① 施工条件——搅拌与振捣(Construction condition-mixing and vibration)　在施工过程中，必须将混凝土拌和物搅拌均匀，浇筑后必须捣固密实，才能使混凝土有达到预期强度的可能。

机械搅拌和捣实的力度比人力要强，因而，采用机械搅拌比人工搅拌的拌和物更均匀，采用机械捣实比人工捣实的混凝土更密实。强力的机械捣实可适用于更低水灰比的混凝土拌和物，获得更高的强度。图 3.13 中虚线部分显示在低水灰比时机械捣实比人工捣实有更高的强度。

改进施工工艺可提高混凝土强度，如采用分次投料搅拌工艺；采用高速搅拌工艺；采用高频或多频振捣器；采用二次振捣工艺等都会有效地提高混凝土强度。

② 养护条件(Curing condition)　混凝土的养护条件主要指所处的环境温度和湿度，它们是通过影响水泥水化过程而影响混凝土强度。

养护环境温度高，水泥水化速度加快，混凝土早期强度高；反之亦然。若温度在冰点以下，不但水泥水化停止，而且有可能因冰冻导致混凝土结构疏松，强度严重降低，尤其是早期混凝土应特别加强防冻措施。为加快水泥的水化速度，可采用湿热养护的方法，如蒸汽养护或蒸压养护。

湿度通常是指空气相对湿度，相对湿度低，混凝土中的水分挥发快，混凝土因缺水而停止水化，强度发展受阻。另一方面，混凝土在强度较低时失水过快，极易干缩，影响混凝土耐久性。一般在混凝土浇筑完毕后 12 h 内应开始对混凝土加以覆盖或浇水。对硅酸盐水泥、普通水泥和矿渣水泥配制的混凝土浇水养护不得少于 7 d；使用粉煤灰水泥和火山灰水泥，或掺有缓凝剂、膨胀剂，或有防水抗渗要求的混凝土浇水养护不得少于 14 d。

③ 龄期(Age)　龄期是指混凝土在正常养护条件下所经历的时间。在正常养护条件下，混凝土强度将随着龄期的增长而增长。最初 7 ~ 14 d 内，强度增长较快，以后逐渐缓慢。但在有水的情况下，龄期延续很久其强度仍有所增长。

普通水泥制成的混凝土，在标准条件养护下，龄期不小于 3 d 的混凝土强度发展大致与其龄期的对数成正比关系。因而在标准条件下养护的混凝土，可按下式根据某一龄期的强度推算另一龄期的强度

$$\frac{f_n}{\lg n} = \frac{f_a}{\lg a}$$

式中，f_n，f_a 为龄期分别为 n 天和 a 天的混凝土抗压强度(MPa)；n，a 为养护龄期，(d)；

$a \geqslant 3, n \geqslant 3$。

根据上式可由一已知龄期的混凝土强度,估算另一个龄期的强度。但因为混凝土强度的影响因素很多,强度发展不可能一致,故此式也只能作为参考。

混凝土的成熟度(N)(Mature degree)

混凝土所经历的时间和温度的乘积的总和,称为混凝土的成熟度(N),单位为小时·度(h·℃)或天·度(d·℃)。混凝土的强度与成熟度之间的关系很复杂,它不仅取决于水泥的性质和混凝土的质量(强度等级),而且与养护温度和养护制度有关。当混凝土的初始温度在某一范围内,并且在所经历的时间内不发生干燥失水的情况下,混凝土的强度和成熟度的对数成线性关系。这是比用自然龄期(n)更合理地建立混凝土函数的基本参数。

(3)试验因素(Testing factors)

在进行混凝土强度试验时,试件尺寸、形状、表面状态、含水率以及试验时加荷速度等试验因素都会影响到混凝土强度试验的测试结果。

① 试件形状尺寸(Shape and size of specimen)　测定混凝土立方体试件抗压强度,也可以按粗集料最大粒径的尺寸而选用不同试件的尺寸。但是试件尺寸不同、形状不同,会影响混凝土的抗压强度测定结果。因为混凝土试件在压力机上受压时,在沿加荷方向发生纵向变形的同时,也按泊松比效应产生横向膨胀。而钢制压板的横向膨胀性较混凝土小,因而在压板与混凝土试件压面形成磨擦力,对试件的横向膨胀起着约束作用,这种约束作用称为"环箍效应"。

"环箍效应"(Hoop effect)对混凝土抗压强度有提高作用,离压板越远,"环箍效应"越小,在距离试件受压面约 $0.866a$(a 为试件边长)范围外这种效应消失,这种破坏后的试件上下部分各呈一较完整的棱锥体,如图3.14所示。

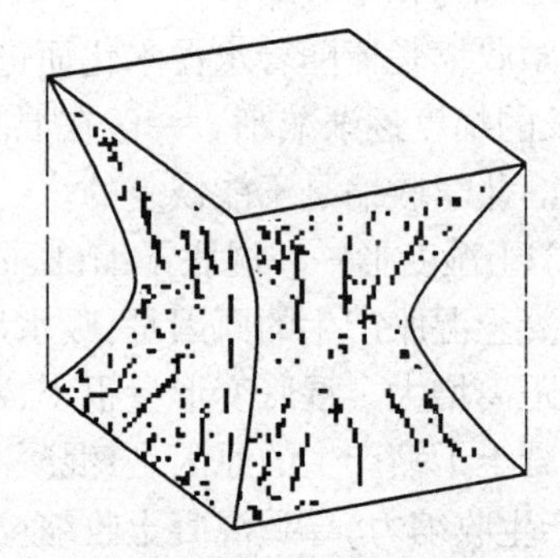

图 3.14　试件受压破坏后残存的棱锥体

在进行强度试验时,试件尺寸越大,测得的强度值越低。这包括两方面的原因:一是"环箍效应";二是由于大试件内存在的孔隙、裂缝和局部较差等缺陷的几率大,从而降低了材料的强度。

国家标准 GBJ107—1987《混凝土强度检验评定标准》规定边长为 150 mm 的立方体试件为标准试件。当采用非标准尺寸试件时,应将其抗压强度换算为标准试件抗压强度。换算系数按表 3.27 的规定。

② 表面状态(Surface State)　当混凝土受压面非常光滑时(如有油脂),由于压板与试件表面的摩擦力减小,使"环箍效应"减小,试件将出现垂直裂纹而破坏,测得的混凝土强度值较低。

表 3.27　混凝土抗压强度试块允许最小尺寸表

骨料最大颗粒直径/mm	试块尺寸/mm	换算系数
31.5	100×100×100（非标准试块）	0.95
40	150×150×150（标准试块）	1.00
63	200×200×200（非标准试块）	1.05

③ 含水程度(Water-bearing state)　混凝土试件含水率越高,其强度越低。

④ 加荷速度(Rate of bearing loads)　在进行混凝土试件抗压试验时,加荷速度过快,材料裂纹扩展的速度慢于荷载增加速度,故测得的强度值偏高。在进行混凝土立方体抗压强度试验时,应按规定的加荷速度进行。

综上所述,通过对混凝土强度影响因素的分析,提高混凝土强度的措施有:采用强度等级高的水泥;采用低水灰比;采用有害杂质少、级配良好、颗粒适当的骨料和合理的砂率;采用合理的机械搅拌、振捣工艺;保持合理的养护温度和一定的湿度,可能的情况下采用湿热养护;掺入合适的混凝土外加剂和掺合料。

3.混凝土的变形性能(Deformation properties of concrete)

(1) 化学收缩(Chemical shrinkage)

水泥水化生成的固体体积,比未水化水泥和水的总体积小,从而使混凝土产生收缩,这种收缩称为化学收缩。

化学收缩是伴随着水泥水化而进行的,其收缩量是随混凝土硬化龄期的延长而增长的,增长的幅度逐渐减小。一般在混凝土成型后 40 多天内化学收缩增长较快,以后就渐趋稳定。化学收缩是不能恢复的。

(2) 干湿变形——湿胀干缩(Deformation at dry and wet—wet expansion and dry shrinkage)

混凝土湿胀产生的原因是:吸水后使混凝土中水泥凝胶体粒子吸附水膜增厚,胶体粒子间的距离增大。湿胀变形量很小,对混凝土性能基本上无影响。

混凝土干缩产生的原因是:混凝土在干燥过程中,毛细孔水分蒸发,使毛细孔中形成负压,产生收缩力,导致混凝土收缩;当毛细孔中的水蒸发完后,如继续干燥,则凝胶体颗粒间吸附水也发生部分蒸发,缩小凝胶体颗粒间距离,甚至产生新的化学结合而收缩。因此,干缩的混凝土再次吸水时,干缩变形一部分可恢复,也有一部分(约 30%~60%)不能恢复。

混凝土干缩变形的大小用干缩率表示,它反映混凝土的相对干缩性,试验室试件测定约为$(3\sim5)\times10^{-4}$。在一般工程设计中,混凝土尺寸较大,干缩值通常取$(1.5\sim2.0)\times10^{-4}$,即每米混凝土收缩 0.15~0.20 mm。

影响混凝土干缩有以下几方面原因。

① 水泥品种及细度　水泥品种不同,混凝土的干缩率也不同。如使用火山灰水泥干缩最大,使用矿渣水泥比使用普通水泥的收缩大。采用高强度等级水泥,由于颗粒较细,混凝土收缩也较大。

② 用水量与水泥用量　用水量越多,硬化后形成的毛细孔越多,其干缩值也越大。水泥用量越多,混凝土中凝胶体越多,收缩量也较大,而且水泥用量多会使用水量增加,从

而导致干缩偏大。

③ 集料的种类与数量　砂石在混凝土中形成骨架,对收缩有一定的抵抗作用。集料的弹性模量越高,混凝土的收缩越小,故轻集料混凝土的收缩比普通混凝土大得多。

④ 养护条件　延长潮湿条件的养护时间,可推迟干缩的发生与发展,但对最终干缩影响不大。若采用蒸养可减少混凝土干缩,蒸压养护效果更显著。

(3) 温度变形(Temperature deformation)

混凝土与其他材料一样,也具有热胀冷缩的性质。这种热胀冷缩的变形称为温度变形。混凝土温度变形系数约为 $1\times10^{-5}℃^{-1}$,即温度变化(升高或降低)1℃,每米混凝土膨胀 0.01 mm。温度变形对大体积混凝土及大面积混凝土工程极为不利。

在混凝土硬化初期,水泥水化放出较多的热量,混凝土又是热的不良导体,散热较慢,因此大体积混凝土内部的温度较外部高,有时可达 50~70℃。这将使内部混凝土的体积产生较大的膨胀,而外部混凝土却随气温降低而收缩。内部膨胀和外部收缩互相制约,在外表混凝土中将产生很大拉应力,严重时使混凝土产生裂缝。因此对大体积混凝土工程,必须尽可能减少混凝土发热量,如采用低热水泥、减少水泥用量、采取人工降温等措施。

为防止温度变形带来的危害,一般纵长的钢筋混凝土结构物,应采取每隔一段长度设置伸缩缝以及在结构物中设置温度钢筋等措施。

(4) 在短期荷载作用下的变形(Deformation at short-loading)

混凝土结构中含有砂、石、水泥石(水泥石中又存在着凝胶、晶体和未水化的水泥颗粒)、游离水分和气泡,这导致混凝土本身的不匀质性。它不是一种完全的弹性体,而是一种弹塑性体。它在受力时,既产生可以恢复的弹性变形,又产生不可恢复的塑性变形,其应力与应变之间的关系不是直线而是曲线,如图 3.15 所示。

在应力-应变曲线上任一点的应力 σ 与其应变 ε 的比值,叫做混凝土在该应力下的变形模量。从图 3.15 可看出,混凝土的变形模量随应力的增加而减小。在混凝土结构或钢筋混凝土结构设计中,常采用按标准方法测得的静力受压弹性模量 E_c。

静力受压弹性模量试验时,采用 150 mm × 150 mm × 300 mm 棱柱体作为标准试件,取测定的应力为试件轴心抗压强度的 40%,经过多次反复加荷与卸荷,最后所得应力—应变曲线与初始切线大致平行,这样测出的变形模量称为静力受压弹性模量。

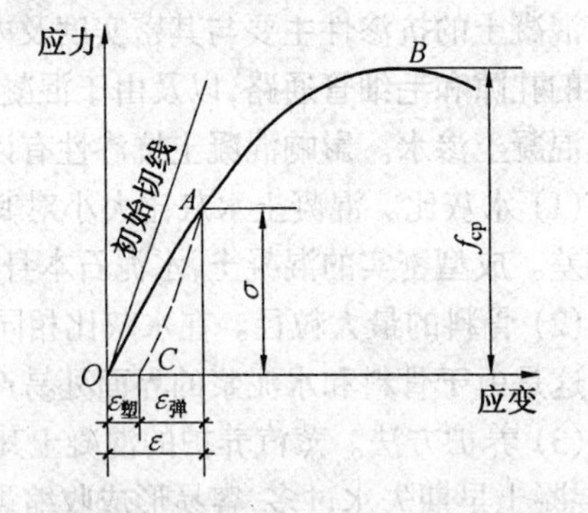

图 3.15　混凝土在短期压力作用下的应力-应变曲线

混凝土的强度越高,弹性模量越高,两者存在一定的相关性。当混凝土的强度等级由 C15 增高到 C60 时,其弹性模量约从 2.20×10^4 MPa 增到 3.60×10^4 MPa。

混凝土的弹性模量取决于集料和水泥石的弹性模量。水泥石的弹性模量一般低于集料的弹性模量,因而混凝土的弹性模量一般略低于所用集料的弹性模量,介于所用集料和水泥石的弹性模量之间。在材料质量不变的条件下,混凝土的集料含量较多、水灰比较小、养护较好及龄期较长时,混凝土的弹性模

量就较大。蒸汽养护的混凝土弹性模量比标准养护的低。

(5) 长期荷载作用下的变形——徐变(Deformation at long-loading—creep)

混凝土在一定的应力水平下(如 50% ~ 70% 的极限强度),保持荷载不变,随着时间的增加而产生的变形称为徐变。徐变产生的原因主要是凝胶体的粘性流动和滑移。混凝土的徐变一般可达 $300 \times 10^{-6} \sim 1\,500 \times 10^{-6}$。

徐变对混凝土结构物的作用:对普通钢筋混凝土构件,能消除混凝土内部温度应力和收缩应力,减弱混凝土的开裂现象;对预应力混凝土构件,混凝土的徐变使预应力损失增加。

影响混凝土徐变的因素主要有。

① 水灰比一定时,水泥用量越大,徐变越大;

② 水灰比越小,徐变越小;

③ 龄期长、结构致密、强度高则徐变小;

④ 集料用量多,徐变小;

⑤ 应力水平越高,徐变越大。

3.2.3 混凝土的耐久性(Durability of concrete)

混凝土耐久性是指混凝土在使用条件下抵抗周围环境中各种因素长期作用而不破坏的能力。根据混凝土所处的环境条件不同,混凝土耐久性应考虑的因素也不同。例如,承受压力水作用的混凝土,需要具有一定的抗渗性能;遭受环境水侵蚀作用的混凝土,需要具有与之相适应的抗侵蚀性能等。

混凝土耐久性能主要包括抗渗、抗冻、抗侵蚀、碳化、碱 - 集料反应及混凝土中的钢筋锈蚀等性能。

1. 抗渗性(Anti-permeability)

抗渗性是指混凝土抵抗压力水(或油)渗透的能力,它直接影响混凝土的抗冻性和抗侵蚀性。

混凝土的抗渗性主要与其密实度及内部孔隙的大小和构造有关。混凝土内部的互相连通的孔隙和毛细管通路,以及由于混凝土施工成型时,振捣不实产生的蜂窝、孔洞,都会造成混凝土渗水。影响混凝土抗渗性有以下因素。

(1) 水灰比。混凝土水灰比大小对其抗渗性能起决定性作用。水灰比越大,其抗渗性越差。成型密实的混凝土,水泥石本身的抗渗性对混凝土的抗渗性影响最大。

(2) 骨料的最大粒径。在水灰比相同时,混凝土骨料的最大粒径越大,其抗渗性能越差。这是由于骨料和水泥浆的界面处易产生裂隙和较大骨料下方易形成孔穴。

(3) 养护方法。蒸汽养护的混凝土其抗渗性较潮湿养护的混凝土要差。在干燥条件下,混凝土早期失水过多,容易形成收缩裂隙,因而降低混凝土的抗渗性。

(4) 水泥品种。水泥的品种、性质也影响混凝土的抗渗性能。

(5) 外加剂。在混凝土中掺入某些外加剂,如减水剂等,可减小水灰比,改善混凝土的和易性,因而可改善混凝土的密实性,即提高了混凝土的抗渗性能。

(6) 掺合料。在混凝土中加入掺合料,如掺入优质粉煤灰,可提高混凝土的密实度、细化孔隙,改善了孔结构和集料与水泥石界面的过渡区结构,提高了混凝土的抗渗性。

(7) 龄期。混凝土龄期越长,其抗渗性越好。因为随着水泥水化的进行,混凝土的密实度逐渐增大。

混凝土的抗渗性用抗掺等级表示。抗渗等级是以 28d 龄期的混凝土标准试件,按规定的方法进行试验,所能承受的最大静水压力来确定。混凝土的抗渗等级分为 P4,P6,P8,P10,P12 等五个等级,相应地表示能抵抗 0.4 MPa,0.6 MPa,0.8 MPa,1.0 MPa 及 1.2 MPa 的静水压力而不渗水。

2．抗冻性(Fost resistance)

混凝土的抗冻性是指混凝土在使用环境中,经受多次冻融循环作用,能保持强度和外观完整性的能力。在寒冷地区,特别是接触水又受冻的环境下的混凝土,要求具有较高抗冻性能。

混凝土的抗冻性主要取决于混凝土密实度、内部孔隙的大小与构造以及含水程度。密实混凝土或具有闭口孔隙的混凝土具有较好的抗冻性。影响混凝土抗渗性的因素对混凝土抗冻性也有类似的影响。最有效方法是掺入引气剂、减水剂和防冻剂。

混凝土的抗冻性用抗冻等级表示。抗冻等级是以 28d 龄期的混凝土标准试件吸水饱和状态下,承受反复冻融循环,以抗压强度下降不超过 25%,而且质量损失不超过 5%时所能承受的最大冻融循环次数来确定。抗冻等级分为 F10, F15, F25, F50, F100, F150, F200,F250,F300 九个等级,相应地表示在标准试验条件下,混凝土能承受冻融循环次数不少于 10 次,15 次,25 次,50 次,100 次,150 次,200 次,250 次,300 次。

3．抗侵蚀性(Anti-corrosion)

环境介质对混凝土的侵蚀主要是对水泥石的侵蚀,通常有软水侵蚀,酸、碱、盐侵蚀等。海水对混凝土的侵蚀除了对水泥石的侵蚀外,还有反复干湿的物理作用、海浪的冲击磨损、海水中氯离子对混凝土内钢筋的锈蚀等作用。

混凝土的抗侵蚀性与所用水泥品种、混凝土的密实程度和孔隙特征有关。密实或孔隙封闭的混凝土,环境水不易侵入,故其抗侵蚀性较强。所以提高混凝土抗侵蚀性的主要措施是:选择合理水泥品种(见表 3.7);提高混凝土密实程度,如加强捣实或掺减水剂;改善孔结构,如掺引气剂等。

4．混凝土的碳化(Carbonation of concrete)

混凝土的碳化是指空气中的二氧化碳在有水存在的条件下,与水泥石中的氢氧化钙发生如下反应,生成碳酸钙和水的过程

$$Ca(OH)_2 + CO_2 + H_2O = CaCO_3 + 2H_2O$$

碳化过程是随着二氧化碳不断向混凝土内部扩散,而由表及里缓慢进行的。碳化作用最主要的危害是:由于碳化使混凝土碱度降低,减弱了其对钢筋的防锈保护作用,使钢筋易出现锈蚀;另外,碳化将显著增加混凝土的收缩,使混凝土表面产生拉应力,导致混凝土中出现微细裂缝,从而使混凝土抗拉、抗折强度降低。

碳化可使混凝土的抗压强度提高,这是因为碳化反应生成的水分有利于水泥的水化作用,而且反应形成的碳酸钙减少了水泥石内部的孔隙。

总的来说,碳化作用对混凝土是有害的,提高混凝土抗碳化能力的措施有:优先选择硅酸盐水泥和普通水泥;采用较小的水灰比;提高混凝土密实度;改善混凝土内孔结构。

表 3.28 混凝土的最大水灰比和最小水泥用量

环境条件		结构物类别	最大水灰比			最小水泥用量/kg		
			素混凝土	钢筋混凝土	预应力混凝土	素混凝土	钢筋混凝土	预应力混凝土
干燥环境		正常的居住或办公用房屋内部件	无规定	0.65	0.60	200	260	300
潮湿环境	无冻害	高湿度的室内部件; 室外部件; 有非侵蚀性土和(或)水中的部件	0.70	0.60	0.60	225	280	300
潮湿环境	有冻害	经受冻害的室外部件; 在非侵蚀性土和(或)水中且经受冻害的部件; 高湿度且经受冻害的室内部件	0.55	0.55	0.55	250	280	300
有冻害和除冰剂的潮湿环境		经受冻害的除冰剂作用的室内和室外部件	0.50	0.50	0.50	300	300	300

注:①当用活性掺合料取代部分水泥时,表中的最大水灰比及最小水泥用量即为替代前的水灰比和水泥用量。

②配制 C15 等级的混凝土,可不受本表限制。

5. 碱 - 骨料反应(Alkali-aggregate reaction)

水泥中碱性氧化物水解后形成的氢氧化钠和氢氧化钾与集料中的活性氧化硅起化学反应,结果在集料表面生成了复杂的碱——硅酸凝胶。生成的凝胶可不断吸水,体积相应不断膨胀,会把水泥石胀裂。这种碱性氧化物和活性氧化硅之间的化学作用通常称为碱 - 集料反应。当集料中夹杂着活性氧化硅,而所用的水泥又含有较多的碱,就可能发生碱 - 集料反应破坏。

普遍认为发生碱 - 集料反应须同时具备下列三个必要条件:一是碱含量;二是集料中存在活性二氧化硅;三是环境潮湿,水分渗入混凝土。预防或抑制碱 - 集料反应的措施有:

(1) 使用含碱小于 0.6% 的水泥,以降低混凝土总的含碱量;

(2) 混凝土所使用的碎石或卵石应进行碱活性检验;

(3) 使混凝土致密,防止水分进入混凝土内部;

(4) 采用能抑制碱 - 集料反应的掺合料,如粉煤灰(高钙高碱粉煤灰除外)、硅灰等。

6. 提高混凝土耐久性的措施(Methods of raising durability of concrete)

混凝土遭受各种侵蚀作用的破坏虽各不相同,但提高混凝土的耐久性措施有很多共同之处,即选择适当的原材料;提高混凝土密实度;改善混凝土内部的孔结构。一般提高混凝土耐久性的具体措施有:

(1) 合理选择水泥品种,使其与工程环境相适应,见表 3.7;

(2) 采用较小水灰比和保证水泥用量,见表 3.28;

(3) 选择质量良好、级配合理的集料和合理的砂率;

(4) 掺用适量的引气剂或减水剂；

(5) 加强混凝土质量的生产控制。

3.3 普通混凝土的配合比设计及质量控制

3.3.1 混凝土的基本要求与质量控制

1. 混凝土的基本要求(Basic requirements of concrete)

土木工程中所使用的混凝土须满足以下四项基本要求：

(1) 混凝土拌和物须具有与施工条件相适应的和易性；

(2) 满足混凝土结构设计的强度等级；

(3) 具有适应所处环境条件下的耐久性；

(4) 在保证上述三项基本要求前提下的经济性。

2. 混凝土的质量控制(Quality controlment of concrete)

混凝土质量控制的目标是使所生产的混凝土能按规定的保证率满足设计要求。质量控制过程包括以下三个过程。

(1) 混凝土生产前的初步控制，主要包括人员配备、设备调试、组成材料的检验及配合比的确定与调整等项内容。

(2) 混凝土生产过程中的控制，包括控制称量、搅拌、运输、浇筑、振捣及养护等项内容。

(3) 混凝土生产后的合格性控制，包括批量划分，确定批取样数，确定检测方法和验收界限等项内容。

3. 混凝土生产质量水平评定(Judgement of productive quality level of concrete)

用数理统计方法可求出几个特征值：强度平均值($\bar{f}_{cu}$)、强度标准差(σ)以及变异系数(C_v)。强度标准差越大，说明强度的离散程度越大，混凝土质量越不均匀。也可用变异系数来评定，变异系数值越小，混凝土质量越均匀。我国《混凝土强度检验评定标准》根据强度标准差的大小，将混凝土生产单位的质量管理水平划分为“优良”、“一般”及“差”三等。

3.3.2 普通混凝土的配合比设计(Mix design of ordinary concrete)

一个完整的混凝土配合比设计应包括：初步配合比计算、试配和调整等步骤。

1. 混凝土配合比设计的主要参数

(1)混凝土配合比表示方法(Expression of concrete mix)

混凝土配合比是指混凝土中各组成材料数量之间的比例关系，常用的表示方法有两种。

一种是以每 1m^3 混凝土中各项材料的质量表示，如某配合比：水泥 300 kg，水 180 kg，砂 720 kg，石子 1 200 kg，该混凝土 1 m^3 总质量为 2 400 kg。

另一种表示方法是以各项材料相互间的质量比来表示(以水泥质量为 1)，将上例换算成质量比为：水泥:砂:石 = 1:2.40:4.00，水灰比 = 0.60。

进行混凝土配合比设计计算时,其计算公式和有关参数表格中的数据均系以干燥状态集料为基准,干燥状态集料是指含水率小于0.5%的细集料或含水率小于0.2%的粗集料,如需以饱和面干集料为基准进行计算时,则应作相应的修改。

(2)主要参数(Major index)

混凝土配合比设计,实质上就是确定水泥、水、砂与石子这四项基本组成材料用量之间的三个比例关系:

① 水与水泥之间的比例关系,常用水灰比表示;

② 砂与石之间的比例关系,常用砂率表示;

③ 水泥浆与集料之间的比例关系,常用单位用水量(1 m^3 混凝土的用水量)来反映。

水灰比、砂率、单位用水量是混凝土配合比的三个重要参数,因为这三个参数与混凝土的各项性能之间有着密切的关系,在配合比设计中正确地确定这三个参数,就能使混凝土满足上述设计要求。

2.初步混凝土配合比计算(Calculating initial mix of concrete)

混凝土配合比的计算须按照行业标准 JGJ55—2000《普通混凝土配合比设计规程》所规定的步骤来进行。

(1) 计算配制强度(Calculating trial strength)($f_{cu,0}$)

行业标准 JGJ55—2000《普通混凝土配合比设计规程》规定现行配制强度可由下式求得

$$f_{cu,0} \geqslant f_{cu,k} + 1.645\sigma$$

式中,$f_{cu,k}$ 为混凝土的配制强度(MPa);σ 为混凝土强度标准差(MPa);1.645 为强度保证系数,其对应强度保证率为 95%。

强度保证率是指混凝土强度总体中,强度不低于设计的强度等级值($f_{cu,k}$)的百分率。由于在试验室配制强度能满足设计强度等级的混凝土,应考虑到实际施工条件与试验室条件的差别,在实际施工中,混凝土强度难免有波动,如施工中各项原材料的质量能否保持均匀一致,混凝土配合比能否控制准确,拌和、运输、浇灌、振捣及养护等工序是否正确等,这些因素的变化将造成混凝土质量的不稳定。即使在正常的原材料供应和施工条件下,混凝土的强度也会有时偏高,有时偏低,但总是在配制强度的附近波动,总体符合正态分布规律。质量控制越严,施工管理水平越高,则波动幅度越小;反之则波动幅度越大。

混凝土强度标准差 σ 应根据施工单位同类混凝土统计资料,按下式计算

$$\sigma = \sqrt{\frac{\sum_{i=1}^{N} f_{cu,i}^2 - n \cdot \mu_{f_{cu}}^2}{n-1}}$$

式中,$f_{cu,i}$ 为统计周期内第 i 组混凝土试件的立方体抗压强度值(MPa);n 为统计周期内相同强度等级的混凝土试件组数,$n \geqslant 25$;$\mu_{f_{cu}}$ 为统计周期内 n 组混凝土试件立方体抗压强度的平均值(MPa)。

同一品种混凝土是指混凝土强度等级相同且生产工艺和配合比基本相同的混凝土。

当混凝土强度等级为 C20,C25,其强度标准差计算值低于 2.5 MPa 时,计算配制强度用的标准差应取 2.5 MPa;当强度等级大于或等于 C30 级,其强度标准差计算值低于

3.0 MPa时，计算配制强度用的标准差应取 3.0 MPa。

当无统计资料计算混凝土强度标准差时，其值可按表 3.29 取用。

表 3.29　混凝土强度标准差 σ 值

混凝土强度等级	低于 C20	C20 ~ C35	高于 C35
σ/MPa	4.0	5.0	6.0

(2)计算水灰比(Calculating water-cement ratio)(W/C)

根据已测定的水泥实际强度，粗集料种类及所要求的混凝土配制强度($f_{cu,0}$)，混凝土强度等级小于 C60 时，混凝土水灰比宜按下式计算

$$\frac{W}{C}=\frac{\alpha_a f_{ce}}{f_{cu,0}+\alpha_a\cdot\alpha_b\cdot f_{ce}}$$

当无水泥 28 d 抗压强度实测值 f_{ce} 时，按式 $f_{ce}=\gamma_c\cdot f_{ce,g}$ 计算。$f_{ce,g}$ 为水泥强度等级；γ_c 为水泥强度等级富余系数，γ_c 值按统计资料确定。回归系数 α_a 和 α_b 按表 3.26 选用。

为了保证混凝土必要的耐久性，水灰比还不得大于表 3.28 中规定的最大水灰比值，如计算所得的水灰比大于规定的最大水灰比值时，应取规定的最大水灰比值。

(3) 选取每立方米混凝土的用水量(m_{w0})

① 干硬性和塑性混凝土用水量的确定　单位用水量是指每立方米混凝土的用水量。水灰比范围在 0.4 ~ 0.8 之间的干硬性和塑性混凝土，可根据混凝土所用粗集料类型、最大粒径和混凝土的坍落度要求，其用水量按表 3.19 和表 3.20 选取。

水灰比小于 0.4 的混凝土以及采用特殊成型工艺的混凝土用水量应通过试验确定。

② 流动性和大流动性混凝土用水量的确定　未掺外加剂混凝土用水量以表 3.20 中坍落度为 90 mm 的用水量为基础，按坍落度每增大 20 mm 用水量增加 5 kg，计算出未掺外加剂时的混凝土用水量。

掺外加剂的混凝土用水量可按下式计算

$$m_{wa}=m_{w0}(1-\beta)$$

式中，m_{wa} 为掺外加剂混凝土每立方米混凝土的用水量(kg)；m_{w0} 为未掺外加剂混凝土每立方米混凝土的用水量(kg)；β 为外加剂的减水率(%)。

(4) 计算每立方米混凝土的水泥用量(m_{c0})

根据已选定的 1 m^3 混凝土用水量 m_{w0} 和算出的水灰比(W/C)值，可按下式求出水泥用量

$$m_{c0}=\frac{m_{w0}}{W/C}$$

为保证混凝土的耐久性，由上式计算得出的水泥用量还要满足表 3.28 中规定的最小水泥用量的要求，如算得的水泥用量小于规定的最小水泥用量，则取规定的最小水泥用量作为单位水泥用量。

(5) 选取砂率(S_P)

选取砂率合理的砂率值应根据混凝土拌和物的坍落度、粘聚性及保水性等特征来确定。当无历史资料可参考时，混凝土砂率的确定应符合下列规定。

① 坍落度为 10 ~ 60 mm 的混凝土砂率，可根据粗集料的品种、粒径及混凝土的水灰比按表 3.21 选取。

② 坍落度大于 60 mm 的混凝土砂率，可经试验确定，也可在表 3.21 的基础上，按坍落度每增大 20 mm，砂率增大 1% 的幅度予以调整。

③ 坍落度小于 10 mm 的混凝土，其砂率应经试验确定。对于混凝土量大的工程也应通过试验找出合理砂率。

(6) 计算粗、细集料的用量(m_{g0} 和 m_{s0})

粗、细集料用量的计算方法有质量法和体积法两种。

① 质量法　根据经验，如果原材料质量比较稳定，所配制的混凝土拌和物的表观密度将接近一个固定值，可先根据工程经验估计每立方米混凝土拌和物的质量，按下列方程组计算粗、细集料用量

$$\begin{cases} m_{c0} + m_{g0} + m_{s0} + m_{w0} = m_{cp} \\ S_P = \dfrac{m_{s0}}{m_{g0} + m_{s0}} \times 100\% \end{cases}$$

式中，m_{c0} 为每立方米混凝土的水泥用量(kg)；m_{g0} 为每立方米混凝土的粗集料用量，kg；m_{s0} 为每立方米混凝土的细集料用量，kg；m_{w0} 为每立方米混凝土的用水量，kg；S_P 为砂率，%；m_{cp} 为每立方米混凝土拌和物的假设质量，kg。

每立方米混凝土拌和物的假设质量可根据历史经验取值，如无资料可根据集料的类型、粒径及混凝土强度等级，在 2 350 ~ 2 450 kg 范围内选取。

② 体积法　体积是根据混凝土拌和物的体积等于各组成材料绝对体积和混凝土拌和物中所含空气的体积总和来计算。可按下列方程组计算出粗、细集料的用量

$$\begin{cases} \dfrac{m_{c0}}{\rho_c} + \dfrac{m_{c0}}{\rho_g} + \dfrac{m_{s0}}{\rho_s} + \dfrac{m_{w0}}{\rho_w} + 0.01\alpha = 1 \\ S_P = \dfrac{m_{s0}}{m_{g0} + m_{s0}} \times 100\% \end{cases}$$

式中，ρ_c 为水泥密度，kg/m^3，可取 2 900 ~ 3 100 kg/m^3；ρ_g 为粗集料表观密度，kg/m^3；ρ_s 为细集料表观密度，kg/m^3；ρ_w 为水的密度 kg/m^3，可取 1 000 kg/m^3；α 为混凝土含气量百分数，%，在不使用引气型外加剂时，α 可取为 1。

通过以上三大步骤便可将水、水泥、砂和石子的用量全部求出，得到初步配合比，供试配用。

3. 配合比的试配、调整与确定(Trial mixing、adjusting and definiting of mix)

(1) 试配

前面求出的各材料的用量，是借助于一些经验公式和数据计算出来的，或是利用经验资料查得的，不一定能够符合实际情况。因而用计算的配合比进行试配时，首先应进行试拌，以检查拌和物的和易性是否符合要求。

按初步配合比称取材料进行试拌。混凝土拌和物搅拌均匀后应测定坍落度，并检查其粘聚性和保水性的好坏。当试拌得出的拌和物坍落度(或维勃稠度) 不能满足要求，或粘聚性和保水性不好时，应在保证水灰比不变的条件下相应调整用水量或砂率。

每次调整后再试拌，直到符合要求为止。试拌调整工作完成后，应测出混凝土拌和物的表观密度，然后提出供混凝土强度试验用的基准配合比。

经过和易性调整试验得出的混凝土基准配合比，其水灰比值不一定选用恰当，其结果是强度不一定符合要求。所以应检验混凝土的强度，且检验时至少应采用三个不同的配合比。其中一个应为基准配合比，另外两个配合比的水灰比，宜较基准配合比分别增加和减少 0.05；用水量应与基准配合比相同，砂率可分别增加和减少 1%。

制作混凝土强度试验的试件时，应检验混凝土拌和物的坍落度或维勃稠度、粘聚性、保水性及拌和物的表观密度，并以此结果作为代表相应配合比的混凝土拌和物的性能。

(2) 配合比的调整和确定

由于混凝土抗压强度与其灰水比成直线关系，根据试验得出的三组混凝土强度与其对应的灰水比(C/W)，用作图法或计算法求出与混凝土配制强度($f_{cu,0}$) 相对应的灰水比，并应按下列原则确定每立方米混凝土的材料用量：

用水量(m_w) 应在基准配合比用水量的基础上，根据制作强度试件时测得的坍落度或维勃稠度进行调整确定；

水泥用量(m_c) 应以用水量乘以求出的灰水比计算确定；

粗集料和细集料(m_g 和 m_s) 应在基准配合比的粗集料和细集料用量的基础上，按求出的灰水比进行调整后确定。

经试配确定配合比后的混凝土，尚应按下列步骤进行校正。

① 应根据前面确定的材料用量按下式计算混凝土的表观密度

$$\rho_{c,c} = m_c + m_g + m_s + m_w$$

式中，m_c、m_s、m_g 和 m_w 分别指每立方米混凝土的水泥、砂、石、水的用量。

② 按下式计算混凝土配合比校正系数 δ

$$\delta = \frac{\rho_{c,t}}{\rho_{c,c}}$$

式中，$\rho_{c,t}$ 为混凝土表观密度实测值(kg/m^3)；$\rho_{c,c}$ 为混凝土表观密度计算值(kg/m^3)。

③ 当混凝土表观密度实测值与计算值之差的绝对值不超过计算值 2% 时，前面确定的配合比即为确定的设计配合比；当二者之差超过 2% 时，应将配合比中每项材料用量均乘以校正系数 δ，即为确定的设计配合比。

若对混凝土还有其他技术性能要求，如抗渗等级、抗冻等级、高强、泵送、大体积等方面要求，混凝土的配合比设计应按 JGJ55—2000《普通混凝土配合比设计规程》的有关规定进行。

(3) 施工配合比(Construction mix)

设计配合比时是以干燥材料为基准的，而工地存放的砂、石料都含有一定的水分。所以现场材料的实际称量应按工地砂、石的含水情况进行修正，修正后的配合比，叫做施工配合比。施工配合比按下列公式计算

$$m'_c = m_c$$
$$m'_s = m_s(1 + W_s)$$
$$m'_g = m_g(1 + W_g)$$

$$m'_w = m_w - m_s \cdot W_s - m_g \cdot W_g$$

式中，W_s 和 W_g 分别为砂的含水率和石子的含水率，m'_c、m'_s、m'_g 和 m'_w 分别为修正后每立方米混凝土拌和物中水泥、砂、石和水的用量。

3.3.3 掺减水剂混凝土配合比设计(Mix design of concrete with water-reducers)

在混凝土中掺入减水剂，一般有以下几方面考虑：改善混凝土拌和物的和易性；提高混凝土的强度；节省水泥。无论何种考虑，掺减水剂混凝土配合比设计均是以基准混凝土(此处指未掺减水剂的水泥混凝土)配合比为基础，进行必要的计算调整。基准混凝土的配合比设计计算方法与普通混凝土配合比设计方法相同。以下简述有关计算调整的方法。

(1) 当掺入减水剂只为了改善混凝土拌和物的和易性时，混凝土中各材料用量与基准混凝土相同，为使拌和物粘聚性和保水性良好，应适当增大砂率，根据改变后的砂率，重新计算出粗、细骨料的用量。再经过试配和调整(其过程参照普通混凝土配合比设计)确定出设计配合比。

(2) 当掺入减水剂是为提高混凝土强度时，设基准混凝土的配合比中各种材料用水量：水泥(m_{C0})、水(m_{W0})、砂(m_{S0})、石(m_{G0})，其中砂率为 S_P。混凝土计算表观密度(ρ_{ohj})。

减水剂的减水率 $a\%$，掺量 $b\%$。

则 水泥用量　$m_C = m_{C0}$

用水量　$m_W = m_{W0}(1 - a\%)$

减水剂用量 $= m_C \times b\%$

砂率适当减小，确定为 S'_P

砂、石总用量 $m_S + m_G = \rho_{ohj} - m_C - m_W$

砂用量 $m_S = (\rho_{ohj} - m_C - m_W) \times S'_P$

石用量 $m_G = (\rho_{ohj} - m_C - m_W) \times (1 - S'_P)$

以上通过计算得出的掺减水剂混凝土配合比，再经试配与调整(试配调整过程与普通混凝土相同)，调整后的配合比为设计配合比。

(3) 当掺入减水剂主要为节约水泥时，设基准混凝土配合比中各材料用量：水泥(m_{C0})、水(m_{W0})、砂(m_{S0})、石(m_{G0})、砂率(S_P)、计算表观密度(ρ_{ohj})。

水灰比(m_W/m_C)：为维持与基准混凝土强度相等，故 $m_W/m_C = m_{W0}/m_{C0}$，

用水量(m_W)：维持坍落度与基准混凝土相同，则可降低用水量。设减水剂的减水率为 $a\%$，则用水量 $m_W = m_{W0}(1 - a\%)$

水泥用量(m_C)　$m_C = \dfrac{m_W}{m_{w0}/m_{c0}}$

砂、石总用量($m_S + m_G$)　$m_S + m_G = \rho_{ohj} - m_C - m_W$

砂用量(m_S)　$m_S = (\rho_{ohj} - m_C - m_W) \times S_P$

石用量(m_G)　$m_G = (\rho_{ohj} - m_C - m_W) \times (1 - S_P)$。

同样，以上计算出的配合比需经试配调整(试配调整过程与普通混凝土相同)，调整后的配合比方为设计配合比。

3.4 其他种类混凝土及其新进展

3.4.1 高性能混凝土(High performance concrete)

高性能混凝土是在1990年,美国NIST和ACI召开的一次国际会议上首先提出来的,并立即得到各国学者和工程技术人员的积极响应。但对高性能混凝土国内外尚无统一的认识和定义。根据一般的理解,对高性能混凝土有以下几点共识:

1. 自密实性(Self-compaction)

高性能混凝土的用水量较低,流动性好,抗离析性高,从而具有较优异的填充性。因此,配比恰当的大流动性高性能混凝土有较好的自密实性。

2. 体积稳定性(Volume stability)

高性能混凝土的体积稳定性较高,表现为具有高弹性模量、低收缩与徐变、低温度变形。普通强度混凝土的弹性模量为20~25 GPa,采用适宜的材料与配合比的高性能混凝土,其弹性模量可达40~45 GPa。采用高弹性模量、高强度的粗集料并降低混凝土中水泥浆体的含量,选用合理的配合比配制的高性能混凝土,90 d龄期的干缩值低于0.04%。

3. 强度(Strength)

高性能混凝土的抗压强度已超过200 MPa。目前,28d平均强度介于100~120 MPa的高性能混凝土已在工程中应用。高性能混凝土抗拉强度与抗压强度之比较高强混凝土有明显增加,高性能混凝土的早期强度发展较快,而后期强度的增长率却低于普通强度混凝土。

4. 水化热(Heat of hydration)

由于高性能混凝土的水灰比较低,会较早地终止水化反应,因此,水化热总量相应地降低。

5. 收缩和徐变(Shrinkage and creep)

高性能混凝土的总收缩量与其强度成反比,强度越高总收缩量越小。但高性能混凝土的早期收缩率,随着早期强度的提高而增大。相对湿度和环境温度,仍然是影响高性能混凝土收缩性能的两个主要因素。

高性能混凝土的徐变变形显著地低于普通混凝土,高性能混凝土与普通强度混凝土相比较,高性能混凝土的徐变总量(基本徐变与干燥徐变之和)有显著减少。在徐变总量中,干燥徐变值的减少更为显著,基本徐变仅略有一些降低,而干燥徐变与基本徐变的比值,则随着混凝土强度的提高而降低。

6. 耐久性(Durability)

高性能混凝土除通常的抗冻性、抗渗性明显高于普通混凝土外,高性能混凝土的Cl^-渗透率明显低于普通混凝土。高性能混凝土由于具有较高的密实性和抗渗性,因此,其抗化学腐蚀性能显著优于普通强度混凝土。

7. 耐火性(Fire resistance)

高性能混凝土在高温作用下,会产生爆裂、剥落。由于混凝土的高密实度使自由水不易很快地从毛细孔中排出,在受高温时其内部形成的蒸汽压力几乎可达到饱和蒸汽压力。

在300℃温度下蒸汽压力可达到8 MPa,而在350℃温度下,蒸汽压力高达17 MPa,这样的内部压力可使混凝土中产生5 MPa的拉伸应力,使混凝土发生爆炸性剥蚀和脱落。因此,高性能混凝土中掺入有机纤维,在高温下混凝土中的纤维能熔解、挥发,形成许多连通的孔隙,使高温作用产生的蒸汽压力得以释放,从而改善高性能混凝土的耐高温性能。

3.4.2 高强混凝土(High strength concrete)

目前世界各国使用的混凝土,其平均强度和最高强度都在不断提高。西方发达国家使用的混凝土平均强度已超过30 MPa,高强混凝土所定义的强度也不断提高。在我国,高强混凝土是指强度等级为C60及其以上的混凝土。但一般来说,混凝土强度等级越高,其脆性越大,增加了混凝土结构不安全因素。

高强混凝土可通过采用高强度水泥、优质集料、较低的水灰比、高效外加剂和矿物掺合料,以及强烈振动密实作用等方法取得。JGJ55—2000《普通混凝土配合比设计规程》对高强混凝土作出了原料及配合比设计的规定。

1. 配制高强度混凝土的原材料要求

(1) 应选用质量稳定、强度等级不低于42.5级的硅酸盐水泥或普通硅酸盐水泥。

(2) 强度等级为C60级的混凝土,其粗集料的最大粒径不应大于31.5 mm。强度等级高于C60级的混凝土,其粗集料的最大粒径不应大于25 mm,并严格控制其针、片状颗粒含量、含泥量和泥块含量。

(3) 细集料的细度模数宜大于2.6,并严格控制其含泥量和泥块含量。

(4) 配制高强混凝土时应掺用高效减水剂或缓凝高效减水剂。

(5) 配制高强混凝土时应该用活性较好的矿物掺合料,且宜复合使用矿物掺合料。

2. 高强混凝土配合比设计

高强混凝土配合比设计的计算方法和步骤与普通混凝土基本相同。对C60级混凝土仍可用混凝土强度经验公式确定水灰比,但对C60以上等级的混凝土是按经验选取基准配合比中的水灰比。

每立方米高强混凝土水泥用量不应大于550 kg;水泥和矿物掺合料的总量不应大于600 kg。配制高强混凝土所用砂及所采用的外加剂和矿物掺合料的品种、掺量,应通过试验确定。当采用三个不同配合比进行混凝土强度试验时,其中一个应为基准配合比,另两个配合比确定后,尚应用该配合比进行不少于6次的重复试验进行验证,其平均值不应低于配制强度。

3.4.3 抗渗混凝土(Anti-permeability concrete)

混凝土的抗渗性能是用抗渗等级来衡量的,抗掺混凝土是指抗渗等级等于或大于P6级的混凝土。混凝土的抗渗等级的选择是根据最大作用水头与建筑物最小壁厚的比值来确定的。

通过改善混凝土组成材料的质量、优化混凝土配合比和集料级配、掺加适量外加剂,使混凝土内部密实或是堵塞混凝土内部毛细管通路,可使混凝土具有较高的抗渗性能。JGJ55—2000《普通混凝土配合比设计规程》对抗渗混凝土作出了相关的规定。

1. 抗渗混凝土所用原材料的要求

(1) 粗集料宜采用连续级配,其最大粒径不宜大于40 mm,含泥量不得大于1.0%,泥

块含量不得大于0.5%；

(2) 细集料的含泥量不得大于3.0%，泥块含量不得大于1.0%；

(3) 外加剂宜采用防水剂、膨胀剂、引气剂、减水剂或引气减水剂；

(4) 抗渗混凝土宜掺用矿物掺合料。

2. 抗渗混凝土配合比设计

抗渗混凝土配合比的计算方法和试配步骤与普通混凝土相同，但应符合下列规定：

(1) 每立方米混凝土中的水泥和矿物掺合料总量不宜小于320 kg；

(2) 砂率宜为35%～45%；

(3) 供试配用的最大水灰比符合表3.30的规定。

表3.30 抗渗混凝土最大水灰比

抗渗等级	最大水灰比	
	C20～C30混凝土	C30以上混凝土
P6	0.60	0.55
P8～P12	0.55	0.50
P12以上	0.50	0.45

掺用引气剂的抗渗混凝土，其含气量宜控制在3%～5%。进行抗渗混凝土配合比设计时，尚应增加抗渗性能试验。试配要求的抗渗水压值应比设计值提高0.2 MPa。试配时，宜采用水灰比最大的配合比作抗渗试验，其试验结果应符合下式要求

$$P_t = \frac{P}{10} + 0.2$$

式中，P_t 为6个试件中4个未出现渗水时的最大水压值(MPa)；P 为设计要求的抗渗等级值。

掺引气剂的混凝土还应进行含气量试验，其含气量宜控制在3%～5%。

3.4.4 纤维混凝土(Fibre concrete)

纤维混凝土是以混凝土为基体，外掺各种纤维材料而成。掺入纤维的目的是提高混凝土的抗拉强度，降低其脆性。常用纤维材料有：玻璃纤维、矿棉、钢纤维、碳纤维和各种有机纤维。

各类纤维中以钢纤维对抑制混凝土裂缝的形成、提高混凝土抗拉和抗弯强度、增加韧性效果最好。但为了节约钢材，目前国内外都在研制采用玻璃纤维、矿棉等来配制纤维混凝土。在纤维混凝土中，纤维的含量、纤维的几何形状以及纤维的分布情况，对于纤维混凝土的性能有着重要影响。钢纤维混凝土一般可提高抗拉强度2倍左右；抗弯强度可提高1.5～2.5倍；抗冲击强度可提高5倍以上，甚至可达20倍；而韧性甚至可达100倍以上。纤维混凝土目前已逐渐地应用在飞机跑道、桥面、端面较薄的轻型结构和压力管道等处。

3.4.5 聚合物混凝土(Epoxy concrete)

聚合物混凝土是由有机聚合物、无机胶凝材料和集料结合而成的一种新型混凝土。聚合物混凝土体现了有机聚合物和无机胶凝材料的优点，克服了水泥混凝土的一些缺点。

聚合物混凝土一般可分为三种。

1. 聚合物水泥混凝土

聚合物水泥混凝土是用聚合物乳液拌和水泥，并掺入砂或其他集料而制成的。聚合物的硬化和水泥的水化同时进行，并且两者结合在一起形成一种复合材料。主要用于铺设无缝地面，修补混凝土路面和机场跑道面层，做防水层等。

配制聚合物水泥混凝土所用的无机胶凝材料，可用普通水泥和高铝水泥。高铝水泥的效果比普通水泥好，因为它所引起的乳液凝聚比较小，而且具有快硬的特性。

聚合物可用天然聚合物（如天然橡胶）和合成聚合物（如聚醋酸乙烯、苯乙烯、聚氯乙烯等）。

2. 聚合物浸渍混凝土

聚合物浸渍混凝土是以普通混凝土为基材（被浸渍的材料），而将有机单体渗入混凝土中，然后再用加热或用放射照射等方法使其聚合，使混凝土与聚合物形成一个整体。

这种混凝土具有高强度（抗压强度可达 200 MPa 以上，抗拉强度可达 10 MPa 以上），高防水性（几乎不吸水、不透水），以及抗冻性、抗冲击性、耐蚀性和耐磨性都有显著提高的特点。适用于要求高强度、高耐久性的特殊构件，特别适用于输送液体的管道、坑道等。国外已用于耐高压的容器，如原子反应堆、液化天然气罐等。

3. 聚合物胶结混凝土（树脂混凝土）

树脂混凝土是一种完全没有无机胶凝材料而以合成树脂为胶结材料的混凝土。所用集料与普通混凝土相同，也可用特殊集料。这种混凝土具有高强、耐腐蚀等优点，但成本较高，只能用于特殊工程（如耐腐蚀工程）。

3.4.6 粉煤灰混凝土（Fly-ash concrete）

粉煤灰混凝土有利于利用工业废弃物。混凝土中掺入粉煤灰时要符合国家标准《粉煤灰混凝土应用技术规范》（GBJ146—1990）的规定。

1. 粉煤灰的应用要求

(1) I 级粉煤灰适用于钢筋混凝土和跨度小于 6m 的预应力钢筋混凝土。

(2) II 级粉煤灰适用于钢筋混凝土和无钢筋混凝土。

(3) III 级粉煤灰主要用于低强度无钢筋混凝土。对强度等级要求大于或等于 C30 的无筋粉煤灰混凝土，宜采用 I、II 级粉煤灰。

(4) 用于预应力混凝土、钢筋混凝土及强度等级要求大于或等于 C30 的无筋混凝土粉煤灰等级，经试验论证，可采用比上述规定低一级的粉煤灰。

2. 粉煤灰混凝土配合比设计

粉煤灰混凝土配合比设计是以普通混凝土的配合比作为基准混凝土（即未掺粉煤灰的水泥混凝土）配合比，在此基础上，再进行粉煤灰混凝土配合比的设计。粉煤灰常用掺入方法有超量取代法、等量取代法和外加法三种。

(1) 等量取代法配合比计算方法

① 根据基准混凝土中各材料的用量 m_{C0}、m_{W0}、m_{S0}、m_{G0} 选定与基准混凝土相同或稍低的水灰比；

② 根据确定的粉煤灰等量取代水泥率（f）（其最大限量应符合《粉煤灰在混凝土和砂

浆中应用技术规程》JGJ28 的规定）和基准混凝土水泥用量（m_{C0}），按下式计算粉煤灰用量（m_{F0}）和水泥用量（m_C）

$$m_{F0} = m_{C0} \times f$$

$$m_C = m_{C0} - m_{F0}$$

③ 粉煤灰混凝土的用水量（m_W）

$$m_W = \frac{m_{W0}}{m_{C0}}(m_C + m_{F0})$$

④ 水泥和粉煤灰的浆体体积（V_P）

$$V_P = \frac{m_C}{\rho_c} + \frac{m_F}{\rho_f} + m_{W0}$$

式中，ρ_f 为粉煤灰密度；ρ_c 为水泥密度。

⑤ 砂和石子的总体积（V_A）

$$V_A = 1000(1 - a) - V_P$$

式中，a 为混凝土含气量百分数（%）

⑥ 选用与基准混凝土相同或稍低的砂率（S_P），砂（m_S）和石子（m_G）的用量

$$m_S = V_A \times S_P \times \rho_{as}$$

$$m_G = V_A \times (1 - S_P) \times \rho_{ag}$$

式中，ρ_{as} 为砂的近似密度；ρ_{ag} 为石子的近似密度。

⑦ 1 m^3 粉煤灰混凝土中各材料用量为

$$m_C、m_{F0}、m_{W0}、m_S、m_{G0}$$

(2) 超量取代法配合比计算方法

超量取代法是与基准混凝土等和易性、等强度原则进行配合比计算调整。

① 根据基准混凝土计算出的各种材料用量（m_{C0}、m_{W0}、m_{S0}、m_{G0}），按《粉煤灰混凝土应用技术规范》(GBJ146—1990) 有关规定，选取粉煤灰取代水泥率（f）和超量系数（K），对各种材料进行计算调整。

② 粉煤灰取代水泥量（m_{F0}）、总掺量（m_{Ft}）及超量部分质量（m_{Fe}）

$$m_{F0} = m_{C0} \times f$$

$$m_{Ft} = K \times m_{F0}$$

$$m_{Fe} = (K - 1) \times m_{F0}$$

③ 水泥的质量（m_C）

$$m_C = m_{C0} - m_{F0}$$

④ 调整后砂的质量（m_S）

$$m_S = m_{S0} - \frac{m_{Fe}}{\rho_f} \times \rho_{as}$$

⑤ 1 m^3 粉煤灰混凝土中各种材料用量为：m_C、m_{Ft}、m_{W0}、m_S、m_{G0}。

(3) 外加法配合比计算方法

① 根据基准混凝土计算出的各种材料用量（m_{C0}、m_{W0}、m_{S0}、m_{G0}），选定外加粉煤灰

掺入率(f_m),对各种材料进行计算调整。

② 外加粉煤灰的质量(m_F),按下式计算

$$m_F = m_{C0} \times f_m$$

③ 调整后砂的质量(m_S)

$$m_S = m_{S0} - \frac{m_F}{\rho_f} \times \rho_{as}$$

④ 1 m^3 粉煤灰混凝土中各种材料用量为:m_{C0}、m_{Fm}、m_{W0}、m_S、m_{G0}。

以上根据计算得出的粉煤灰混凝土配合比,应通过试配和调整,其过程与普通混凝土相同。调整后的配合比为计算配合比。

注:掺粉煤灰混凝土设计强度等级的龄期,可参考《粉煤灰混凝土应用技术规范》(GBJ146—1990)中有关规定确定。

3.4.7 泵送混凝土(Pumping concrete)

泵送混凝土是指其拌和物的坍落度不低于 100 mm,并用泵送施工的混凝土。泵送混凝土除需满足工程所需的强度外,还需要满足流动性、不离析和少泌水的泵送工艺的要求。由于采用了独特的泵送施工工艺,因而其原材料和配合比与普通混凝土不同。JGJ55—2000《普通混凝土配合比设计规程》对泵送混凝土作出了规定。

规定泵送混凝土应选用硅酸盐水泥、普通水泥、矿渣水泥和粉煤灰水泥,不宜采用火山灰水泥;并对其骨料、外加剂及掺合料亦作出了规定。泵送混凝土配合比的计算和试配步骤除按普通混凝土配合比设计规程有关规定外,还应符合以下规定:

(1) 泵送混凝土的用水量与水泥和矿物掺合料的总量之比不宜大于 0.60。

(2) 泵送混凝土的水泥和矿物掺合料的总量不宜小于 300 kg/m^3。

(3) 泵送混凝土的砂率宜为 35%~45%。

(4) 掺用引气型外加剂时,其混凝土含气量不宜大于 4%。

1. 泵送混凝土配合比设计要求

泵送混凝土配合比,除必须满足混凝土设计强度和耐久性要求外,尚应使混凝土满足可泵性要求。

2. 泵送混凝土配合比设计计算和试配

除按普通(非泵送)混凝土配合比设计的计算与试配规定进行外,应符合以下规定:

(1) 混凝土的可泵性,10s 时的相对压力泌水率 S_{10}不宜超过 40%;

(2) 泵送混凝土的水灰比宜为 0.4~0.6;

(3) 泵送混凝土的砂率宜为 35%~45%;

(4) 泵送混凝土的最小水泥用量(含矿物掺合料取代水泥)宜为 300 kg/m^3;

(5) 泵送混凝土,应掺加泵送剂或减水剂,掺引气型外加剂时,混凝土含气量不宜大于 4%;

(6) 泵送混凝土,宜掺用Ⅰ、Ⅱ级粉煤灰或其他活性矿物掺合料,当掺粉煤灰时,如只为提高拌和物稳定性,降低压力泌水量,则其掺量只需按小于极限泌水量的要求来确定;如主要为节约水泥,则其掺量应先按《粉煤灰在混凝土和砂浆中应用规程》(JGJ28)中规定来确定,然后再验算压力泌水量是否符合稳定性要求,若压力泌水量过大,可适当提高超

量系数值；

(7) 泵送混凝土的试配，应根据原材料、混凝土泵与混凝土输送管径、泵送距离、气温等具体条件试配，试配时要求的坍落度值应按下式计算：

$$T_t = T_p + \triangle T$$

式中，T_t 为试配时要求的坍落度值；T_p 为入泵时要求的坍落度值，可按表 3.31 选用。

表 3.31　不同泵送高度入泵时混凝土坍落度选用值

泵送高度(m)	30 以下	30~60	60~100	100 以上
坍落度(mm)	100~140	140~160	160~180	180~200

3.4.8　轻骨料混凝土(Lightweight aggregate concrete)

用轻质粗骨料、轻质细骨料(或普通砂)、水泥和水配制成的干表观密度不大于 1 950 kg/m³的混凝土，称为轻骨料混凝土。

轻骨料混凝土与普通混凝土不同之处，在于骨料中存在大量的孔隙，由于这些孔隙的存在，使轻骨料混凝土具有表观密度小、保温性好、抗震性能强等一系列优点。轻骨料混凝土是一种轻质、高强、多功能的新型建筑材料，适宜于建造装配式或现浇的工业与民用建筑，特别适用于高层及大跨度建筑。

用轻质粗、细骨料配制的混凝土称全轻混凝土，表观密度小而强度低，多用作保温材料或结构保温材料。用轻质粗骨料和普通砂配制的混凝土称为砂轻混凝土，多用作承重的结构材料。

1.轻骨料(Lightweight aggregate)

凡堆积密度不大于 1100 kg/m³，最大粒径不大于 40 mm 的骨料，称为轻粗骨料。堆积密度不大于 1 200 kg/m³，最大粒径不大于 5 mm 的骨料，称为轻细骨料。轻骨料按原材料来源可分为三类：工业废料轻骨料(粉煤灰陶粒、膨胀矿渣珠等)；天然轻骨料(浮石、火山渣等)；人造轻骨料(页岩陶粒、粘土陶粒等)。轻骨料内部是多孔结构，表面粗糙，堆积密度小、强度低而吸水率大。

轻粗骨料按其堆积密度(kg/m³)划分为 10 个密度等级：200、300、400、500、600、700、800、900、1 000 和 1100(其变化范围为：-90~0 kg/m³)。轻粗骨料松堆积密度的大小直接影响所配制混凝土的表观密度。轻细骨料按其堆积密度(kg/m³)划分为 8 个密度等级：500、600、700、800、900、1 000、1100 和 1 200(其变化范围为：-90~0 kg/m³)。

轻粗骨料的强度对混凝土强度有很大影响。国家标准《轻骨料试验方法》(GB/T17431.2—1998)规定，以筒压法测定轻粗骨料的强度。

轻骨料的吸水率一般都比普通砂石大，故影响混凝土拌和物的工作性，并影响混凝土的水灰比及强度。因此，在轻骨料混凝土配合比设计时，必须根据轻骨料的吸水率，计算出被轻骨料吸收的"附加水量"。国家标准对轻骨料 1 h 的吸水率的规定是：粉煤灰陶粒不大于 22%；粘土陶粒和页岩陶粒不大于 10%。

2.轻骨料混凝土的技术性能(Technical properties of lightweight aggregate concrete)

轻骨料混凝土的强度等级，按立方体抗压标准强度可划分为：LC5.0、LC7.5、LC10、

LC15、LC20、LC25、LC30、LC35、LC40、LC45、LC50、LC55、LC60。

轻骨料混凝土按其干表观密度可分为十四个等级:600、700、800、900、1 000、1 100、1 200、1 300、1 400、1 500、1 600、1 700、1 800、1 900(其变化范围为: $-40\sim+50$ kg/m^3).

轻骨料混凝土按用途不同可分为三类,其相应的强度等级和表观密度等级范围见表3.32。

表 3.32 轻骨料混凝土按用途的分类

类别	名 称	混凝土强度等级的合理范围/MPa	混凝土密度等级的合理范围(/kg·m^{-3})	用 途
1	保温轻骨料混凝土	LC5.0	≤800	主要用于保温的围护结构或热工构筑物
2	结构保温轻骨料混凝土	LC5.0 LC7.5 LC10 LC15	800 ~ 1 400	主要用于既承重又保温的围护结构
3	结构轻骨料混凝土	LC15 LC20 LC25 LC30 LC35 LC40 LC45 LC50 LC55 LC60	1 400 ~ 1 900	主要用于承重构件或构筑物

轻骨料强度虽低于普通骨料,但轻骨料混凝土仍可达到较高的强度。由于轻骨料表面粗糙而内部多孔,轻骨料的吸水作用使其表面呈低水灰比,提高了轻骨料与水泥石的界面粘结力,使混凝土受力时不是沿界面破坏,而是轻骨料本身先遭到破坏。对低强度的轻骨料混凝土,也可能是水泥石先开裂,然后裂缝向骨料延伸。因此轻骨料混凝土的强度主要取决于轻骨料的强度和水泥石的强度。应该指出,采用轻砂配制的全轻混凝土,其强度显著下降,且无规律性。

轻骨料混凝土的性能主要用抗压强度和表观密度两大指标衡量,如表观密度小而强度高,说明这种轻骨料混凝土性能优良。我国目前采用的结构用轻骨料混凝土表观密度为 1 400 ~ 1 900 kg/m^3 时,抗压强度为 30 MPa 左右,最高可达 60 MPa。国外一些国家由于轻骨料质量好,当混凝土表观密度为 1 400 ~ 1 800 kg/m^3 时,抗压强度可达 40 ~ 70 MPa。

轻骨料混凝土弹性模量一般比普通混凝土低 25% ~ 65%,同时干缩及徐变也较大,这是由于轻骨料弹性模量低以致不能有效地阻止水泥石收缩的缘故。这种较大的变形,在设计与施工中应加以重视。

由于轻骨料具有较多孔隙,故轻骨料混凝土的导热系数较小。热导率随表观密度及含水率的增加而增大。在干燥状态下,当表观密度为 800～1 900 kg/m³ 时,导热系数约为 0.23～0.97 W/(m·K)。

3.轻骨料混凝土施工技术特点

(1)由于轻骨料的吸水率较大,轻骨料混凝土拌和用水中,应考虑被轻骨料吸收的"附加水量",其值为轻骨料 1 h 的吸水量。也可采用将轻骨料预湿饱和后再进行搅拌的方法。

(2)轻骨料混凝土拌和物中的轻骨料容易上浮,不易搅拌均匀。因此应选用强制式搅拌机,而且搅拌时间应略长一些。

(3)轻骨料混凝土拌和物的和易性比普通混凝土差,为获得相同的和易性,应适当增加水泥浆或砂浆的用量。轻骨料混凝土拌和物搅拌后,宜尽快浇灌,以防坍落度损失。

(4)振捣轻骨料混凝土时,要防止轻骨料上浮,造成分层。施工中最好采用加压振捣,如用插入式振捣器,应缩小振捣间距,掌握振捣时间。

(5)轻骨料混凝土一般容易产生干缩裂缝,必须加强早期养护。采用蒸汽养护时,应适当控制静停时间及升温速度。

4.轻骨料混凝土配合比设计

(1)一般要求

轻骨料混凝土的配合比设计主要应满足抗压强度、密度和调度的要求,并以合理使用材料和节约水泥为原则。必要时尚应符合对混凝土性能(如弹性模量、碳化和抗冻性等)的特殊要求。

轻骨料混凝土的配合比应通过计算和试配确定,混凝土试配强度应按下式确定

$$f_{cu,0} \geqslant f_{cu,k} + 1.645\sigma$$

式中,$f_{cu,0}$ 为轻骨料混凝土的试配强度(MPa);$f_{cu,k}$ 为轻骨料混凝土立方体抗压强度标准值(即强度等级)(MPa);σ 为轻骨料混凝土强度标准差(MPa)。

混凝土强度标准差应根据同品种、同强度等级轻骨料混凝土统计资料计算确定。计算时,强度试件组数不应少于 25 组。

当无统计资料时,强度标准差可按表 3.33 取值。

表 3.33　强度标准差

混凝土强度等级/MPa	低于 LC20	LC20～LC35	高于 LC35
σ	4.0	5.0	6.0

轻骨料混凝土配合比中的轻粗骨料宜采用同一品种的轻骨料。结构保温轻骨料混凝土及其制品掺入煤(炉)渣轻粗骨料时,其掺量不应大于轻粗骨料总量的 30%,煤(炉)渣含碳量不应大于 10%。为改善某些性能而掺入另一品种粗骨料时,其合理掺量应通过试验确定。

(2) 设计参数选择

不同试配强度的轻骨料混凝土的水泥用量可按表 3.34 选用。

表 3.34 轻骨料混凝土的水泥用量/kg·m^{-3}

混凝土试配强度/MPa	轻骨料密度等级						
	400	500	600	700	800	900	1 000
<5.0	260~320	250~300	230~280				
5.0~7.5	280~360	260~340	240~320	220~300			
7.5~10		280~370	260~350	240~320			
10~15			280~350	260~340	240~330		
15~20			300~400	280~380	270~370	260~360	250~350
20~25				330~400	320~390	310~380	300~370
25~30				380~450	370~440	360~430	350~420
30~40				420~500	390~490	380~480	370~470
40~50					430~530	420~520	410~510
50~60					450~550	440~540	430~530

注:①表中横线以上为采用 32.5 级水泥时水泥用量值;横线以下为采用 42.5 级水泥时的水泥用量值。

②表中下限值适用于圆球型和普通型轻粗骨料,上限值适用于碎石型轻粗骨料和全轻混凝土。

③最高水泥用量不宜超过 550 kg/m^3。

轻骨料混凝土配合比中的水灰比应以净水灰比表示。配制全轻混凝土时,可采用总水灰比表示,但应加以说明。

轻骨料混凝土最大水灰比和最小水泥用量的限值应符合表 3.35 的规定。

表 3.35 轻骨料混凝土的最大水灰比和最小水泥用量

混凝土所处的环境条件	最大水灰比	最小水泥用量/kg·m^{-3}	
		配筋混凝土	素混凝土
不受风雪影响混凝土	不作规定	270	250
受风雪影响的露天混凝土;位于水中及水位升降范围内的混凝土和潮湿环境中的混凝土	0.50	325	300
寒冷地区位于水位升降范围内的混凝土和受水压或除冰盐作用的混凝土	0.45	375	350
严寒和寒冷地区位于水位升降范围内和受硫酸盐、除冰盐等腐蚀的混凝土	0.40	400	375

注:①严寒地区指最寒冷月份的月平均温度低于 -15℃者,寒冷地区指最寒冷月份的月平均温度处于 -5~ -15℃者。

②水泥用量不包括掺和料。

③寒冷和严寒地区用的轻骨料混凝土应掺入引气剂,其含气量宜为 5%~8%。

轻骨料混凝土的净用水量根据稠度(坍落度或维勃稠度)和施工要求,可按表 3.36 选用。

表 3.36　轻骨料混凝土的净用水量

轻骨料混凝土用途	稠　度		净用水量/$kg \cdot m^{-3}$
	维勃稠度/s	坍落度/mm	
预制构件及制品：			
(1)振动加压成型	10~20	-	45~140
(2)振动台成型	5~10	0~10	140~180
(3)振捣棒或平板振动器振实	—	30~80	165~215
现浇混凝土：			
(1)机械振捣	—	50~100	180~225
(2)人工振捣或钢筋密集	—	≥80	200~230

注：①表中值适用于圆球型和普通型轻粗骨料，对碎石型轻粗骨料，宜增加 10 kg 左右的用水量。

②掺加外加剂时，宜按其减水率适当减少用水量，并按施工稠度要求进行调整。

③表中值适用于砂轻混凝土；若采用轻砂时，宜取轻砂 1 h 吸水率为附加水量；若无轻砂吸水率数据时，可适当增加用水量，并按施工稠度要求进行调整。

轻骨料的砂率可按表 3.37 选用，当采用松散体积法设计配合比时，表中数值为松散体积砂率；当采用绝对体积法设计配合比时，表中数值为绝对体积砂率。

表 3.37　轻骨料混凝土的砂率

轻骨料混凝土用途	细骨料品种	砂率/%
预制构件	轻　砂	35~50
	普通砂	30~40
现浇混凝土	轻　砂	—
	普通砂	35~45

注：①当混合使用普通砂和轻砂作细骨料时，砂率宜取中间值，宜按普通砂和轻砂的混合比例进行插入计算。

②当采用圆球型轻粗骨料时，砂率宜取表中值下限；采用碎石型时，则宜取上限。

当采用松散体积法设计配合比时，粗、细骨料松散状态的总体积可按表 3.38 选用。

表 3.38　粗细骨料总体积

轻粗骨料类型	细骨料品种	粗细骨料总体积/m^3
圆球型	轻　砂	1.25~1.50
	普通砂	1.10~1.40
普通型	轻　砂	1.30~1.60
	普通砂	1.10~1.50
碎石型	轻　砂	1.35~1.65
	普通砂	1.10~1.60

注：①混凝土强度等级较高时，宜取表中下限值。

②当采用膨胀珍珠岩砂时，宜取表中上限值。

当采用粉煤灰作掺合料时,粉煤灰取代水泥百分率和超量系数等参数的选择,应按国家现行标准《粉煤灰在混凝土和砂浆中应用技术规程》(JGJ 28)的有关规定执行。

(3) 配合比计算

砂轻混凝土和全轻混凝土宜采用松散体积法进行配合比计算,砂轻混凝土也可采用绝对体积法。配合比计算中粗、细骨料用量均应以干燥状态为基准按下列步骤进行。

① 根据设计要求的轻骨料混凝土的强度等级、混凝土的用途,确定粗、细骨料的种类和粗骨料的最大粒径;

② 定粗骨料的堆积密度、筒压强度和 1 h 吸水率,并测定细骨料的堆积密度;

③ 计算混凝土试配强度;

④ 按表 3.34 选择水泥用量;

⑤ 根据施工稠度的要求,按表 3.36 选择净用水量;

⑥ 根据混凝土用途按表 3.37 选取松散体积砂率;

⑦ 粗、细骨料用量可用松散体积法和绝对体积法求得。

a.采用松散体积法计算时按下列步骤进行。

根据粗细骨料的类型,按表 3.38 选用粗细骨料总体积,并按下列公式计算每立方米混凝土的粗、细骨料用量

$$V_s = V_t \times S_P$$

$$m_s = V_s \times \rho_{1s}$$

$$V_a = V_t - V_s$$

$$m_a = V_a \times \rho_{1a}$$

式中,V_s、V_a、V_t 分别为每立方米细骨料、粗骨料和粗细骨料的松散体积(m^3);m_s、m_a 分别为每立方米细骨料和粗骨料的用量(kg);S_P 为砂率(%);ρ_{1s}、ρ_{1a} 分别为细骨料和粗骨料的堆积密度(kg/m^3)。

b.采用绝对体积法计算时按下列步骤进行。

按下列公式计算粗、细骨料用量

$$V_s = \left[1 - \left(\frac{m_c}{\rho_c} + \frac{m_{wn}}{\rho_w}\right) \div 1000\right] \times S_P$$

$$m_s = V_s \times \rho_s$$

$$V_a = \left[1 - \left(\frac{m_c}{\rho_c} + \frac{m_{wn}}{\rho_w} + \frac{m_s}{\rho_s}\right) \div 1000\right]$$

$$m_a = V_a \times \rho_{ap}$$

式中,V_s 为每立方米混凝土的细骨料绝对体积(m^3);m_c 为每立方米混凝土的水泥用量(kg);ρ_c 为水泥的相对密度,可取 $\rho_c = 2.9 \sim 3.1\ g/cm^3$;$\rho_w$ 为水的密度,可取 $\rho_w = 1.0\ g/cm^3$;V_a 为每立方米混凝土的轻粗骨料绝对体积(m^3);ρ_s 为细骨料密度,采用普通砂时,为砂的相对密度,可取 $\rho_s = 2.6\ g/cm^3$;采用轻砂时,为轻砂的颗粒表观密度(g/cm^3);ρ_{ap} 为轻粗骨料的颗粒表观密度(g/cm^3)。

⑧ 根据净用水量和附加水量的关系按下式计算总用水量

$$m_{wt} = m_{wn} + m_{wa}$$

式中，m_{wt} 为每立方米混凝土的总用水量(kg)；m_{wn} 为每立方米混凝土的净用水量(kg)；m_{wa} 为每立方米混凝土的附加水量(kg)。

附加水量根据粗骨料的预湿处理方法和细骨料的品种，宜按表 3.39 所列公式计算。

表 3.39　附加水量的计算

项　　目	附加水量 /kg
粗骨料预湿，细骨料为普砂	$m_{wa} = 0$
粗骨料不预湿，细骨料为普砂	$m_{wa} = m_a \cdot \omega_a$
粗骨料预湿，细骨料为轻砂	$m_{wa} = m_s \cdot \omega_s$
粗骨料不预湿，细骨料为轻砂	$m_{wa} = m_a \cdot \omega_a + m_s \cdot \omega_s$

注：① ω_a、ω_s 分别为粗、细骨料的 1 h 吸水率。

② 当轻骨料含水时，必须在附加水量中扣除自然含水量。

⑨ 按下式计算混凝土干表观密度，并与设计要求的干表观密度进行对比，如其误差大于 2%，则应按下式重新调整和计算配合比

$$\rho_{cd} = 1.15m_c + m_a + m_s$$

式中，ρ_{cd} 为轻骨料混凝土的干表观密度(kg/m^3)。

(4) 粉煤灰轻骨料混凝土配合比设计：

① 基准轻骨料混凝土的配合比计算应按上述步骤进行；

② 粉煤灰取代水泥率应按表 3.40 的要求确定；

③ 根据基准混凝土水泥用量(m_{c0})和选用的粉煤灰取代水泥百分率(β_c)，按下式计算粉煤灰轻骨料混凝土的水泥用量(m_c)

$$m_c = m_{c0}(1 - \beta_c)$$

④ 根据所用粉煤灰级别和混凝土的强度等级，粉煤灰的超量系数(δ_c)可在 1.2 ~ 2.0 范围内选取，并按下式计算粉煤灰掺量(m_f)

$$m_f = \delta_c(m_{c0} - m_c)$$

⑤ 分别计算每立方米粉煤灰轻骨料混凝土中水泥、粉煤灰和细骨料的绝对体积。按粉煤灰超出水泥的体积，扣除同体积的细骨料用量；

⑥ 用水量保持与基准混凝土相同，通过试配，以符合稠度要求来调整用水量。

表 3.40　粉煤灰水泥率

混凝土强度等级	取代普通硅酸盐水泥率 β_c/%	取代矿渣硅酸盐水泥率 β_c/%
≤ LC15	25	20
LC20	15	10
≥ LC25	20	15

注：① 表中值为范围上限，以 32.5 级水泥为基准。

② ≥ LC20 的混凝土宜采用 I、II 级粉煤灰，≤ LC15 的素混凝土可采用 III 级粉煤灰。

③ 在有试验根据时，粉煤灰取代水泥百分率可适当放宽。

(5) 配合比调整和校正

计算出的轻骨料混凝土配合比必须通过试配予以调整。配合比的调整应按下列步骤进行。

① 以计算的混凝土配合比为基础，再选取与之相差 ±10% 的相邻两个水泥用量，用水量不变，砂率相应适当增减，分别按三个配合比拌制混凝土拌和物。测定拌和物的稠度，调整用水量，以达到要求的稠度为止；

② 按校正后的三个混凝土配合比进行试配，检验混凝土拌和物的稠度和振实湿表观密度，制作确定混凝土抗压强度标准值的试块，每种配合比至少制作一组；

③ 标准养护 28 d 后，测定混凝土抗压强度和干表观密度。最后，以既能达到设计要求的混凝土配制强度和干表观密度，又具有最小水泥用量的配合比作为选定的配合比；

④ 对选定配合比进行质量校正：计算出轻骨料混凝土的计算湿表观密度(ρ_{cc})，然后再与拌和物的实测振实湿表观密度(ρ_{c0})相比，计算校正系数(η)

$$\rho_{cc} = m_a + m_s + m_c + m_f + m_{wt}$$

$$\eta = \frac{\rho_{c0}}{\rho_{cc}}$$

式中，η 为校正系数；ρ_{cc} 为按配合比各组成材料计算的湿表观密度(kg/m^3)；ρ_{c0} 为混凝土拌和物的实测振实湿表观密度(kg/m^3)；m_a、m_s、m_c、m_f、m_{wt} 分别为配合比计算所得的粗骨料、细骨料、水泥、粉煤灰用量和总用水量(kg/m^3)。

⑤选定配合比中的各项材料用量均乘以校正系数即为最终的配合比设计值。

第4章 混凝土工程

混凝土工程在混凝土结构工程中占有重要地位,混凝土工程质量的好坏直接影响到混凝土的承载力、耐久性与整体性。混凝土工程包括混凝土制备、运输、浇筑、换捣密实和养护等过程,各个施工过程相互联系和影响,任一施工过程处理不当都会影响混凝土工程的质量。近年来随着混凝土外加剂技术的发展和应用的日益深化,特别是随着商品混凝土的蓬勃发展,在很大程度上影响了混凝土的性能和施工工艺;此外,自动化、机械化的发展和新的施工机械和施工工艺的应用,也大大改变了混凝土工程的施工面貌。

4.1 混凝土的制备

4.1.1 混凝土施工配制强度确定

混凝土的施工配合比,应保证结构设计对混凝土强度等级及施工对混凝土和易性的要求,并应合理使用材料,选择的水泥应具有符合与使用环境相适应的耐久性如抗冻性、抗渗性等方面的要求。混凝土的配制强度公式为

$$f_{cu,0} \geqslant f_{cu,k} + 1.645\sigma$$

式中,$f_{cu,0}$ 为混凝土的配制强度(MPa);$f_{cu,k}$ 为混凝土立方体抗压强度标准值(MPa);σ 为混凝土强度标准差(MPa)。

当施工单位无历史统计资料时,σ 可按表4.1选用。

表4.1 σ 取值表

混凝土强度等级	< C20	C20 ~ C35	> C35
σ/MPa	4.0	5.0	6.0

4.1.2 混凝土搅拌机理(Mixing principle of concrete)

混凝土搅拌的目的是使混凝土中各组分相互分散、均匀分布。新拌混凝土是否质地均匀,可通过从混凝土中随机抽取一定数量的试样进行分析来评定,如果各试样的配合比基本相同,便可认为该混凝土已混合均匀了。

为了使混凝土中的各组分混合均匀,必须在搅拌过程中使每一组分的颗粒能分散到其他各种组分中去,因此,必须使各组分在搅拌机中都产生运动,并使他们的运动轨迹相交,相交次数越多,混凝土越易混合均匀。根据相交运动轨迹的方法不同,普通混凝土搅拌机设计时所依据的搅拌机理基本上有两种。

1. 自落式扩散机理

自落式扩散机理是将物料提升到一定高度后,利用重力的作用,自由落下。由于各物料颗粒下落的高度、时间、速度、落点和滚动距离不同,从而使物料颗粒相互穿插、渗透、扩

散，最后达到分散均匀的目的。由于物料的分散过程主要是利用重力作用，故又称重力扩散机理。自落式混凝土搅拌机就是根据这种机理设计的。

2．强制式扩散机理

强制式扩散机理是利用运动叶片强迫物料颗粒分别从各个方向（环向、径向和竖向）产生运动，使各物料颗粒运动的方向、速度不同，相互之间产生剪切滑移以致相互穿插、扩散，从而使各物料均匀混合。由于物料的扩散过程主要是利用物料颗粒相互间的剪切滑移作用，故又称剪切扩散机理。强制式混凝土搅拌机就是根据这种机理设计而成的。

4.1.3　混凝土搅拌机类型及选用

普通混凝土搅拌机一般由搅拌筒、上料装置、卸料装置、传动装置和供水系统等主要部分组成。普通混凝土搅拌机根据其设计时使用的搅拌机理，可分为自落式搅拌机和强制式搅拌机两大类。其主要区别是：搅拌叶片和搅拌筒之间没有相对运动的为自落式搅拌机；有相对运动的为强制式搅拌机。

1．自落式搅拌机

自落式搅拌机按搅拌筒的形状和卸料方式的不同，可分为鼓筒式、锥形反转出料式和锥形倾翻出料式三种类型。

鼓筒式搅拌机的搅拌筒呈鼓形，由于它仅靠物料的自落作用进行搅拌，搅拌作用不甚强烈，对于坍落度小于 30 mm 的混凝土不易搅拌均匀，且易粘罐和出料困难，故一般只适用于搅拌流动性较大的混凝土。鼓筒式搅拌机工作时物料一般要提到相当的高度才下落，故筒径不能太大，也不易用它搅拌含有大骨料的混凝土。此外，它还存在卸料的时间长、搅拌筒利用系数低等缺点，我国已于 1987 年将其列为淘汰产品。但由于它结构简单、耐用可靠、维修容易，因而在一些施工现场仍在使用。

锥形反转出料式搅拌机的搅拌筒呈双锥形，筒身轴线始终保持水平，搅拌筒内的圆柱部分焊有两块高叶片和两块低叶片。由于高低叶片均与拌筒圆柱体母线成 40°～45°夹角，故在搅拌时物料在被叶片提升后作下落运动的同时，还被迫沿轴向作往复窜动。因此搅拌作用较强烈，能在较短时间内将物料拌和均匀。它既能搅拌流动性较大的混凝土，也能搅拌低流动性混凝土。在搅拌筒的出料端有一对螺旋形出料叶片，当搅拌筒旋转搅拌时，螺旋叶片把物料推向筒中央协助搅拌。而当搅拌筒反转时，螺旋叶片则将混凝土提升和卸出，故称反转出料式搅拌机。它构造简单、重量轻、出料干净、搅拌效率高，但搅拌筒利用系数低，反转出料时是在负载的情况下启动，功率消耗大，因此一般只适用于中、小容量的搅拌机。

锥形倾翻出料式搅拌机的搅拌筒由两个截头圆锥组成。两圆锥筒内装有向内倾斜的叶片。搅拌筒转动时，由于叶片向内倾斜，故物料被左右两圆锥筒的叶片提升不甚高时便被叶片滑下，从左右两叶片上滑下的物料相向运动，在搅拌筒中部形成料流。搅拌筒每转一周，物料的搅拌可循环多次。因此，这种搅拌机效率高，可以搅拌流动性和非流动性混凝土。由于物料在搅拌筒内提升的高度不大，所以叶片不致撞坏，可以制成大容量的搅拌机，搅拌含有大粒径的混凝土，它卸料时是依靠使搅拌筒倾倒的装置，使搅拌筒倾倒将料卸出。

2. 强制式搅拌机

强制式搅拌机是利用旋转的叶片迫使物料产生剪切、推压、翻滚和抛出等多种动作，从而达到均匀拌和的目的。与自落式搅拌机相比，其搅拌作用强烈，拌和时间短，拌和效率高。特别适合拌和干硬性混凝土、高强混凝土和轻骨料混凝土。强制式搅拌机按其构造特征可分为立轴式和卧轴式两种类型。

立轴式强制式搅拌机的搅拌筒是一个水平放置的圆盘，搅拌叶片绕立轴旋转，强迫搅拌盘内的物料颗粒作多方向运动，形成复杂的交叉料流，将物料搅拌均匀，这类搅拌机按旋转盘和叶片的旋转方式不同可分为涡桨式和行星式。涡桨式的搅拌盘固定，叶片绕盘中心的立轴旋转。行星式又分为定盘式，是搅拌盘固定，搅拌叶片除绕位于盘中心的主立轴旋转外，还绕它本身的立轴旋转。转盘式则是搅拌盘绕盘中心旋转，而搅拌叶片立轴的位置固定，叶片的旋转方向与搅拌盘的旋转方向或者相同，或者相反。

卧轴式强制式搅拌机的搅拌机理与立轴式相似。但其搅拌筒容积利用系数高，因而在同等容积下，其搅拌筒直径与立轴式相比可设计的较小，因此，搅拌叶片的回转线速度可降低，叶片的使用寿命可延长，能耗可减少，故其经济技术指标优于立轴式强制式搅拌机。卧轴式强制式搅拌机可分为单卧轴式和双卧轴式，单卧轴式的水平搅拌轴通过搅拌筒中心，轴上有螺旋搅拌叶片，工作时，叶片迫使物料作强烈的对流运动，使物料在短时间内搅拌均匀。双卧轴式搅拌机有两个相连的圆槽形搅拌筒，两根水平搅拌轴相互作反向旋转。两轴上的叶片搅拌作用半径是相互交叉的，叶片与轴中心线形成一定的角度。故当叶片转动时，它不仅使物料在两个搅拌筒内轮番地作圆周运动，上下翻滚，而且使他们沿轴向作往返窜动，前后推压，因而能使物料快速搅拌均匀。

不同类型的搅拌机都有最适用的范围，在选用搅拌机时应综合考虑所拌制的混凝土的品种、数量、坍落度、骨料最大粒径、混凝土运输方法等各种因素认真做出评估和选择，否则混凝土质量不易保证，搅拌机的使用寿命也会受到影响。

4.1.4 搅拌制度(Mixing institution)

为拌制出均匀优质的混凝土，除合理地选择搅拌机类型外，还必须正确地确定搅拌制度，其内容包括进料容量、搅拌时间与投料顺序等。

1. 进料容量

搅拌机的容量有三种表示方式，即出料容量、进料容量和几何容量。出料容量也即公称容量，是搅拌机每次从搅拌筒内可卸出的最大混凝土体积，几何容量则是指搅拌筒内的几何容积，而进料容量是指搅拌前搅拌筒可容纳的各种原材料的累计体积。出料容量与进料容量间的比值称为出料系数，其值一般为 0.60～0.70，通常取 0.67。进料容量与几何容量的比值称为搅拌筒的利用系数，其值一般为 0.22～0.40。我国规定以搅拌机的出料容量来标定其规格。不同类型的搅拌机都有一定的进料容量，如果装入的材料的松散体积超过额定进料容量的一定值(10%以上)后，就会使搅拌筒内无充分的空间进行拌和，影响混凝土搅拌的均匀性。但数量也不易过少，否则会降低搅拌机的生产效率。故一次投料量应控制在搅拌机的额定进料容量以内。

2. 搅拌时间

从原材料全部投入搅拌筒时起到开始卸料时止，所经历的时间称为搅拌时间。为获

得混合均匀、强度和工作性都能满足要求的混凝土所需的最低限度的搅拌时间称为最短搅拌时间。这个时间随搅拌机的类型与容量、骨料的品种、粒径及对混凝土的和易性要求等因素的不同而异。一般情况下,混凝土的匀质性是随着搅拌时间的延长而提高,但搅拌时间超过某一限度后,混凝土的匀质性便无明显改善了。搅拌时间过长,不但会影响搅拌机的生产效率,而且对混凝土的强度提高也无益处,甚至由于水分的蒸发和较软骨料颗粒被长时间的研磨而破碎变细,还会引起混凝土和易性的降低,影响混凝土的质量。不同类型的搅拌机对不同混凝土的最短搅拌时间见表4.2。

表4.2 普通混凝土的最短搅拌时间

混凝土坍落度/mm	搅拌机类型	搅拌机的出料容量/L		
		小于250	250~500	大于500
≤30	自落式	90 s	120 s	150 s
	强制式	60 s	90 s	120 s
>30	自落式	90 s	90 s	120 s
	强制式	60 s	60 s	90 s

注:①当掺有外加剂时搅拌时间应适当延长。

②全轻混凝土宜采用强制式搅拌机,砂轻混凝土可采用自落式搅拌机,搅拌时间均应延长60~90 s。

③高强混凝土应采用强制式搅拌机搅拌,搅拌时间应适当延长。

3. 投料顺序

确定原材料投入搅拌筒内的先后顺序应综合考虑到能否保证混凝土的搅拌质量、提高混凝土的强度、减少机械的磨损与混凝土粘罐现象、减少水泥飞扬、降低电耗以及提高生产率等多种因素。按原材料加入搅拌筒内的投料顺序的不同,普通混凝土的搅拌方法可分为:一次投料法、二次投料法和水泥裹砂法等。

(1) 一次投料法。这是目前最普遍采用的方法,是将砂、石、水泥和水一起同时加入搅拌筒中进行搅拌。为了减少水泥的飞扬和水泥的粘罐现象,向搅拌机上料斗中投料。投料顺序宜先倒砂子(或石子)再倒水泥,然后倒入石子(或砂子),将水泥加在砂、石之间,最后由上料斗将干物料送入搅拌筒内,加水搅拌。

(2) 二次投料法。它又分为预拌水泥砂浆法和预拌水泥净浆法。预拌水泥砂浆法是先将水泥、砂和水加入搅拌筒内进行充分搅拌,成为均匀的水泥砂浆后,再加入石子搅拌成均匀的混凝土。国内一般是用强制式搅拌机拌制水泥砂浆约1~1.5 min,然后再加入石子搅拌约1~1.5 min。国外对这种工艺还设计了一种双层搅拌机(称为复式搅拌机),其上层搅拌机搅拌水泥砂浆,搅拌均匀后,再送入下层搅拌机与石子一起搅拌成混凝土。

预拌水泥净浆法是先将水泥和水充分搅拌成均匀的水泥净浆后,再加入砂和石搅拌成混凝土。国外曾设计一种搅拌水泥净浆的高速搅拌机,它不仅能将水泥净浆搅拌均匀,而且对水泥还有活化作用。国内外的试验表明,二次投料法搅拌的混凝土与一次投料法相比较,混凝土的强度可提高15%,在强度相同的情况下,可节约水泥15%~20%。

(3) 水泥裹砂法,又称SEC法。采用这种方法拌制的混凝土称为SEC混凝土或造壳混凝土。该法的搅拌程序是先加一定量的水使砂表面的含水量调到某一规定的数值后

(一般为 15%～25%),再加入石子并与湿砂拌匀,然后将全部水泥投入与砂石共同拌和使水泥在砂石表面形成一层低水灰比的水泥浆壳,最后将剩余的水和外加剂加入搅拌成混凝土。采用 SEC 法制备的混凝土与一次投料法相比较,强度可提高 20%～30%,混凝土不易产生离析和泌水现象,和易性好。

4.1.5 混凝土的热拌工艺(Heat mixing technology of concrete)

在混凝土搅拌过程中通入蒸汽对混凝土加热的方法称为混凝土热拌工艺,所拌制成的混凝土称为热拌混凝土。

混凝土的热拌工艺在预制构件厂和施工现场应用的目的是有所不同的。前者是为了加速混凝土的硬化,缩短预制构件的养护时间可以提高模板和养护室的周转率;后者是在冬期施工中用于制备热混凝土,以防止混凝土早期受冻。

拌制热拌混凝土必须采用专门的热拌搅拌机,这种搅拌机在结构上类似于普通的强制式搅拌机,但增加了蒸汽供应系统和喷射系统等设备。进行热拌混凝土拌制时,用这种带蒸汽喷射系统的强制式搅拌机,将低压饱和蒸汽直接通入拌和物,将其加热到 40℃～60℃。所用的蒸汽一般为 0.1 MPa、温度 100℃的非过热低压饱和蒸汽。每 1 kg 蒸汽能使大约 1 m^3 拌和物的温度升高 1℃,可据此估计蒸汽的用量。

蒸汽喷入混凝土冷凝后变为水,这部分冷凝水应作为混凝土用水量的一部分加以考虑。冷凝水量按下式近似计算

$$W_k = B \cdot C \cdot \Delta t / \Delta h$$

式中,W_k 为搅拌机每批搅拌料产生的冷凝水量(kg); B 为每批搅拌料的混凝土量(kg);C 为混凝土比热容(kJ/kg);Δt 为混凝土拌和物的温升(℃);Δh 为混凝土拌和物的温度升高时,蒸汽和冷凝水之间的热函差(kJ/kg),在混凝土温度升高 20℃ 时约为 630;30℃ 时为 620;40℃ 时约为 610;50℃ 时为 600;60℃ 时约为 590(kJ/kg)。

在预制构件厂,如将热搅拌混凝土和热模养护相结合,由于可以省去静置时间和升温时间,较快地进入了高温养护,因而可以将养护周期缩短至 5～8 h,提高设备利用率和劳动生产率。在施工现场如以蓄热法进行混凝土冬季施工,热搅拌混凝土与通常采用的加热原材料的方法相比,具有质量均匀、和易性好、温度稳定、热效率高等优点。

4.1.6 混凝土搅拌站(Mixing station of concrete)

混凝土拌和物在搅拌站中制备成预拌(商品)混凝土能提高混凝土的质量并取得较好的经济效益。搅拌站根据其组成部分在竖向布置方式的不同分为单阶式和双阶式。

在单阶式混凝土搅拌站中,原材料一次提升后进入贮料斗,然后靠自重下落进入称量和搅拌工序。这种工艺流程,原材料从一道工序的时间短、效率高、自动化程度高、搅拌机占地面积小,适用于产量大的固定式大型混凝土搅拌站。

在双阶式混凝土搅拌站中,原材料经第一次提升后经过贮料斗,下落经称量配料后,再经过第二次提升进入搅拌机。这种工艺流程的搅拌站的建筑物高度小、运输设备简单、投资少、建设快,但效率和自动化程度相对较低,建筑工地上设置的临时性混凝土搅拌站多属此类。

双阶式工艺流程的特点是物料两次提升,可以有不同的工艺流程方案和不同的生产

设备。骨料的用量很大，解决好骨料的运输和贮存是关键。目前，我国骨料多露天堆放，用拉铲、皮带运输机、抓斗等进行一次提升，经杠杆秤、电子秤等称量后，再用提升斗进行第二次提升进入搅拌机进行搅拌。

散装水泥应贮存于金属筒仓内，散装水泥输送车上多装有气力输送泵，通过管道即可将水泥送入筒仓；水泥的称量采用杠杆秤或电子秤。水泥的二次提升多用气力输送和大倾角螺旋输送机输送。

预拌混凝土国内发展很快，在大中城市已成为主要的混凝土生产方式。

4.2 混凝土的运输

混凝土从拌制地点运往浇筑地点有多种运输方法，选用时应根据建筑物结构特点、混凝土的总运输量与每日所需的运输量、水平及垂直运输的距离、现有设备情况以及气候、地形、道路条件等因素综合考虑。不论采用何种运输方法，在运输混凝土的工作中，都应满足下列要求。

(1) 混凝土应保持原有的均匀性，不发生离析现象；

(2) 混凝土运至浇筑地点，其坍落度应符合浇筑时所要求的坍落度值；

(3) 混凝土从搅拌机卸出后，应及早运至浇筑地点，使之在初凝前浇筑完毕；混凝土从搅拌机中卸出到浇筑完毕的延续时间不宜超过表 4.3 的规定。

表 4.3　混凝土从搅拌机卸出到浇筑完毕的延续时间

混凝土强度等级	气温	
	不高于 25℃	高于 25℃
≤C30	120 min	90 min
>C30	90 min	60 min

注：①对掺加外加剂或采用快硬水泥拌制的混凝土，其延续时间应按试验确定。
②对轻骨料混凝土其延续时间不宜超过 45 min。

为了避免混凝土在运输过程中发生离析，混凝土的运输路线应尽量缩短，道路应平坦，车辆应行驶平稳。当混凝土从高处倾落时，其自由倾落高度不应超过 2 m。否则，应使其沿串筒、溜槽或震动溜槽等下落，并应保持混凝土出口时的下落方向垂直。混凝土经运输后，如有离析现象，必须在浇筑前进行二次搅拌。

为了避免混凝土在运输过程中坍落度损失太大，应尽可能减少转运次数，盛混凝土的容器，应严密不漏浆，不吸水。容器在使用前应先用水湿润，炎热及大风天气时，盛混凝土的容器应遮盖，以防水分蒸发过快，严寒季节，应采取保温措施，以免混凝土冻结。

混凝土的运输分为地面运输、垂直运输和楼面运输三种情况。混凝土如采用商品混凝土且运输距离较远时，混凝土地面运输宜采用混凝土搅拌运输车，如来自工地搅拌站，则多用载重 1 t 的小型机动翻斗车，近距离也用双轮手推车，有时还用皮带运输机和窄轨翻斗车。混凝土垂直运输，我国多采用塔式起重机、混凝土泵、快速提升斗和井架。用塔式起重机时，混凝土多放在吊斗中，这样可直接进行浇筑。混凝土楼面运输，我国以双轮

推车为主，也用机动灵活的小型机动翻斗车，如用混凝土泵则用布料机布料。

4.2.1 井架式升降机运输

井架式升降机俗称井架，是目前施工现场使用较普遍的混凝土垂直运输设备，它由塔架、动力卷扬系统和料斗或平台等组成。井架式升降机具有构造简单、装拆方便、提升与下降速度快等特点，且输送能力较高。塔架的接高除可利用其他起重设备外，也可利用特制的自升装置随着建筑物的升高而自行接高。

4.2.2 塔式起重机运输

塔式起重机既能完成混凝土的垂直运输又能完成一定的水平运输。在其工作幅度范围内能直接将混凝土从装料点吊升到浇筑点送入模板内，中间不需转运，是一种灵活而有效的运输混凝土的方法，在现浇混凝土工程中得到广泛应用。

4.2.3 混凝土搅拌运输车运输

现场施工用混凝土正逐步向以商品混凝土方式供应的方向发展，从商品混凝土搅拌站将混凝土运送至各施工现场的距离相应增加，如用传统的运输方式，混凝土在运输过程中将发生较严重的离析，混凝土搅拌运输车就是为适应这种新的生产方式的一种混凝土地面运输的专用机械。混凝土搅拌运输车是将混凝土搅拌筒斜放在汽车底盘上的专门用于搅拌、运输的混凝土车辆，是长距离运输混凝土的有效工具，它兼有载送和搅拌混凝土的双重功能。搅拌运输在混凝土搅拌站装入混凝土后，由于搅拌筒内有两条螺旋状叶片，在运输过程中搅拌筒可慢速转动进行拌和，以防止混凝土离析，运至浇筑地点，搅拌筒反转即可卸出混凝土。混凝土搅拌运输车既可以运送拌和好的混凝土拌和料，也可以将混凝土干料装入搅拌筒内在运输途中加水搅拌，以减少长途运输的混凝土坍落度损失。

4.2.4 混凝土泵运输

混凝土用泵运输称泵送混凝土。泵送混凝土是指当混凝土从搅拌运输车中卸入混凝土泵的料斗中后，利用泵的压力将混凝土通过管道直接输送到浇筑地点的一种运输混凝土的方法。采用混凝土泵可同时完成混凝土的水平运输和垂直运输。这种方法具有输送能力大、速度快、节省人力、文明施工等特点。它已成为施工现场运输混凝土的一种重要方法，在高层、超高层建筑、立交桥、水塔、烟囱、隧道和各种大型混凝土结构工程的施工中得到了越来越广泛的应用。目前大功率的混凝土泵最大水平运距可达 1 520 m，最大垂直输送高度已达 432 m。

1. 泵送混凝土设备的组成

泵送混凝土的设备主要由混凝土泵、输送管道和布料装置构成。混凝土泵有活塞泵、气压泵和挤压泵等几种类型，以活塞泵应用最多。活塞泵又根据其构造原理不同分为机械式和液压式两种，常用液压式。液压式活塞泵又分为油压式和水压式两种，以油压式居多。目前常用液压活塞泵基本上是液压双缸式。

工作时，搅拌好的混凝土拌和料装入料斗，吸入端阀门开启，排出端阀门关闭；液压活塞在液压作用下通过活塞杆带动活塞后移，料斗内的混凝土在自重的真空作用下进入混凝土缸，然后液压系统推动活塞向前推压，混凝土缸中的混凝土在压力作用下通过 Y 形管，进入输送管道，输送到浇筑地点。由于两个缸交替进料和出料，因而能达到混凝土连

续输送的目的。

按泵体能否移动,混凝土泵还可分为固定式和移动式。固定式混凝土泵使用时需用其他车辆将其拖至现场,它具有输送能力大,输送高度高等特点,适用于高层建筑的混凝土工程施工。移动式混凝土泵车是将混凝土泵安装在汽车底盘上,根据需要可随时开至施工地点进行作业。此种泵车一般附带装有全回转三段折叠臂架式布料杆,它既可以利用工地配置的管道输送至较远较高浇筑地点,也可利用随车的布料杆在其回转的范围内进行浇筑。

混凝土输送管是泵送混凝土作业中的重要配套部件,有直管、弯管、锥形管和软管等。前三种输送管一般用耐磨锰钢无缝钢管制成,管径由 80 mm、100 mm、125 mm、150 mm、180 mm、200 mm 等数种,常用的管径 120 mm。直管的标准长度有 4.0 m、3.0 m、2.0 m、1.0 m、0.5 m 等数种,以 4 m 管为主管。弯管的角度有 15°、30°、45°、60°、90°五种,以适应改变方向的需要。当不同管径的输送管需要连接时,需用锥形管过渡,其长度一般为 1 m。在管道的出口处大都接有软管,以使在不移动钢直管的情况下扩大布料范围。

混凝土泵的供料必须是连续的,且输送量很大,因此在浇筑地点应设置布料装置以便将输送来的混凝土进行摊铺或直接浇筑入模,从而减轻繁重的体力劳动,充分发挥混凝土泵的使用效率。布料装置由可回转、可伸缩的臂架和输送管组成,常称之为布料杆。按照支承结构的不同,布料杆可分为独立式和汽车式两大类。

2. 混凝土的泵送特性

(1) 混凝土在输送管内的流动特点

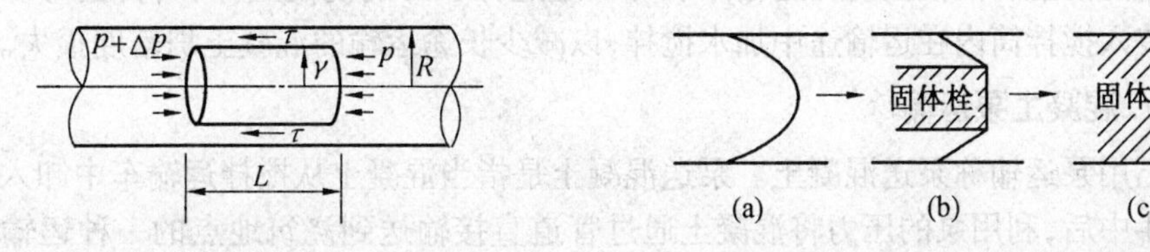

图 4.1　混凝土在输送管内流动时力的分析　　　　图 4.2　流体在管内的速度分布

液体作层流流动时,沿流动方向将液体分成若干层,其各层的流速是不同的。相邻层间存在着与流动方向相反阻止液体流动的阻力,这种阻力称为粘性或内摩擦。牛顿首先研究了液体的粘性问题,提出了牛顿粘性定律,即:液体流动时层与层之间相互作用的粘滞阻力与速度梯度成正比。设任意两层液体之间距离为 Δy,他们的流速分别是 v_1 和 v_2,其流速差为

$$\Delta v = v_1 - v_2$$

则得牛顿粘性定律的数学表达式为

$$\tau = \eta \mathrm{d}v/\mathrm{d}y$$

式中,τ 为剪应力,即单位液面上的粘滞阻力;$\mathrm{d}v/\mathrm{d}y$ 为速度梯度,即与流动方向相垂直的方向上每隔单位长度时的速度变化量;η 为比例系数,称为粘度系数或牛顿粘度,单位为(Pa · s)。

凡符合牛顿粘性定律的液体称为牛顿液体。但有些流体当施加剪应力较小时并不产

生流动，只有当剪应力大于某一数值时才产生流动，流动时剪应力与速度仍成正比，这种流动称之为宾汉姆体，其流变特性的数学表达式为

$$\tau = \tau_0 + \eta_0 \mathrm{d}v/\mathrm{d}y$$

式中，τ_0 为屈服剪应力，当剪应力大于此值后流体才流动；η_0 为塑性粘度。

试验表明，混凝土基本上可看作为宾汉姆体，现研究其沿输送管流动时的情况。设在长为 L、半径为 r 的圆管中充满了混凝土，其在压力差 ΔP 作用下自左向右流动。自管中心轴起取半径为 r 的圆柱体作为研究单元。设其在两端面压力和圆柱体侧面上剪应力作用下处于平衡状态，则力的平衡方程式为

$$\pi \cdot r^2(p + \Delta p) - \pi \cdot r^2 p - 2\pi \cdot rL\tau = 0$$

整理得

$$\tau = r\Delta p/2L$$

其中 $\Delta p/L$ 称为压力梯度，即单位长度上的压力差。上式代入宾汉姆方程中得

$$\mathrm{d}v/\mathrm{d}g = (r\Delta/2L - \tau_0)/\eta_0$$

由上式可知，若作用在半径为 r 的圆柱体侧面上的剪应力 τ 小于 τ_0 时，在该圆柱体范围内的混凝土不产生相对流动。这时产生相对流动的范围可以从 $\tau \geqslant \tau_0$ 的条件中求得，即

$$r_0 = 2\tau_0 L/\Delta p$$

即在半径小于 r_0 的圆柱体范围内的混凝土，这时作为一个整体向前流动，内部各层之间不产生速度梯度。这个整体部分称为栓塞，这种流动状态称为塞流。如果压力梯度一定，这种流动范围决定于屈服值 τ_0。如图 4.1 所示，对于牛顿液体，$\tau_0 = 0$，管内液体全部产生流动，管内流速成抛物线分布；对于宾汉姆体，$\tau \neq 0$，故在 $r_0 = 2\tau_0 L/\Delta p$ 以内这部分液体必然形成栓塞，管内流速分布在各个端面是一样的。

混凝土屈服值的大小决定于混凝土的原材料与配合比。试验证明，不论配合比及压送条件，泵送混凝土在管内是整个端面都形成栓塞，混凝土是在与管壁产生摩擦的情况下沿管壁滑移的。由于混凝土在输送管内流动使整个端面都形成栓塞，故要使混凝土沿管线流动，必须克服管壁对其产生的摩阻力。摩阻力的大小随流速的增加而增大。

3. 混凝土可泵性及评价指标

混凝土的可泵性是指混凝土在泵压作用下能连续稳定地通过输送管而不产生离析的性能，它是反映混凝土在泵压作用下流动能力大小的一个综合指标。混凝土能否在输送管内顺利流动是泵送工作能否顺利进行的关键，这就要求混凝土必须具有良好的可泵性。可泵性好的混凝土应具有与管壁接触面的摩阻力小、泵送中不离析也不形成堵塞管道等特性。

研究结果表明：混凝土的可泵性取决于混凝土的流动性（以坍落度表示）与稳定性。混凝土的流动性越大（坍落度越大），管道的摩阻力越小，混凝土越易输送，也就是说可泵性好的混凝土首先应具有良好的流动性，在管壁表面形成良好的润滑层；其次，混凝土在泵送时，混凝土中各组分必须保持其位置的稳定性即混凝土不产生离析、泌水现象，才能使混凝土沿输送管道顺利流动，如果混凝土产生较大的泌水，则管壁表面的润滑层将被破坏，管道的摩阻力增大，可泵性下降。混凝土的可泵性可用坍落度与压力泌水表征；许多国家对泵送混凝土的坍落度作了规定，一般认为在 80 ~ 200 mm 范围内较合适。压力泌水

是指混凝土在一定压力作用下混凝土中的水及稀浆泌出以形成足够的润滑层,为使混凝土形成塞流创造条件;但如果水及稀浆流失过快过多,则将使骨料离析严重而堵塞管道。这就要求混凝土应有良好的粘聚性和保水能力,使混凝土在压力作用下的泌水量保持在适当的范围内,既有利于混凝土的泵送又不会出现堵塞现象。混凝土的压力泌水试验应按有关规定来测定。

4. 混凝土的可泵性与原材料及配合比的选择

在设计泵送混凝土配合比时除必须满足强度和耐久性的要求外,还必须考虑原材料和配合比对混凝土可泵性的影响,满足可泵性的要求。

(1) 水泥

水泥的品种和用量对混凝土可泵性都有影响,特别是水泥用量对形成润滑层的数量及浆体的粘度有较大影响。各国对最低水泥用量都有要求,一般在 260~300 kg/m^3 之间,我国规定为 300 kg/m^3,水泥用量也不宜太大,超过 450 kg/m^3 水泥浆体粘度剧增,混凝土与管壁的摩阻力增加,不利于泵送。

(2) 粗细骨料及砂率

骨料的种类、形状、粒径和级配对混凝土的可泵性有很大影响,卵石与碎石相比表面光滑,粒形较好,同条件下可泵性比碎石好。粗骨料中的针、片状颗粒易造成泵送困难,故其含量不宜大于 10%。粗骨料的最大粒径除受结构截面最小尺寸和钢筋间的最小净距的限制外,还受混凝土输送管径的控制。粗骨料的最大粒径与输送管内径之比至少不宜大于 1:5(卵石)~1:3(碎石)。此外,骨料最大粒径的选择还与混凝土的输送距离和输送高度有关。当混凝土输送距离较长时,为克服管壁摩阻力,泵机所消耗的能量也必然要增加。若混凝土为垂直输送,则输送时泵机除需克服管的摩阻力外,还需克服混凝土自身的重力。显然,在这些情况下,为了使混凝土能顺利地泵送,粗骨料的最大粒径应该选择较小的尺寸为宜。

骨料级配对混凝土可泵性的影响很大,根据国内外经验,我国 JGJ/T10—1995 规定了适合于泵送的粗、细骨料的最佳级配曲线。在混凝土中,由细骨料和水泥浆所组成的水泥砂浆作为粗骨料的载体,起到传递压力与润滑管壁的作用。所以,细骨料与粗骨料相比对混凝土的可泵性有更大的影响。在细骨料的级配中,应有足够数量的细粒级(0.315 mm 以下)颗粒。我国规定通过 0.315 mm 筛孔的砂不应少于 15%。此外,砂率对混凝土可泵性的影响也很大。砂率低的混凝土,变形困难,当混凝土通过变管、锥形管、Y 形管等管道时,不易通过,易产生堵塞。因此,泵送混凝土的砂率,应比非泵送混凝土的大些,但砂率也不可太大,否则将增加混凝土收缩并对混凝土耐久性能产生不利影响。

(3) 细粉料

细粉料是指包括水泥、掺和料及粒径在 0.315 mm 以下的细砂部分的总称。其含量对混凝土的可泵性和泵送压力有着极显著的影响。当细粉料数量不足时,混凝土的稳定性和粘聚性差,在泵送压力作用下,混凝土泌水量大,泵送阻力大大升高,极易造成堵管。但细粉料的含量也不宜太大,否则,它将增大混凝土的粘稠性,增加混凝土沿管道输送时运动阻力,从而需要较高的泵送压力。每立方米混凝土中细粉料的适宜含量,随骨料的最大粒径的不同而异。如果混凝土中细粉料的含量不足,可以采用掺加掺和料的方法予以补

充。最常用的掺和料是粉煤灰和磨细矿渣粉。将Ⅰ、Ⅱ级粉煤灰及磨细矿渣粉掺入混凝土中,不仅可补充细粉料的不足,而且用它取代部分水泥,可显著地降低混凝土的屈服值和粘性系数,提高混凝土的流动性,从而改善混凝土的可泵性。

(4) 外加剂

泵送混凝土中掺加外加剂的目的是为了提高混凝土的流动性和稳定性以及调节混凝土的凝结时间,使混凝土具有良好的可泵性。用于泵送混凝土中的外加剂应优先选用混凝土泵送剂。一般泵送剂由减水、缓凝、引气、保塑等组分构成,以提高混凝土的流动性、减少混凝土坍落度损失。

(5) 水灰比与坍落度

混凝土坍落度是影响混凝土可泵性的重要因素,混凝土泵送阻力随坍落度减小而增加。当采用商品混凝土时,混凝土经过运输坍落度会有所损失,混凝土配合比设计时应考虑此项损失值。具体的坍落度取值,应根据泵送距离、泵送高度、外加剂品种、气温及对混凝土的性能要求而定。一般在130~180 mm左右。

5. 泵送混凝土注意事项

(1) 泵送混凝土时必须保证混凝土连续供应,以保证混凝土泵连续工作。

(2) 布置输送管道时要求管线宜直、转弯宜缓、接头严密。

(3) 混凝土泵送前应先泵送水泥砂浆以润湿输送管道。

(4) 如混凝土供应脱节不能连续泵送时,泵机应每隔4~5 min交替进行正转和反转两个行程,以防混凝土泌水和离析;当泵送间歇时间超过45 min或当混凝土出现离析时,应立即用海绵球、压力水冲洗管内残留的混凝土。

(5) 泵送过程中受料斗内应具有足够的混凝土以防吸入空气产生阻塞,泵送结束后应及时把残留在缸体内及输送管道内的混凝土清洗干净。

(6) 为防止堵泵,料斗上方应设置金属网以隔离大石块,并及时拣出。

(7) 夏季或冬季施工时,应对输送管采取隔热降温或保温措施。

4.3 混凝土的成型

混凝土成型就是将混凝土拌和料浇筑在符合设计尺寸要求的模板内,加以捣实,使其具有良好的密实性,达到设计强度的要求。混凝土成型过程包括浇筑与捣实,是混凝土工程施工的关键,将直接影响构件的质量和结构的整体性。因此,混凝土经浇筑捣实后应内实外光,尺寸准确,表面平整,钢筋及预埋件位置符合设计要求,新旧混凝土结合良好。

4.3.1 混凝土浇筑(Concrete construction)

1. 浇筑前的准备工作

(1) 对模板及其支架进行检查,应确保标高、位置、尺寸正确;强度、刚度、稳定性及严密性满足要求;模板中的垃圾、泥土和钢筋上的油污应加以消除;木模板应浇水润湿,但不允许留有积水。

(2) 对钢筋及预埋件应会同监理人员共同检查钢筋的级别、直径、排放位置及保护层厚度是否符合设计和规范要求,并认真作好隐蔽工程记录。

(3) 准备和检查材料、机具等;注意天气预报,不宜在雨雪天气浇筑混凝土。

(4) 做好施工组织工作和技术、安全交底工作。

2. 浇筑工作的一般要求

(1) 混凝土应在初凝前浇筑,如混凝土在浇筑前有离析现象,须重新拌和才能浇筑。

(2) 浇筑时混凝土的自由倾落高度:对于素混凝土或少筋混凝土,由料斗进行浇筑时,不应超过 2 m;对竖向结构(如柱、墙),浇筑混凝土的高度不超过 3 m;对于配筋较密或不便捣实的结构,不宜超过 60 cm。否则应采用串筒、溜槽和振动串筒下料,以防产生离析。

(3) 浇筑竖向结构混凝土前,底部应先浇入 50 ~ 100 mm 厚与混凝土成分相同的水泥砂浆,以避免产生蜂窝麻面现象。

(4) 混凝土浇筑时的坍落度应符合设计要求。

(5) 为了使混凝土振捣密实,混凝土必须分层浇筑。

(6) 为了保证混凝土的整体性,浇筑工作应连续进行。当由于技术上或施工组织上原因必须间歇时,间歇时间应尽可能缩短,并应在前层混凝土凝结之前,将次层混凝土浇筑完毕。间歇的最长时间应按所用水泥品种及混凝土条件确定。

(7) 正确留置施工缝。施工缝位置应在混凝土浇筑之前确定,并宜留在结构受剪力较小且便于施工的部位。柱应留水平缝,梁、板、墙应留垂直缝。在施工缝处开始继续浇筑混凝土的时间不能过早,以免使已凝固的混凝土受到振动而破坏,必须待已浇筑混凝土的抗压强度不小于 1.2 MPa 时才可进行。混凝土达到 1.2 MPa 强度所需的时间,根据水泥品种、外加剂的种类、混凝土配合比及外界的温度而不同,可通过试验确定。在施工缝处继续浇筑前,为解决新旧混凝土的结合问题,应对已硬化的施工缝表面进行处理;清除表层的水泥薄膜和松动石子及软弱混凝土层,必要时还要加以凿毛,钢筋上的油污、水泥砂浆及浮锈等杂物也应加以清除;然后用水冲洗干净,并保持充分湿润,且不得积水;在浇筑前,宜先在施工缝处铺一层水泥浆或与混凝土成分相同的水泥砂浆;施工缝处的混凝土应细致捣实,使新旧混凝土紧密结合。

(8) 在混凝土浇筑过程中,应随时注意模板及其支架、钢筋、预埋件及预留孔洞的情况,当出现不正常的变形、位移时,应及时采取措施进行处理,以保证混凝土的施工质量。

(9) 在混凝土浇筑过程中应及时认真填写施工记录。

3. 施工缝位置规定

(1) 柱子施工缝宜留在基础的顶面、梁或吊车梁牛腿的下面、吊车梁的上面、无梁楼板柱帽的下面。

(2) 与板连成整体的大截面梁,施工缝留置在板底面以下 20 ~ 30 mm 处。当板下有梁托时,留在梁托下部。

有主次梁的楼板宜顺着次梁方向浇筑,施工缝应留置在次梁跨度的中间 1/3 范围内。

(3) 墙体的施工缝留置在门洞口过梁跨中 1/3 范围内,也可留置在纵横墙的交接处。

(4) 双向受力楼板、厚大结构、拱、弯拱、薄壳、蓄水池、斗仓多层钢架及其他结构复杂的工程,施工缝的位置应按设计要求留置。

(5) 承受动力作用的设备基础,不应留置施工缝;当必须留置时,应征得设计单位同

意。

(6) 在设备基础的地脚螺栓范围内,水平施工缝必须留在低于地脚螺栓底端处,其距离应大于 150 mm;当地脚螺栓直径小于 30 mm 时,水平施工缝可以留在不小于地脚螺栓埋入混凝土部分总长度的 3/4 处。垂直施工缝应留在距地脚螺栓中线大于 250 mm 处,并不小于 5 倍螺栓直径。

4. 整体结构浇筑

为保证结构的整体性和混凝土浇筑工作的连续性,应在下一层混凝土初凝之前将上层混凝土浇筑完毕,因此,在编制浇筑施工方案时,首先应计算每小时需要浇筑的混凝土的数量,从而计算所需搅拌机、运输工具和振动器的数量,并据此拟定浇筑方案和组织施工。

(1) 框架结构浇筑

框架结构的主要构件有基础、柱、梁、楼板等,其中框架梁、板、柱等构件是沿垂直方向重复出现的,因此,一般按结构层来分层施工。如果平面面积较大,还应分段进行(一般以伸缩缝划分施工段),以便各工序流水作业,在每层每段中,浇筑顺序为先浇柱,后浇梁、板。柱基础浇筑时应先边角后中间,按台阶分层浇筑,确保混凝土充满模板各个角落,防止一侧混凝土倾倒挤压钢筋造成柱连接钢筋的位移。

柱宜在梁板模板安装后钢筋未绑扎前浇筑,以便利用梁板的模板作横向支撑和柱浇筑操作平台用;一排柱子的浇筑顺序应从两端同时向中间推进,以防柱模板在横向推力下向一方倾斜;当柱子断面小于 400 mm×400 mm,并有交叉箍筋时,可在柱模侧面每段不超过 2m 的高度开口,插入斜溜槽分段浇筑;开始浇筑柱时,底部应先填 50~100 mm 厚与混凝土成分相同的水泥砂浆,以免底部产生蜂窝现象;随着柱子浇筑高度的上升,混凝土表面将积聚大量浆水,因此混凝土的水灰比和坍落度,亦应随浇筑高度上升予以递减。

在浇筑与柱连成整体的梁或板时,应在柱浇筑完毕后停歇 1~1.5 h,使其获得初步沉实,排除泌水,而后再继续浇筑梁或板。肋形楼板应同时浇筑,其顺序是先根据梁高分层浇筑成阶梯形。当达到板底位置时即与板的混凝土一起浇筑,而且倾倒混凝土的方向应与浇筑方向相反;当梁的高度大于 1m 时,可先单独浇梁,并在板底以下 20~30 mm 处留设水平施工缝。浇筑无梁楼盖时,在柱帽下 50 mm 处暂停,然后分层浇筑柱帽,下料应对准柱帽中心,待混凝土接近楼板底面时,再连同楼板一起浇筑。

此外,与墙体同时整浇的柱子,两侧浇筑高差不能太大,以防柱子中心移动。楼梯宜自下而上一次浇筑完成,当必须留置施工缝时,其位置应在楼梯长度中间 1/3 范围内。对于钢筋较密集处,可改用细石混凝土,并加强振捣以保证混凝土密实。采取有效措施保证钢筋保护层厚度,及钢筋位置和结构尺寸的准确,注意施工中不要踩倒负弯矩部分的钢筋。

(2) 剪力墙浇筑

剪力墙浇筑除按一般规定进行外,还应注意门窗洞口应以两侧同时下料,浇筑高差不能太大,以免门窗洞口发生位移或变形。同时应先浇筑窗台下部,后浇筑窗间墙,以防窗台下部出现蜂窝空洞。

(3) 大体积混凝土浇筑

大体积混凝土是指厚度大于或等于1.0m,长、宽较大,施工时水化热引起混凝土内的最高温度与外界温度之差不高于25℃的混凝土结构。一般多为建筑物、构筑物的基础,如高层建筑中常用的整体钢筋混凝土箱形基础、高炉转炉设备基础等。

大体积混凝土结构整体性要求较高,通常不允许留施工缝。因此,必须保证混凝土搅拌、运输、浇筑、振捣各工序协调配合,并在此基础上,根据结构大小、钢筋疏密等具体情况,选用如下浇筑方案。

① 全面分层　在整个结构内全面分层浇筑混凝土,如图4.3(a)所示,要做到第一层全部浇筑完毕,在初凝前再回来浇筑第二层,如此逐层进行,直到浇筑完成。采用此方案,结构平面尺寸不宜过大,施工时从短边开始,沿边进行。必要时亦可从中间向两端或从两端向中间同时进行。

② 分段分层　混凝土从底层开始浇筑,进行一定距离后回来浇筑第二层,如此依次向前浇筑以上各层,如图4.3(b)所示。每段的长度可根据混凝土浇筑到末端后,下层末端的混凝土还未初凝来确定。分段分层浇筑方案适用于厚度不太大而面积或长度较大的结构。

③ 斜面分层　如图4.3(c)所示。适用于结构的长度大大超过厚度而混凝土的流动性又较大时,采用分层分段方案混凝土往往不能形成稳定的分层踏步,这时可采用斜面分层浇筑方案。施工时将同批次浇筑到顶,让混凝土自然地流淌,形成一定的斜面。这时混凝土的振捣工作应从浇筑层下端开始,逐渐上移,以保证混凝土施工质量。这种方案很适应混凝土泵送工艺,可免除混凝土输送管的反复拆装。

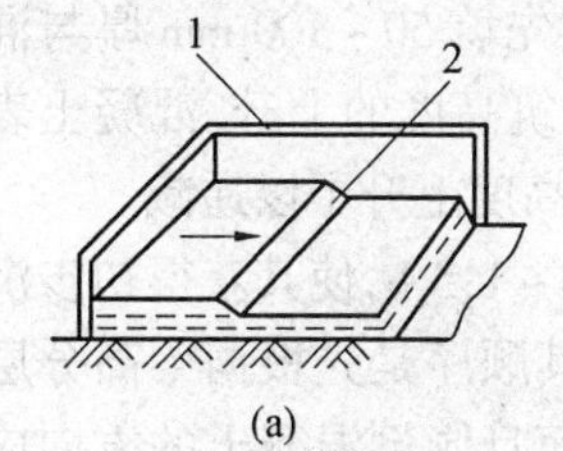

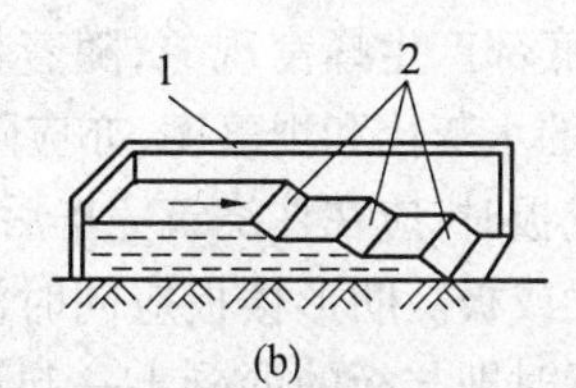

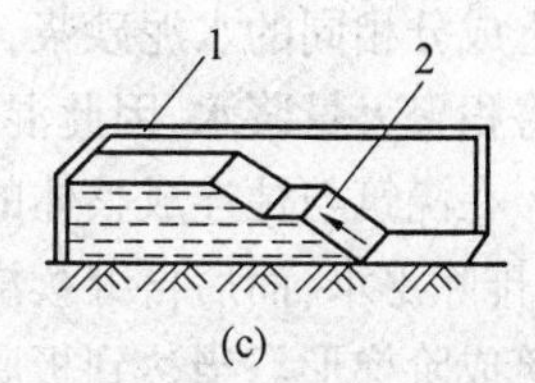

图4.3　厚大体积基础的混凝土浇筑方案

大体积混凝土结构截面大,水泥水化热总量大,而混凝土是热的不良导体,造成混凝土内部温度较高,由此使混凝土内外产生较大的温度差,当形成的温度应力大于混凝土抗拉强度时,在受到基岩或硬化混凝土垫层约束的情况下,就易使混凝土产生裂缝。因此,在浇筑大体积混凝土时,必须采取适当措施。

① 宜选用水化热较低的水泥,如矿渣水泥、火山灰或粉煤灰水泥。

② 掺缓凝剂或缓凝型减水剂,也可掺入适量粉煤灰、磨细矿渣粉等掺合料。

③ 采用中粗砂和大粒径、级配良好的石子。

④ 尽量减少水泥用量和每立方米混凝土的用水量。

⑤ 降低混凝土入模温度,可在砂、石堆场、运输设备上搭设简易遮阳装置或覆盖草包等隔热材料,采用低温水或冰水拌制混凝土。

⑥ 扩大浇筑面和散热面,减少浇筑层厚度和浇筑速度,必要时在混凝土内部埋设冷却水管,用循环水来降低混凝土温度。

⑦ 在浇筑完毕后，应及时排除泌水，必要时进行二次振捣。

⑧ 加强混凝土保温、保湿养护，严格控制大体积混凝土的内外温差，当设计无具体要求时，温差不宜超过25℃，故可采用草包、炉渣、砂、锯末、油布等不易透风的保温材料或蓄水养护，以减少混凝土表面的热扩散和延缓混凝土内部水化热的降温速率。

⑨ 在设计允许的情况下可适当采用补偿收缩混凝土。

此外，为了控制大体积混凝土裂缝的开展，在特殊情况下，可在施工期间设置作为临时伸缩缝的"后浇带"：将结构分成若干段，以有效削减温度收缩应力；待所浇筑的混凝土经一段时间的养护干缩后，再在后浇带中浇筑补偿收缩混凝土，使分块的混凝土连成一个整体。在正常的施工条件下，后浇带的间距一般为20～30m，带宽1.0m左右，混凝土浇筑30～40d后用比原结构强度高5～10 MPa的混凝土填筑，并保持不少于15d的潮湿养护。为减少边界约束作用还可适当设置滑动层等。

(4) 水下混凝土浇筑

在灌注柱、地下连续墙等基础以及水工结构工程中，常要直接在水下浇筑混凝土。其方法是利用导管输送混凝土并使之与环境水隔离，依靠管中混凝土的自重，压管口周围的混凝土在已浇筑的混凝土内部流动、扩散，以完成混凝土的浇筑工作。

导管由每段长度为1.5～2.5m、管径200～300 mm、厚3～6 mm的钢管用法兰盘加止水胶垫用螺栓连接而成。承料漏斗位于导管顶端，漏斗上方装有振动设备以防混凝土在导管中阻塞。提升机具用来控制导管的提升与下降，常用的提升机具有卷扬机、电动葫芦、起重机等。球塞可用软木、橡胶、泡沫塑料等制成，其直径比导管内径小15～20 mm。

在施工时，先将导管放入水中(其下部距离底面约100 mm)，用麻绳或铅丝将球塞悬吊在导管内水位以上的0.2m(塞顶铺2～3层稍大于导管内径的水泥纸袋，再散铺一些干水泥，以防混凝土中骨料卡住球塞)，然后浇入混凝土，当球塞以上导管和承料漏斗装满混凝土后，剪断球塞吊绳，混凝土靠自重推动球塞下落，冲向基底，并向四周扩散。球塞冲出导管，浮至水面，可重复使用。冲入基底的混凝土将管口包住，形成混凝土堆。同时不断地将混凝土浇入导管中，管外混凝土面不断被管内的混凝土挤压上升。随着管外混凝土面的上升，导管也逐渐提高(到一定高度，可将导管顶段拆下)。但不能提升过快，必须保证导管下端始终埋入混凝土内，其最大埋置深度不宜超过5m。混凝土浇筑的最终标高应高于设计标高约100 mm，然后清除强度低的表层混凝土(清除应在混凝土强度达到2～2.5 MPa后方可进行)。

水下浇筑的混凝土必须具有较大的流动性和粘聚性以及良好的流动性保持能力，能依靠其自重和自身的流动能力来实现摊平和密实，有足够的抵抗泌水和离析的能力，以保证混凝土在堆内扩散过程中不离析，且在一定时间内其流动性不降低。因此要求水下浇筑混凝土中水泥用量及砂率宜适当增加，泌水率控制在2%～3%以内；粗骨料粒径不得大于导管的1/5或钢筋间距1/4，并不宜超过40 mm；坍落度150～180 mm。施工开始时采用低坍落度，正常施工则用较大的坍落度，且维持坍落度的时间不得少于1 h，以便混凝土能在一较长时间内靠自身的流动能力实现其密实成型。

每根导管的作用半径一般不大于3 m，所浇混凝土覆盖面积不宜大于30 m^2，当面积过大时，可用多根导管同时浇筑。混凝土浇筑应从最深处开始，相邻导管下口的标高差不

应超过导管间距的1/15~1/20,并保证混凝土表面均匀上升。

导管法浇筑水下混凝土的关键:一是保证混凝土的供应量,应保持导管内混凝土必需的高度和开始浇筑时导管埋入混凝土堆内所要求的混凝土量;二是严格控制导管提升高度,且只能上下升降,不能左右移动,以避免造成管内返水事故。

(5) 免振捣混凝土

免振捣混凝土又称自密实混凝土。目前对高流动免振捣混凝土的认识可以归结为:通过外加剂(包括高性能减水剂、超塑化剂、稳定剂等)、超细矿物粉体等胶凝材料和粗细骨料的选择与搭配和配合比的精心设计,使混凝土拌和物屈服剪应力减小到适宜范围,同时又具有足够的塑性粘度,使骨料悬浮于水泥浆中,不出现离析和泌水等问题,在基本不用振捣的条件下通过自重实现自由流淌,充分填充模板内及钢筋之间的空间形成密实且均匀的结构。混凝土的屈服应力既是混凝土开始流动的前提,又是混凝土不离析的重要条件。若粗骨料因重力作用产生的剪应力超过了混凝土的屈服应力,便会从水泥浆中分离出来,或者由于粗骨料与砂浆的流变特性不同,在流动过程中,流动性差的骨料与相对流动性好的砂浆间产生的剪应力超过了混凝土的屈服应力,同样会造成粗骨料的分离。每立方米混凝土拌和物中胶结材料的数量和砂率值,对混凝土拌和物的工作性能有很大的影响。浆体量多,流动性好,但浆体量过大对硬化后混凝土体积稳定性不利;砂率适当偏大些,拌和物通过间隙能力好,但砂率过大对混凝土的长期性能不利。

对于免振捣自密实混凝土,拌和物的工作性能是研究的重点,应着重解决好混凝土的高和易性与硬化混凝土力学性能及耐久性的矛盾。一般认为,免振捣自密实混凝土的和易性应达到:坍落度250~270 mm,扩展度550~700 mm,流过高差≤15 mm。有研究表明不经振捣的自密实混凝土可以在硬化后形成十分致密、渗透性很低的结构,且干缩率较同强度等级的普通混凝土小。

4.3.2 混凝土的捣实(Vibration of concrete)

混凝土浇筑入模后,内部还存在着很多空隙。为了使硬化后的混凝土具有所要求的外形和足够的强度与耐久性,必须使新入模的混凝土填满模板的每一角落(成型过程),并使混凝土内部空隙降低到一定程度以下(密实过程),具有足够的密实性。混凝土的捣实就是使浇入模内的混凝土完成成型与密实过程,保证混凝土构件外形正确,表面平整,混凝土的强度和其他性能符合设计要求。

混凝土的捣实方法有人工捣实和机械捣实两种。人工捣实是利用捣棍、插钎等用人力对混凝土进行插捣,使混凝土成型密实的一种方法。它不但劳动强度大,且混凝土的密实性较差,只能用于缺少机械和工程量不大的情况下。人工捣实时,必须特别注意做到分层浇筑,每层厚度一般宜控制在15 cm左右。捣实时要注意插匀、插全。机械捣实的方法有多种,在建筑工地主要采用振动法和真空脱水法。

1.振动法

振动法是通过振动机械将一定频率、振幅和激振力的振动能量传给混凝土,强迫混凝土组分中的颗粒产生振动,从而提高混凝土的流动性,使混凝土达到良好的密实成型的目的。振动法设备简单,效率高,能保证混凝土达到较高的密实性,在不同工作地点和结构上都能应用,适用性强,是目前应用得最广泛的一种方法。

(1) 振动捣实机械

振动捣实机械的类型,按其工作方法的不同可分为:插入式振动器、附着式振动器、平板式振动器和振动台。在建筑工地主要是应用插入式振动器和平板式振动器。

①插入式振动器　又称内部振动器。由电动机、软轴和振动棒三部分组成。振动棒是一个棒状空心圆柱体,内部安装着偏心振子,在动力源驱动下,由于偏心振子的振动,使整个棒体产生高频微幅的机械振动。工作时,将它插入混凝土中,通过棒体将振动能量直接传给混凝土,因此,振动密实的效率高,适用于基础、柱、梁、墙等深度或厚度较大的结构构件的混凝土捣实。按振动棒激振原理不同,插入式振动器可分为偏心轴式和行星滚锥式(简称行星式)两种。偏心轴式的激振是利用安装在振动棒中心具有偏心质量的转轴,在作高速旋转时所产生离心力通过轴承传递给振动棒壳体,从而使振动棒产生圆振动。为提高振动效率,要求振动器的振动频率一般须达 10 000 次/min 以上。由于偏心轴式振动器的振动频率达到 6000 次/min 时机械磨损已较大,如果进一步提高频率,则软轴和轴承的寿命将显著降低,因此,它已逐渐被振动频率较高的行星滚锥式所取代。它是利用振动棒中一端空悬的转轴,在它旋转时,除自转外,还使其下垂(前)端的圆锥部分(即滚锥)沿棒壳内的圆锥面(即滚道)作公转滚动,从而形成滚锥体的行星运动,以驱动棒产生圆振动。由于转轴滚锥沿滚道每公转一周,振动棒壳体即可产生一次振动,故转轴只要以较低的电动机转速带动滚锥转动,就能使振动棒产生较高的振动频率。行星式振动器的最大特点,是在不提高软轴的转速情况下,利用振子的行星运动,即可使振动棒获得较高的振动频率。与偏心式振动器比较,具有振动效果好,机械磨损少等优点,因而得到普遍的应用。

使用插入式振动器时,要使振动棒自然地垂直沉入混凝土中。为使上下层混凝土结合成整体,振动棒应插入下一层混凝土中 50 mm。振动棒不能插入太深,最好应使棒的尾部留露 1/3 ~ 1/4,软轴部分不要插入混凝土中。振捣时,应将棒上下振动,以保证上下部分的混凝土振捣均匀。振动棒应避免碰撞钢筋、模板、芯管、吊环和预埋件等。

振动棒各插点的间距应均匀,不要忽远忽近。插点间距一般不要超过振动棒有效作用半径 R 的 1.5 倍,振动棒与模板的距离不应大于其有效作用半径 R 的 0.5 倍。各插点的布置方式有行列式与交错式两种,其中交错式重叠、搭接较多,能更好地防止漏振,保证混凝土的密实性。振动棒在各插点的振动时间,以见到混凝土表面基本平坦,泛出水泥浆,混凝土不再显著下沉,无气泡排出为止。

②附着式振动器及平板式振动器　附着式振动器又称外部振动器,是利用螺栓或夹钳等将振动装置固定在模板上,通过模板将振动能量传递给混凝土,达到使混凝土密实的目的。适用于振捣截面较小而钢筋较密的柱、梁及墙等构件。附着式振动器在电动机两侧伸出的悬臂轴上安装有偏心块,故当电动机回转时,偏心块便产生振动力,并通过轴承基座传给模板。由于模板要传递振动,故模板应有足够的刚度。附着式振动器的振动效果与模板的重量、刚度、面积以及混凝土构件的厚度有关。故所选用的振动器的性能必须与这些因素相适应,否则,将达不到捣实的效果,影响混凝土构件的质量。在一个构件上如需安装多台附着式振动器时,它们的振动频率必须一致。若安装在构件两侧,其相对应的位置必须错开,使振捣均匀。

将振动装置固定在底板上即为平板式振动器，它又称为表面振动器。适用于捣实楼板、地坪、路面等平面面积大而厚度较小的混凝土结构构件。平板式振动器的振动力是通过底板传递给混凝土的，故使用时振动器的底部应与混凝土面保持接触。在一个位置振动捣实到混凝土不再下沉、表面出浆时，即可移至下一位置继续进行振动捣实。每次移动的间距应保证底板能覆盖已被振捣完毕区段边缘 50 mm 左右，以保证衔接处混凝土的密实性。

2.振动密实混凝土的原理

新拌制成的混凝土是具有弹、粘、塑性性质的一种多相分散体系，具有一定的触变性。触变性指在剪应力作用下，物质的粘度减小，而当剪应力撤除后，其粘度又会逐渐复原的现象，因此，浇入模板内混凝土，在振动机械的振动作用下，混凝土中的固体颗粒都处于强迫振动状态，颗粒之间的内摩擦力和粘着力大大降低，混凝土的粘度急剧下降，流动性大大增加，混凝土呈现液化而具有重质液体的性质，因而能流向模板内的各个角落将模板填满。与此同时，混凝土中的粗骨料颗粒在重力作用下逐步下落沉实，颗粒间的空隙则被水泥砂浆所填满，空气则以气泡状态浮升至表面排出，从而使原来处于松散堆积状态的混凝土得到密实。混凝土流变学模型可近似为宾汉姆体。流变参数为 τ_0、η。但混凝土的屈服值 τ_0 不是一个定值，当作用的剪切速度在某个极限速度之前，它是速度的函数。超过此极限速度后则趋于常数(几近于零)，此时，混凝土接近于牛顿液体，转变成重质液体状态。混凝土的粘度也不是一个定值，它包括结构粘度(η_s)和残余粘度(η_0)两部分。其中结构粘度会随着剪切速度的增加而逐步减小，故混凝土的粘度也是剪切速度的函数。因此，要使混凝土在振动作用下能完全液化，具有很大的流动性，取得良好的振动密实效果，必须研究各项振动参数对振动效果的影响，从而合理地选择振动速度。影响振动效果的振动参数主要有振动速度、振幅、振动频率、振动加速度和振动延续时间等。

(1)振动速度

如前所述，当混凝土中固体颗粒的剪切速度超过某一极限速度时，混凝土的屈服值将趋于零，而转变成液化状态，混凝土因而能很好地完成密实成型过程。否则，混凝土将不能得到充分液化，以致不能取得良好的密实效果，影响混凝土的强度。故为了保证混凝土能得到很好的密实，必须使颗粒的振动速度大于极限速度值。极限速度值的大小决定于水泥的种类与细度、混凝土的水灰比、骨料的表面性质、级配与粒径、介质的温度、振动时间和振动频率等。由于振动速度与振幅及振动频率相关，为保证要求的振动速度，还必须恰当地选择振幅与振动频率。

(2)振幅与振动频率

对于一定的混凝土，振幅和振动频率的选择应互相协调，既要使颗粒的振动衰减小，又不致使颗粒在振动过程中出现静止状态。试验结果表明，当振动速度超过极限速度值时，颗粒的振幅还必须超过某一极限值(一般约 0.04 mm)，混凝土才能液化，故所选用的振幅不宜过小。但振幅过大也会降低振动效果，因这将使颗粒产生跳跃捣击，而不是作谐振运动，混凝土内将产生涡流致使混凝土呈现分层现象，且颗粒在跳跃过程中会吸入大量空气，降低混凝土的密实度。合适的振幅值与骨料颗粒的粒径和混凝土的流动性有关。随着骨料粒径的减小，振幅宜减小，但振动频率则应相应地增大，以保持必要的振动速度。

当强迫振动的频率与颗粒的固有频率相同时，产生共振，这时振动的衰减最小，振幅可达最大。因此，合适振动频率的选择与颗粒的粒径有关。由于混凝土中颗粒粒径大小不同，不可能分别对各种粒径都采用相应的振动频率，而只能在一定的颗粒组成范围选择一个适宜的平均振动频率值。为使各粒级的颗粒都产生共振，最理想是对混凝土采用多频率的振动。近年来出现的双频振动器就是根据这一设想设计的。

(3)振动加速度

试验表明，振动加速度对结构粘度的降低有很大影响。对一般流动性混凝土，当加速度接近 0.5 g(g 为重力加速度)时，混凝土开始密实，然后随着加速度的增加，密实效果呈直线提高。但当加速度超过 $4g$ 后，密实效果则不再提高了。

(4)振动延续时间

合适的振幅、振动频率、振动速度以及振动加速度值的选择，是以在一定的振动延续时间内保证混凝土能达到要求的密实度为条件来确定的。所以振动延续时间是影响振动效果的一个重要参数。当振幅与振动频率已选定保持不变时，对于一定流动性混凝土所需的振动延续时间有一临界值。低于临界值，混凝土不能充分捣实；高于临界值，混凝土的密实度也不会有显著的增长。而且当振动时间过长时，甚至还会导致混凝土产生离析现象，反而降低混凝土的质量。

3.真空脱水法

在混凝土浇筑施工中，有时为使混凝土易于成型，采用加大水灰比提高混凝土流动性的方式，但随之降低了混凝土的密实性和强度。真空脱水法就是利用真空吸水设备，将已浇筑完毕的混凝土中的游离水和气泡吸出，以达到降低水灰比、提高混凝土强度、改善混凝土的物理力学性能、加快施工进度的目的。经过真空脱水的混凝土，密实度大，抗压强度可提高 25%~40%，与钢筋的握裹力可提高 20%~25%，可减少收缩，增大弹性模量。混凝土真空脱水技术主要用于预制构件和现浇混凝土楼地面、道路及机场跑道等工程施工。

真空脱水设备主要由真空泵机组、真空吸盘、连接软管等组成。

采用混凝土真空脱水技术，一般初始水灰比以不超过 0.6 为宜，最大不超过 0.7。坍落度可取 50~90 mm。由于真空脱水后混凝土体积会相应缩小，因此振平后的混凝土表面应比设计略高 2~4 mm。

在旋转真空吸盘前应先铺设过滤网，过滤网必须平整紧贴在混凝土上；真空吸盘旋转应注意其周边的密封是否严密，防止漏气，并保证两次抽吸区域中有 30 mm 的搭接。开机吸水的延续时间取决于真空度、混凝土厚度、水泥品种和用量、混凝土浇筑前的温度等因素。真空度越高抽吸量越大，混凝土越密实，一般真空度为 66 661~69 993 Pa；在真空度一定时，混凝土层越厚，需开机的时间越长；但混凝土太厚时，应分层吸水或真空由小至大慢慢增加，以免造成上密下疏现象。也可根据经验看混凝土表面的水分明显抽干，用手指压无指痕，用脚踩只留下轻微的痕迹即可认为真空抽吸完成。

在真空抽吸过程中，为避免混凝土脱水出现阻滞现象，使混凝土内部多余的水被排除，可在开机一定时间后，暂时停机，立即进行 2~20 s 的短暂振动，然后再开机，如此重复数次可加强吸水的效果。真空吸水后要进一步对混凝土表面研压抹光，保证表面的平整。

4.4 混凝土的养护

混凝土的凝结与硬化是水泥水化反应的结果。为使已浇筑的混凝土能获得所要求的物理力学性能,在混凝土浇筑后的初期,采取一定的工艺措施,建立适当的水化反应条件的工作,称为混凝土的养护。由于温度和湿度是影响水泥水化反应速度和水化程度的两个主要因素,因此,混凝土的养护就是对在凝结硬化过程中的混凝土进行温度和湿度的控制。

根据混凝土所处温度和湿度条件的不同,混凝土养护一般可分为标准养护、自然养护和热养护。混凝土在温度为20±2℃和相对湿度为95%以上的潮湿环境或水中的条件下进行的养护称为标准养护。在自然气候条件下,对混凝土相应的保湿、保温等措施所进行的养护称为自然养护。为了加速混凝土的硬化过程,对混凝土进行加热处理,将其置于较高温度条件下进行硬化的养护称为热养护。

混凝土在自然气候条件下凝结、硬化时,如果不采取任何工艺措施,混凝土将会由于水分蒸发过快而早期大量失水,以致影响水泥水化反应的进行,造成混凝土表面出现脱皮、起砂或产生干缩裂缝等现象,混凝土的强度和耐久性将随之降低。因此,为防止混凝土早期失水和干缩裂缝的产生,在混凝土浇筑后应及时进行养护。在施工现场,对混凝土进行自然养护时,根据所采取的保湿措施的不同,可分为覆盖浇水养护和塑料薄膜保湿养护两类。

4.4.1 覆盖浇水养护(Covering and watering curing)

覆盖浇水养护是在混凝土表面覆盖吸湿材料,采取人工浇水或蓄水措施,使混凝土表面保持潮湿状态的一种养护方法。所用的覆盖材料应具有较强的吸水保湿能力,常用的有麻袋、帆布、草帘、锯末等。

开始覆盖和浇水的时间一般在混凝土浇筑完毕后3~12 h内进行(根据外界气候条件的具体情况而定)。浇水养护日期的长短要取决于水泥的品种和用量,在正常水泥用量情况下,采用硅酸盐水泥、普通硅酸盐水泥和矿渣硅酸盐水泥拌制的混凝土,不得小于7昼夜;掺用缓凝型外加剂或有抗渗性要求的混凝土,不得少于14昼夜。每日浇水次数视具体情况而定,以保持混凝土经常处于足够的湿润状态即可。但当日平均气温低于5℃时,不得浇水。

对于表面面积大的构件(如地坪、楼板、屋面、路面等),也可沿构件周边用砖砌成高约120 mm的砖埂或用粘土筑成埂围成一蓄水池,在其中蓄水进行养护。

4.4.2 塑料薄膜保湿养护(Retentive wet curing with plastic film)

塑料薄膜保湿养护是用防蒸发高分子材料将混凝土表面予以密封,阻止混凝土中的水分蒸发,使混凝土保持或接近饱水状态,保证水泥水化反应正常进行的一种养护方法。它与湿养护法相比,可改善施工条件,节省人工,节约用水,保证混凝土的养护质量。根据所用密封材料的不同,保湿又可分为塑料布养护和薄膜养护。

1. 塑料布养护

它是采用塑料布覆盖在混凝土表面对混凝土进行养护。塑料布颜色有透明、白色和

黑色等。透明与黑色塑料布具有吸热性,可加速混凝土的硬化。白色塑料布能反射阳光,适于炎热干燥地区养护之用。养护时,应掌握好铺放塑料布的时间,一般以不会与混凝土表面粘着时为准。塑料布必须把混凝土全部敞露的表面覆盖严密,周边应压严,防止水分蒸发,并应保持塑料布内有凝结水。塑料布的缺点是容易撕裂,且易使混凝土表面产生斑纹,影响外观。故只适宜用于表面外观要求不高的工程。

2.薄膜养护剂养护

这是在新浇筑的混凝土表面喷涂一层液态薄膜养护剂(又称薄膜养生液)后,养护剂在混凝土表面能很快形成一层不透水的密封膜层,阻止混凝土中的水分蒸发,使混凝土中的水泥获得充分水化条件的一种养护方法。此法不受施工场地、构件形态和部位的限制,施工时可节省劳动力,节约用水,改善施工条件,并可为后续施工及早提供工作面从而加快工程进度,具有较好的技术经济效果。

薄膜养护剂的品种很多,大多数是采用乳化植物油类、合成树脂等来制作。按形态分为溶剂型和乳液型两大类;按透明度分,薄膜养护剂可分为透明的、半透明的和不透明的三种。为便于用肉眼检查养护剂喷涂的均匀性,透明的和半透明的养护剂中可掺入易褪色的染料,这种染料在养护剂喷涂一天后就褪色了。10 d 后便几乎看不见。掺有白色或浅灰色颜料的养护剂具有反射太阳光的作用,能降低混凝土对太阳热能的吸收,适用于干热条件下混凝土的养护,黑色养护剂则具有吸收太阳热能的作用,有利于冬期施工时对混凝土的养护。

对薄膜养护剂性能的要求是:无毒、不与混凝土发生有害反应;应具有适当的粘度,以便于喷涂;能适时干燥,其干燥时间(即成膜时间),夏季不宜超过 2 h;成膜膜层与混凝土表面应有一定的粘结力,并具有一定的韧性,喷涂后至少 7d 薄膜能保持完整无损,而在达到养护目的之后,又易于破膜清除,不影响混凝土表面与新浇筑混凝土或其他装饰层的粘结。保水性是薄膜养护剂的一个重要性能指标,要求按规定方法制作的砂浆试件,在规定的养护条件(温度 37.8±1.1℃,相对湿度 32±2%)下养护 72 h 的水分损失不得超过 0.55 kg/m^2,也可用保水率来评价其保水性能。

薄膜养护剂应在 5℃以上的气温下使用,喷涂的时间要很好掌握,喷涂过迟会影响混凝土的质量,甚至导致出现干缩裂缝。喷涂憎水(疏水)性薄膜养护剂过早,则会大大降低膜层与混凝土表面的粘结力。一般亲水性的养护剂可在混凝土表面抹平之后立即喷涂,憎水性的养护剂应在混凝土表面收水(即水分消失并出现无光色泽)后进行喷涂,时间约在混凝土浇筑后 15 min 至 4 h 之间,视气温和空气湿度而定。薄膜养护剂的用量应根据产品说明书确定。如未有规定,采用不少于 300 cm^3/m^2 控制。在干燥炎热气候条件下,应按规定用量喷涂两次,第二层养护剂应在第一层完全干透后才可喷涂。喷涂第二层时,喷枪移动方向应与第一次垂直。喷涂时应注意喷涂均匀,不得出现漏喷之处。由于养护剂粘度较低,易于在混凝土表面低凹处聚积,故混凝土表面应尽量抹压平整,不出现局部凹凸不平现象。

4.5 混凝土质量检查

混凝土质量检查包括施工后检查和施工中检查，主要是对混凝土拌制和浇筑过程中所用材料的质量及用量、搅拌地点和浇筑地点、混凝土坍落度等的检查，在每一工作班内至少检查两次；当混凝土配合比由于外界影响有变动时，应及时检查；对混凝土的搅拌时间也应随时检查。

施工后的检查主要是对已完工混凝土的外观质量检查及其强度检查。对有抗冻、抗渗要求的混凝土，尚应进行抗冻、抗渗性能检查。

4.5.1 混凝土外观检查(Appearance checking of concrete)

混凝土构件拆模后，应从外观上检查其表观有无麻面、蜂窝、孔洞、露筋、缺棱掉角、裂缝等缺陷，外形尺寸是否超过允许偏差值，如有应及时加以修正。

4.5.2 混凝土强度检验(Strength testing of concrete)

混凝土强度检验主要是指抗压强度的检验，它包括两个目的，其一是作为评定结构或构件是否达到设计混凝土强度的依据，是混凝土质量的控制性指标，应采用标准试件混凝土强度。其二是为结构拆模、出池、吊装、张拉、放张及施工期间临时负荷确定混凝土的实际强度，应采用与结构构件同条件养护的标准尺寸试件的混凝土强度。

1. 试件的留置

混凝土强度检验的试件的留置应符合下列规定。

(1) 每拌制 100 盘且不超过 $100m^3$ 的同配合比的混凝土，其取样不得少于一次。

(2) 每工作班拌制的同配合比的混凝土不足 100 盘时，其取样不得少于一次。

(3) 每一现浇楼层同配合比的混凝土，其取样不得少于一次；同一单位工程每一验收项目中同配合比的混凝土，其取样不得少于一次。

(4) 配合比有变化时，则每种配合比均应取样。

每次取样应至少留置一组(3 个)标准试件；同条件养护试件留置组数，可根据实际需要而定。

2. 每组试件的强度

每组三个试件应在浇筑地点制作，在同盘混凝土中取样，并按下列规定确定每组试件的混凝土强度代表值。

(1) 取三个试件强度的算术平均值。

(2) 当三个试件强度中的最大值和最小值之一与中间值之差超过中间值的 15%时，取中间值。

(3) 当三个试件强度中的最大值和最小值与中间值之差均超过中间值的 15%时，该组试件不应作为强度评定的依据。

3. 同一验收批的强度

混凝土强度应分批进行验收。同一验收批的混凝土由强度等级相同、生产工艺和配合比基本相同的混凝土组成。对现浇混凝土结构构件，尚应按单位工程的验收项目划分

验收批，每个验收项目应按现行国家标准建筑安装工程质量检验评定统一标准确定。对同一验收批的混凝土强度，应以同批内标准试件的全部强度代表值来评定。

混凝土强度的检验评定，应根据不同情况分三种方法进行，即标准差已知的统计方法、标准差未知的统计方法和非统计方法。详见《混凝土强度检验评定标准》(GBJ107—1987)。

当对混凝土试件强度的代表性有怀疑时，可采用非破损检验方法(如回弹法、超声法等)或从结构、构件中钻取芯样的方法，按有关标准的规定，对结构构件中的混凝土强度进行推定，作为是否应进行处理的依据。但非破损检验决不能代替混凝土标准试件来作为混凝土强度的合格性评定。当采用钻芯检验时，其取样应在结构或构件受力较小、避开主筋、预埋件和管线、便于钻芯机安装与操作的部位。对高度和直径均为 100 mm 或 150 mm 芯样试件抗压强度值，可直接用以作为计算边长为 150 mm 标准立方体试件混凝土抗压强度的依据。青岛理工大学非破损检测课题组的试验表明，当混凝土中粗骨料的最大粒径不超过 40 mm 时，高度和直径均为 75 mm 芯样试件的抗压强度值，也可以直接用以作为计算边长为 150 mm 标准立方体试件混凝土抗压强度的依据。

对薄壁构件及钻取芯样对整个结构物安全有影响时，不能采用此法。

4.5.3 混凝土缺陷处理(Processing of concrete defect)

1. 缺陷分类及产生原因

(1) 麻面

麻面是结构构件表面上呈现无数小凹点，而无钢筋暴露的现象。它是由于模板表面粗糙、未清理干净、润湿不足、漏浆、振捣不实、气泡未排出以及养护不好所致。

(2) 露筋

露筋即钢筋没有被混凝土包裹而外露。主要是由于未放垫块或垫块位移、钢筋位移、结构断面较小、钢筋过密等使钢筋紧贴模板，以致混凝土保护层厚度不够所造成的，有时也因缺边、掉角而露筋。

(3) 蜂窝

蜂窝是混凝土表面无水泥砂浆，露出石子的深度大于 5 mm 但小于保护层的蜂窝状缺陷。它主要是由于配合比不准确、浆少石子多，搅拌不匀、浇筑方法不当、振捣不合理、造成砂浆与石子分离、模板严重漏浆等原因产生。

(4) 孔洞

孔洞是指混凝土结构内存在着孔隙，局部或全部无混凝土。它是由于骨料粒径过大，或钢筋配置过密造成混凝土下料时被钢筋挡住，或混凝土流动性差，或混凝土分层离析，振捣不实，混凝土受冻，混入泥块杂物等所致。

(5) 缝隙及夹层

缝隙及夹层是施工缝处有缝隙或夹有杂物，产生原因是因施工缝处理不当以及混凝土中含有垃圾杂物所致。

(6) 缺棱、掉角

缺棱、掉角是指梁、柱、板、墙以及洞口的直角边上的混凝土局部残损掉落。产生的主要原因是混凝土浇筑前模板未充分润湿，棱角处混凝土中水分被模板吸去，水化不充分使

强度降低,以及拆模时棱角损坏或拆模过早,拆模后保护不好也会造成棱角损坏。

(7) 裂缝

裂缝有温度裂缝、干缩裂缝和外力的裂缝。原因主要是温差过大、养护不良、水分蒸发过快,结构和构件下地基产生不均匀沉陷,模板、支撑没有固定牢固,拆模时受到剧烈振动等。

(8) 强度不足

混凝土强度不足的原因是多方面的,主要是原材料达不到规定的要求,配合比不准、搅拌不均、振捣不实及养护不良等。

2. 缺陷处理

(1) 表面抹浆修补

对数量不多的小蜂窝、麻面、露筋、露石表面,可用钢丝刷或加压水洗刷基层,再用1:2~1:2.5的水泥砂浆填满抹平,抹浆初凝后要加强养护。

当表面裂缝较细,数量不多时,可用水冲并用水泥浆抹补;对宽度和深度较大的裂缝应将裂缝附近的混凝土表面凿毛或沿裂缝方向凿成深为15~20 mm,宽为100~200 mm的V形凹槽,扫净并洒水润湿,先刷水泥浆一度,然后用1:2~1:2.5的水泥砂浆涂抹2~3层,总厚控制在10~20 mm左右,并压实抹光。

(2) 细石混凝土填补

当蜂窝比较严重或露筋较深时,应将其全部深度凿去薄弱的混凝土和个别突出的骨料颗粒,然后用钢丝刷或加压水洗刷表面,再用比原混凝土等级提高一级的细骨料混凝土填补并仔细捣实。

对于孔洞,可在旧混凝土表面采用处理施工缝的方法处理:将孔洞处不密实的混凝土及突出的石子剔除,并凿成斜面避免死角;然后用水冲洗或用钢丝刷子清刷,充分润湿后,浇筑比原混凝土强度等级高一级的细石混凝土,细石混凝土的水灰比宜在0.5以内,并可掺入适量混凝土膨胀剂,分层捣实并认真做好养护工作。

(3) 环氧树脂修补

当裂缝宽度在0.1 mm以上时,可用环氧树脂灌浆修补。修补时先用钢丝刷清除混凝土表面的灰尘、浮渣及散层,使裂缝保持干净,然后把裂缝做成一个密闭性空隙,有控制地留出进出口,借助压缩空气把浆液压入缝隙,使它充满整个裂缝,这种方法具有很好的强度和耐久性,与混凝土有很好的粘接作用。

混凝土强度严重不足的承重构件应拆除返工。对强度降低不大的混凝土可不拆除,但应与设计协商,通过结构验算,根据混凝土实际强度提出处理方案或补强处理。

4.6 混凝土制品的生产

混凝土构件在工厂预先制备,工地装配,可以加快施工速度。混凝土制品主要有:钢筋混凝土或(预应力钢筋混凝土)梁、板、柱、桩(方桩、管桩)、管等。

4.6.1 混凝土制品生产工艺的组织形式

(1) 长线台座法。在大型场地上,钢筋一次张拉、按顺序依次在某位置上生产混凝土

制品:支模、浇混凝土、振动密实、养护、拆模。一般采用自然养护。

(2) 机组流水法。在生产车间内,按顺序布置若干工位,混凝土在可移动的钢模内生产。由吊车移动钢模在各工位上依次完成清模、布筋、浇混凝土、振动密实、养护、拆模。采用热养护:在养护坑内用饱和蒸气养护,加速混凝土的硬化,1 d 抗压强度即可达到要求。

(3) 流水传送法。在生产车间内,按顺序连续布置工位,混凝土在可移动的钢模内生产。由传送带如轨道、链条等移动钢模在各工位上依次完成清模、布筋、浇混凝土、振动密实、养护、拆模。采用热养护:在养护窑内用饱和蒸气养护。养护窑有隧道式平窑、立窑、折线窑等。

4.6.2 混凝土制品的振动成型方式:

(1) 下部振动法。构件置于振动台上振动成型。

(2) 上部加压、下部振动成型。构件置于振动台上,上部施加压力,在振动与压力作用下成型。

(3) 上部振动法。构件置于台座上,用表面振动器振动成型。

(4) 内部振动法。混凝土成型钢模内装有振动器,振动成型。

第5章　预应力混凝土工程

5.1　概　述

普通钢筋混凝土的抗拉极限应变只有$(1.0 \sim 1.5) \times 10^{-4}$,在正常使用条件下受拉区混凝土开裂,构件的挠度大。要使混凝土不开裂,受拉钢筋的应力只能达到20~30 MPa;即使对允许出现裂缝的构件,当裂缝宽度限制在0.2~0.3 mm时,受拉钢筋的应力也只能达到200 MPa左右,钢筋不能充分发挥高强度特性。对混凝土施加预应力,可有效克服普通钢筋混凝土的缺点。所谓预应力即在结构或构件受拉区域,通过对钢筋进行张拉、将钢筋受到拉应力施加给混凝土,使混凝土受到一个预压应力,产生一定的压缩变形,当该构件在使用中受到荷载后,受拉区混凝土的拉伸变形,首先与压缩变形抵消,然后随着外力的增加,混凝土才逐渐被拉伸,从而明显推迟了裂缝出现的时间。

现代预应力混凝土是用高强度钢材和高强度的混凝土,用现代设计概念和方法,经先进的生产工艺制作的高效预应力混凝土。它具有下列突出的优点:

(1) 改善使用阶段的性能。受拉和受弯构件中采用预应力,可延缓裂缝出现并降低较高荷载水平时的裂缝开展宽度;采用预应力,也能降低甚至消除使用荷载下的挠度,因此,可建造大跨结构。

(2) 提高受剪承载力。纵向预应力的施加可延缓混凝土构件中斜裂缝的形成,提高其受剪承载力。

(3) 改善卸载后的恢复能力。预应力构件上的荷载一旦卸去,预应力就会使裂缝一定程度闭合,改善结构构件的弹性恢复能力。

(4) 提高耐疲劳强度。预应力作用可降低钢筋中应力循环幅度。

(5) 可充分利用高强度钢材。采用预应力技术,不仅可控制结构使用性能,而且能充分利用钢材的高强度,可节约钢材20%~40%,减少截面尺寸和混凝土用量,减轻结构自重。同时,采用大跨度预应力结构可增加建筑使用面积,降低层高,提高结构的综合经济效益。

(6) 可调整结构内力。将预应力筋对混凝土结构的作用作为平衡全部和部分外荷载的反向荷载,成为调整结构内力变形的手段。

预应力混凝土由于结构使用性能好、不开裂、刚度大、耐久性好以及经济等优点,已广泛应用于大跨度和大空间建筑、高层建筑、高耸结构、桥梁工程、地下结构、海洋结构、压力容器及跑道路面结构等各个领域。当前,在大跨度桥梁领域,预应力混凝土结构占着统治地位。预应力混凝土的使用范围和数量,已成为一个国家建筑技术水平的重要标志之一。

5.2 现代预应力结构最新进展

现代预应力结构是利用高性能材料、现代设计理论和先进施工工艺设计建造起来的高效结构。与非预应力结构相比,现代预应力结构不仅具有跨越能力大、受力性能好、使用性能优越、耐久性高、轻巧美观等优点,而且较为经济,节材、节能,因此,现代预应力结构具有非常广阔的应用前景。目前,现代预应力结构已渗透到土木工程的各个领域,是建造高(高层建筑、高耸结构)、大(大跨度、大空间结构)、重(重载结构)、特(特种结构及特殊用途)工程中不可缺少的、最为重要的工程结构型式之一,在我国国民经济及社会发展中都把发展和推广高效预应力结构作为建筑业的基本国策之一。

下面简要介绍近 20 年来现代预应力结构在结构型式与体系、新材料应用、设计理论和施工工艺等领域的最新进展。

1.预应力结构型式与体系(Type and system of prestressed structure)

(1) 预应力结构型式

近 20 年来,有粘结预应力结构在大规模工程应用中逐步走向成熟,目前在国内外预应力混凝土结构中占据了主导地位。

无粘结预应力结构的应用则在不断扩大,其应用范围已从早期的楼屋板构件,发展到了现在的平板结构、框架结构以及路面结构等。

体外预应力结构的基本特征是预应力筋布置在主体结构之外。在工程实践中体外预应力的应用早于有粘结预应力,更早于无粘结预应力。但由于体外预应力筋的防腐问题一直没有很好地解决,直到 20 世纪六七十年代,采用体外预应力结构的工程数量依然很少。从 20 世纪 80 年代开始,体外预应力结构得到较为迅速的发展,主要原因有:①由于新型防腐填充物、环氧涂层预应力筋、纤维塑料预应力筋等防腐材料的出现及实用化生产,体外预应力筋的防腐问题已基本解决;②体外预应力结构的换束及检测方便、布置灵活、施工快捷、施工质量易于保证等优点使其在房屋建筑、桥梁、特种结构等工程结构加固与改造中得到了较为广泛的应用;③节段施工法的大量运用以及斜拉桥与悬索桥的迅速发展也促进了体外预应力结构的发展。

(2) 预应力结构体系

① 房屋建筑方面　无论是预应力混凝土框架结构、门架结构还是预应力混凝土平板结构,都朝着更大跨度、更大柱网以及标准化的方向发展,常见的单层大跨度建筑的柱网尺寸扩大到 18 m×18 m~30 m×30 m,多层大跨度建筑的柱网尺寸主要采用 9 m×12 m~18 m×24 m。高层与超高层建筑的大量兴建为多种型式的预应力混凝土转换层结构提供了应用空间。另外,现代预应力技术的应用对象也从混凝土结构拓展到了钢结构,如预应力钢桁架结构、预应力空间钢结构以及预应力钢-混凝土组合结构这三种预应力钢结构型式都有不少工程实例。由于抗裂性能优良、承载力高、整体性能好,预应力砌体结构常被用来修建一些普通砌体结构无法建造的结构,如小高层建筑、大跨度储液池和筒仓等。

② 桥梁工程方面　近 20 年来,各种体系的预应力桥梁都获得了迅猛的发展。采用顶推法、移动模架法、逐跨架设法和悬臂施工法等多种先进的施工方法与技术修建了大量

的预应力连续桥梁,如我国在伊拉克建设的摩索尔四号桥,全长 648 m,主跨为 56 m 的一联 12 孔箱形连续梁桥。杭州钱塘江二桥,为公路铁路两用桥,主跨为 18 孔一联预应力混凝土箱形连续梁,连续长度 1 340 m。上海磁悬浮铁路轨道梁也采用预应力混凝土梁桥的结构形式。90 年代开始,预应力刚构桥则向更大的跨径冲击,如 1989 年建成的主跨 180 m 的广东洛溪桥、1996 年建成的主跨 245 m 的黄石长江大桥、1997 年建成的主跨 270 m 的虎门辅航道桥等均为当时的世界最大跨径。另外,在预应力斜拉桥方面,目前我国已建成 70 多座预应力混凝土斜拉桥,是世界上建造这类桥梁最多的国家。另外还建设了多座预应力钢 - 混凝土组合梁斜拉桥以及预应力钢斜拉桥,如上海杨浦大桥和南浦大桥、香港汲水大桥、湖北军山长江大桥等。预应力混凝土悬索桥也得到较大的发展,如 1995 年建成的汕头海湾大桥,主跨为 154 m + 452 m + 154 m;润扬长江大桥的主跨则达到了 1 490 m。

③ 特种结构方面　从 20 世纪 80 年代开始,国内外建造了大量的大直径、大尺度的预应力混凝土储液池、筒仓、核安全壳和压力容器等,储液池和筒仓的直径为 15 ~ 80 m,压力容器与核安全壳的直径为 20 ~ 50 m,所采用的预应力筋也从早期的缠绕预应力钢丝发展到了无粘结预应力钢丝和钢绞线。另外,预应力技术还在我国多座电视塔如中央电视台电视塔、天津电视塔、南京电视塔等以及大悬挑结构中得到了新的应用。

2.预应力结构新材料(New materials in prestressed structure)

(1) 混凝土

预应力混凝土结构所采用的混凝土必须具有高强、轻质和高耐久性等性质。

采用高强混凝土所带来的优越性是显著的。国外混凝土的平均抗压强度每十年提高 5 ~ 10 MPa,并已经制造出抗压强度高达 200 MPa 的混凝土。世界各国目前正致力于将高强混凝土的研究成果编入设计规范。1989 年挪威新规范 NS5473 中对普通密度混凝土的抗压强度限值已达到 105 MPa,轻质混凝土为 85 MPa。我国在 2001 年编制出版了《高强混凝土结构设计与施工指南》(第二版),最高混凝土强度等级已达到 C80。

随着预应力结构跨径的不断增加,自重也随之增大,结构的承载能力将大部分用于平衡自重。追求更高的强度/自重比是混凝土材料发展的目标之一。近年来,轻质混凝土有新的发展,发达国家轻质混凝土的年产量已达到 40 万 m^3 以上。国外典型的工程有:德国的 Köln Deutz 桥为减轻自重而采用 18 kN/m^3 的轻质混凝土;日本一座人行斜拉桥,混凝土强度为 40 MPa,使用了自重为 15.6 kN/m^3 的超轻质骨料混凝土。

大量工程实践表明,一些使用期限较长的混凝土结构在不利环境中破坏的原因,并不是混凝土强度引起的,而是混凝土耐久性的问题。高性能混凝土是一种耐久性优异的混凝土,它的主要特点是高强度、高抗渗性、高和易性和体积稳定性等,被认为是跨世纪的结构混凝土。20 世纪 80 年代末期,高性能混凝土这一概念被正式提出,随后以高耐久性为本质特征的高性能混凝土在全球范围内得到了较为迅速的发展和应用,如目前世界上最高的房屋建筑——高 450 m 马来西亚吉隆坡双塔大厦,底层柱采用了 C80 高强混凝土;1967 年建成的美国芝加哥 Lake Point 塔楼 70 层,总高 197m,底层柱采用了 C65 高强混凝土;上海东方明珠电视塔,下部 180 m 塔身采用了 C60 粉煤灰混凝土,并采用了高空泵送混凝土工艺;北京首都国际机场新候机楼,总面积 26 万 m^2,除基础外所有墙、梁、板和柱均采用了 C60 高性能混凝土。

(2) 预应力筋

预应力结构必须采用高强度且有一定塑性性能的钢材。目前满足塑性性能要求的钢材的极限强度为1 800~2 000 MPa。虽然近年来预应力钢材变化不大,但在预应力筋的耐久性、非金属预应力筋方面均有所发展。

随着预应力结构设计使用年限的延长以及预应力结构越来越多地用于不利环境,预应力结构的耐久性问题逐步反映出来。预应力筋采用外涂环氧层以免遭腐蚀是增强其耐久性的一项措施。采用环氧涂层的钢绞线有两种,当用于无粘结预应力、体外预应力体系和预应力斜拉索时为平滑涂层钢绞线,而用于先张和后张有粘结的体内预应力体系时则采用表面含有砂粒涂层的钢绞线以增强其粘结性能。然而,不论是体外或无粘结还是体内有粘结预应力,环氧涂层钢绞线仍需要有外包层或混凝土的保护,环氧涂层仅起到防锈作用,并不能替代对钢绞线的整体防护。

近年来非金属预应力筋(即纤维塑料筋或FRP筋)得到了很大发展,如玻璃纤维塑料筋(GFRP)、芳纶纤维塑料筋(AFRP)及碳纤维塑料筋(CFRP)等。它们都具有轻质、高强、耐腐蚀、耐疲劳、非磁性等优点,表面形态可以是光滑的、螺纹或网状的,形状包括棒状、绞线形及编织物形。目前,研究与应用FRP筋的主要国家是德国与日本。自1980年代起开始用GFRP预应力筋修建人行试验桥,1986年,FRP筋开始应用于公路桥梁。20世纪90年后期,用FRP预应力筋修建的混凝土桥梁已有二十余座,桥梁的最大跨径已达32.5m。目前FRP预应力筋仍处于研究试用阶段,但随着FRP预应力筋生产工艺的改进、原材料价格的降低以及FRP预应力筋研究与应用的不断发展,FRP预应力筋在土木工程中的应用将具有广阔的前景。

3.预应力结构设计理论(Design theory for prestressed structure)

(1) 设计方法(Design method)

在现代预应力结构的设计中,已采用了概率极限状态设计法和结构可靠度理论,这方面的研究成果已反映在我国《混凝土结构设计规范》(GB 50010—2002)中。

(2) 部分预应力混凝土结构与无粘结预应力混凝土结构(Partially and non-binding prestressed concrete structure)

目前,国内外对部分预应力混凝土结构和无粘结预应力混凝土结构的受力性能和设计计算进行了较深入的研究。考虑不同环境条件,重点研究了部分预应力混凝土结构中普通钢筋对控制裂缝的作用以及相应的计算方法。对无粘结预应力混凝土结构的受弯承载力和刚度的计算也取得了显著的进展,对其适用范围有了新的认识,即特别适宜于建造无粘结预应力混凝土平板和扁梁结构,而对于地震区的主要承重结构(框架大梁等)和大悬臂结构构件等,应慎用。

(3) 预应力超静定结构次内力与内力重分布(Substress and stress redistribution in prestressed superstill structure)

对超静定预应力结构的次弯矩、非线性性能、弯矩重分布与调幅,以及极限承载力等方面都有较深入的试验研究和理论分析,并提出了相应的设计计算建议。

(4) 预应力结构抗震设计(Anti-earthquake design for prestressed structure)

对预应力混凝土结构的抗震性能及在地震区的应用,过去,国内外都有疑虑和争论。

然而,通过近二三十年的震害调查和试验研究,预应力混凝土结构在地震区应用的争论趋于统一。预应力混凝土结构只要正确设计,合理控制预应力度和综合配筋指数,并处理好节点构造,即可具有良好的延性和耗能能力,在地震区应用是完全可行的。我国已在2001年编制了《预应力混凝土结构抗震设计规程》(征求意见稿)。

(5) 结构耐久性设计(Structural durability design)

预应力结构耐久性问题是国内外工程界日益关注的课题,20世纪60年代建造的预应力混凝土桥梁腐蚀破坏的现象,使人们认识到研究耐久性的必要性。1990年CEB-FIP模式混凝土结构规范,对混凝土结构使用寿命的基本要求为:混凝土结构在运营期内应保持其安全性和正常适用性,不需要为维护和修理花费高额的费用。

混凝土结构耐久性设计,已成为正常使用极限状态设计的重要方面。延长混凝土结构物的使用寿命,首要是延长其损坏机制发展的初始阶段。当损坏机制进入发展阶段,应设有减缓腐蚀速度的措施。1990年CEB-FIP模式规范给出了耐久性设计准则及相应的防护措施。

近年来,我国混凝土结构特别是预应力混凝土结构建设事业发展很快,但在耐久性方面的研究则相当缺乏。吸取国外的经验和教训,增强混凝土结构耐久性方面的研究,使设计使用寿命和耐久性联系起来,将是未来重要的工作。

此外,对现代预应力混凝土结构体系及其计算有了新的探索,对曲梁中的空间预应力束的计算、预应力在基础工程中的应用、预应力高强混凝土结构、预应力锚杆、预应力钢-混凝土组合结构以及预应力损失、预应力作用下的混凝土局部承压等方面的研究,都取得了新的研究进展。

4.预应力结构施工技术的新发展

(New development of prestressed structural construction technic)

大吨位预应力锚具和张拉设备,是因大跨径预应力结构的布束和施工要求而发展起来的。目前,大吨位预应力锚具的吨位已超过10 000 kN,这为大跨度与超大跨度预应力体系的发展提供了必要的条件。

预应力结构施工技术的新发展,主要反映在以下几方面:①超长跨度有粘结与无粘结预应力技术的应用与发展;②体外预应力施工新技术;③节段施工技术的发展;④与非金属预应力筋配套的预应力锚夹具的开发;⑤扁型波纹管与非金属波纹管的开发与应用。

我国在预应力结构施工方面的技术同国际水平相比还有较大差距,随着我国大跨、大型预应力结构的建造实践和预应力技术研究的发展,必将在不远的将来达到世界水平。

5.3 预应力混凝土的基本原理及分类

预应力是指在某种材料中造成一种应力状态或应变状态,使它能更好地完成预定的功能。

预应力混凝土是在混凝土中预加压应力或拉应力。最常用的是在混凝土中预加压应力,不仅可以抵消外荷载(静载或动载)引起的拉应力或拉应变,还可以抵消温度应力、收缩、直接受拉及受剪引起的拉应力或拉应变。从理论上讲,在某些特殊阶段中引入预拉应

力也是可取的,以解决压力过大问题,这方面的实际应用已在研究中。

预加压应力的办法通常是张拉位于结构内的预应力筋并锚固之。预应力筋的材料目前普遍用高强度钢,同时对纤维增强塑料(Fiber reinforced plastic 简称 FRP)筋的研究和开发也在进行中。预应力筋不一定位于混凝土内,它们可以位于混凝土截面之外(如在斜拉桥中),也可位于梯形箱梁的箱形空室之内;对简支梁预加应力时可预压其下翼缘,下翼缘在使用中承受正弯矩时能不因承受拉应力而开裂;对桩预加压应力可使其在收缩、运送、吊装和打桩时都不会出现裂缝,并能防止长桩在偏心荷载下失稳;对压力容器预加应力,可使其能承受因内外温差及容器内压力而产生的拉应力;对薄的楼板预加应力,能使其在标准荷载下保持平直不弯曲。

预应力混凝土的分类是指根据正常使用极限状态对裂缝控制的不同要求,将预应力混凝土划分为不同的类型,通常分为三类。

(1)全预应力混凝土(Fully prestressed concrete):在全部荷载最不利组合下,混凝土不出现拉应力;

(2)有限预应力混凝土(Limited prestressed concrete):在全部荷载最不利组合作用下,混凝土的拉应力不超过其限值,但在长期持续荷载作用下,混凝土不出现拉应力;

(3)部分预应力混凝土(Partially prestressed concrete):对拉应力没有限制,允许开裂,但裂缝宽度不超过规定的限值。

5.4 有效预应力的计算及减小预应力损失的措施

1.预应力损失的分类(Classification of prestressed loss)

在预应力混凝土构件中引起预应力损失的原因很多,产生时间也先后不一。在进行预应力筋的应力计算时,一般应考虑由下列因素引起的预应力损失,即:

(1) 预应力筋与孔道之间摩擦引起的应力损失 σ_{l2};

(2) 锚具变形、预应力筋内缩和分块拼装构件接缝压密引起的应力损失 σ_{l1};

(3) 混凝土加热养护时,预应力筋和张拉台座之间温差引起的应力损失 σ_{l3};

(4) 预应力筋松弛的应力损失 σ_{l4};

(5) 混凝土收缩和徐变引起的应力损失 σ_{l5};

(6) 环形结构中螺旋式预应力筋对混凝土的局部挤压引起的应力损失 σ_{l6};

(7) 混凝土弹性压缩引起的应力损失 σ_{l7}。

2.有效预应力 σ_{pe} 的计算(Calculation of effective prestress)

预应力筋的有效预应力 σ_{pe} 定义为:预应力筋锚下张拉控制应力 σ_{con} 扣除相应应力损失 σ_l 后的预拉应力。有效预应力值随不同受力阶段而变,将预应力损失按各受力阶段进行组合,可计算出不同阶段的有效预应力值。预应力损失的组合,应根据预应力筋的张拉方式、方法及张拉机具设备等具体情况决定。

预应力损失的组合,一般根据应力损失出现的先后与全部完成所需要的时间,分先张法、后张法,按预加应力阶段和使用阶段来划分。对于一般型式及施工方法简单的结构,可按表 5.1 的方法进行预应力损失组合。

表 5.1 预应力损失值的组合

预应力损失值的组合	先张法构件	后张法构件
混凝土预压前(第一批)损失 σ_l^{I}	$\sigma_{l1}+\sigma_{l3}+\frac{1}{2}\sigma_{l4}$	$\sigma_{l1}+\sigma_{l2}$
混凝土预压后(第二批)损失 σ_l^{II}	$\sigma_{l5}+\sigma_{l7}$	$\sigma_{l4}+\sigma_{l5}+\sigma_{l6}+\sigma_{l7}$

注:先张法构件由于预应力筋应力松弛引起的损失值 σ_{l4} 在第一批和第二批损失中所占的比例,如需区分,可根据实际情况确定。

在预加应力阶段,预应力筋中的有效预应力为

$$\sigma_{pe}=\sigma_{con}-\sigma_l^{\mathrm{I}}$$

在使用荷载阶段,预应力筋中的有效预应力,即永存预应力为

$$\sigma_{pe}=\sigma_{con}-(\sigma_l^{\mathrm{I}}+\sigma_l^{\mathrm{II}})$$

在求得预应力筋的有效预应力后,即可据此求混凝土的预压应力 σ_c。

3. 减小预应力损失的措施(Methods of decreasing prestressed loss)

(1) 减少预应力筋与孔道间摩擦引起的应力损失的措施

① 采用两端张拉,这样,曲线的切线夹角 θ 以及管道计算长度 x 即可减少一半。

② 进行超张拉,这时端部应力最大,传到跨中截面的预应力也较大,但当张拉端回到控制应力后,由于受到反向摩擦的影响,这个回松的应力并没有传到跨中截面,仍保持较大的超拉应力。超张拉的张拉程序为从应力为零开始张拉至 $1.03\sigma_{con}$,或从应力为零开始张拉至 $1.05\sigma_{con}$。持荷两分钟后,卸载至 σ_{con}。

③ 尽可能避免使用连续弯束及超长束,同时采用超张拉力法克服此项应力损失。

(2) 减少锚具、钢筋内缩和接缝压密引起的应力损失的措施

① 选择变形量较小的锚具;

② 尽量少用锚垫板。

(3) 减少预应力筋与台座间温差引起的应力损失

为了减小这项预应力损失,先张法构件在养护时可采用两次升温的措施。其中,初次升温应在混凝土尚未结硬、未与预应力筋粘结时进行,初次升温的温差一般可控制在20℃以内;第二次升温则在混凝土构件具备一定强度(例如7.5 ~ 10 MPa),即混凝土与预应力筋的粘结力足以抵抗温差变形后,再将温度升到 t_1 进行养护,此时,预应力筋将和混凝土一起变形,预应力不再引起应力损失。故在采用两次升温的措施后,计算 σ_{l3} 公式中的 Δt 系指混凝土构件尚无强度、预应力筋未与混凝土粘结时的初次升温温度与自然温度的温差。

(4) 减少混凝土弹性压缩引起的应力损失的措施

尽量减少后张法构件的分批张拉次数。

(5) 减少预应力筋松弛引起的应力损失的措施

① 采用低松弛预应力筋;

② 进行超张拉。

(6) 减少混凝土收缩和徐变引起的应力损失的措施

① 采用普通硅酸盐水泥,控制每立方混凝土中的水泥用量及混凝土的水灰比;

② 延长混凝土的受力时间,即控制混凝土的加载龄期。

5.5 预应力混凝土的施工方法

按开始张拉预应力筋的时间可分为先张法、后张法。在混凝土硬化之前张拉钢筋的称为先张法;在混凝土已硬化至一定强度之后再张拉钢筋的称为后张法。

按建立预应力的手段则可分为机械张拉法、电热张拉法和化学张拉法。前两种方法既可用于先张法,也可用于后张法。

5.5.1 先张法

先张法施工步骤:在浇筑混凝土前,先张拉预应力筋,并将张拉的预应力筋临时固定在台座上(或钢模上),然后浇筑混凝土,待混凝土强度达到强度标准值的75%以上、预应力筋与混凝土之间具有足够的粘结力之后,在端部放松预应力筋,使混凝土产生预压应力。

先张法生产可采用台座法或机组流水法。采用台座法时,构件是在固定的台座上生产,预应力筋的张拉力由台座承受,预应力筋的张拉、锚固、混凝土的浇筑、养护和预应力筋的放张等均在台座上进行。台座法不需要复杂的机械设备,能适宜多种产品生产,可露天生产、自然养护,也可采用湿热养护,故应用较广。

机组流水法时,构件在钢模中生产,预应力筋拉力由钢模承受;构件连同钢模按流水方式,通过张拉、浇筑、养护等工艺完成生产过程。机组流水需大量钢模和较高的机械化程度,且需蒸汽养护,因此一般用在工厂生产预制构件中。如楼板、屋面板、檩条及小型吊车梁等。

1. 张拉设备和机具

(1) 台座

台座是先张法生产中的主要设备之一,要求有足够的强度和稳定性,以免台座变形、倾复、滑移而引起预应力值损失。台座按构造不同,分为墩式台座和槽式台座两类。

① 墩式台座　墩式台座一般用于生产小型构件。生产钢弦混凝土构件的墩式台座,其长度常为100 ~ 150 m,这样既可利用钢丝长的特点,张拉一次可生产多根构件,减少张拉及临时固定工作,又可减少钢丝滑动或台座横梁变形引起的应力损失。墩式台座的形式:有重力式和构架式两种。重力式台座主要靠自重平衡张拉力所产生的倾覆力矩;构架式台座主要靠土压力来平衡张拉力所产生的倾复力矩。

② 槽式台座　浇筑中小型吊车梁时,由于张拉力矩和倾覆力矩都很大。一般多采用槽式台座,其由钢筋混凝土立柱、上下横梁及台面组成。台座长度应便于生产多种构件:一般为45 m(可生产6根6 m长的吊车梁)或76 m(可生产10根6 m长的吊车梁,或24 m屋架3榀,或18 m屋架4榀)。为便于拆卸迁移,台座应设计成装配式。此外,在施工现场亦可利用条石或已预制好的柱、桩和基础梁等构件,装配成简易式台座。

(2) 夹具

夹具是预应力筋进行张拉时的临时工具，要求夹具工作可靠，构造简单，施工方便，成本低。根据夹具的工作特点分为张拉夹具和锚固夹具。

① 张拉夹具　张拉夹具是将预应力筋与张拉机械连接起来，进行预应力张拉的工具。常用的张拉夹具有两种。

a.偏心式夹具。偏心式夹具是由一对带齿的月牙形偏心块组成的。

b.楔形夹具。楔形夹具是由锚板和楔块组成。

② 锚固夹具　锚固夹具是将预应力筋临时固定在台座横梁上的工具。常用的锚固夹具有4种。

a.锥形夹具。锥形夹具是用来锚固预应力钢丝的，由中间开有圆锥形孔的套筒和刻有细齿的锥形齿板或锥销组成，分别称为圆锥齿板式夹具和圆锥三槽式夹具。圆锥齿板式夹具的套筒和齿板均用45号钢制作，套筒不需作热处理，齿板热处理后的硬度应达到HRC40～50。圆锥三槽式夹具锥销上有三条半圆槽，依锥销上半圆槽的大小，可分别锚固ϕ^b3、ϕ^b4或ϕ^b5钢丝。套筒和锥销均用45号钢制作，套筒不作热处理，锥销热处理后的硬度应达到*HRC*40～45。

锥形夹具工作时依靠预应力钢丝的拉力就能够锚固住钢丝。锚固夹具本身可靠地锚固住预应力筋的能力，称为自锚。

b.圆套筒三片式夹具。圆套筒三片式夹具是用于锚固预应力钢筋的，由中间开有圆锥形孔的套筒和三片夹片组成。圆套筒三片式夹具可以锚固$\phi12$或$\phi14$的单根冷拉II、III、IV级钢筋。套筒和夹片用45号钢制作，套筒和夹片热处理后硬度应达到HRC35～40和HRC40～45。

c.方套筒两片式夹具。方套筒两片式夹具用于锚固单根热处理钢筋。该夹具的特点是操作非常简单，钢筋由套筒小直径一端插入，夹片后退，两夹片间距扩大，钢筋由两夹片之间通过，由套筒大直径一端穿出，夹片受弹簧的顶推前移，两夹片间距缩小，夹持钢筋。

d.墩头夹具。预应力钢丝或钢筋的固定端常采用镦头锚固。冷拔低碳钢丝可采用冷镦或热镦方法制作镦头；碳素钢丝只能采用冷镦方法制作镦头。

(3) 电动螺杆张拉机

电动螺杆张拉机由张拉螺杆、变速箱、拉力架、承力架和张拉夹具组成。最大张拉力为300～600 kN，张拉行程为800 mm，自重400 kg，为了便于转移和工作，将其装置在带轮的小车上。电动螺杆张拉机可以张拉预应力钢筋也可以张拉预应力钢丝。

电动螺杆张拉机的工作过程是：工作时顶杆支承到台座横梁上，用张拉夹具夹紧预应力筋，开动电动机使螺杆向右侧运动，对预应力筋进行张拉，达到控制应力要求时停车，并用预先套在预应力筋上的锚固夹具将预应力筋临时锚固在台座的横梁上，然后开倒车，使电动螺杆张拉机卸荷。

(4) 高压油泵(油压千斤顶)

油压千斤顶可张拉单根预应力筋或多根成组预应力筋。多根成组张拉时，可采用四横梁装置进行。四横梁式油压千斤顶张拉装置，用钢量大，调整初应力费时间，油压千斤顶行程小，工效较低，但张拉力大。

(5) 千斤顶的校验

采用千斤顶张拉预应力筋时，钢筋的控制应力主要用油压表上的读数来表示。油压表上所指标的读数，表示千斤顶油缸活塞单位面积的油压力，在理论上可以将油压表读数乘以活塞面积，即可求得张拉力的大小。因此，当我们已知预应力筋张拉力 N，所采用千斤顶油缸活塞面积 F 的情况下，就可推算出张拉时油压表读数 P。

$$P = N/F \ (\mathrm{N/mm^2})$$

但是，实际张拉力比按公式计算所得的要小，其原因是一部分张拉力被油缸与活塞之间的摩擦力所抵消，而摩擦力的大小与许多因素有关，具体数值很难通过计算决定，因此一般采用试验校正的方法，直接测定千斤顶的实际张拉力与油压表读数之间的关系，作出 P 与 N 的关系曲线，以供实际施工时应用。一般千斤顶的校验期限不超过半年，但在千斤顶修理、碰撞、久置后重新使用、更换油压表等情况时，均应对张拉设备重新校正。同时，经校验后的千斤顶和油压表应配套使用，这样方能比较准确地控制预应力筋的张拉力。

千斤顶的校验方法，一般可在实验机上进行。实验机需有一定的精度。校验时，千斤顶活塞的运行方向，应与实际张拉工作状态一致。

2. 先张法施工工艺

先张法施工工艺流程，见图 5.1。

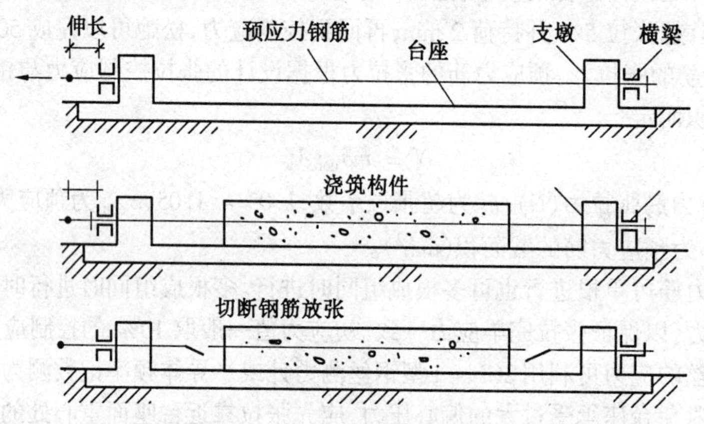

图 5.1　先张法施工工艺

(1) 预应力筋的张拉

预应力筋的张拉应根据设计要求进行。

① 张拉控制应力　预应力筋的张拉工作是预应力施工中的关键工序，应严格按设计要求进行。预应力筋张拉控制应力的大小，直接影响预应力效果，影响到构件的抗裂度和刚度，因而控制应力不能过低。但是，控制应力也不能过高，不允许超过其屈服强度，以使预应力筋处于弹性工作状态。否则会使构件出现裂缝时的荷载很接近，这是很危险的；此外过大的超张拉会造成反拱过大，预拉区出现裂缝也是不利的。因此，预应力筋的张拉控制应力应符合设计要求。当施工中预应力筋需要超张拉时，可比设计要求提高 5%，但其最大张拉控制应力不得超过表 5.2 的规定。

钢丝、钢绞线属于硬钢，冷拉热轧钢筋属于软钢。硬钢和软钢是根据它们是否存在屈服点划分的，由于硬钢无明显屈服点，塑性较软钢差，所以其控制应力系数较软钢低。另

外，硬钢以极限抗拉强度为依据，软钢以屈服强度为依据。

表 5.2　最大张拉控制应力允许值

钢　　种	张拉方法	
	先张法	后张法
碳素钢丝、刻痕钢丝、钢绞线	$0.80f_{ptk}$	$0.75\ f_{ptk}$
冷拔低碳钢丝、热处理钢筋	$0.75\ f_{ptk}$	$0.70\ f_{ptk}$
冷拉热轧钢筋	$0.95\ f_{pyk}$	$0.90\ f_{pyk}$

注：①f_{ptk} 为预应力筋极限抗拉强度标准值(N/mm²)；

②f_{pyk} 为预应力筋屈服强度标准值(N/mm²)。

② 张拉程序的确定　预应力筋的张拉程序：0→105% 控制应力(持荷 2 min)→控制应力，或 0→103% 控制应力。预应力筋进行超张拉(1.03 ~ 1.05 控制应力)主要是为了减少松弛引起的应力损失值。所谓应力松弛是指钢材在常温高应力作用下，由于塑性变形而使应力随时间延续而降低的现象。这种现象在张拉后的几分钟内发展得特别快，往后则趋于缓慢。例如，超张拉 5% 并持荷 2 min，再回到控制应力，松弛可以完成 50% 以上。

③ 预应力筋的张拉　预应力筋的张拉力根据设计的张拉控制应力与钢筋截面积及超张拉系数之积而定

$$N = m\sigma_{con}A_y$$

式中，N 为预应力筋张拉力(N)；m 为超张拉系数，1.03 ~ 1.05；σ_{con} 为预应力筋张拉控制应力(MPa)；A_y 为预应力筋的截面积(mm²)。

张拉预应力筋可单根进行也可多根成组同时进行。多根成组同时进行时，应先调整预应力筋的初应力，以保证张拉完毕应力一致。初应力值一般取 10% 的控制应力。

预应力钢丝的应力可利用 2CN－1 型钢丝测力计或半导体频率记数测力计进行测定。

张拉时为避免台座承受过大的偏心压力，应先张拉靠近台座面重心处的预应力筋，再轮流对称张拉两侧的预应力筋。

(2) 混凝土的浇筑和养护

混凝土的浇筑必须一次完成，不允许留设施工缝。混凝土的强度等级不得小于 C30。为了减少混凝土的收缩和徐变引起的预应力损失，在确定混凝土的配合比时，应采用低水灰比，控制水泥的用量，骨料级配良好，预应力混凝土构件制作时，必须振捣密实，特别是构件的端部，以保证混凝土的强度和粘结力。

预应力混凝土构件叠层生产时，应待下层构件的混凝土达到 8 ~ 10 MPa 后，再进行上层混凝土构件的浇筑。

(3) 预应力筋的放张

先张法施工的预应力筋放张时，预应力混凝土构件的强度必须符合设计要求。设计无要求时，其强度不低于设计的混凝土强度标准 75%。过早放张预应力会引起较大的预应力损失或预应力钢丝产生滑动。对于薄板等预应力较低的构件，预应力筋放张时混凝土的强度可适当降低。预应力混凝土构件在预应力筋放张前要对试块进行试压。

预应力混凝土构件的预应力钢筋为钢丝时，放张前，应根据预应力钢丝的应力传递长度，计算预应力钢丝在混凝土内的回缩值，检查预应力钢丝与混凝土粘结效果。若实测的回缩值小于计算的回缩值，则预应力钢丝与混凝土的粘结效果满足要求，可进行预应力钢丝的放张。预应力钢丝理论回缩值，可按下式进行计算

$$a = \sigma_1^{\mathrm{I}} l_a / 2E_s$$

式中，a 为预应力钢丝的理论回缩值(cm)；σ_1^{I} 为第一批损失后，预应力钢丝建立起的有效预应力值(MPa)；E_s 为预应力钢丝的弹性模量(MPa)；l_a 为预应力筋传递长度(mm)，参考表5.3。

表 5.3　预应力钢筋传递长度

钢筋种类	放张时混凝土强度			
	C20	C30	C40	＞C50
刻痕钢丝 $d < 5$ mm	150 d	100 d	65 d	50 d
钢绞线 $d = 7.5 \sim 5$ mm	–	85 d	70 d	70 d
冷拔低碳钢丝 $d = 3 \sim 5$ mm	110 d	90 d	80 d	80 d

预应力钢丝实测的回缩值，必须在预应力钢丝的应力接近 σ_1^{I} 时进行测定。

例如：某预应力混凝土构件，混凝土设计强度标准值 C40，放张时混凝土强度为 30 MPa，预应力钢筋采用直径 5 mm 的冷拔低碳钢丝，弹性模量 $E_s = 1.8 \times 10^5$ N/ mm^2，抗拉强度标准值 $f_{ptk} = 650$ MPa，设计张拉控制应力 $\sigma_{con} = 0.7 f_{ptk}$，设计考虑第一批预应力损失 $0.10\sigma_{con}$，则放松钢丝时有效预应力 $\sigma_1^{\mathrm{I}} = 0.9 \times (0.7) \times 650$，预应力钢筋的传递长度查表得 $La = 90$ d，若实测钢丝回缩值 a 小于 0.51 mm 时，即可放松预应力钢丝，否则，应继续养护。

为避免预应力筋放张时对预应力混凝土构件产生过大冲击力，引起构件端部开裂、构件翘曲或预应力筋断裂，预应力筋放张必须按下述规定进行。

对配筋不多的预应力钢丝混凝土构件，预应力钢丝放张可采用剪切、割断和熔断的方法逐根放张，并应自中间向两侧进行。对配筋较多的预应力钢丝混凝土构件，预应力钢丝放张应同时进行，不得采用逐根放张的方法，以防止最后的预应力增加过大而断裂或使构件端部开裂。

对预应力钢筋混凝土构件，预应力钢筋放张应缓慢进行。预应力钢筋数量较少，可逐根放张；预应力钢筋数量较多，则应同时放张。对于轴心受压的预应力混凝土构件，预应力钢筋应同时放张。对于偏心受压的预应力混凝土构件，应同时放张预压应力较小区域的预应力钢筋，再同时放张预应力较大区域的预应力钢筋。

如果轴心受压的或偏心受压的预应力混凝土构件，不能按上述规定进行预应力钢筋放张，则采用分阶段、对称、相互交错的放张方法，以防止在放张过程中，预应力混凝土构件发生翘曲，出现裂缝，预应力钢筋断裂等现象。

对于预应力混凝土构件，为避免预应力钢筋一次放张时，对构件产生过大冲击力，可利用楔块或砂箱装置进行缓慢的放张方法。

楔块装置放置在台座与横梁之间,放张预应力钢筋时,旋转螺母螺杆向上运动,带动楔块向上移动,横梁向台座方向移动,预应力钢筋得到放松。

砂箱装置在台座与横梁之间。砂箱装置由钢制的套箱和活塞组成,内装石英或铁砂。预应力钢筋放张时,将出砂口打开,砂缓慢流出,从而使预应力钢筋慢慢地放张。

(4) 折线张拉工艺

建筑物中某些构件需配置折线预应力钢筋(如桁架、折线式吊车梁)以充分发挥结构受力性能,节约钢材,减轻自重。

5.5.2 后张法

后张法是在构件或块体上直接张拉预应力钢筋,不需要专门的台座。大型构件可分块制作,运到现场拼装,利用预应力钢筋连成整体。因此,后张法灵活性较大,适用于现场预制或工厂预制块体,现场拼装的大中型预应力构件、特种结构和构筑物等。

随着预应力技术的发展,后张法施工技术已逐渐从单个预应力构件发展到整体预应力结构。后张法施工工序较多,且锚具不能重复使用,耗钢量较大。

1.锚具的制作

目前常用的预应力钢筋有单根粗钢筋、钢筋束(钢绞线束)和钢丝束三种。这三种钢筋分别适用不同体系的锚具,钢筋的制作工艺也因锚具的不同而有所差异。下面分别介绍这三种预应力钢筋所适用的锚具及预应力钢筋的制作。

(1) 单根预应力钢筋的锚具

①帮条锚具　由衬板和三根帮条焊接而成,是单根预应力粗钢筋非张拉端用锚具。帮条采用与预应力钢筋同级别的钢筋,三根帮条应互成 120°,衬板采用 3 号钢。帮条与衬板相接触的截面应在一个垂直平面上,以免受力时产生扭曲。帮条的焊接宜在预应力钢筋冷拉前进行。

②螺丝端杆锚具　由螺丝端杆、螺母及垫板组成,是单根预应力粗钢筋张拉端常用的锚具。螺丝端杆锚具的特点是将螺丝端杆与预应力钢筋对焊接成一个整体,对焊应在预应力钢筋冷拉前进行,以免冷拉强度的损失,同时也可检验焊接质量。螺丝端杆净截面积应大于或等于所对焊的预应力钢筋截面面积,其长度一般为 320 mm。螺丝端杆可采用与预应力钢筋同级冷拉钢筋制作,也可采用冷拉或热处理 45 号钢制作。螺母与垫板均采用 3 号钢。

③精轧螺纹钢筋锚具　由螺母和垫板组成,适用于锚固直径 25 mm 和 32 mm 的高强精轧螺纹钢筋。

④单根钢绞线锚具　由锚环与夹片组成,夹片形成为三片式,斜角为 4°。夹片的齿形为“短牙三角螺纹”,这是一种齿顶较宽,齿高较矮的特殊螺纹,强度高,耐腐蚀性强。

适用于锚固 ϕ^j_{12} 和 ϕ^j_{15} 钢绞线,锚具尺寸按钢绞线直径而定(也可作先张法的夹具使用)。

(2) 预应力钢筋束(钢绞线束)锚具

①KT－Z 型锚具　又称锻铸铁锥形锚具,由锚环与锚塞组成,适用于锚固 3～6 根直径 12 mm 的冷拉螺纹钢筋与钢绞线束。锚环和锚塞均采用 KT37－12 或 KT35－10 可锻铸铁铸造成型。

②JM 型锚具　由锚环与夹片组成,JM 型锚具的夹片属于分体组合型,组合起来的夹片形成一个整体截锥形楔块,可以锚固多根预应力钢筋或钢绞线,因此锚环是单孔的。锚环和夹片均采用 45 号钢,经机械加工而成,成本较高。夹片呈扇形,靠两侧的半圆槽锚住预应力钢筋,为增加夹片与预应力钢筋之间的摩擦力,在半圆槽内刻有截面为梯形的齿痕,夹片背面的坡度与锚环内圈的坡度一致。JM 型锚具主要用于锚固 3 ~ 6 根直径 12 mm 的四级冷拉钢筋束与 4 ~ 6 根直径 12 ~ 15 mm 的钢绞线束。实践证明,JM 型锚具有良好的锚固性能,预应力钢筋的滑移比较小,同时具有施工方便的优点。目前有些地区采用精密铸造及模锻的方法生产 JM 型铸钢锚具,解决了加工困难和成本高的问题,开辟了新的途径。

③群锚体系　XM、QM 锚具均为群体系,即在一块锚板上可锚固多根钢绞线。

XM 型锚具:由锚板和夹片组成。锚板采用 45 号钢,锚孔沿锚板圆周排列,锚孔中心线倾角 1:20,锚板顶面应垂直于锚孔的中心线,以利于夹片均匀塞紧。夹片采用三片式,按 120°均匀、斜开缝,开缝沿轴向的偏转角与钢绞线的扭角相反,不仅可锚固钢绞线,还可用于锚固钢丝线束。这是一种齿顶较宽、齿高较矮的特殊螺纹,强度大,耐磨性强。

QM 型锚具:由锚板与夹板组成,但与 XM 型锚具有不同之点:锚孔是直的,锚板顶面是平的,夹片为三片式,垂直开缝,夹片内侧有倒锯形细齿。QM 型锚具适用于锚固 4 ~ 31 根 $\phi^j 12$ 和 3 ~ 19 根 $\phi^j 15$ 钢绞线束。QM 型锚具备有配套自动工具锚,张拉和退出十分方便。

QM 型锚具备有配套铸铁喇叭管与螺旋筋,铸铁喇叭管是将端头垫板与喇叭管铸成整体,可解决混凝土承受大吨位局部压力及预应力孔道与端头垫板的垂直问题。由于灌浆孔设在垫板上,锚板尺寸可稍小。

④扁锚体系　它由扁锚头、扁型垫板、扁型喇叭管及扁型管道等组成。扁锚的特点:张拉槽口扁小,可减少混凝土板厚,单根张拉,施工方便,特别适用于空心板、T 型梁、低高度箱梁及桥面横向预应力。

(3) 固定端锚具

①压花锚具　利用液压轧花机将钢绞线端头压成梨型散花头的一种粘结式锚具。为提高压花锚四周混凝土抗裂强度,在散花头根部配置螺旋筋。

②墩头锚具　由锚固板和带墩头的预应力钢筋组成。当预应力钢筋束一端张拉时,在固定端可用这种锚具代替 KV－Z 型锚具或 JM 型锚具,以降低成本。

③挤压锚具　利用液压压头机将套在钢绞线端头上的套筒挤压,使套筒变细,紧夹住钢绞线形成挤压头。另外,套筒内衬有硬钢链螺旋圈,在挤压力作用下,硬钢链全部脆断,半嵌入钢套,半压入钢绞线,从而增加钢套筒与钢绞线之间的摩擦力。

(4) 预应力钢丝束锚具

①钢丝不墩头锚具

适用于锚固任意根数 $\phi^s 5$ 钢丝束,墩头锚具的型式与规格,可根据需要自行设计。常用的墩头锚具为 A 型和 B 型。A 型由锚杯与螺母组成,用于张拉端;B 型为锚板,用于固定端,利用钢丝两端的墩头进行锚固。

锚杯与锚板采用 45 号钢制作,螺母采用 30 号或 45 号钢制作。锚杯与锚板上的孔数

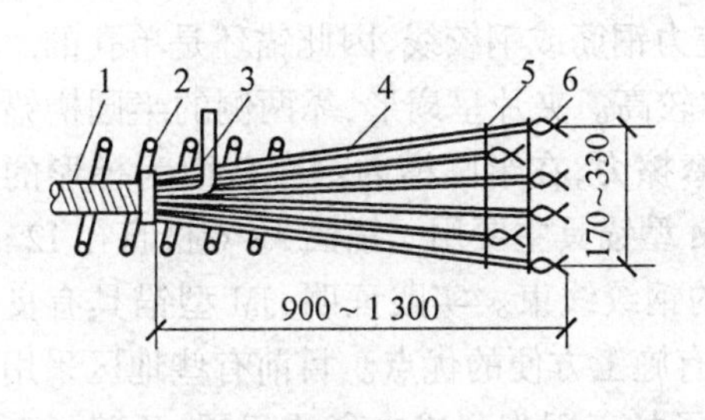

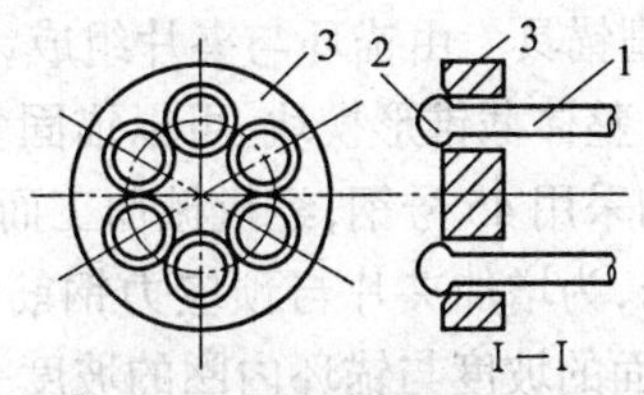

(b) 镦头锚具

1—预应力筋；2—镦粗头；3—锚固板；

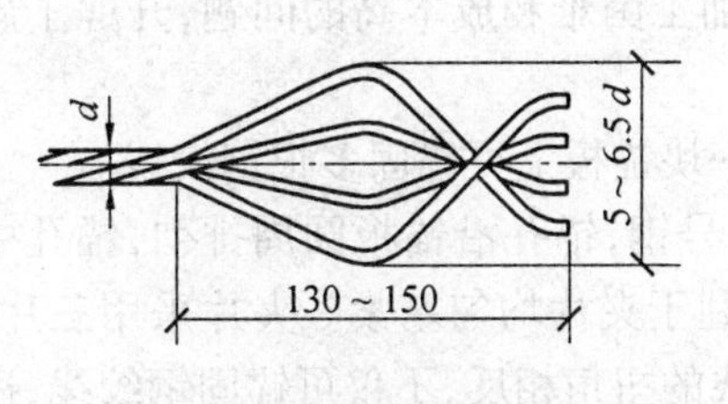

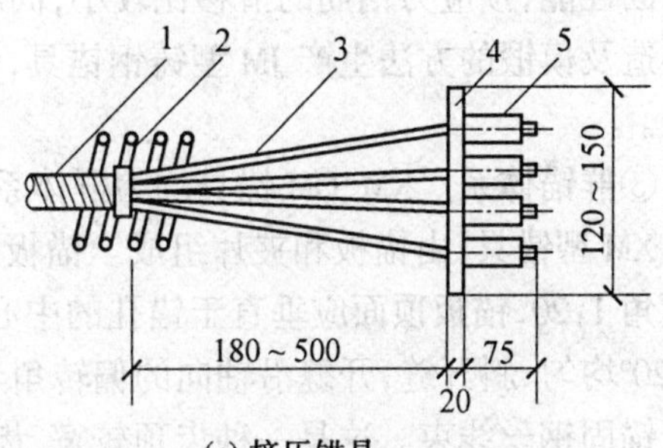

(a) 压花锚具

1—波纹管；2—螺旋筋；3—灌浆管；
4—钢绞线；5—构造线；6—压花锚具

(c) 挤压锚具

1—波纹管；2—螺旋筋；3—钢纹线；
4—钢垫板；5—挤压锚具

图 5.2　固定端锚具

由钢丝根数而定，孔洞间距应力求准确。

钢丝墩头要在穿入锚杯或锚板后进行，墩头采用钢丝墩头机冷墩成型。

预应力钢丝束张拉时，在锚杯内口拧上工具，构造简单、加工容易、锚夹可靠、施工方便，但对下料长度要求较严，尤其当锚固的钢丝较多时，长度的准确性和一致性更须重视，这将直接影响预应力钢筋的受力状况。

②锥形螺杆锚具　由锥形螺杆、套筒、螺母、垫板组成，适用于锚固 14~28 根 ϕ^s5 钢丝束。为防止钢丝扭结，必须进行编束。锥形螺杆锚具的安装需经过预紧，即先将钢丝束均匀整齐地紧贴在螺杆锥体部分，然后套上套筒，用手锤将套筒均匀地打紧，再用拉杆式千斤顶和工具式预紧器进行预紧，预紧用的张拉力为预应力钢筋张拉控制应力 1.1 倍，将钢丝束牢固地锚固在锚具内。因为锥形螺杆锚具外形较大，为了缩小构件孔道直径，所以一般仅需在构件两端将孔道扩大，因此，钢丝束锚具一端可事先安装，另一端则要将钢丝束穿入孔道后才能进行安装。

③钢质锥形锚具(又称弗氏锚具)　由锚环和锚塞组成，用于锚固 $6\phi^s5$、$12\phi^s5$、$18\phi^s5$ 与 $24\phi^s5$ 钢丝束。锚环采用 45 号钢制作，锚塞用 45 号钢或 T7、T8 碳素工具钢制作。锚环与锚塞的锥度应严格保持一致。锚塞表面加工成螺纹状小齿以保证钢丝与锚塞的啮合。

2.预应力钢筋的制作

(1) 单根预应力钢筋的制作

预应力单根粗钢筋的制作一般包括下料、对焊、冷拉等工序。热处理钢筋及冷拉 IV 级钢筋宜采用切割机切割，不得采用电弧切割。

预应力钢筋的下料长度应由计算确定，计算时应考虑锚夹具的厚度，对焊接头的压缩量、钢筋的冷拉率、弹性回缩率、张拉伸长值和构件长度等的影响。

预应力钢筋锚具的尺寸按设计规定采用或按规范选用。螺丝端杆外露在构件外的长度，是根据垫板厚度、螺帽厚度和拉伸机与螺丝端杆连接所需长度来确定，一般可取 120 ~ 150 mm。帮条锚具的长度是由帮条长度和垫板厚度确定，一般取 70 ~ 80 mm。墩头锚具的长度由墩头和垫板厚度确定，一般取 5 mm 左右。墩头可将预应力钢筋端部墩粗后再与其他预应力钢筋对焊或先预制成墩头端杆，再与预应力钢筋对焊而成。

预应力钢筋下料长度，要考虑锚具的类型、焊接接头的压缩量、钢筋冷拉率及回弹率等因素（见图 5.3）。如当预力钢筋两端采用螺丝端杆锚具时，预应力钢筋下料长度可按下式计算

$$l_t = l_0/(l+\gamma)(l-\delta) + nl_3 \approx (l + 2l_2 - 2l_1)/(l+\gamma-\delta) + nl_3$$

式中，l_0 为预应力钢筋部分的成品（冷拉、焊接后）长度；l 为构件孔道长度；l_2 为螺丝端杆伸出构件外的长度，按下式计算

张拉端 $$l_2 = 2H + h + 5$$

锚固端 $$l_2 = H + h + 10$$

其中，H 为螺母高度；h 为垫板厚度；l_1 为螺丝端杆长度；γ 为钢筋冷拉率（由试验确定）；δ 为钢筋冷拉弹性回缩率（由试验确定，一般取 0.4% ~ 0.6%）；n 为对焊头的数量（包括钢筋与螺丝端杆的对焊）；l_3 为每个对焊头的压缩长度（取一倍钢筋直径）。

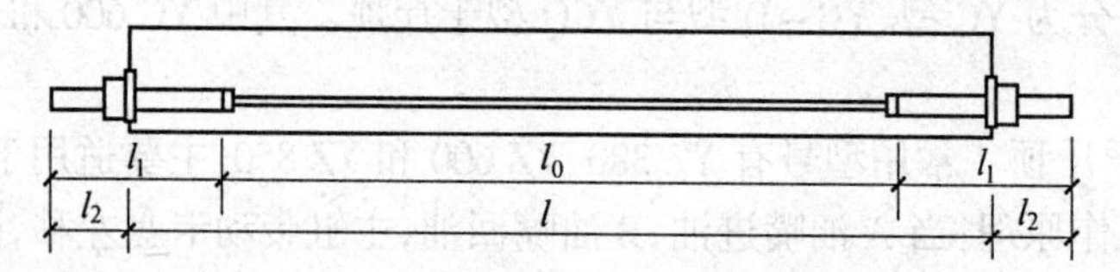

图 5.3 粗钢筋下料长度计算示意图

（2）预应力钢筋束（钢绞线束）的制作

预应力钢筋束的钢筋直径一般在 12 mm 左右，成圆盘状供货。预应力钢筋制作一般包括开盘冷拉、下料和编束等工序。如用墩头锚具时，应增加墩头工序。预应力钢筋束下料应在冷拉后进行。预应力钢绞线束为了减少钢绞线的构造变形和应力的松弛损失，在张拉前，需经预拉。预拉应力值可采用钢绞线抗拉强度的 85%，预拉速度不宜过快，拉至规定应力后，应持荷 5 ~ 10 min，然后放松。在钢绞线下料前应在切割口两侧各 5 cm 处用铁丝绑扎，切割后对切割口应立即焊牢，以免钢绞线松散。

预应力钢筋束或钢绞线束的编束，主要是为了保证穿筋在张拉时不发生扭结。编束工作一般把钢筋或钢绞线理顺后，用 18 ~ 22 号铁丝，每隔 1m 左右绑扎一道，形成束状，在穿筋时要注意防止钢筋束（钢绞线束）扭结。

（3）预应力钢丝束的制作

钢丝束的制作一般有调直、下料、编束和安装锚具等工序。其具体制作工艺随锚具形式的不同而不同。

用锥形螺杆锚具的钢丝束在制作时，为了保证每根钢丝下料长度相等，使在张拉预应力时每根钢丝的受力均匀一致，因此要求钢丝在应力状态下切断下料称为“应力下料”。下料时的控制应力采用 300 N/mm^2。可用冷拉设备进行应力下料，一次完成开盘、拉直、划线和放松后切断。

为保证钢丝束穿盘和张拉时不发生扭结，穿束前应逐根理顺，捆扎成束，不得紊乱。

采用钢质锥形锚具，以锥锚式千斤顶张拉时，钢丝的下料长度 L 为

两端张拉　　　　　　　　　$L = 1 + 2(L_4 + L_5 + 80)$

一端张拉　　　　　　　　　$L = 1 + 2(L_4 + 80) + L_5$

式中，L_4 为锚环厚度；L_5 为 ZY 式千斤顶的长度，如 ZY－850 为 470 mm。

3．张拉设备

张拉设备由液压千斤顶、供油用的高压油泵和外接油管三部分组成。

(1)千斤顶

在后张法中，目前常用的千斤顶有拉杆式千斤顶(代号为 YL)、穿心式千斤顶(代号为 YC)和锥锚式千斤顶(代号为 YZ)。千斤顶的选择主要依据锚具型式和总张拉力的大小。

为保证张拉预应力钢筋时张拉力值的准确，千斤顶使用一段时间就应该进行校验，一般千斤顶的校验期限不超过半年。

① 拉杆式千斤顶　最常用的拉杆式千斤顶是 YL 600 型千斤顶，它主要适用于螺丝端杆锚具或夹具及墩头锚具或夹具。

② 穿心式千斤顶　穿心式千斤顶是一种适应性较强的千斤顶，它既适用于 JM 12 型、XM 型和 KT－Z 型锚具，配上撑脚、拉杆等附件后，也可作为拉杆式千斤顶使用，根据使用功能不同可分为 YC 型、YC－D 型与 YCQ 型千斤顶。其中 YC 600 和 YC 200D 型应用广泛。

③ 锥锚式千斤顶　常用型号有 YZ 380、YZ 600 和 YZ 850，主要适用于钢质锥形锚具。锥锚式千斤顶工作原理：当 A 油嘴进油，B 油嘴回油，主缸带动卡盘左移，固定在其上的钢丝束被张拉；达到设计张拉力后，关闭 A 油嘴，B 油嘴进油，随即由副缸顶压活塞杆将锚塞强力顶入锚环内。然后 A 油嘴回油，主缸右移回程复位；B 油嘴回油，在弹簧力作用下，顶压活塞杆左移复位。

(2) 高压油泵

高压油泵主要为各种液压千斤顶供油，有手动和电动两类。目前常用的是电动高压油泵，它由油箱、供油系统的各种阀和油管、油压表及动力传动系统等组成。

ZB 0.8－50 型和 ZB 0.6－63 型系电动小油泵，是同一构造的两种系列产品，主要用于小吨位预应力千斤顶和液压墩头器。如对张拉速度无特殊要求时，也可用于中等预应力千斤顶。该油泵自重轻、操作简单、携带方便，对现场预应力施工尤为适用。

ZB 4－50 型电动油泵是目前常用拉伸机油泵，主要与额定压力不大于 50N/mm^2 的中等吨位的预应力千斤顶配套使用，也可供对流量无特殊要求的大吨位千斤顶和对油泵自重无特殊要求的小吨位千斤顶使用，还可供液压墩头用。

此外，还有 ZB 10/320－4/480 型大流量、超高压的变量电动油泵，主要与张拉力 1 000 kN以上或工作压力在 50 N/mm^2 以上的预应力液压千斤顶配套使用。

4.后张法施工工艺

后张法施工工艺流程如图 5.4 示。

下面仅对孔道留设、预应力钢筋张拉和孔道灌浆主要工序进行介绍。

(1) 孔道留设

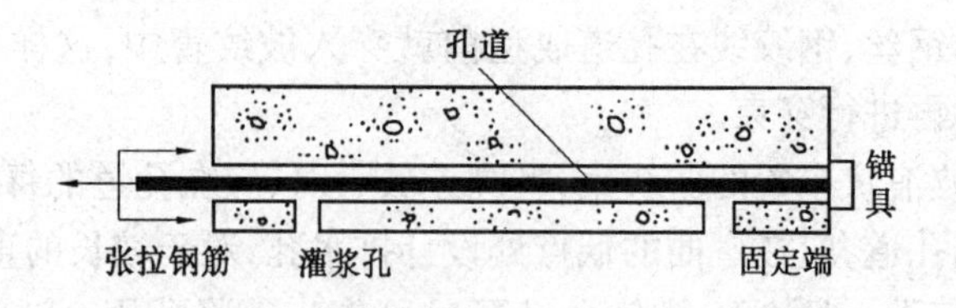

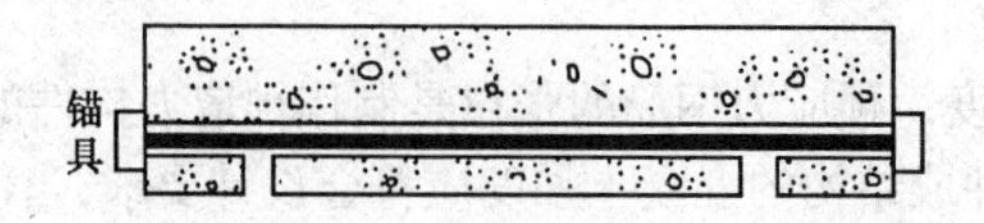

图 5.4 后张法施工工艺

孔道的直径一般比预应力钢筋(束)外径(包括钢筋对焊接头处外径或必须穿过孔道的锚具外径)大 10~15 mm,以利于预应力钢筋穿入。孔道的留设方法有抽芯法和预埋管法。

① 抽芯法 该方法在我国已有较长历史,相对价格比较便宜。但此方法也有一定的局限性。如对大跨度结构、大型的或形状复杂的特种结构及多跨连续结构等,因孔道密集就难以适应。抽芯法一般有两种,即钢管抽芯法与胶管抽芯法。

a.钢管抽芯法。这种方法大都用于留设直线孔道时,预先将钢管埋设在模板内的孔道位置处,钢管要平直,表面要光滑,每根长度最好不超过 15 m,钢管两端应各伸出构件约 500 mm 左右。较长的构件可采用两根钢管,中间用套管连接。在混凝土浇筑过程中和混凝土初凝后,每间隔一定时间慢慢转动钢管,不让混凝土与钢管粘牢,等到混凝土终凝前抽出钢管。抽管过早,会造成坍孔事故;太晚,则混凝土与钢管粘结牢固,抽管困难。常温下抽管时间,约在混凝土浇灌后 3~6 h。抽管顺序宜先上后下,抽管可采用人工或用卷扬机,速度必须均匀,边抽边转,与孔道保持直线。抽管后应及时检查孔道情况,做好孔道清理工作。

b.胶管抽芯法。此方法不仅可以留设直线孔道,亦可留设曲线孔道,胶管弹性好,便于弯曲,一般有五层或七层夹布胶管和钢丝橡皮管两种。胶管具有一定弹性,在拉力作用下,其断面能缩小,故在混凝土初凝后即可把胶管抽拔出来。夹布胶管质软,必须在管内充气或充水,在浇筑混凝土前,胶皮管中充入压力为 0.6~0.8 MPa 的压缩空气或压水,此时胶皮管直径可增大 3 mm 左右,然后浇筑混凝土,待混凝土初凝后,放出压缩空气或压力水,胶管孔径变小,并与混凝土脱离,随即抽出胶管,形成孔道。抽管顺序,一般应为先上后下,先曲后直。一般采用钢筋井字形网架固定管子在模内的位置,井字网架间距:钢管 1~2 m 左右;胶管直线段一般为 500 mm 左右,曲线段为 300~400 mm 左右。

② 预埋管法 预埋管采用一种金属波纹软管,是由镀锌薄钢带经波纹卷机压波卷成,具有重量轻、刚度好、弯折方便、连接简单、与混凝土粘结较好等优点。波纹管的内径为 50~100 mm,管壁厚 0.25~0.3 mm。除圆形管外,近年来又研制成一种扁形波纹管,可用于板式结构中,扁管的长边边长为短边边长的 2.5~4.5 倍。

这种孔道成型方法一般均用于采用钢丝或钢绞线作为预应力钢筋的大型构件或结构

中，可直接把下好料的钢丝、钢绞线在孔道成型前就穿入波纹管中，这样可以省掉穿束工序，亦可待孔道成型后再进行穿束。

对连续结构中呈波浪状布置的曲线束，且高差较大时，应在孔道的每个峰顶处设计泌水孔；起伏较大的曲线孔道，应在弯曲的低点处设计排水孔；对于较长的直线孔道，应每隔12～15 m左右设置排气孔，泌水孔、排气孔必要时可作为灌浆孔用。波纹管的连接可采用大一号的同型波纹管，接头管的长度为200 mm，密封胶带封口。

(2) 预应力钢筋张拉

① 混凝土的张拉强度　预应力钢筋的张拉是制作预应力构件的关键，必须按规范规定精心施工。张拉时构件或结构的混凝土强度应符合设计要求，当设计无具体要求时，不应低于设计强度标准值的75%。

② 控制应力及张拉程序　预应力张拉控制应力应符合设计要求及最大张拉控制应力不能超过表5.2的规定。其中后张法控制应力值低于先张法，这是因为后张法构件在张拉钢筋的同时，混凝土已受到弹性压缩，张拉力可以进一步补足；先张法构件，是在预应力钢筋放松后，混凝土才受到弹性压缩，这时张拉力无法补足。此外，混凝土的收缩、徐变引起的预应力损失，后张法也比先张法小。

为了减少预应力钢筋的松弛损失等，与先张法一样采用超张拉法，其张拉程序为

$$0 \rightarrow 1.05\sigma_{con}(\text{持荷 2 min}) \rightarrow \sigma_{con} \text{ 或 } \rightarrow 1.03\sigma_{con}$$

③ 张拉方法　张拉方法分为一端张拉和两端张拉。两端张拉，宜先在一端张拉，再在另一端补足张拉力。如有多根可一端张拉的预应力钢筋，宜将这些预应力钢筋的张拉端分别设在结构的两端。长度不大的直线预应力钢筋，可一端张拉。曲线预应力钢筋应两端张拉。抽芯成孔的直线预应力钢筋，长度大于24 m应两端张拉；不大于24 m可一端张拉。预埋波纹管成孔的直线预应力钢筋，长度大于30 m应两端张拉；不大于30 m可一端张拉。竖向预应力结构宜采用两端分别张拉，且以下端张拉为主。

安装张拉设备时，应使直线预应力钢筋张拉力的作用线与孔道中心线重合；曲线预应力钢筋张拉力的作用线与孔道中心线末端的切线重合。

④ 预应力值的校核　张拉控制应力值除了靠油压表读数控制，在张拉时还应测定预应力钢筋的实际伸长值。若实际伸长值与计算伸长值相差10%以上时，应检查原因，修正后再重新张拉，预应力钢筋的计算伸长值可由下式求得

$$\Delta L = \sigma_{con} L / E_s$$

式中，ΔL 为预应力钢筋的伸长值(mm)；σ_{con} 为预应力钢筋张拉控制应力(MPa)；E_s为预应力钢筋的弹性模量(MPa)；L 为预应力钢筋的长度(mm)。

⑤ 张拉顺序　选择合理的张拉顺序是保证质量的重要一环。当构件或结构有多根预应力钢筋(束)时，应采用分批张拉，按设计规定进行，如设计无规定或受设备限制必须改变时，则应经核算确定。张拉时宜对称进行，避免引起偏心。在进行预应力钢筋张拉时，可采用一端张拉法，亦可采用两端同时张拉法。当采用一端张拉时，为了克服孔道摩擦力的影响，使预应力钢筋的应力得以均匀传递，采用反复张拉2～3次，可以达到较好的效果。

采用分批张拉时，应考虑后批张拉预应力钢筋所产生的混凝土弹性压缩对先批预应

力钢筋的影响。

对于平卧叠浇制的构件，张拉时应考虑由于上下层间的摩阻引起的预应力损失，可由上至下逐层加大张拉力。对钢丝、钢绞线、热处理钢筋，底层张拉力不宜比顶层张拉力大5%；对于冷拉Ⅱ~Ⅳ级钢筋，底层张拉力不宜比顶层张拉力大9%，且不得超过最大张拉控制应力允许值。如果隔层效果较好，亦可采用同一张拉值。

(3) 孔道灌浆

预应力钢筋张拉、锚固完成后，应立即进行孔道灌浆工作，以防锈蚀，增加结构耐久性。灌浆是后张预应力生产工艺中重要的环节之一。灌浆可起到以下作用：

① 把预应力筋封闭在碱性环境中，防止其锈蚀。

② 填充套管以避免水进入和冰冻。

③ 在预应力筋和结构混凝土之间提供粘结力。

对灌浆用的水泥浆质量的要求是：密实、均质；有较高的抗压强度和粘结强度（70.7 mm立方体试块在标准养护条件下，28 d的强度不应低于构件混凝土强度等级的80%，且不低于30 MPa）；较好的流动性、抗冻性。

最好张拉之后24 h以内进行灌浆。选择的材料、配合比和灌注方法都应该以尽量减少灌注后水泥浆泌水的现象为原则。

为了减少水泥浆体的收缩，可加入膨胀剂，但应控制其膨胀率不大于10%。若膨胀力太大，则会破坏套管。不能使用铝粉，因为可能释放出单分子的氢，使钢筋发生氢脆断裂。

要获得好的灌浆效果，最重要的是控制水灰比不超过0.45，同时，一般不小于0.4，可使用减水剂，但外加剂不允许含过多的氯化物，一般Cl^-不得超过外加剂质量的0.25%。

灌浆前孔道应湿润、洁净。对于水平孔道，灌浆顺序应先灌下层孔道，后灌上层孔道。对于竖直孔道，应自下而上分段灌注，每段高度视施工条件而定，下段顶部及上段底部应分别设计排气孔和灌浆孔。灌浆压力0.5~0.6 MPa为宜。灌浆应缓慢均匀地进行，不得中断，并应排气通畅。不掺外加剂的水泥浆，可采用二次灌浆法，以提高密实度。

5.6 无粘结预应力混凝土施工工艺

无粘结后张预应力起源于20世纪50年代的美国，我国70年代开始研究，80年代初应用于实际工程中。无粘结后张预应力混凝土是在浇灌混凝土之前，把预先加工好的无粘结钢筋与普通钢筋一样直接安装在模板内，然后浇筑混凝土，待混凝土达到设计强度时，即可进行张拉。它与粘结预应力混凝土所不同之处就在于：不需在放置预应力钢筋的部位预先留设孔道和沿孔道穿筋；预应力钢筋张拉完后，不需进行孔道灌浆。

第6章 模板工程

模板是新浇混凝土成型用的模型,要求它能够保证结构和构件的形状和尺寸的准确;具有足够的强度、刚度和耐久性;装拆方便,能多次周转使用;接缝严密不漏浆。

模板系统包括模板、支撑和紧固件。模板选材和构造的合理性,以及模板制作和安装的质量,都直接影响混凝土结构和构件的质量、成本和施工进度。

模板按其所用材料,分为木模板、钢模板和其他材料模板(钢筋混凝土模板、钢丝网水泥模板、塑料模板等)。按施工方法,模板分为拆移式模板和活动式模板。前者由预制配件组成,现场组装,拆模后稍加清理和修理再周转使用,常用的木模板和组合钢模板以及大型的工具式定型模板如大模板、台模、隧道模等皆属拆移式模板;后者按结构的形状制作成工具式模板,组装后随工程的进展而进行垂直或水平移动,直至工程结束才拆除,如滑升模板、提升模板、移动式模板等。本节主要叙述现浇框架结构的模板。

6.1 模板构造

现浇框架结构的模板,一般包括基础模板、柱模板、梁模板和楼盖模板以及支撑系统等。

模板种类除木模板外,目前正在推广组合钢模板。木模板多由工厂或木工棚加工成基本元件(拼板等),然后在现场进行拼装。对于木模板,设法增加其周转次数是十分重要的。

组合钢模板是一种工具式模板,它由具有一定模数的几种类型的板块、角模、支撑和连接件组成。可以拼出各种形状和尺寸,以适应多种类型建筑物的柱、梁、板、墙、基础和设备基础等模板的需要,它还可拼成大模板、台模等大型工具式模板。

板块是组合钢模板的主要组成构件,用量最大。它由边框、面板和加劲肋组成。边框可与面板一次轧制成,也可用小角钢。加劲肋多为扁钢,为便于连接,边框和加劲肋上开有连接孔,用U形卡、扁平销、圆形销等进行连接。为减少板块的类型,板块尺寸要有一定的模数。根据我国建筑结构的模数制,板块的长度以30 cm进级,宽度以5 cm进级。配板设计时,如出现不足模数的空缺,则用方木补缺。

角模是用来成型混凝土结构和构件的阴、阳角,也用于将板块拼成90°角,故有内角模和外角模之分。

1. 基础模板(Foundation formwork)

基础模板只有侧模,如土质良好还可以原槽浇筑。图6.1为木制的阶梯形基础模板,如有杯口,还要在其中放入杯口模板。

2. 柱子模板(Pillar formwork)

柱子模板是由两块相对的内拼板夹在两块外拼板之内组成(图6.2),亦可用短横板

(俗称门子板)代替外拼板钉在内拼板上,有些短横板可先不钉上,作为混凝土浇筑口,待浇至其下口时再钉上。

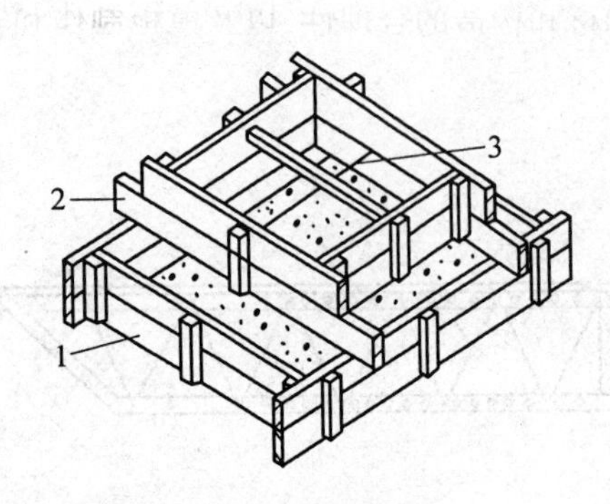

图6.1 基础模板

1-下部拼板;2-上部拼板;3-拉条

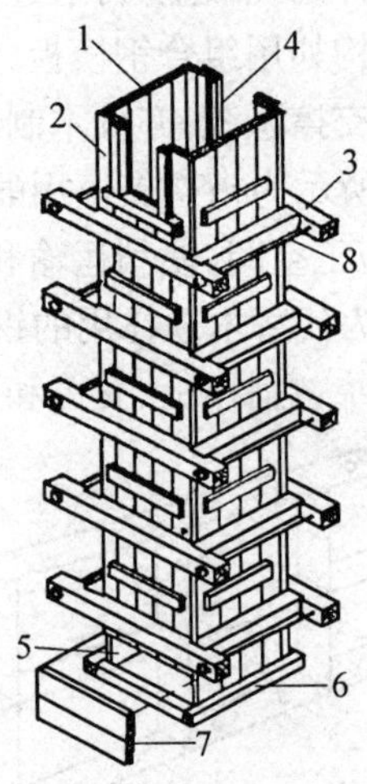

图6.2 柱子模板

1-内拼板;2-外拼板;3-柱箍;4-梁缺口;5-清理孔;6-底框;7-盖板;8-拉紧螺栓

柱底有一固定在底部混凝土中的木底框,用以固定柱模板的位置。拼板外设柱箍,其间距与混凝土侧压力、拼板厚度有关,越往底部越密。

3. 梁和楼盖模板(Formwork for beam and floor)

梁模板由底模板和侧模板组成(图6.3)。底模板承受垂直荷载,一般较厚,下设顶撑。顶撑多为伸缩式,可调整高度,底部在坚实地面或楼面上,下垫木楔。如地面松软,底部应垫以木板。梁跨度在4 m和4 m以上,底模板应起拱,起拱值应计算确定,一般为结构跨度的1~3/1 000。

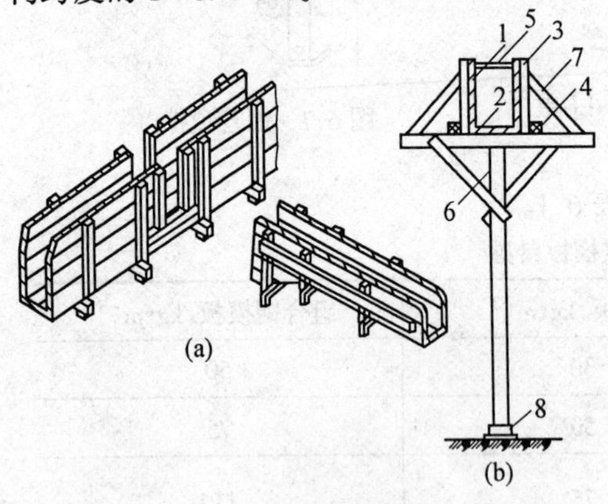

图6.3 梁模板

1-侧模板;2-底模板;3-拼条;4-夹板;5-木条;6-顶撑(琵琶撑);7-斜撑;8-木楔

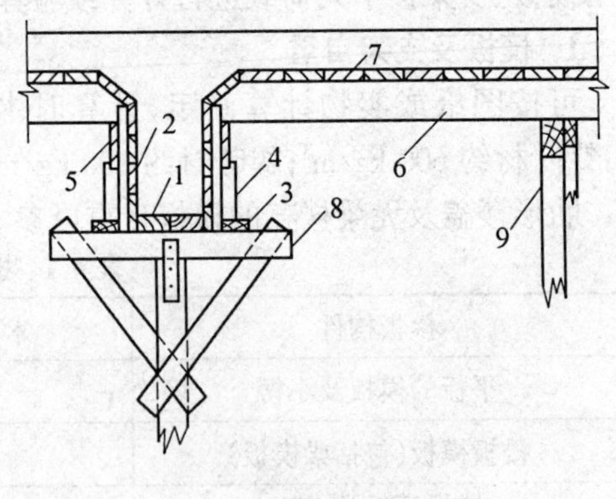

图6.4 楼盖模板

1-梁底模板;2-梁侧模板;3-夹板;4-撑木;5-托板;6-楞木;7-楼板的定型模板;8-顶撑;9-中间支撑

楼盖模板包括梁和楼板模板(图 6.4),楼板多用定型模板,支承在楞木上,楞木支承在梁侧模板外的托板上,再通过撑木将荷重传给顶撑。

上述结构如用组合钢模板,则用图 6.5 所示之板块、角模等进行拼装。

模板的支撑系统,亦分木制的和钢制的。应用较多的工具式支撑多为钢制的。

图 6.6 所示为桁架支模用的支撑桁架,其跨度可调节,使用方便。用桁架支模可省去顶撑,扩大施工空间,便利运输和施工。

图 6.7 为代替木顶撑用的钢套管顶撑。

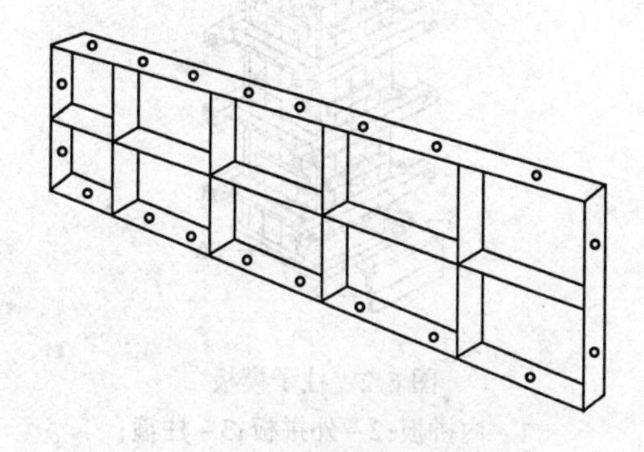

图 6.5　组合钢模板

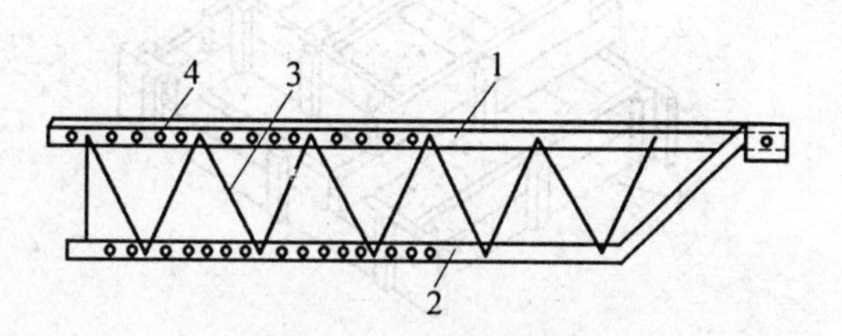

图 6.6　支撑桁架

6.2　模板设计

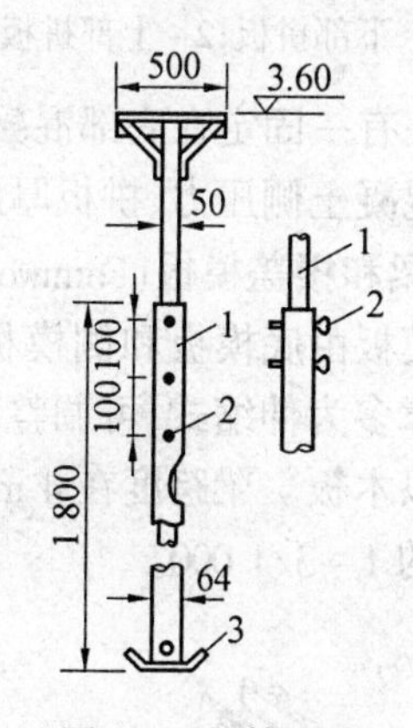

图 6.7　钢管顶撑

模板和支架的设计,包括选型、选材、荷载计算、结构计算、拟定制作安装和拆除方案、绘制模板图等。

6.2.1　荷载(Load)

模板、支架按下列荷载进行计算或验算。

1. 模板及支架自重

可按图纸或实物计算确定,计算时木材自重为:针叶材约 600 kg/m^3;阔叶材约 800 kg/m^3。

肋形楼盖及无梁楼盖的模板自重可参考表 6.1。

表 6.1　楼盖模板自重

模板构件	木模板/kg·m^{-3}	组合钢模板/kg·m^{-3}
平板的模板及小楞	30	50
楼板模板(包括梁模板)	50	75
楼板模板及支架 (楼层高度为 4 m 以下)	75	110

2. 新浇筑的混凝土重量

普通混凝土为 2 500 kg/m^3,其他混凝土根据实际湿容重确定。

3．钢筋重量

根据设计图纸确定，一般梁板结构每立方米钢筋混凝土的钢筋重量为：楼板 100 kg，梁 150 kg。

4．施工人员、浇筑设备及混凝土堆集料的重量

计算模板及直接支承模板的小楞时：均布活荷载为 250 kg/m^2；另应以集中荷载 250 kg 进行验算，取二者中较大的弯矩值；

计算直接支承小楞的构件时：均有活荷载为 150 kg/m^2；

计算支架立柱及其他支承结构构件时：均布活荷载为 100 kg/m^2。

大型混凝土浇筑设备（上料平台等）、混凝土泵等按实际情况计算。如混凝土堆集料的高度超过 100 mm 时，则按实际情况计算。木模板的板条宽度小于 150 mm 时，集中荷载可考虑由相邻的两块板共同承受。

5．振捣混凝土时产生的荷载

（作用范围为有效压头高度之内）对水平面模板为 200 kg/m^2；对垂直面模板为 400 kg/m^2。

6．新浇筑混凝土的侧压力

影响混凝土侧压力的因素很多，但主要的是：混凝土浇筑速度、混凝土的温度、混凝土的坍落度和有无外加剂。用内部振动器时，新浇筑的普通混凝土作用于模板上的侧压力，当混凝土浇筑速度在 6 m/h 以下时，可用下列两式计算，取其中的较小值

$$P = 0.4 + \frac{150}{T + 30} K_s K_w V^{\frac{1}{3}}$$

$$P = 2.5H$$

式中，P 为新浇筑混凝土的最大侧压力（t/m^2）；V 为混凝土的浇筑速度（m/h）；T 为混凝土的温度（℃）；H 为混凝土侧压力计算处至新浇筑混凝土顶面的高度（m）；K_s 为混凝土坍落度修正系数。当坍落度小于 3 cm 时取 0.85，5 ~ 9 cm 时取 1.0，11 ~ 15 cm 时取 1.15；K_w 为混凝土外加剂影响修正系数，不掺外加剂时取 1.0，掺具有缓凝作用的外加剂时取 1.2。

7．倾倒混凝土时产生的荷载

对垂直面模板产生的水平荷载按表 6.2 采用。

计算模板和支架时应根据表 6.3 的规定进行荷载组合。

表 6.2　向模板中倾倒混凝土时产生的水平荷载

向模板中供料方法	水平荷载/kg·m^{-2}
用溜槽、串筒或导管供料	200
用容量≤0.2 m^3 的运输器具倾倒	200
用容量＞0.2～0.8 m^3 的运输器具倾倒	400
用容量＞0.8 m^3 的运输器具倾倒	600

表 6.3　模板及支架的计算荷载组合

项次	模板构件名称	荷载种类	
		计算强度	计算刚度
1	平板和薄壳模板及支架	(1)+(2)+(3)+(4)	(1)+(2)+(3)
2	梁和拱模板的底板	(1)+(2)+(3)+(5)	(1)+(2)+(3)
3	梁、拱、边长≤300 mm 的柱、厚度≤100 mm 的墙侧面模板	(5)+(6)	(6)
4	厚大结构及边长>300 mm 的柱、厚度>100 mm 的墙侧面模板	(6)+(7)	(6)

6.2.2　计算规定(Calculation standard)

计算钢模板、木模板及支架时,应遵守相应结构的设计规范。计算模板和支架的强度时,考虑到模板是一种临时性结构,钢材的允许应力取值可提高 25%;但对弯曲薄壁型钢,其允许应力值则不提高。计算木结构时,当木材的含水率小于 25%时,其允许应力值可提高 15%。

计算模板刚度时,允许的变形值为:结构表面外露的模板≤L/400(L 为模板构件的跨度);结构表面隐蔽的模板≤L/250;模板支架的压缩变形值或弹性挠度,应小于或等于相应结构自由跨度的 1/1 000。

为防止模板及其支架在风荷载作用下倾覆,应从构造上采取有效的防倾覆措施。当验算模板及支架在自重和风荷载作用下的抗倾覆稳定性时,风荷载按荷载规范取值,抗倾覆的稳定安全系数不宜小于 1.15。

6.3　组合钢模板

组合模板是一种工具模板,其最显著的特点就是将模板当作一种固定工具,按照构件形状将工具模板进行组合,拼出多种尺寸形状,以满足多类型建筑物梁、板、柱、基础等施工要求。它一般是由具有符合一定模数要求的若干类型的板块、角模、支撑和连接件组成。组合模板的材料可以是钢模板、钢木板、木模板等。

最常见的组合模板是组合钢模,它除了具有组合模板适用面广的特点外,还具有刚度大、尺寸精确、接缝严密、周转率高、使用时间长、节约木材等优点。与木模板相比,其导热系数较大,保温性能稍有欠缺,此外一次性投资较大,钢模成型混凝土表面过于光滑,可能对后面装修工程不利。

组合钢模由钢模板、连接件(U 形卡、回形销、穿墙螺栓等)及支撑件组成。

1. 模板部件

钢模板由边框、面板和纵、横肋组成。边框和面板常采用 2.5~3 mm 厚的钢板轧制而成,纵横肋则采用 3 mm 厚的扁钢与面板及边框焊接而成。计算时,一般按四面支承计算;纵、横肋视其与面板的焊接情况,确定是否考虑其与面板共同工作;如果边框与面板一

次轧成,则边框可按与面板共同工作进行计算。

平面模板主要用于成型梁、板、柱和基础的平面。平面模板肋高均为 55 mm,宽度有 100 mm、150 mm、200 mm、250 mm 和 300 mm 五种规格,长度则有 450 mm、600 mm、750 mm、900 mm、1 200 mm 和 1 500 mm 六种规格,共计可组成 30 种规格的平面模板。平面模板代号为 P,以宽长尺寸组成 4 位数字表示其规格。P 3015 代表宽为 300 mm,长为 1 500 mm 的平面模板。为了便于模板拼接,边框的长向和短向上有连接孔,孔距都是 150 mm,孔型取决于连接件,常用的连接件有钩头螺栓、U 型卡、L 形插销和拉杆螺栓等。

转角模板可分为阴角模板、阳角模板和连接角模三种。阴角模板用于混凝土构件的阴角,如内墙角或水池壁内角以及梁板交接处阴角。阴角模板长度与平面模板一致,肢长有 150 mm × 150 mm、150 mm × 100 mm 两种规格,代号为 E。如 E1509 表示肢长为 150 mm × 150 mm,长度为 900 mm 的阴角模板。阳角模板用于混凝土构件的阳角,代号为 Y,长度与平面模板一致,肢长有 100 mm × 100 mm、50 mm × 50 mm 两种。如 Y0507 表示肢长为 50 mm × 50 mm,长度为 700 mm 的阳角模板。连接角模是将成直角的平面模板连接固定起来的模板,其本身不与混凝土接触,代号为 J,如 J0009 表示长为 900 mm 的连接角模。

模板横向连接采用 U 形卡,U 形卡操作简单,牢固可靠,其安装间距一般不大于 300 mm。纵向连接可用 U 形卡和 L 形插销间隔使用,以提高模板组装后的纵向刚度(见图 6.5)。大片模板组装时采用钢楞或钢管,用扣件和钩头螺栓连接固定。对于截面较大的柱、较高的梁和混凝土墙,一般需要在模板两侧加设对拉螺栓。

2. 支撑部件

支撑部件的作用是将已拼装完毕的模板组合固定并支撑在它所设计的位置。支撑件有柱箍、梁托架、钢楞、桁架、钢管脚手架、斜撑、顶撑等。

梁板的支撑有梁托架、支撑桁架和钢管顶撑(图 6.3、图 6.6、图 6.7),还可用多功能门架式脚手架来支撑。桥梁工程中由于高度大,多用工具式支撑架支撑。梁托架可用钢管或角钢制作。支撑桁架的种类很多,一般有由角钢、扁铁和钢管焊成的整根式桁架或由两个半榀桁架组成的拼装式桁架,还有可调节跨度的伸缩式桁架,使用更加方便。顶撑皆采用不同直径的钢套管,通过套管的抽拉可以调整到各种高度。

柱的支撑,往往采用柱箍。使用柱箍可以承受混凝土柱施工时的侧压力,使模板拼缝不产生抗力,从而保持模板不变形,拆除方便,增加模板使用次数,保证截面尺寸准确。常用的柱箍有角钢柱箍、槽钢柱箍和钢管柱箍。

采用定型组合模板时需进行配板设计。由于同一面积的模板可以用不同规格的板块和角模组成,配板设计就是从中找出最佳组配方案。进行配板设计之前,先绘制结构构件的展开图,据此作构件的配板图。在配板图上要表明所配板块和角模的规程、位置和数量。

定型组合模板虽然具有较大灵活性,但并不能适应一切情况。为此,对特殊部位仍需在现场配制少量木板填补。

第7章 沥青混合料

7.1 沥青材料

沥青是高分子碳氢化合物及其非金属(氧、氮、硫等)衍生物组成的极其复杂的混合物。沥青是一种有机胶凝材料,在常温下呈黑色或黑褐色的固体、半固体或液体状态。沥青在按其产源不同可分为地沥青(包括天然沥青、石油沥青)和焦油沥青(包括煤沥青、页岩沥青)。

沥青是一种憎水性的有机胶结材料,常温下呈固体、半固体或粘性液体。沥青能与砂、石、砖、混凝土、木材、金属等材料牢固地粘结在一起,具有良好的耐腐蚀性,在建设工程中主要用于道路工程以及防潮、防水、防腐蚀材料。

7.1.1 石油沥青的基本组成结构

1.石油沥青的基本组成(The basic components of petroleum asphalt)

石油沥青是由许多高分子碳氢化合物及其非金属(主要为氧、硫、氮等)衍生物组成的复杂混合物。因为沥青的化学组成复杂,其组成还不能反映沥青物理性质的差异。因此一般不作沥青的化学分析,只从使用角度,将沥青中化学成分及性质极为接近,并且与物理力学性质有一定关系的成分,划分为若干个组,即称为组分。在沥青中各组分含量多寡,与沥青的技术性质有着直接关系。

石油沥青分为油分、树脂和沥青质三个组分。其组分性状见表7.1。

表7.1 石油沥青的各组分性状

性状	外观特性	平均分子量	碳氢比(原子比)	物化特性
油分	淡黄色透明液体	200~700	0.5~0.7	溶于大部分有机溶剂,具有光学活性,常发现有荧光。
树脂	红褐色粘稠半固体	800~3 000	0.7~0.8	温度敏感性高,熔点低于100℃。
沥青质	深褐色固体微粒	1 000~5 000	0.8~1.0	加热不熔化而碳化。

油分赋予沥青以流动性,油分含量的多少直接影响沥青的柔软性、抗裂性及施工难度。油分在一定条件下可以转化为树脂甚至沥青质。其含量为45%~60%。

树脂主要使沥青具有塑性和粘性。它分为中性树脂和酸性树脂。中性树脂使沥青具有一定塑性和粘结性,其含量增加,沥青的粘聚力和延伸性增加。沥青树脂中还含有少量的酸性树脂,它是沥青中活性最大的部分,能改善沥青对矿质材料的浸润性,特别是提高了与碳酸盐类岩石的粘附性,增加了沥青的可乳化性。树脂在沥青中含量为15%~

30%。

沥青质决定着沥青的粘结力、粘度和温度稳定性,以及沥青的硬度、软化点等。沥青质含量增加时,沥青的粘度和粘结力增加,硬度和温度稳定性提高,其含量为5%~30%。

2.石油沥青的胶体结构(Colloid structure of petroleum asphalt)

根据石油沥青中各组分的化学组成和相对含量的不同,可以形成溶胶型、凝胶型、溶胶-凝胶型三种不同的胶体结构。随沥青质含量增加,沥青的胶体结构从溶胶结构变为溶胶-凝胶结构,再变为凝胶结构。当沥青质含量相对较少时,油分和树脂含量相对较高,胶团外膜较厚,胶团之间相对运动较自由,这时沥青形成溶胶结构。当沥青质含量较多而油分和树脂较少时,胶团外膜较薄,胶团靠近聚集,移动比较困难,这时沥青形成凝胶结构。当沥青质含量适当,并有较多的树脂作为保护膜层时,胶团之间保持一定的吸引力,这时沥青形成溶胶-凝胶结构,其性能可作如下对比。

(1)具有溶胶结构的石油沥青粘性小而流动性大,温度稳定性较差。

(2)具有凝胶结构的石油沥青弹性和粘结性较高,温度稳定性较好,但塑性较差。

(3)具有溶胶-凝胶型石油沥青的性质介于溶胶型和凝胶型两者之间。

7.1.2 煤沥青的基本组成

由于煤沥青是由复杂化合物组成的混合物,分离为单体组成十分困难,故目前煤沥青化学组分的研究与前述石油沥青方法相同,也是采用选择性溶解等方法,将煤沥青分为几个化学性质相近,且与路面性能有一定联系的组分。常将煤沥青分离为游离碳、油分、软树脂和硬树脂四个组分。

1.游离碳(Free carbon)

游离碳又称自由碳,是高分子有机化合物的固态碳质微粒,不溶于有机溶剂,加热不熔,但高温分解。煤沥青的游离碳含量增加,可提高其粘度和温度稳定性,但随着游离碳含量增加,其低温脆性也增加。

2.油分(Oil component)

油分是液态碳氢化合物,与其他组分比较是最简单结构的物质。

3.树脂(Asphaltic resin)

树指分为两类:硬树脂,类似石油沥青中的沥青质;软树脂,赤褐色粘塑性物,溶于氯仿,类似石油沥青中的树脂。

7.1.3 石油沥青的主要性质(Major properties of petroleum asphalt)

石油沥青是憎水性材料,几乎完全不溶于水;构造致密;与矿物材料表面有很好的粘结力,能紧密粘附于矿物材料表面;具有一定的塑性,能适应材料或构件的变形。所以石油沥青具有良好的防水性,故广泛用作土木工程的防潮、防水材料。

1.粘滞性(Viscosity)

石油沥青的粘滞性是指石油沥青内部阻碍其相对流动的一种特性,它反映石油沥青在外力作用下抵抗变形的能力。石油沥青粘滞性的大小与其组分有关,石油沥青中沥青质含量多,同时有适量树脂,而油分含量较少时,粘滞性大。粘滞性受温度影响较大,在一定温度范围内,温度升高,粘度降低,反之,粘度升高。对于固态或半固态粘稠石油沥青,

其粘滞性用相对粘度来表示，用针入度仪测定其针入度来衡量。显然，针入度越大，表示沥青越软，粘性越小。液体石油沥青或较稀的石油沥青的粘度，用标准粘度计测定的标准粘度表示。

2．塑性(Plasticity)

塑性是指石油沥青受到外力作用时，产生不可恢复的变形而不破坏的性质。

当石油沥青中油分和沥青质适量，树脂含量越多，沥青质表面的沥青膜层越厚，塑性越好。温度对石油沥青塑性也有明显影响，当温度升高，沥青的塑性随之增大。石油沥青的塑性用延度指标表示，石油沥青延度值越大，表示其塑性越好。

石油沥青能制造出性能良好的柔性防水材料，很大程度上决定于沥青的塑性。塑性较好的沥青防水层能随建筑物变形而变形，一旦产生裂缝时，也可能由于特有的粘塑性而自行越合。沥青的塑性对冲击振动荷载有一定吸收能力，并能减少摩擦时的噪声，故沥青是一种优良的道路路面材料。

3．温度敏感性(Temperature sensitivity)

温度敏感性是指石油沥青的粘滞性和塑性随温度升降而变化的性能。变化程度小，则沥青敏感性小，反之则温度敏感性大。

在相同的温度变化范围内，各种石油沥青的粘滞性和塑性变化的幅度不相同。工程要求沥青随温度变化而产生的粘滞性及塑性变化幅度应较小，即温度敏感性较小，以免沥青高温下流淌，低温下脆裂。工程上往往加入滑石粉、石灰石粉或其他矿物填料的方法来减小沥青的温度敏感性。沥青中含蜡量多时，会增大其温度敏感性，因而多蜡沥青不能用于建筑工程。

评价沥青温度敏感性的指标很多，常用的是软化点和针入度指数。

(1) 软化点(Softening point)

沥青软化点是反映沥青敏感性的重要指标，即沥青由固态转变为具有一定流动性的温度。行业标准JTJ052—2000《公路工程沥青及沥青混合料试验规程》规定，沥青软化点试验采用环球法测定。软化点越高，沥青的温度敏感性越小。

(2) 针入度指数(Penetration degree index)

软化点是沥青性能随着温度变化过程中重要的标志点，但它是人为确定的温度标志点，单凭软化点这一性质来反映沥青性能随温度变化的规律，并不全面。目前用来反映沥青温度敏感性的常用指标为针入度指数 PI。

针入度指数是基于以下基本事实的：根据大量试验结果，沥青的针入度值的对数($\lg P$)与温度(T)具有线性关系

$$\lg P = K + A_{\lg Pen} \times T$$

式中，T 为不同试验温度，相应温度下的针入度为 P；K 为回归方程的常数项；$A_{\lg Pen}$ 为回归方程系数。

则沥青的针入度指数 PI 可按下式计算，并记为 $PI_{\lg Pen}$

$$PI_{\lg Pen} = \frac{20 - 500A_{\lg Pen}}{1 + 50A_{\lg Pen}}$$

针入度指数是根据一定温度变化范围内沥青性能的变化来计算出的。因此，利用针入度指数来反映沥青性能随温度的变化规律更为准确；针入度指数（PI）值越大，表示沥青的温度敏感性越低。以上针入度指数的计算公式是以沥青在软化点时的针入度为 800 为前提的。实际上，沥青在软化点时的针入度波动于 600 ~ 1 000 之间，特别是含蜡量高的沥青，其波动范围更宽。因此，我国现行标准中规定，针入度指数是利用 15℃，25℃ 和 30℃ 的针入度回归得到的。

针入度指数不仅可以用来评价沥青的温度敏感性，同时也可以用来判断沥青的胶体结构。当 $PI < -2$ 时，沥青属于溶胶结构，温度敏感性大；当 $PI > 2$ 时，沥青属于凝胶结构，温度敏感性低；介于其间的属于溶胶 - 凝胶结构。

4. 大气稳定性（Atmosphere stability）

大气稳定性是指石油沥青在大气综合因素（热、阳光、氧气和潮湿等）长期作用下抵抗老化的性能。大气稳定性好的石油沥青可以在长期使用中保持其原有性质。

石油沥青在热、阳光、氧气和水分等因素的长期作用下，石油沥青中低分子组分向高分子组分转化，即沥青中油分和树脂相对含量减少，沥青质逐渐增多，从而使石油沥青的塑性降低，粘性提高，逐渐变得脆硬，直到脆裂，失去使用功能，这个过程称为老化。

石油沥青的大气稳定性常以蒸发损失和蒸发后针入度比来评定。其测定方法是：先测定沥青试样的质量及其针入度，然后将试样置于加热损失试验专用烘箱中，在 160℃下加热蒸发 5 h，待冷却后再测定其质量和针入度，再按下式计算其蒸发损失百分率和蒸发后针入度比

$$\text{蒸发损失百分率} = \frac{\text{蒸发前质量} - \text{蒸发后质量}}{\text{蒸发前质量}} \times 100\%$$

$$\text{蒸发后针入度比} = \frac{\text{蒸发后针入度}}{\text{蒸发前针入度}} \times 100\%$$

蒸发损失百分率越小，蒸发后针入度比越大，则表示沥青大气稳定性越好，沥青耐久性越高。

5. 其他性质

为全面评定石油沥青的品质和保证施工安全，还应了解石油沥青的溶解度、闪点和燃点。

溶解度是指石油沥青在三氯乙烯、四氯化碳或苯中溶解的百分率。不溶解的物质会降低石油沥青的性能（如粘性等），因而溶解度可以表示石油沥青中有效物质含量。

闪点（也称闪光点）是指沥青加热挥发出可燃气体，与火焰接触初次发生一瞬即灭的火焰时的温度。燃点（也称着火点）是指沥青加热挥发出的可燃气体和空气混合，与火焰接触能持续燃烧时的最低温度。闪点和燃点的高低表明沥青引起火灾或爆炸的可能性的大小，它关系到运输、储存和加热使用等方面的安全。例如，建筑石油沥青闪点约 230℃。在熬制时一般温度为 185 ~ 200℃，为安全起见，沥青还应与火焰隔离。

7.1.4 石油沥青的技术要求（Technical reguirements of petroleum asphalt）

石油沥青按用途不同分为道路石油沥青和建筑石油沥青等。由于其应用范围不同，

分别制定了不同的技术标准。目前我国对建筑石油沥青执行统一技术标准，而道路石油沥青则按其道路的等级分别执行《中、轻交通量道路石油沥青技术标准》和《重交通量道路石油沥青技术标准》。

1. 建筑石油沥青的标准与选用(Standard and selection of building petroleum asphalt)

对建筑石油沥青，按沥青针入度值划分为40号、30号和10号三个标号。建筑石油沥青针入度较小、软化点较高。建筑石油沥青的技术性能应符合GB/T494—1998《建筑石油沥青》的规定，见表7.2。

表7.2　建筑石油沥青技术标准

项　目	质量指标		
	10号	30号	40号
针入度(25℃,100 g,5 s)/0.1 mm)	10~25	26~35	36~50
延度 D(25℃,5 cm/min)/cm,≮	1.5	2.5	3.5
软化点(环球法)/℃,≮	95	75	60
溶解度(三氯乙烯,四氯化碳,苯)/%,≮	99.5		
蒸发损失(160℃,5h)/%,≯	1		
蒸发后针入度比/%,≮	65		
闪点(开口)/℃,≮	230		
脆点/℃	报告		

建筑石油沥青主要用于屋面及地下防水、沟槽防水与防腐、管道防腐蚀等工程，还可用于制作油毡、油纸、防水涂料和沥青玛谛脂等建筑材料。建筑沥青在使用时制成的沥青胶膜较厚，增大了对温度的敏感性，同时沥青表面又是较强的吸热体，一般同一地区的沥青屋面的表面温度比当地最高气温高25~30℃。为避免夏季流淌，用于屋面的沥青材料的软化点应比本地区屋面最高温度高20℃以上。软化点偏低时，沥青在夏季高温易流淌；而软化点过高时，沥青在冬季低温易开裂。因此石油沥青应根据气候条件、工程环境及技术要求选用。对于屋面防水工程，主要应考虑沥青的高温稳定性，选用软化点较高的沥青，如10号沥青或10号与30号的混合沥青。对于地下室防水工程，主要应考虑沥青的耐老化性，选用软化点较低的沥青，如40号沥青。

2. 道路石油沥青(Pavement petroleum bitumen)**的技术要求**

(1) 中、轻交通量道路石油沥青(Medium, light pavement petroleum bitumen)技术要求

用于二级以下公路和城市次干路、支路路面的沥青，应满足中、轻交通量道路石油沥青的技术要求。国家标准GB50092—1996《沥青路面施工及验收规定》作出了技术要求，见表7.3。

表 7.3　中、轻交通道路石油沥青技术要求

试验项目 \ 标号		A－200	A－180	A－140	A－100 甲	A－100 乙	A－60 甲	A－60 乙
针入度(25℃,100 g,5 s)/0.1 mm		200～300	160～200	120～160	90～120	90～120	50～80	50～80
延度(5 cm/min,15℃)/cm,≮		－	100	100	90	60	70	40
软化点(环球法)/℃		30～45	35～45	38～48	42～52	42～52	45～55	45～55
闪点(COC)/℃,≮		180	200	230	230	230	230	230
溶解度(三氯乙烯)/%,≮		99.0	99.0	99.0	99.0	99.0	99.0	99.0
蒸发损失试验 160℃,5h	质量损失/%,≯	1	1	1	1	1	1	1
	针入度比/%,≮	50	60	60	65	65	70	70
闪点(COC)/℃,≮		180	200	230	230	230	230	230

注:当 25℃延度达不到 100 cm,但 15℃延度不小于 10 cm 时,也认为是合格的。

(2) 重交通量道路石油沥青(Heavy pavement petroleum bitumen)技术要求

用于高速公路、一级公路和城市快速路、主干路铺路面的沥青,其质量应满足重交通量道路沥青的技术要求。国家标准 GB50092—1996《沥青路面施工及验收规定》作了技术要求,见表 7.4。

表 7.4　重交通道路石油沥青技术要求

试验项目 \ 标号		AH－130	AH－110	AH－90	AH－70	AH－50
针入度(25℃,100 g,5 s)/0.1 mm		120～140	100～120	80～100	60～80	40～60
延度(5 cm/min,15℃)/cm,≮		100	100	100	100	80
软化点(环球法)/℃		40～50	41～51	42～52	44～54	45～55
闪点(COC)/℃,≮		230				
溶解度(三氯乙烯)/%,≮		99.0				
含蜡量(蒸馏法)/%,≯		3				
密实(15℃)/$g\cdot cm^{-3}$		实测记录				
薄膜加热试验 163℃,5 h	质量损失/%,≯	1.3	1.2	1.0	0.8	0.6
	针入度/%,≮	45	48	50	55	58
	延度(25℃)/cm,≮	75	75	75	50	40
	延度(15℃)/cm	实测记录				

注:①有条件时,应测定沥青 60℃的动力粘度(单位为 Pa·s)及 135℃的运动粘度(单位为 mm^2/s),并在检验报告中注明。

②对高速公路、一级公路和城市快速路、主干路的沥青路面,如有需要,用户可对薄膜加热试验后的 15℃延度、粘度等指标向供方提出要求。

(3) 液体石油沥青(Lipuid petroleum bitumen)的技术要求

液体石油沥青是指在常温下呈液体状态的沥青。它可以是油分含量较高的直馏沥青,也可以是稀释剂稀释后的粘稠沥青。随稀释剂挥发速度的不同,沥青的凝结速度快慢也不同。国家标准 GB50092—1996《沥青路面施工及验收规范》规定,依据凝结速度的快慢液体石油沥青可分为快凝 AL(R)、中凝 AL(M)和慢凝 AL(S)三个等级。快凝液体沥青按粘度分为 AL(R)-1 和 AL(R)-2 两个标号,中凝和慢凝液体沥青按粘度分为 AL(M)-1~AL(M)-6 和 AL(S)-1~AL(S)-6 等各六个标号。

7.1.5 煤沥青的主要性质

煤沥青是将煤焦油进行蒸馏,蒸去水分和所有的轻油及部分中油、重油和蒽油后所得的残渣。根据蒸馏程度不同煤沥青分为低温沥青、中温沥青和高温沥青。建筑上所采用的煤沥青多为粘稠或半固体的低温沥青。

与石油沥青相比,由于两者的成分不同,煤沥青具有如下性能特点:

(1) 由固态或粘稠态转变为粘流态(或液态)的温度间隔较小,夏天易软化流淌,而冬天易脆裂,即温度敏感性较大。

(2) 含挥发性成分和化学稳定性差的成分较多,在热、阳光、氧气等长期综合作用下,煤沥青的组成变化较大,易硬脆,故大气稳定性较差。

(3) 含有较多的游离碳,塑性较差,容易因变形而开裂。

(4) 因含有蒽、酚等,故有毒性和臭味,防腐能力较好,适用于木材的防腐处理。

(5) 因含表面活性物质较多,与矿物表面的粘附力较好。

7.1.6 沥青的掺配和改性

1. 沥青的掺配

在工程中,往往一种牌号的沥青不能满足工程要求,因此常常需要用不同牌号的沥青进行掺配。在进行掺配时,为了不使掺配后的沥青胶体结构破坏,应选用表面张力相近和化学性质相似的沥青。试验证明同产源的沥青容易保证掺配后的沥青胶体结构的均匀性。所谓同源是指同属石油沥青或同属于煤沥青。当采用两种沥青时,每种沥青的配合量宜按下列公式计算

$$Q_1 = \frac{T_2 - T}{T_2 - T_1} \times 100\%$$

$$Q_2 = 100\% - Q_1$$

式中,Q_1 为较软沥青用量(%);Q_2 为较硬沥青用量(%);T 为掺配后的沥青软化点(℃);T_1 为较软沥青软化点(℃);T_2 为较硬沥青软化点(℃)。

根据估算的掺配比例和在其邻近的比例(5%~10%)进行试配(混合熬制均匀),测定掺配后沥青的软化点,然后绘制"掺配比-软化点"曲线,即可从曲线上确定所要求的掺配比例。同样地可采用针入度指标按上法进行估算及试配。

石油沥青过于粘稠需要进行稀释,通常可采用石油产品系统的轻质油类,如汽油、煤油和柴油等。

2. 改性石油沥青(Modified petroleum asphalt)

在土木工程中使用的沥青应具有一定的物理性质和粘附性。在低温条件下应有弹性

和塑性;在高温条件下要有足够的强度和稳定性;在加工和使用条件下具有抗“老化”能力;还应与各种矿料和结构表面有较强的粘附力;以及对变形的适应性和耐疲劳性。通常,石油加工厂加工制备的沥青不一定能全面满足这些要求,为此,常用橡胶、树脂和矿物填料等改性。橡胶、树脂和矿物填料等通称为石油沥青的改性材料。

(1) 橡胶改性沥青(Rubber modified asphalt)

橡胶是沥青的重要改性材料,它和沥青有较好的混溶性,并能使沥青具有橡胶的很多优点,如高温变形性小,低温柔性好。由于橡胶的品种不同,掺入的方法也有所不同,而各种橡胶沥青的性能也有差异。现将常用的几种分述如下。

① 氯丁橡胶改性沥青　沥青中掺入氯丁橡胶后,可使其气密性、低温柔性、耐化学腐蚀性、耐气候性等得到大大改善。氯丁橡胶改性沥青的生产方法有溶剂法和水乳法。溶剂法是先将氯丁橡胶溶于一定的溶剂中形成溶液,然后掺入沥青中,混合均匀即成为氯丁橡胶改性沥青。水乳法是将橡胶和石油沥青分别制成乳液,再混合均匀即可使用。

氯丁橡胶改性沥青可用于路面的稀浆封层、制作密封材料和涂料等。

② 丁基橡胶改性沥青　丁基橡胶改性沥青的配制方法与氯丁橡胶沥青类似,而且较简单一些。

将丁基橡胶碾切成小片,于搅拌条件下把小片加到 100℃ 的溶剂中(不得超过 110℃),制成浓溶液,同时将沥青加热脱水熔化成液体状沥青。通常在 100℃左右把两种液体按比例混合搅拌均匀进行浓缩 15 ~ 20 min,达到要求性能指标。丁基橡胶在混合物中的含量一般为 2% ~ 4%。同样也可以分别将丁基橡胶和沥青制备成乳液,然后再按比例把两种乳液混合即可。

丁基橡胶改性沥青具有优异的耐分解性,并有较好的低温抗裂性能和耐热性能,多用于道路路面工程、制作密封材料和涂料。

③ 热塑性弹性体(SBS)改性沥青　SBS 是热塑性弹性体苯乙烯 - 丁二烯嵌段共聚物,它兼有橡胶和树脂的特性,常温下具有橡胶的弹性,高温下又能像树脂那样熔融流动,成为可塑的材料。SBS 改性沥青具有良好的耐高温性、优异的低温柔性和耐疲劳性,是目前应用最成功和用量最大的一种改性沥青。SBS 改性沥青可采用胶体磨法或高速剪切法生产,SBS 的掺量一般为 3% ~ 10%。主要用于制作防水卷材和铺筑高等级公路路面等。

④ 再生橡胶改性沥青　再生橡胶掺入沥青中以后,同样可大大提高沥青的气密性,低温柔性,耐光、热、臭氧性,耐气候性。

再生橡胶改性沥青材料的制备是先将废旧橡胶加工成 1.5 mm 以下的颗粒,然后与沥青混合,经加热搅拌脱硫,就能得到具有一定弹性、塑性和粘结力良好的再生胶改性沥青材料。废旧橡胶的掺量视需要而定,一般为 3% ~ 15%。

再生橡胶改性沥青可以制成卷材、片材、密封材料、胶粘剂和涂料等,随着科学技术的发展,加工方法的改进,各种新品种的制品将会不断增多。

(2) 树脂改性沥青(Resin modified asphalt)

用树脂改性石油沥青,可以改进沥青的耐寒性、耐热性、粘结性和不透气性。由于石油沥青中含芳香性化合物很少,故树脂和石油沥青的相容性较差,而且可用的树脂品种也较少,常用的树脂有:古马隆树脂、聚乙烯、乙烯 - 乙酸乙烯共聚物(EVA),无规聚丙烯

APP 等。

① 古马隆树脂改性沥青　古马隆树脂又名香豆桐树脂，呈粘稠液体或固体状，浅黄色至黑色，易溶于氯化烃、酯类、硝基苯等，为热塑性树脂。

将沥青加热熔化脱水，在 150～160℃情况下把古马隆树脂放入熔化的沥青中，并不断搅拌，再把温度升至 185～190℃，保持一定时间，使之充分混合均匀，即得到古马隆树脂沥青。树脂掺量约 40%。这种沥青的粘性较大。

② 聚乙烯树脂改性沥青　在沥青中掺入 5%～10%的低密度聚乙烯，采用胶体磨法或高速剪切法即可制得聚乙烯树脂改性沥青。聚乙烯树脂改性沥青的耐高温性和耐疲劳性有显著改善，低温柔性也有所改善。一般认为，聚乙烯树脂与多蜡沥青的相容性较好，对多蜡沥青的改性效果较好。

此外，用乙烯－乙酸乙烯共聚物(EVA)、无规聚丙烯(APP)也常用来改善沥青性能，制成的改性沥青具有良好的弹塑性、耐高温性和抗老化性，多用于防水卷材、密封材料和防水涂料等。

(3) 橡胶和树脂改性沥青(Rubber and resin modified asphalt)

橡胶和树脂同时用于改善沥青的性质，使沥青同时具有橡胶和树脂的特性，且树脂比橡胶便宜，橡胶和树脂又有较好的混溶性，故效果较好。

橡胶、树脂和沥青在加热融熔状态下，沥青与高分子聚合物之间发生相互侵入和扩散，沥青分子填充在聚合物大分子的间隙内，同时聚合物分子的某些链节扩散进入沥青分子中，形成凝聚的网状混合结构，故可以得到较优良的性能。

配制时，采用的原材料品种、配比、制作工艺不同，可以得到很多性能各异的产品。主要有卷、片材，密封材料，防水涂料等。

(4) 矿物填充料改性沥青(Mineral admixture modified asphalt)

为了提高沥青的粘结能力和耐热性，降低沥青的温度敏感性，经常加入一定数量的矿物填充料。

① 矿物填充料的品种　常用的矿物填充料大多是粉状的和纤维状的，主要的有滑石粉、石灰石粉、硅藻土和石棉等。

滑石粉　主要化学成分是含水硅酸镁($3MgO \cdot 4SiO_2 \cdot H_2O$)，亲油性好(憎水)，易被沥青润湿，可直接混入沥青中，以提高沥青的机械强度和抗老化性能，可用于具有耐酸、耐碱、耐热和绝缘性能的沥青制品中。

石灰石粉　主要成分为碳酸钙，属亲水性的岩石，但其亲水程度比石英粉弱，而最重要的是石灰石粉与沥青有较强的物理吸附力和化学吸附力，故是较好的矿物填充料。

硅藻土　它是软质多孔而轻的材料，易磨成细粉，耐酸性强，是制作轻质、绝热、吸音的沥青制品的主要填料。膨胀珍珠岩粉有类似的作用，故也可作沥青的矿物填充料。

石棉绒或石棉粉　它的主要组成为钠、钙、镁、铁的硅酸盐，呈纤维状，富有弹性，具有耐酸、耐碱和耐热性能，是热和电的不良导体，内部有很多微孔，吸油(沥青)量大，掺入后可提高沥青的抗拉强度和热稳定性。

此外，白云石粉、磨细砂、粉煤灰、水泥、高岭土粉、白垩粉等也可作沥青的矿物填充料。

② 矿物填充料的作用机理　沥青中掺入矿物填充料后，能被沥青包裹形成稳定的混合物。一要沥青能润湿矿物填充料；二要沥青与矿物填充料之间具有较强的吸附力，并不为水所剥离。

一般具有共价键或分子键结合的矿物属憎水性，如滑石粉等，对沥青的亲合力大于对水的亲合力，故滑石粉颗粒表面所包裹的沥青即使在水中也不会被水所剥离。

另个，具有离子键结合的矿物如碳酸盐、硅酸盐等，属亲水性矿物，即有憎油性。但是，因沥青中含有酸性树脂，它是一种表面活性物质，能够与矿物颗粒表面产生较强的物理吸附作用。如石灰石粉颗粒表面上的钙离子和碳酸根离子，对树脂的活性基团有较大的吸附力，还能与沥青酸或环烷酸发生化学反应形成不溶于水的沥青酸钙或环烷酸钙，产生了化学吸附力，故石灰石粉与沥青也可形成稳定的混合物。

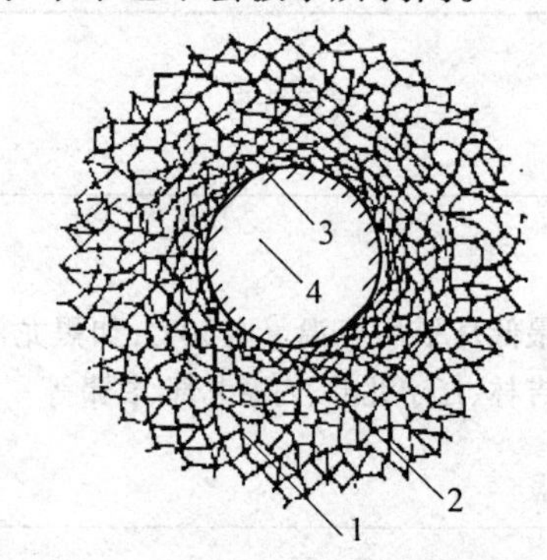

图 7.1　沥青与矿粉相互作用的结构图

1—自由沥青；2—结构沥青；3—钙质薄膜；4—矿粉颗粒

从以上分析可以认为，由于沥青对矿物填充料的润湿和吸附作用，沥青可能成单分子状排列在矿物颗粒（或纤维）表面，形成结合力牢固的沥青薄膜，有的将它称为结构沥青，如图 7.1 所示。结构沥青具有较高的粘性和耐热性等。因此，沥青中掺入的矿物填充料的数量要适当，以形成恰当的结构沥青膜层。

7.2　沥青混合料

沥青混合料是由矿料（粗集料、细集料和填料）与沥青拌和而成的混合料。通常，它包括沥青混凝土混合料和沥青碎（砾）石混合料两类。沥青混合料按集料的最大粒径，分为特粗式、粗粒式、中粒式、细粒式和砂粒式沥青混合料；按矿料级配，分为密级配沥青混凝土混合料、半开级配沥青混合料、开级配沥青混合料和间断级配沥青混合料；按施工条件，分为热拌热铺沥青混合料、热拌冷铺沥青混合料和冷拌冷铺沥青混合料。

沥青混合料是一种粘弹塑性材料，具有良好的力学性能，一定的高温稳定性和低温柔性，修筑路面不需设置接缝，行车较舒适。而且施工方便、速度快，能及时开放交通，并可再生利用。因此是高等级道路修筑中的一种主要路面材料。

7.2.1　沥青混合料的组成材料（Composite materials of bituminous mixture）

沥青混合料的组成材料主要有沥青和矿料。矿料指用于沥青混合料的粗集料、细集料和填料的总称。为了保证混合料的技术性质，首先要正确选择符合质量要求的组成材料。

1. 沥青材料（Bituminous materials）

沥青路面的沥青材料可根据交通量、气候条件、施工方法、沥青面层类型、材料来源等情况选用。改性沥青应经过试验论证取得经验后使用。

道路石油沥青适用于各类沥青面层。用于高速公路、一级公路的重交通道路石油沥青和用于一般公路的中、轻交通道路石油沥青应符合表7.3和表7.4规定的质量要求。所用的沥青标号,宜根据地区气候条件、施工季节气温、路面类型、施工方法等按表7.5选用。

表7.5 各类沥青路面选用的石油沥青标号

气候分区		沥青路面类型			
		沥青表面自治	沥青贯入式及上拌下贯式	沥青碎石	沥青混凝土
寒区	最低月平均气温 < -10℃,如黑龙江、吉林、辽宁北部、内蒙北部、甘肃等	A-140 A-180 A-200	A-140 A-180 A-200	AH-90 AH-110 AH-130 A-100 A-140	AH-90 AH-110 AH-130 A-100 A-140
温区	最低月平均气温 -10~0℃,如辽宁南部、内蒙南部、山东、安徽北部等	A-100 A-140 A-180	A-100 A-140 A-180	AH-90 AH-110 A-100 A-140	AH-70 AH-90 A-60 A-100
热区	最低月平均气温 > 0℃,如广东、广西、海南、福建、安徽南部、江苏南部等	A-60 A-100 A-140	A-60 A-100 A-140	AH-50 AH-70 AH-90 A-100 A-60	AH-50 AH-70 A-100 A-60

路面各层可采用相同标号的沥青,也可采用不同标号沥青。面层的上层宜用较稠的沥青,下层或联结层宜采用较稀的沥青。对渠化交通的道路,宜采用较稠的沥青。当沥青标号不符合使用要求时,可采用几种不同标号掺配的混合沥青,其掺配比例由试验确定。

用于道路的乳化石油沥青、液体石油沥青和煤沥青也应符合相应质量标准。

2. 粗集料(Coarse aggregate)

粗集料是经加工(轧碎、筛分)而成的粒径大于2.36 mm的碎石、碎砾石(由砾石经碎石机破碎加工而成的具有一个以上破碎面的石料)、筛选砾石、矿渣等集料。

沥青面层用粗集料的质量要符合国家标准GB50092—1996《沥青路面施工及验收规范》的要求,见表7.6。

表 7.6　沥青面层用粗集料质量要求

指　　标	高速公路、一级公路 城市快速路、主干路	其他等级公路 与城市道路
石料压碎值/%,≯	28	30
洛杉机磨耗损失/%≯	30	40
视密度/t/m³,≮	2.5	2.15
吸水率/%,≯	2.0	3.0
对沥青的粘附性,≮	4 级	3 级
坚固性/%,≯	12	–
细长扁平颗粒含量/%,≯	15	20
水洗法 < 0.075 mm 颗粒含量/%,≯	1	1
软石含量/%,≯	5	5
石料磨光值/BPN,≮	42	实测
石料冲击值/%,≯	28	实测
破碎砾石的破碎面积/%,≮		
拌和的沥青混合料路面表面层	90	40
中下面层	50	40
贯入式路面	–	40

注:①坚固性试验可根据需要进行;坚固性试验是以规定数量的集料,分别装入金属网篮中,浸入饱和硫酸钠溶液中进行干湿循环试验。经一定的循环次数后,观察其表面破坏情况,并用质量损失百分率来表示其坚固性。

②当粗集料用于高速公路、一级公路和城市快速路、主干路时,多孔玄武岩的视密度可放宽至2.45t/m³,吸水率可放宽至3%,并应得到主管部门的批准。

③石料磨光值是为高速公路、一级公路和城市快速路、主干路的表层抗滑需要而试验的指标,石料冲击值可根据需要进行。其他公路与城市道路如需要时,可提出相应的指标值。

④钢渣的游离氧化钙的含量不应大于3%,浸水后的膨胀率不应大于2%。

粗集料应具有良好的颗粒形状,用于道路沥青面层的碎石不宜采用颚式破碎机加工。路面抗滑表层粗集料应选用坚硬、耐磨、抗冲击性好的碎石或碎砾石,不得使用砾石、矿渣及软质集料。用于高速公路、一级公路沥青路面表面层及各类公路抗滑表面层的粗集料还应满足一定的抗滑性要求。

筛选砾石仅适用于三级及三级以下公路的沥青表面层或拌和法施工的沥青面层的下面层,不得用于贯入式路面及拌和法施工的沥青面层的中、上面层。

钢渣只能适用三级或三级以下的公路,刚出炉的钢渣可能存在活性,为避免路面在使用过程中发生遇水膨胀的鼓包破坏现象,钢渣须在破碎后存放 6 个月以上方可使用。

沥青混合料的粗集料一般是用碱性石料加工制得的,因为碱性石料与沥青具有良好的粘结性。在缺少碱性石料的情况下,也可采用酸性石料代替,酸性集料化学成分中以硅、铝等亲水矿物为主,与沥青粘结性较差,用于沥青混合料时易受水的影响造成沥青膜

剥离，但其他性质一般较好，在使用时应对沥青或粗集料进行适当的处理，以增加混合料的粘聚力。常用酸性集料有花岗岩、石英岩、砂岩、片麻岩、角闪岩等。

3．细集料(Fine aggregate)

用于配制沥青混合料的细集料的粒径比水泥混凝土细集料更细，要求粒径小于2.36 mm，它们包括天然砂、机制砂及石屑。

天然砂：岩石经风化、搬运等作用后形成的粒径小于2.36 mm的颗粒部分。

机制砂：由碎石及砾石反复破碎加工至粒径小于2.36 mm的部分，亦称人工砂。

石屑：采石场加工碎石时通过规格为4.75 mm的筛子的筛下部分集料的统称。

将石屑全部或部分代替砂拌制沥青混合料的做法在我国甚为普遍，这样可以充分利用碎石下脚料。但应注意，石屑与人工破碎的机制砂有本质区别，石屑大部分为石料破碎过程中表面剥落或撞下的棱角，强度很低且扁片含量及碎土比例很大，用于沥青混合料时势必影响质量，在使用过程中也易进一步压碎细粒化，因此用于高速公路、一级公路沥青混凝土面层及抗滑表层的石屑的用量不宜超过天然砂及机制砂的用量。

沥青面层用细集料的质量要符合国家标准GB50092—1996《沥青路面施工及验收规范》的要求，见表7.7。

细集料应洁净、干燥、无风化、无杂质，并且与沥青具有良好的粘结力。与沥青粘结性能很差的天然砂及用花岗岩、石英等酸性石料破碎的机制砂或石屑不宜用于高速公路、一级公路沥青面层。

表7.7　沥青面层用细集料质量要求

指标	高速公路、一级公路 城市快速路、主干路	其他等级公路 与城市道路
视密度/(t/m^3)，≮	2.50	2.45
坚固性(>0.3 mm部分)/%，≯	12	-
砂当量/%，≯	60	50

注：①坚固性试验可根据需要进行。

②当进行砂当量试验有困难时，也可用水洗法测定小于0.075 mm部分的含量(仅适用于天然砂)，对高速公路、一级公路和城市快速路、主干路要求含量不大于3%，对其他公路与城市道路要求含量不大于5%。

4．填料

填料是指在沥青混合料中起填充作用的粒径小于0.075 mm的矿物质粉末。沥青混合料的填料常采用石灰岩或岩浆岩中的强基性岩石等憎水性石料经磨细得到的矿粉。矿粉要求洁净、干燥，并且与沥青具有较好的粘结性。矿粉的亲水系数要小于1。矿粉的亲水系数是将通过0.075 mm筛的矿粉各取5 g分别置于水及煤油的量筒中，经24 h后观察其体积比值，要求在水中的体积小于在煤油中的体积。也可以由石灰、水泥、粉煤灰作为填料，但用这些物质作填料时，其用量不宜超过矿料总量的2%。在使用粉煤灰时应经试验确认掺粉煤灰的沥青混合料是否具有良好的粘结力和水稳性，所用粉煤灰的用量不宜超过填料总量的50%。粉煤灰的烧失量应小于12%，塑性指数应小于4%，其余要求与矿

粉相同。目前暂规定仅在二级及二级以下的其他等级公路中使用，不得用于高速公路和一级公路。

7.2.2 沥青混合料的结构（Structure of bitumiuous mixture）

沥青混合料是由沥青、粗细集料和矿粉按一定比例拌和而成的一种复合材料。按矿质骨架的结构状况，其组成结构分为以下三个类型。

1. 悬浮密实结构（Dense-suspended structure）

当采用连续密级配矿质混合料与沥青组成的沥青混合料时，矿料由大到小形成连续级配的密实混合料，由于粗集料的数量较少，细集料的数量较多，较大颗粒被小一档颗粒挤开，使粗集料以悬浮状态存在于细集料之间如图 7.2(a)所示，这种结构的沥青混合料虽然密实度和强度较高，但稳定性较差。

2. 骨架空隙结构（Framework-interstice structure）

当采用连续升级配矿质混合料与沥青组成的沥青混合料时，粗集料较多，彼此紧密相接，细集料的数量较少，不足以充分填充空隙，形成骨架空隙结构如图 7.2(b)所示。沥青碎石混合料多属此类型。这种结构的沥青混合料，粗骨料能充分形成骨架，骨料之间的嵌挤力和内摩阻力起重要作用；因此，这种沥青混合料受沥青材料性质的变化影响较小，因而热稳定性较好，但沥青与矿料的粘结力较小，空隙率大、耐久性较差。

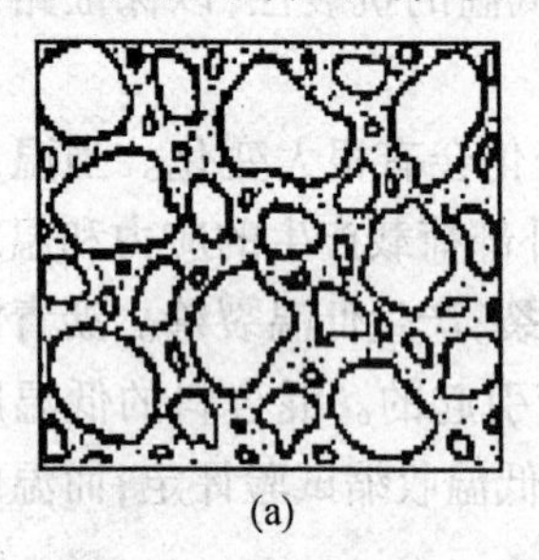
(a)

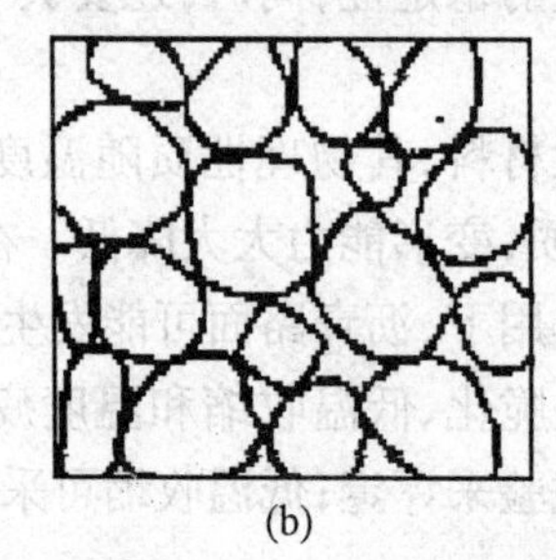
(b)

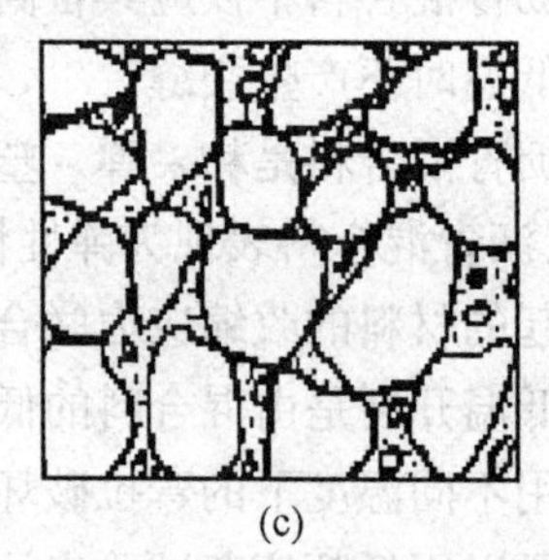
(c)

图 7.2 沥青混合料组成结构示意图

3. 骨架密实结构（Dense-framework structure）

采用间断型级配矿质混合料与沥青组成的沥青混合料时，是综合以上两种结构之长的一种结构，它既有一定数量的粗骨料形成骨架，又根据粗集料空隙的多少加入细集料，形成较高的密实度，如图 7.2(c)所示。这种结构的沥青混合料的密实度、强度和稳定性都较好，是一种较理想的结构类型。

7.2.3 沥青混合料的技术性质（Technical properties of bituminous mixture）

沥青混合料作为沥青路面的面层材料，承受车辆行驶反复荷载和气候因素的作用，而胶凝材料沥青具有粘－弹－塑性的特点；因此，沥青混合料应具有抗高温变形、抗低温脆裂、抗滑、耐久等技术性质以及施工和易性。

1. 高温稳定性（High temperature stability）

沥青混合料的高温稳定性是指在高温条件下，沥青混合料承受多次重复荷载作用而不发生过大的累积塑性变形的能力。高温稳定性良好的沥青混合料在车轮引起的垂直力和水平力的综合作用下，能抵抗高温的作用，保持稳定而不产生车辙和波浪等破坏现象。

沥青混合料的高温稳定性，通常采用高温强度与稳定性作为主要技术指标。常用的测试评定方法有：马歇尔试验法、无侧限抗压强度试验法、史密斯三轴试验法等。

马歇尔试验法比较简便，既可以用于混合料的配合比设计，也便于工地现场质量检验，因而得到了广泛应用，我国国家标准也采用了这一方法。但该方法仅适用于热拌沥青混合料。尽管马歇尔试验方法简便，但多年的实践和研究认为，马歇尔试验用于混合料配合比设计决定沥青用量和施工质量控制，并不能正确地反映沥青混合料的抗车辙能力，因此，在国家标准（GB50092—1996）中规定：对用于高速公路、一级公路和城市快速路等沥青路面的上面层和中面层的沥青混合料，在进行配合比设计时，应通过车辙试验对抗车辙能力进行检验。

马歇尔试验通常测定的是马歇尔稳定度和流值，马歇尔稳定度是指标准尺寸试件在规定温度和加荷速度下，在马歇尔仪中的最大破坏荷载（kN）；流值是达到最大破坏荷载时试件的垂直变形（0.1 mm）。车辙试验测定的是动稳定度，沥青混合料的动稳定度是指标准试件在规定温度下，一定荷载的试验车轮在同一轨迹上在一定时间内反复行走（形成一定的车辙深度）产生 1 mm 变形所需的行走次数（次/ mm）。

2．低温抗裂性（Low temperature crack resistance）

沥青混合料不仅应具备高温的稳定性，同时，还要具有低温的抗裂性，以保证路面在冬季低温时不产生裂缝。

沥青混合料是粘－弹－塑性材料，其物理性质随温度变化会有很大变化。当温度较低时，沥青混合料表现为弹性性质，变形能力大大降低。在外部荷载产生的应力和温度下降引起的材料的收缩应力联合作用下，沥青路面可能发生断裂，产生低温裂缝。沥青混合料的低温开裂是由混合料的低温脆化、低温收缩和温度疲劳引起的。混合料的低温脆化一般用不同温度下的弯拉破坏试验来评定；低温收缩可采用低温收缩试验评定；而温度疲劳则可以用低频疲劳试验来评定。

3．耐久性（Durability）

沥青混合料在路面中，长期受自然因素（阳光、热、水分等）的作用，为使路面具有较长的使用年限，必须具有较好的耐久性。

沥青混合料的耐久性与组成材料的性质和配合比有密切关系。首先，沥青在大气因素作用下，组分会产生转化，油分减少，沥青质增加，使沥青的塑性逐渐减小，脆性增加，路面的使用品质下降。其次，以耐久性考虑，沥青混合料应有较高的密实度和较小的空隙率，但是，空隙率过小，将影响沥青混合料的高温稳定性，因此，在我国的有关规范中，对空隙率和饱和度均提出了要求。

目前，沥青混合料耐久性常用浸水马歇尔试验或真空饱水马歇尔试验评价。

4．抗滑性（Skid resistance）

随着现代交通车速不断提高，对沥青路面的抗滑性提出了更高的要求。沥青路面的抗滑性能与集料的表面结构（粗糙度）、级配组成、沥青用量等因素有关。为保证抗滑性能，面层集料应选用质地坚硬具有棱角的碎石，通常采用玄武岩。采取适当增大集料粒径、减少沥青用量及控制沥青的含蜡量等措施，均可提高路面的抗滑性。

5．施工和易性(Construction workability)

沥青混合料应具备良好的施工和易性,使混合料易于拌和、摊铺和碾压施工。影响施工和易性的因素很多,如气温、施工机械条件及混合料性质等。

从混合料的材料性质看,影响施工和易性的是混合料的级配和沥青用量。如粗、细集料的颗粒大小相差过大,缺乏中间尺寸的颗粒,混合料容易分层层积;如细集料太少,沥青层不容易均匀地留在粗颗粒表面;如细集料过多,则使拌和困难。如沥青用量过少,或矿粉用量过多时,混合料容易出现疏松,不易压实;如沥青用量过多,或矿粉质量不好,则混合料粘结成块,不易摊铺。

7.2.4 矿质混合料的配合比设计(Mix design of mineral mixture)

1．矿质混合料的级配理论(Grading theory of mineral mixture)

各种不同粒径的集料,按一定比例搭配,可达到较小的空隙率或较大的内摩擦力。集料的级配有连续级配和间断级配两类。

级配理论主要有最大堆积密度理论和粒子干涉理论,常用的是最大堆积密度理论。

(1) 富勒理论(Fuller's theory)

富勒(W.B.Fuller)根据试验提出一种理想级配,认为级配曲线越接近抛物线则堆积密度越大。最大堆积密度曲线可表示为下式

$$P_i^2 = Kd_i$$

式中,P_i 为集料各级粒径的通过百分率(%);K 为常数;d_i 为集料各级粒径(mm)。

当粒径 d_i 等于最大粒径 D 时,集料的通过百分率等于100%,即可由 $100^2 = K \times D$ 得到最大堆积密度理想曲线的级配组成计算式

$$P_i = 100(\frac{d_i}{D})^{0.5}$$

(2) 泰波理论(Talbal's Theory)

泰波(A.N.Talbal)认为富勒曲线是一种理想曲线,实际集料的级配应该允许在一定范围内波动。将富勒曲线用一般通式表达为泰波公式

$$P_i = 100(\frac{d_i}{D})^n$$

式中,n 为试验指数。

从泰波公式可看出,当 $n = 1/2$ 时,级配曲线为富勒曲线。有关研究认为,沥青混合料中,$n = 0.45$ 时,密实度最大。

(3) 我国简化公式

我国在实践的基础上,提出直接以通过百分率的递减率 i 为参数的计算公式,即

$$P = 100(i)^{x-1}$$

式中,P 为第 x 级通过百分率(%);i 为通过百分率的递减率,集料中最大粒径为 D 时,其通过百分率为100%;$d = D/2$ 时,其通过量为 $100i\%$;$d = D/4$ 时,通过量为 $100i^2\%$,以此类推;x 为粒径由大到小的顺序号,当最大粒径为 D 时,$x = 1$;粒径按1/2递减,$D/2$ 时,$x = 2$;$D/4$ 时,$x = 3$,以此类推。

这种方法计算简单,从最大粒径 D 为100%开始,不断乘以 i 值即可得出后一级通过

百分率。直接应用计算所得数据可绘制级配曲线。利用上式计算各级粒径通过百分率与泰波公式所得结果十分接近。

2. 矿质混合料配合比设计方法(Mix design method of mineral mixture)

矿料的配合比计算是让各种矿料以最佳比例相混合,从而在加入沥青后,使沥青混合料既密实,又有一定的空隙,供夏季沥青的膨胀。矿料配合比计算按下面步骤进行。

(1) 根据道路等级、路面类型及所处的结构层等选择适用的沥青混合料类型,按表7.8确定矿料级配范围。

(2) 由各种矿料的筛分曲线计算配合比例,合成的矿料级配应符合表7.8的规定。矿料的配合比计算宜借助计算机进行,也可图解法确定。合成的级配应符合下列要求:

① 应使包括0.075 mm、2.36 mm、4.75 mm筛孔在内的较多筛孔的通过量接近设计级配范围的中值。

② 对交通量大、轴载重的道路,宜偏向级配范围的下(粗)限。对中、小交通量或人行道路等宜偏向级配范围的上(细)限。

(3) 合成的级配曲线应接近连续或有合理的间断级配,不得有过多的犬牙交错。当经过再三调整,仍有两个以上的筛孔超出级配范围时,应对原材料重新设计。

【例7.1】 矿质混合料配合比计算例题(图解法)。

试用图解法设计某高速公路用细沥青混凝土矿质混合料的配合比。

【原始资料】

(1) 现有碎石、石屑、砂和矿粉四种矿料,筛析试验得到各粒径通过百分率列于表7.9。

表7.9 原有矿质集料级配表

材料名称	通过下列筛孔(方孔筛/mm)的质量百分率/%									
	16.0	13.2	9.5	4.75	2.36	1.18	0.6	0.3	0.15	0.07
碎石	100	93	17	0						
石屑	100	100	100	84	14	8	4	0	·	
砂	100	100	100	100	92	82	42	21	11	4
矿粉	100	100	100	100	100	100	100	100	96	87

(2) 设计级配范围按GB50092—1996《沥青路面施工及验收规范》细粒式沥青混凝土混合料要求,其级配范围和中值列于表7.10。

表7.10 矿质混合料要求级配范围和中值

级配名称		通过下列筛孔(方孔筛/mm)的质量百分率/%									
		16.0	13.2	9.5	4.75	2.36	1.18	0.6	0.3	0.15	0.07
上面细粒式(AC-13 I)(GB50092—1996)	级配范围	100	95~100	70~88	48~68	36~53	24~41	18~30	12~22	8~16	4~8
	级配中值	100	98	79	58	45	33	24	17	12	6

表 7.8　沥青混合料矿料级配及沥青用量范围(方孔筛)

级配类型		通过下列筛孔(方孔筛,mm)的质量百分率															沥青用量/%
		53.0	37.5	31.5	26.5	19.0	16.0	13.2	9.5	4.75	2.36	1.18	0.6	0.6	0.15	0.075	
粗粒	AC—30I		100	90~100	79~92	66~82	59~77	52~72	43~63	32~52	25~42	18~32	13~25	8~18	5~13	3~7	4.0~6.0
	Ⅱ		100	90~100	65~85	52~70	45~65	38~58	30~50	18~38	12~28	8~20	4~14	3~11	2~7	1~5	3.0~5.0
	AC—25I			100	95~100	75~90	62~80	53~73	43~63	32~52	25~42	18~32	13~25	8~18	5~13	3~7	4.0~6.0
	Ⅱ			100	90~100	65~85	52~70	42~62	32~52	20~40	13~30	9~23	6~16	4~12	3~8	2~5	3.0~5.0
中粒	AC—20I				100	95~100	75~90	62~80	52~72	38~58	28~46	20~34	15~27	10~20	6~14	4~8	4.0~6.0
	Ⅱ				100	90~100	65~85	52~70	40~60	26~45	16~33	11~25	7~8	4~13	3~9	2~5	3.5~5.5
	AC—16I					100	95~100	75~90	58~78	42~63	32~50	22~37	16~28	11~21	7~15	4~8	4.0~6.0
	Ⅱ					100	90~100	65~85	50~70	30~50	18~35	12~26	7~19	4~14	3~9	2~5	3.5~5.5
细粒	AC—13I						100	95~100	70~88	48~68	36~53	24~41	18~30	12~22	8~16	4~8	4.5~6.5
	Ⅱ						100	90~100	60~80	34~52	22~38	14~28	8~20	5~14	3~10	2~6	4.0~6.0
	AC—10I							100	95~100	55~75	38~58	26~43	17~33	10~24	6~16	4~9	5.0~7.0
	Ⅱ							100	90~100	40~60	24~42	15~30	9~22	6~15	4~10	2~6	4.5~6.5
砂粒	AC~5I								100	90~100	55~75	35~55	20~40	12~28	7~18	5~10	6.0~8.0
特粗	AM—40	100	90~100	50~80	40~65	30~54	25~50	20~45	13~38	5~25	2~15	0~10	0~8	0~6	0~5	0~4	2.5~4.0
粗粒	AM—30		100	90~100	50~80	38~65	32~57	25~50	17~42	8~30	2~20	0~15	0~10	0~8	0~5	0~4	2.5~4.0
	AM—25			100	90~100	50~80	43~73	38~65	25~55	10~32	2~20	0~14	0~10	0~8	0~6	0~5	3.0~4.5
中粒	AM—20				100	90~100	60~85	50~75	40~65	15~40	5~22	2~16	1~12	0~10	0~8	0~5	3.0~4.5
	AM—16					100	90~100	60~85	45~68	18~42	6~25	3~18	1~14	0~10	0~8	0~5	3.0~4.5
细粒	AM—13						100	90~100	50~80	20~45	8~28	4~20	2~16	0~10	0~8	0~6	3.0~4.5
抗滑	AK—13A						100	90~100	60~80	30~53	20~40	15~30	10~23	7~18	5~12	4~8	3.5~5.5
表层	AK—13B						100	85~100	50~70	18~40	10~30	8~12	5~15	3~12	3~9	2~6	3.5~5.5
	AK—16					100	90~100	60~82	45~70	25~45	15~35	10~25	8~18	6~13	4~10	3~7	3.5~5.5

【计算要求】

(1) 图解法要求级配中值呈一直线,因此纵坐标的通过量(P_1)仍为算术坐标,而横坐标的粒径采用(d_i/D)表示,则级配曲线中值呈直线。根据规范的级配中值(表 7.9)绘出该直线。

(2) 将各原有矿质材料筛析结果(如表 7.9)在图上绘出级配曲线。按图解法求出各种材料在混合料中的用量。

(3) 按图解法求得的各种材料用量计算合成级配,并校核其是否符合技术规程的要求,如不符合应调整级配重新计算。

【计算步骤】

(1) 绘制级配曲线图(如图 7.3),在纵坐标上按算术坐标绘出通过量百分率。

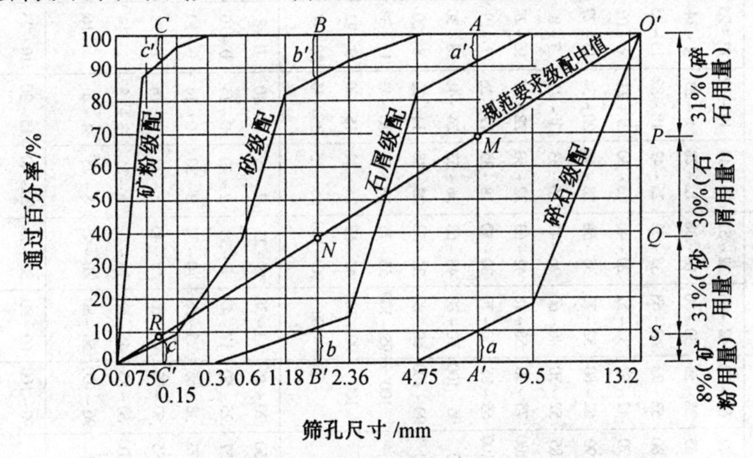

图 7.3 各组成材料和要求混合料级配图

(2) 连对角线 OO',表示规范要求的级配中值。在纵坐标上标出规范(GB50092—1996)规定的细粒式混合料(AC-13 I)各筛孔的要求通过百分率,作水平线与对角线相交 OO',再从各交点作垂直线交于横坐标上,确定各筛孔在横坐标上的位置。

(3) 将碎石、石屑、砂和矿粉的级配曲线绘于图 7.3 上。

(4) 在碎石和石屑级配曲线相重叠部分作一垂直线 AA',使垂线截取二级配曲线的纵坐标值相等(即 $\alpha=\alpha'$)。自垂线 AA' 与对角线交点 M 引一水平线,与纵坐标交于 P 点,$O'P$ 的长度 $X=31\%$,即为碎石的用量。

同理,求出石屑的用量 $Y=30\%$,砂的用量 $Z=31\%$,则矿粉用量 $W=8\%$。

(5) 根据图解法求得的各集料用量百分率,列表进行校核计算如表 7.11。

从表 7.11 可以看出,按碎石:石屑:砂:矿粉 = 31%:30%:31%:8% 比例计算结果,合成级配中筛孔 0.3 mm 和 0.6 mm 的通过量偏低,筛孔 0.075 mm 的通过量偏高,且呈据齿状。

(6) 由于图解法的各种材料用量比例是根据部分筛孔确定的,所以不能控制所有筛孔。通常需要调整修正,才能达到满意的结果。

通过试算现采用减少粗石屑的用量、增加砂的用量和减少矿粉用量的方法来调整配合比。经调整后的配合比为碎石用量 $x=31\%$;石屑用量 $y=26\%$;砂的用量 $z=37\%$;则

矿粉用量 $w=6\%$。按此配合比计算如表 7.11 中括号内数值。

表 7.11　矿质混合料配合比计算表

材料名称		通过下列筛孔(方孔筛/mm)的质量百分率/%									
		16.0	13.2	9.5	4.75	2.36	1.18	0.6	0.3	0.15	0.075
原材料级配	碎石 100%	100	93	17	0						
	石屑 100%	100	100	100	84	14	8	4	0		
	砂 100%	100	100	100	100	92	82	42	21	11	4
	矿粉 100%	100	100	100	100	100	100	100	100	96	87
各种矿料在混合料中的级配	碎石 31% (31%)	31.0 (31.0)	28.8 (28.8)	5.3 (6.3)	0 (0)						
	石屑 30% (26%)	30.0 (26.0)	30.0 (26.0)	30.0 (30.0)	25.2 (21.8)	4.2 (3.6)	2.4 (2.1)	1.2 (1.1)	0 (0)		
	砂 31% (37%)	31.0 (37.0)	31.0 (37.0)	31.0 (37.0)	31.0 (31.0)	28.5 (34.0)	25.4 (30.3)	13.0 (15.5)	6.5 (7.8)	3.4 (4.1)	1.2 (1.5)
	矿粉 8% (6%)	8.0 (6.0)	8.0 (6.0)	8.0 (6.0)	8.0 (6.0)	8.0 (6.0)	8.0 (6.0)	8.0 (6.0)	8.0 (6.0)	7.9 (5.8)	7.0 (5.2)
合成级配		100 (100)	97.8 (97.8)	74.3 (74.3)	58.8 (64.2)	40.7 (43.6)	35.8 (38.4)	22.2 (22.6)	14.5 (13.8)	11.3 (9.9)	8.2 (6.7)
GB50092—1996 要求 AC－13 I 级配范围		100	95～100	70～88	48～68	36～53	24～41	18～30	12～22	8～16	4～8

(7) 将表 7.11 计算得到合成级配通过百分率，绘于规范要求级配曲线中，如图 7.4。从图中可以看出，合成级配曲线在规范要求的级配范围之内，并且接近中值，呈一光滑平顺的曲线。确定矿质混合料配合比为碎石:石屑:砂:矿粉 = 31:26:37:6。

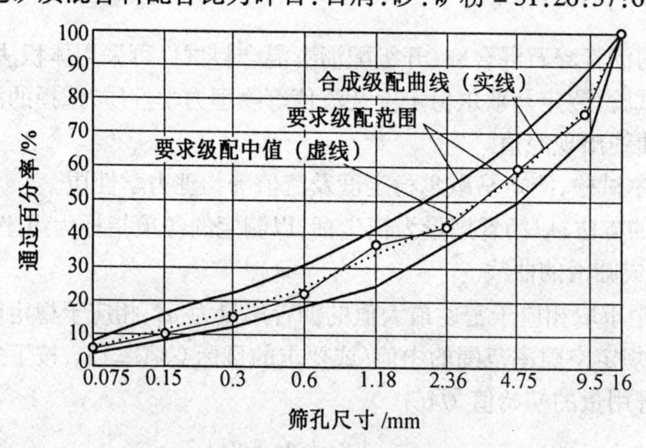

图 7.4　要求级配曲线和合成级配曲线

7.2.5　沥青混合料的配合比设计(Mix design method of bituminous mixture)

热拌沥青混合料广泛应用于各种等级道路的沥青面层，其配合比设计的任务就是通过确定粗集料、细集料、矿粉和沥青之间的比例关系，使沥青混合料的强度、稳定性、耐久

性、平整度等各项指标均达到工程要求。

热拌沥青混合料配合比设计应包括三个阶段:目标配合比设计阶段、生产配合比设计阶段、生产配合比验证阶段。

1. 目标配合比设计阶段

选择足够的沥青和矿料试样。矿料(粗集料、细集料和填料)应进行筛分,得出各种矿料的筛分曲线。还应测定粗集料、细集料、填料及沥青的相对密度。

目标配合比设计阶段采用工程实际使用的材料计算各种材料的用量比例,配合成的矿料级配应符合表 7.8 的规定,并应通过马歇尔试验确定最佳沥青用量。

(1) 矿料配合比计算

矿料的配合比是让各种矿料以最佳比例相混合,从而在加入沥青后,使沥青混凝土既密实,又有一定的空隙,供夏季沥青的膨胀。矿料配合比计算按上节步骤进行。

(2) 沥青最佳用量的确定

沥青最佳用量根据马歇尔试验按下列步骤确定:

① 根据表 7.8 中所列的沥青用量范围及实践经验,估计适宜的沥青用量(或油石比例)。

② 以估计沥青用量为中值,按 0.5%间隔变化,取 5 个不同的沥青用量,用小型拌和机与矿料拌和,按规定的击实次数成型马歇尔试件,按下列规定的试验方法,测定试件的密实度,并计算空隙率、沥青饱和度、矿料间隙率等物理指标,进行体积组成分析。

I 型沥青混合料试件应采用水中重法测定。

表面较粗但较密实的 I 型或 II 型沥青混合料、使用了吸收性集料的 I 型沥青混合料试件应采用表干法测定。

吸收率大于 2% 的 I 型或 II 型沥青碎石混合料等不能用表干法测定的试件应采用蜡封法测定。

空隙率较大的沥青碎石混合料、开级配沥青混合料试件可采用体积法测定。

进行马歇尔试验,测定马歇尔稳定度及流值等物理力学性质,选择的沥青用量范围应使密度及稳定度曲线出现峰值。

③ 进行马歇尔试验,测定马歇尔稳定度及流值等物理力学性质。

④ 按图 7.5 的方法,以沥青用量为横坐标,以测定的各项指标为纵坐标,分别将试验结果点入图中,连成圆滑的曲线。

⑤ 从图 7.5 中求取相应于密度最大值的沥青用量为 a_1,相应于稳定度最大值的沥青用量 a_2 及相应于规定空隙率范围的中值(或要求的目标空隙率)a_3,按下式求取三者的平均值作为最佳沥青用量的初始值 OAC_1

$$OAC_1 = \frac{(a_1 + a_2 + a_3)}{3}$$

⑥ 求出各项指标均符合表 7.8 沥青混合料技术标准的沥青用量范围 $OAC_{\min}$ ~ $OAC_{\max}$,按下式求取中值 OAC_2

$$OAC_2 = \frac{OAC_{\min} + OAC_{\max}}{2}$$

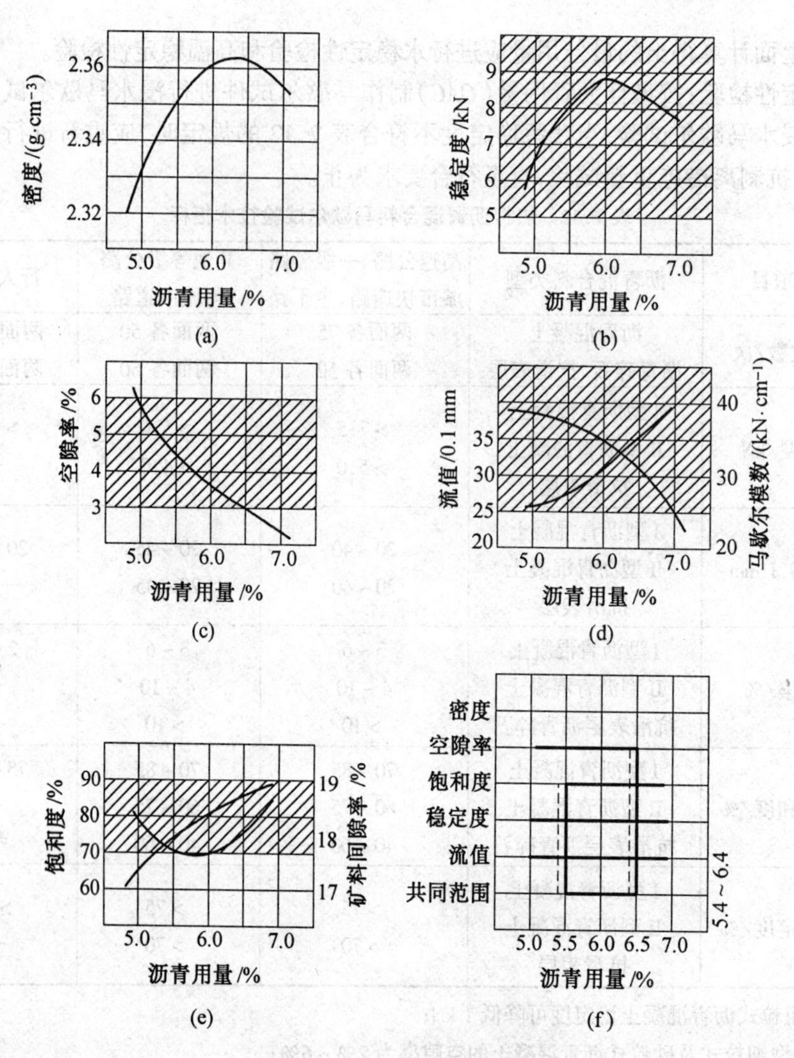

图7.5　马歇尔试验结构示例

⑦ 按最佳沥青用量初始值 OAC_1，在图7.5中求取相应的各项指标值，当各项指标均符合表7.9规定的马歇尔设计配合比技术标准时，由 OAC_1 及 OAC_2 综合决定最佳沥青用量（OAC）。当不能符合表7.9的规定时，应调整级配，重新进行配合比设计，直至各项指标均能符合要求为止。

8）由 OAC_1 及 OAC_2 综合决定最佳沥青用量（OAC）时，宜根据实践经验和道路等级、气候按下列步骤进行：

A.一般可取 OAC_1 及 OAC_2 的中值作为最佳沥青用量（OAC）

B.对道路以及车辆渠化交通的高速公路、一级公路、城市快速路、主干路，有可能造成较大车辙的情况时，可在 OAC_2 与下限 OAC_{min} 范围内决定，但不宜小于 OAC_2 的99.5%。

C.对寒冷道路以及其他等级公路与城市道路，最佳沥青用量可以在 OAC_2 与上限值 OAC_{max} 范围内决定，但不宜大于 OAC_2 的100.3%。

（3）最佳沥青用量（OAC）的检验

经过上面计算得出的最佳用量应进行水稳定性检验和高温稳定性检验。

水稳定性检验：按最佳沥青用量(*OAC*)制作马歇尔试件进行浸水马歇尔试验或真空饱水后的浸水马歇尔试验，当残留稳定度不符合表 7.12 的规定时，应重新进行配合比设计，或采取抗剥离措施重新试验，直至符合要求为止。

表 7.12　热拌沥青混合料马歇尔试验技术指标

试验项目	沥青混合料类型	高速公路、一级公路 城市快速路、主干路	其他等级公路 与城市道路	行人道路
击实次数/次	沥青混凝土 沥青碎石、抗滑表层	两面各 75 两面各 50	两面各 50 两面各 50	两面各 35 两面各 35
稳定度/kN	Ⅰ型沥青混凝土 Ⅱ型沥青混凝土 抗滑表层	>7.5 >5.0	>5.0 >4.0	>3.0 —
流值/0.1 mm	Ⅰ型沥青混凝土 Ⅱ型沥青混凝土 抗滑表层	20~40 20~40	20~45 20~45	20~50 —
空隙率/%	Ⅰ型沥青混凝土 Ⅱ型沥青混凝土 抗滑表层沥青碎石	3~6 4~10 >10	3~6 4~10 >10	2~5 — —
沥青饱和度/%	Ⅰ型沥青混凝土 Ⅱ型沥青混凝土 抗滑表层沥青碎石	70~85 60~75 40~60	70~85 60~75 40~60	75~90 — —
残留稳定度/%	Ⅰ型沥青混凝土 Ⅱ型沥青混凝土 抗滑表层	>75 >70	>75 >70	>75 —

注：①粗粒式沥青混凝土稳定度可降低 1 kN；

②Ⅰ型细粒式及砂粒式沥青混凝土的空隙率为 2%~6%；

③沥青混凝土混合料的矿料间隙率(VMA)宜符合表 6.16 的要求；

④当沥青碎石混合料试件在 60℃水中浸泡即发生松散时，可不进行马歇尔试验，但应测定密度、空隙率、沥青饱和度等指标；

⑤残留稳定度可根据需要采用浸水马歇尔试验或真空饱水后浸水马歇尔试验进行测定。

表 7.13　沥青混凝土混合料的矿料间隙率

最大集料粒径/mm	方孔筛	37.5	31.5	26.5	19.0	16.0	13.2	9.5	4.75
	圆孔筛	50	35 或 40	30	25	20	15	10	5
VMA,≮		12	12.5	13	14	12.5	15	16	18

高温稳定性检验：按最佳沥青用量(*OAC*)制作车辙试验试件，在 60℃条件下用车辙试验机检验其高温抗车辙能力，当动稳定度不符合表 7.12 要求时，应对矿料级配或沥青用量进行调整，重新进行配合比设计。

目标配合比阶段确定的矿料级配及沥青用量，供拌和机确定各冷料仓的供料比例、进

料速度及试拌使用。

2．生产配合比设计阶段

对间歇式拌和机，应从二次筛分后进入各热料仓的材料中取样，并进行筛分，确定各熟料仓的材料比例，供拌和机控制室使用。同时，应反复调整冷料进料比例，使供料均衡，并取目标配合比设计的最佳沥青用量、最佳用量加 0.3% 等三个沥青用量进行马歇尔试验，确定生产配合比的最佳沥青用量。

3．生产配合比验证阶段

拌和机应采用生产配合比进行试拌，铺筑试验段，并用拌和的沥青混合料进行马歇尔试验及路上钻取芯样检验，由此确定生产用的标准配合比。标准配合比应作为生产上控制的依据和质量检验的标准。标准配合比的矿料合成级配中，0.075 mm，2.36 mm，4.75 mm（圆孔筛 0.075 mm，2.5 mm，5 mm）三档筛孔中通过率应接近要求级配的中值。

第8章 砌体材料

砌体在建筑中起承重、围护或分隔作用,用于砌体的材料品种较多,有砖、砌块、石材和砂浆等。它们与建筑物的功能、自重、成本、工期以及建筑能耗等均有着直接的关系。

砌体材料较多的是用作墙体材料,目前我国仍大量使用烧结粘土砖,其生产能耗高、耗用农田、影响农业生产和生态环境、不符合可持续发展要求。烧结普通粘土砖是我国政府限制使用的砌体材料,逐步被淘汰。墙体材料的改革是一个重要而难度大的问题,发展新型墙体材料意义重大,新型墙体材料正朝着大型化、轻质化、节能化、利废化、复合化、装饰化以及集约化等方向发展。

8.1 砌筑砂浆

将砖、石及砌块粘结成为砌体的砂浆,称为砌筑砂浆(Masonry mortar)。它起着粘结砖、石及砌块构成砌体,传递荷载,协调变形的作用。因此,砌筑砂浆是砌体的重要组成部分。

8.1.1 砌筑砂浆的组成材料

1. 胶凝材料(Cementitious materials)

胶凝材料在砂浆中起着胶结的作用,它是影响砂浆流动性、保水性和强度等技术性质的主要组分。常用的有水泥、石灰等。

(1) 水泥(Cement)

配制砂浆可采用普通硅酸盐水泥、矿渣硅酸盐水泥、火山灰硅酸盐水泥等常用品种的水泥。为合理利用资源、节约材料,在配制砂浆时,应尽量选用低强度等级的水泥。在配制不同用途的砂浆时,还可采用某些专用和特性水泥。

(2) 石灰(Lime)

在配制水泥石灰混合砂浆时,为保证砂浆的质量,应将石灰预先消化,并经"陈伏",消除过火石灰的膨胀破坏作用后,再在砂浆中使用。在满足工程要求的前提下,也可使用工业废料,如电石灰膏等。

2. 细集料(Fine aggregate)

细集料在砂浆中起着骨架和填充作用,对砂浆的流动性、保水性和强度等技术性能影响较大。性能良好的细集料可提高砂浆的和易性和强度,尤其对砂浆的收缩开裂,有较好的抑制作用。

砂浆中使用的细集料,原则上应采用符合混凝土用砂技术要求的优质河砂。由于砂浆层较薄,对砂子的最大粒径应有所限制。用于砌筑毛石砌体的砂浆,砂子的最大粒径应小于砂浆层的1/4~1/5。用于砌筑砖砌体的砂浆,砂子的最大粒径不得大于2.5 mm。用于光滑的抹面和勾缝的砂浆,则应采用细砂。

砂子中的泥对砂浆的和易性、强度、变形性和耐久性均有影响。砂子中含有少量泥，可改善砂浆的保水性,故砂浆用砂的含泥量可比混凝土略高。对强度等级为 M2.5 以上的砌筑砂浆,含泥量应小于 5%,对强度等级为 M2.5 的砂浆,砂的含泥量应小于 10%。

3．掺合料和外加剂(Mineral admixtures and admixtures)

在砂浆中,掺合料是为改善砂浆和易性而加入的无机材料;如粉煤灰、沸石粉等。为改善砂浆的和易性及其他性能,还可在砂浆中掺入外加剂,如塑化剂、早强剂、防水剂等。砌筑砂浆中使用的外加剂要检验外加剂对砂浆性能的影响以及对砌体性能的影响。

4．拌和水(Mixing water)

砂浆拌和用水的技术要求与混凝土拌和用水相同。

8.1.2 砌筑砂浆的技术性质

土木工程中,要求砌筑砂浆具有如下性质。

(1) 新拌砂浆应具有良好的和易性。新拌砂浆应容易在砖、石及砌体表面上铺砌成均匀的薄层,以利于砌筑施工和砌筑材料的粘结。

(2) 硬化砂浆应具有一定的强度、良好的粘结力等力学性质。

(3) 硬化砂浆应具有良好的耐久性。

1．和易性(Workability)

新拌砂浆的和易性是指砂浆是否易于在粗糙的砖石等表面上铺抹成均匀的薄层的性质,可以根据其流动性和保水性来综合评定。

(1) 流动性(Mobility or consistency)

流动性是指砂浆在自重或外力的作用下产生流动的性质。砂浆的流动性用稠度来表示。砂浆的流动性和许多因素有关,胶凝材料的用量、用水量、砂的质量以及砂浆的搅拌时间、放置时间、环境的温度、湿度等均影响其流动性。可用砂浆稠度仪来测定其稠度值(沉入度)。砂浆流动性的选择要考虑砌体材料的种类、施工时的气候条件和施工方法等情况。可参考表 8.1 选择砂浆的流动性。

表 8.1 砌筑砂浆的稠度

砌 体 种 类	砂浆稠度/mm
烧结普通砖砌体	70 ~ 90
轻骨料混凝土小型空心砌块砌体	60 ~ 90
烧结多孔砖,空心砖砌体	60 ~ 80
烧结普通砖平拱式过梁 空斗墙,筒拱 普通混凝土小型空心砌块砌体 加气混凝土砌块砌体	50 ~ 70
石砌体	30 ~ 50

(2) 保水性(Water retentivity)

保水性是指新拌砂浆保持水分的能力,它也反映了砂浆中各组分材料不易分离的性

质。

影响砂浆保水性的主要因素有:胶凝材料的种类及用量、掺合料的种类及用量、掺合料的种类及用量、砂的质量及外加剂的品种和掺量等。

砂浆的保水性可用分层度来检验和评定。分层度大于 30 mm 的砂浆,保水性差,容易离析,不便于保证施工质量;分层度接近于零的砂浆,其保水性太强,在砂浆硬化过程中容易发生收缩开裂;砌筑砂浆的分层度一般应在 10~30 mm 之间。

2. 砂浆的强度等级(Strength grades of mortar)

砂浆的强度等级是以 70.7 mm×70.7 mm×70.7 mm 的立方体试块,按标准养护条件养护至 28d 的抗压强度平均值并考虑具有 95%强度保证率来确定的。

砂浆的强度等级分为 M2.5、M5、M7.5、M10、M15、M20 等 6 个等级。对于特别重要的砌体和有较高耐久性要求的工程,宜用强度等级高于 M10 的砂浆。

影响砂浆抗压强度的因素很多,在实际工程中,对于具体的组成材料,大多根据经验和通过试配,经试验确定砂浆的配合比。

3. 砂浆的耐久性(Durability of mortar)

砂浆应有良好的耐久性,为此,砂浆应与基底材料有良好的粘接力、较小的收缩变形。当受冻融作用影响时,对砂浆还应有抗冻性要求。

8.1.3 砌筑砂浆配合比计算确定

1. 水泥混合砂浆配合比计算

(1) 砂浆的配制强度应按下式计算

$$f_{m,0} = f_2 + 0.645\sigma$$

式中,$f_{m,0}$ 为砂浆的试配强度,精确至 0.1 MPa;f_2 为砂浆抗压强度平均值,精确至 0.1 MPa;σ 为砂浆现场强度标准差,精确至 0.01 MPa。

(2) 砌筑砂浆现场强度标准差的确定应符合下列规定

① 当有统计资料时,应按下式计算

$$\sigma = \sqrt{\frac{\sum_{i=1}^{n} f_{m,i}^2 - n\mu_{f_m}^2}{n-1}}$$

式中,$f_{m,i}$ 为统计周期内同一品种砂浆第 i 组试件的强度(MPa);μ_{f_m} 为统计周期内同一品种砂浆 n 组试件强度的平均值(MPa);n 为统计周期内同一品种砂浆试件的总组数,$n \geq 25$。

② 当不具有近期统计资料时,砂浆现场强度标准差可按表 8.2 取用。

表 8.2 砂浆强度标准差 σ 选用值 (MPa)

施工水平 \ 砂浆强度等级	M2.5	M5	M7.5	M10	M15	M20
优良	0.50	1.00	1.50	2.00	3.00	4.00
一般	0.62	1.25	1.88	2.50	3.75	5.00
较差	0.75	1.50	2.25	3.00	4.50	6.00

(3) 水泥用量的计算应符合下列规定

① 每立方米砂浆中的水泥用量,应按下式计算

$$Q_c = \frac{1000(f_{m,0} - \beta)}{\alpha \cdot f_{ce}}$$

式中,Q_c 为每立方米砂浆的水泥用量,精确至 1 kg;$f_{m,0}$ 为砂浆的试配强度,精确至 0.1 MPa;f_{ce} 为水泥的实测强度,精确至 0.1 MPa;α、β 为砂浆的特征系数,其中 $\alpha = 3.03$,$\beta = -15.09$。

(注:各地区也可用本地区试验资料确定 α、β 值,统计用的试验组数不得少于 30 组。)

② 在无法取得水泥的实测强度值时,可按下式计算 f_{ce}

$$f_{ce} = \gamma_c \cdot f_{ce,k}$$

式中,$f_{ce,k}$ 为水泥强度等级对应的强度值;γ_c 为水泥强度等级值的富余系数,该值应按实际统计资料确定,无统计资料时 γ_c 可取 1.0。

(4) 水泥混合砂浆的掺加料用量应按下式计算

$$Q_D = Q_A - Q_c$$

式中,Q_D 为每立方米砂浆的掺加料用量,精确至 1 kg;石灰膏、粘土膏使用时的稠度为 120 ± 5 mm;Q_c 为每立方米砂浆的水泥用量,精确至 1 kg;Q_A 为每立方米砂浆中水泥和掺加料的总量,精确至 1 kg;宜在 300 ~ 350 kg 之间。

(5) 每立方米砂浆中的砂子用量,应按干燥状态(含水率小于 0.5%)的堆积密度值作为计算值(kg)。

(6) 每立方米砂浆中的用水量,根据砂浆稠度等要求可选用 240 ~ 310 kg。

①混合砂浆中的用水量,不包括石灰膏或粘土膏中的水;

②当采用细砂或粗砂时,用水量分别取上限或下限;

③稠度小于 70 mm 时,用水量可小于下限;

④施工现场气候炎热或干燥季节,可酌量增加用水量。

2. 水泥砂浆配合比选用

水泥砂浆材料用量可按表 8.3 选用。

表 8.3 每立方米水泥砂浆材料用量

强度等级	每 m^3 砂浆水泥用量/kg	每 m^3 砂浆砂子用量/kg	每 m^3 砂浆用水量/kg
M2.5 ~ M5	200 ~ 230	1 m^3 砂子的堆积密度值	270 ~ 330
M7.5 ~ M10	220 ~ 280		
M15	280 ~ 340		
M20	340 ~ 400		

注:①此表水泥强度等级为 32.5 级,大于 32.5 级水泥用量宜取下限。

②根据施工水平合理选择水泥用量。

③当采用细砂或粗砂时,用水量分别取上限或下限。

④稠度小于 70 mm 时,用水量可小于下限。

⑤施工现场气候炎热或干燥季节,可酌量增加用水量。

⑥试配强度取值同混合砂浆。

3. 配合比试配、调整与确定

(1) 试配时应采用工程中实际使用的材料;搅拌要求应符合规定。

(2) 按计算或查表所得配合比进行试拌时,应测定其拌和物的稠度和分层度,当不能满足要求时,应调整材料用量,直到符合要求为止。然后确定为试配时的砂浆基准配合比。

(3) 试配时至少应采用三个不同的配合比,其中一个为基准配合比,其他配合比的水泥用量应按基准配合比分别增加及减少10%。在保证稠度、分层度合格的条件下,可将用水量或掺加料用量作相应调整。

(4) 对三个不同的配合比进行调整后,应按现行行业标准《建筑砂浆基本性能试验方法》JGJ70的规定成型试件,测定砂浆强度;并选定符合试配强度要求的且水泥用量最低的配合比作为砂浆配合比。

8.2 砖

8.2.1 烧结普通砖(Fired common brick)

1. 烧结普通砖的分类

烧结普通砖是指以粘土、页岩、煤矸石或粉煤灰为主要原料,经焙烧而成的普通实心砖,包括粘土砖(N)、页岩砖(Y)、煤矸石砖(M)、粉煤灰砖(F)等多种。烧结普通砖的公称尺寸为240 mm×115 mm×53 mm。

当以粘土为原料时,砖坯在氧化环境中焙烧并出窑时,生产出红砖。如果砖坯先在氧化环境中焙烧,然后再浇水闷窑,使窑内形成还原气氛,会使砖内的红色高价的三氧化二铁还原为低价氧化亚铁,制得青砖。一般来说,青砖的强度比红砖高,耐久性比红砖强,但价格较贵,一般在小型的土窑内生产。

按照GB/T5101~1998《烧结普通砖》的规定,强度和抗风化性能合格的砖,按照尺寸偏差、外观质量、泛霜和石灰爆裂等项指标划分为三个等级:优等品(A)、一等品(B)和合格品(C)。

2. 技术要求(Technical requirements)

(1)尺寸偏差(Size deviation)

为保证砌筑质量,要求砖的尺寸偏差必须符合GB/T 5101—1998《烧结普通砖》的规定。

(2) 外观质量(Apparent quality)

砖的外观质量包括:两条面高度差、弯曲、杂质凸出高度、缺棱掉角、裂纹长度、完整面和颜色等项内容应符合规定。优等品的颜色应基本一致。

(3) 强度(Strength)

烧结普通砖根据抗压强度分为五个等级:MU30,MU25,MU20,MU15和MU10,各强度等级的砖应符合表8.4的规定。

表 8.4　烧结普通砖强度等级

强度等级	平均值 $\bar{f}\geqslant$	变异系数 $\delta\leqslant0.21$	变异系数 $\delta>0.21$
		标准值 $f_k\geqslant$	单块最小抗压强度标准值 $f_{min}\geqslant$
MU30	30.0	22.0	25.0
MU25	25.0	18.0	22.0
MU20	20.0	14.0	16.0
MU15	15.0	10.0	12.0
MU10	10.0	6.0	7.5

强度试验的试样数量为 10 块,加荷速度为 5 kN/s ± 0.5 kN/s。表中抗压强度标准值和变异系数按下式计算

$$f_k = \bar{f} - 1.8S$$

$$S = \sqrt{\frac{1}{9}\sum_{i=1}^{10}(f_i - \bar{f})^2}$$

$$\delta = \frac{S}{\bar{f}}$$

式中,f_k 为抗压强度标准值(MPa);f_i 为单块砖试件抗压强度测定值(MPa);$\bar{f}$ 为 10 块砖试件抗压强度平均值(MPa);S 为 10 块砖试件的抗压强度标准差(MPa);δ 为砖强度变异系数。

(4) 抗风化性能(Anti-efflorescence property)

烧结普通砖的抗风化性是指能抵抗干湿变化、冻融变化等气候作用的性能。抗风化性与砖的使用寿命密切相关,抗风化性能好的砖其使用寿命长。砖的抗风化性能除了与砖本身性质有关外,与所处环境的风化指数也有关。

风化区用风化指数进行划分,风化指数是指日气温从正温降至负温或从负温升至正温的每年平均天数与每年从霜冻之日起至消失箱冻之日止这一期间降雨总量(以 mm 计)的平均值的乘积。风化指数大于等于 12 700 为严重风化区,风化指数小于 12 700 为非严重风化区。

各地如有可靠数据也可按计算的风化指数划分本地的风化区,我国的风化区划分见表 8.5。

严重风化区中的 1,2,3,4,5 地区的砖必须进行冻融试验,其他地区的砖的抗风化性能符合表 8.6 的规定时可不做冻融试验,否则,必须进行冻融试验。

(5) 泛霜(Pantothenate)

优等品无泛霜;一等品不允许出现中等泛霜;合格品不允许出现严重泛霜。

泛霜是指粘土原料中的可溶性盐类,随着砖内水分蒸发而在砖表面产生的盐析现象,一般在砖表面形成絮团状斑点的白色粉末。轻微泛霜就能对清水墙建筑外观产生较大的影响。中等程度泛霜的砖用于建筑中的潮湿部位时,7～8 年后因盐析结晶膨胀将使砖体的表面产生粉化剥落,在干燥的环境中使用约 10 年后也将脱落。严重泛霜对建筑结构的破坏性更大。

表 8.5　风化区划分

严重风化区		非严重风化区	
1.黑龙江省	11.河北省	1.山东省	11.福建省
2.吉林省	12.北京市	2.河南省	12.台湾省
3.辽宁省	13.天津市	3.安徽省	13.广东省
4.内蒙古自治区		4.江苏省	14.广西壮族自治区
5.新疆维吾尔自治区		5.湖北省	15.海南省
6.宁夏回族自治区		6.江西省	16.云南省
7.甘肃省		7.浙江省	17.西藏自治区
8.青海省		8.四川省	18.上海市
9.陕西省		9.贵州省	19.重庆市
10.山西省		10.湖南省	

表 8.6　抗风化性能

项目 砖种类	严重风化区				非严重风化区			
	5 h 沸煮吸水率/%，≤		饱和系数≤		5 h 沸煮吸水率/%，≤		饱和系数≤	
	平均值	单块最大值	平均值	单块最大值	平均值	单块最大值	平均值	单块最大值
粘土砖	21	23	0.85	0.87	23	25	0.88	0.90
粉煤灰砖	23	25			30	32		
页岩砖	16	18	0.74	0.77	18	20	0.78	0.80
煤矸石	19	21			21	23		

注：粉煤灰掺入量(体积比)小于 30%时，抗风化性能指标按粘土砖规定。

(6) 石灰爆裂(Lime split)

优等品不允许出现最大破坏尺寸大于 2 mm 的爆裂区域；合格品不允许出现最大破坏尺寸大于 15 mm 的爆裂区域，最大破坏尺寸大于 2 mm 且小于等于 10 mm 的爆裂区域，每组砖样不得多于 15 处，其中大于 10 mm 的不得多于 7 处。

当生产粘土砖的原料含有石灰石时，则焙烧砖时石灰石会煅烧成生石灰留在砖内，这时的生石灰为过烧生石灰，这些生石灰在砖内会吸收外界的水分，消化并产生体积膨胀，导致砖发生膨胀性破坏，这种现象称为石灰爆裂。

(7) 产品中不允许有欠火砖、酥砖和螺旋纹砖。

煅烧温度低或煅烧时间不足会形成欠火砖，其色浅、声哑、强度低、耐久性差。若煅烧温度过高，则会形成过火砖。

3. 烧结普通砖的应用(Application of fired common brick)

优等品可用于清水墙和墙体装饰；一等品、合格品可用于混水墙，中等泛霜的砖不能用于处于潮湿环境中的工程部位。

烧结普通砖具有一定的强度及良好的绝热性、耐久性，且原料广泛，工艺简单，因而可

用作墙体材料、砌筑柱、拱、烟囱及基础等。由于烧结普通砖能耗高，烧砖毁田，污染环境，因此我国对实心粘土砖的生产、使用有所限制。

8.2.2 蒸养(压)砖(Vapour curing(autoclaved)brick)

蒸养(压)砖属于硅酸盐制品，是以石灰和含硅原料(砂、粉煤灰、炉渣、矿渣、煤矸石等)加水拌和，经成型、蒸养(压)而制成的。目前使用的主要有粉煤灰砖、灰砂砖和炉渣砖。其规格尺寸与烧结普通砖相同。

1. 粉煤灰砖(Fly-ash silicate brick)

粉煤灰砖是以粉煤灰和石灰为主要原料，掺入适量的石膏和炉渣，加水混合制成的坯料，经陈化、轮辗、加压成型，再经常压蒸养而制成的一种墙体材料。

2. 灰砂砖(Lime-sand silicate brick)

灰砂砖是用石灰和天然砂，经混合搅拌、陈化、轮辗、加压成型、蒸压养护而制得的墙体材料。根据国家标准《蒸压灰砂砖》GB11945—1999 规定，按抗压强度和抗折强度分为 MU25、MU20、MU15 和 MU10 四个强度等级。根据尺寸偏差和外观质量分为优等品(A)、一等品(B)和合格品(C)三个质量等级。

由于蒸养(压)砖中的一些组分如水化硅酸钙、氢氧化钙、碳酸钙等不耐酸，也不耐热，若长期受热会发生分解、脱水、甚至还会使石英发生晶型转变，因此蒸养(压)砖应避免用于长期受热高于 200℃，受急冷急热交替作用或有酸性介质侵蚀的建筑部位。此外，砖中的氢氧化钙等组分会被流水溶蚀，所以灰砂砖不能用于有流水冲刷的地方。

蒸养(压)砖的表面光滑，与砂浆粘结力差，所以其砌体的抗剪强度不如粘土砖砌体好，在砌筑时必须采取相应措施，以防止出现渗雨漏水和墙体开裂。刚出釜的蒸养(压)砖不宜立即使用，一般宜存放一个月左右再用。

蒸养(压)砖与其他材料相比，蓄热能力显著。蒸养(压)砖的表观密度大，隔声性能优越，其生产过程能耗较低。

8.2.3 烧结空心砖(Fired hollow brick)

烧结空心砖是以粘土、页岩、煤矸石等为主要原料，经焙烧而成。烧结空心砖的特点是：孔洞个数较少但洞腔大，孔洞率一般在 35%以上。孔洞垂直于顶面平行于大面。使用时大面受压，所以这种砖的孔洞与承压面平行。烧结空心砖自重较轻，可减轻墙体自重，改善墙体的热工性能等，但强度不高，因而多用作非承重墙，如多层建筑内隔墙或框架结构的填充墙等。GB13545—1992《烧结空心砖和空心砌块》把空心砖分为优等品(A)、一等品(B)和合格品(C)三个产品等级。

8.2.4 烧结多孔砖(Fired porous brick)

烧结多孔砖是以粘土、页岩、煤矸石、粉煤灰为主要原料，经焙烧而成。主要用于承重部位。烧结多孔砖按主要原料可分为粘土砖(N)、页岩砖(Y)、煤矸石砖(M)和粉煤灰砖(F)。

烧结多孔砖根据抗压强度分为 MU30，MU25，MU20，MU15，MU10 五个强度等级。强度和抗风化性能合格的砖，根据尺寸偏差、外观质量、孔型及孔洞排列、泛霜、石灰爆裂分为优等品(A)、一等品(B)和合格品(C)三个质量等级。

烧结多孔砖的主要规格为:M 型 190 mm×190 mm×90 mm,P 型 240 mm×115 mm×90 mm。

国家标准 GB13544—2000《烧结多孔砖》对烧结多孔砖的尺寸允许偏差、外观质量、强度等级、孔型孔洞率及孔洞排列、泛霜、石灰爆裂、抗风化性能等作出了相关规定。其规定内容与国家 GB/T5101—1998《烧结普通砖》一致,其中强度等级及风化区划分可参照表 8.2和表 8.3。

烧结多孔砖孔洞率在 15%以上,表观密度约为 1400 kg/m^3 左右。虽然多孔砖具有一定的孔洞率,使砖受压时有效受压面积减小,但因为制坯时受较大的压力,使砖孔壁致密程度提高,且对原材料要求也较高,补偿了因有效面积减小而造成的强度损失,因而烧结多孔砖的强度仍很高,可用于砌筑 6 层以下的承重墙。

8.3 砌块及墙体材料的发展

8.3.1 砌块的定义与分类(Classifications and definition of block)

砌块是用于砌筑的人造块材,外形多为直角六面体,也有各种异形的。砌块系列主规格的长度、宽度或高度有一项或一项以上分别大于 365 mm,240 mm 或 115 mm。但高度不大于长度或宽度的六倍,长度不超过高度的三倍。当系列中主规格的高度大于 115 mm 而又小于 380 mm 的砌块,称为小砌块。当系列中的主规格的高度为 380 ~ 980 mm 的砌块,称为中砌块;系列中主规格的高度大于 980 mm 的砌块,称为大砌块。目前,我国以中小型砌块使用较多。

砌块按其空心率大小分为空心砌块和实心砌块两种。空心率<25%或无孔洞的砌块为实心砌块。空心率≥25%的砌块为空心砌块。

砌块通常又可按其所用主要原料及生产工艺命名,如水泥混凝土砌块、加气混凝土砌块、粉煤灰砌块、石膏砌块、烧结砌块等。

制作砌块能充分利用地方材料和工业废料,且制作工艺不复杂。砌块尺寸比砖大,施工方便,能有效提高劳动生产率,还可改善墙体功能。本节仅简单介绍几种较有代表性的砌块。

8.3.2 常用砌块的性能与应用(Properties and application of normal block)

1. 蒸压加气混凝土砌块(Autoclaved aerated concrete block)

蒸压加气混凝土砌块是以钙质材料和硅质材料以及加气剂、少量调节剂,经配料、搅拌、浇筑成型、切割和蒸压养护而成的多孔轻质块体材料。

(1) 蒸压加气混凝土砌块的分类和技术要求

原料中的钙质材料有石灰、水泥;硅质材料分别采用矿渣、粉煤灰、砂等。根据采用的主要原料不同,加气混凝土砌块相应有水泥-矿渣-砂;水泥-石灰-砂;水泥-石灰-粉煤灰等多种。

根据 GB/T11968—1997《蒸压加气混凝土砌块》规定,砌块按外观质量、体积密度和抗压强度分为:优等品(A)、一等品(B)、合格品(C)三个等级。砌块按抗压强度分七个强度

级别:A1.0,A2.0,A2.5,A3.5,A5.0,A7.5,A10,各级别强度应符合表8.7规定。

砌块按体积密度分为六个级别:B03,B04,B05,B06,B07,B08,各级别干体积密度应符合表8.8的规定。

表8.7 蒸压加气混凝土砌块的抗压强度

强度级别	立方体抗压强度/MPa		强度级别	立方体抗压强度/MPa	
	平均值不小于	单块最小值不小于		平均值不小于	单块最小值不小于
A1.0	1.0	0.8	A5.0	5.0	4.0
A2.0	2.0	1.6	A7.5	7.5	6.0
A2.5	2.5	2.0	A10.0	10	8.0
A3.5	3.5	2.8			

表8.8 蒸压加气混凝土砌块表观密度指标

表观密度级别		03	04	05	06	07	08
干体积密度 /kg·m^{-3}	优等品(A)≤	300	400	500	600	700	800
	一等品(B)≤	330	430	530	630	730	830
	合格品(C)≤	350	450	550	650	750	850

(2) 蒸压加气混凝土砌块的特性

① 多孔轻质　一般加气混凝土砌块的孔隙率达70%~80%,平均孔径约在1 mm,其导热系数为0.14~0.28W/(m·K),只有粘土砖的1/5,保温隔热性能好,用作墙体可降低建筑物采暖、制冷等使用能耗。

加气混凝土砌块的表观密度小,一般为粘土砖的1/3。

② 有一定的耐热和良好的耐火性能　加气混凝土属不燃材料,在受热至80~100℃以上时会出现收缩和裂缝,但是在700℃以前不会损失强度,具有一定的耐热性能。

③ 有一定的吸声能力,但隔声性能较差　加气混凝土的吸声系数为0.2~0.3。由于其孔结构大部分并非通孔,吸声效果受到一定的限制,轻质墙体的隔声性能都较差,加气混凝土也不例外。这是由于墙体隔声受"质量定律"支配,即单位面积墙体重量越轻,隔声能力越差。用加气混凝土砌块砌筑的150 mm厚的加双面抹灰墙体,对100~3 150 Hz平均隔声量为43 dB。

④ 干燥收缩大　和其他材料类似,加气混凝土干燥收缩,吸湿膨胀。在建筑应用中,如果干燥收缩过大,在有约束阻止变形时,收缩形成的应力超过制品的抗拉强度或粘结强度,制品接缝处就会出现裂缝。为避免墙体出现裂缝,必须在结构和建筑上采取一定的措施。而严格控制制品上墙时的含水率也是极其重要的,最好控制上墙含水率在20%以下。

⑤ 吸水导湿缓慢　由于加气混凝土砌块的气孔大部分是墨水瓶"结构的气孔,只有少部分是水分蒸发形成的毛细孔。所以,孔肚大口小,毛细管作用较差,导致砌块吸水导

湿缓慢。加气混凝土砌块体积吸水率和粘土砖相近,而吸水速度却缓慢得多,加气混凝土的这个特性对砌筑和抹灰有很大影响。在抹灰前如果采用与粘土砖同样方式往墙上浇水,粘土砖容易吸足水量,而加气混凝土表面看来浇水不少,实则吸水不多。抹灰后砖墙壁上的抹灰层可以保持湿润,而加气混凝土砌块墙抹灰层反被砌块吸去水分而容易产生干裂。

还需说明的是,加气混凝土砌块应用于外墙时,应进行饰面处理或憎水处理。因为风化和冻融会影响加气混凝土砌块的寿命。长期暴露在大气中,日晒雨淋,干湿交替,加气混凝土会风化而产生开裂破坏。在局部受潮时,冬季有时会产生局部冻融破坏。

加气混凝土砌块广泛用于一般建筑物墙体,可用于多层建筑物的非承重墙及隔墙,也可用于低层建筑的承重墙。体积密度级别低的砌块还用于屋面保温。

2. 普通混凝土小型空心砌块(Ordinary concrete small-size hollow block)

普通混凝土小型空心砌块是由水泥、粗、细集料加水搅拌,装模、振动(或加压振动或冲压)成型,并经养护而成。粗、细集料可用普通碎石或卵石、砂子,也可用轻集料(如陶粒、煤渣、煤矸石、火山渣、浮石等)及轻砂。砌块空心率大于25%。

普通混凝土小型空心砌块按其抗压强度分为MU3.5,MU5.0,MU7.5,MU10.0,MU15.0和MU20.0六个等级。按其尺寸偏差,外观质量分为:优等品(A)、一等品(B)及合格品(C)。其主规格尺寸为390 mm×190 mm×190 mm,其他规格尺寸可由供需双方协商。

普通混凝土小型空心砌块因失水而产生的收缩会导致墙体开裂,为了控制砌块建筑的墙体裂缝,其相对含水率应符合国家标准GB8239—1997《普通混凝土小型空心砌块》的规定,见表8.9。用于清水墙的砌块,还应满足抗渗性要求。

表8.9 混凝土小型空心砌块的相对含水率

使用地区	潮湿	中等	干燥
相对含水率不大于	45	40	35

注:潮湿——系指年平均相对湿度大于75%的地区;
中等——系指年平均相对湿度50%~75%的地区;
干燥——系指年平均相对湿度小于50%的地区。

混凝土砌块的导热系数随混凝土材料及孔型和空心率的不同而有差异。普通水泥混凝土小型砌块空心率为50%时,其导热系数约为0.26W/(m·K)左右。

普通混凝土小型空心砌块可用于多层建筑的内墙和外墙,这种砌块在砌筑时一般不宜浇水,但在气候特别干燥炎热时,可在砌筑前稍喷水湿润。

8.3.3 新型墙体材料的发展

砌体材料主要用于砌筑墙体。墙体材料的改革是一个重要而难度大的问题。发展新型墙体材料不仅是取代实心粘土砖的问题,首要是保护环境、节约资源、能源,另外是满足建筑结构体系的发展,包括抗震以及多功能需要。还有是给传统建筑行业带来变革性新工艺,摆脱人海式施工,采用工厂化、现代化、集约化施工。新型墙体材料正朝着大型化、轻质化、节能化、利废化、复合化、装饰化以及集约化等方面发展。

墙体材料除砖与砌块外，还有墙用板材。我国目前可用于墙体的板材品种较多，各种板材都有其特色。板的形式分为薄板类、条板类和轻型复合板类三种。

1. 薄板类墙用板材

薄板类墙用板材有 GRC 平板、纸面石膏板、蒸压硅酸钙板、水泥刨花板、水泥木屑板等。

(1) GRC 平板

全名为玻璃纤维增强低碱度水泥轻质板，由耐碱玻璃纤维、低碱水泥、轻集料与水为主要原料所制成。

此类板材具有密度低、韧性好、耐水、不燃、易加工等特点，可用作建筑物的内隔墙与吊顶板，经表面压花、被覆涂层后，也可用作外墙的装饰面板。

(2) 纸面石膏板

纸面石膏板是以建筑石膏为胶凝材料，并掺入适量添加剂和纤维作为板芯，以特制的护面纸作为面层的一种轻质板材。纸面石膏板按其用途可分为：普通纸面石膏板、耐水纸面石膏板、耐火纸面石膏板三类。

普通纸面石膏板可用于一般工程的内隔墙、墙体复合板、天花扳和石膏板复合隔墙板。在厨房、厕所以及空气相对湿度经常大于 70% 的湿环境使用时，必须采取相应防潮措施。

耐水纸面石膏板可用于相对湿度大于 75% 的浴室、厕所等潮湿环境的吊顶和隔墙，如两面再做防水处理，效果更好。

耐火纸面石膏板主要用于对防火有较高要求的房屋建筑中。

2. 条板类墙用板材

条板类墙用板材有轻质陶粒混凝土条板、石膏空心条板、蒸压加气混凝土空心条板等。

轻质陶粒混凝土条板是以普通硅酸盐水泥为胶结料，轻质陶粒为集料，加水搅拌成为料浆，内配钢筋网片制成的实心条形板材。这种板自重小；可锯、可钉；由于内置钢筋网片，整体性和抗震性好，主要用作住宅、公共建筑的非承重内隔墙。

3. 轻型复合板类墙用板材

钢丝网架水泥夹芯板是轻型复合板类墙用板材。钢丝网架水泥夹芯扳是由钢丝制成的三维空间焊接网，内填泡沫塑料板或半硬质岩棉板构成的网架芯板，喷抹水泥砂浆(或施工现场喷抹)后形成的复合墙板。

钢丝网架水泥夹芯板主要用于房屋建筑的内隔墙、非承重外墙、保温复合外墙、屋面及建筑加层等。

8.4 砌筑石材

石材是最古老的土木工程材料之一，蕴藏量丰富、分布很广，便于就地取材，坚固耐用，砌筑石材广泛用于砌墙和造桥。世界上许多古建筑都是由石材砌筑而成，不少古石建筑至今仍保存完好。如全国重点保护文物的赵州桥、广州圣心教堂等都是以石材砌筑而

成。但天然石材加工困难，自重大，开采和运输不便。

8.4.1 砌筑石材的分类

1. 按岩石的形成分类(Classification by formation of rock)

根据岩石的形成条件不同，可分为岩浆岩、沉积岩和变质岩。

(1) 岩浆岩石材(Magmatic Rock)

岩浆岩又称火成岩(Igneous Rock)，它是因为地壳变动，熔融的岩浆由地壳内部上升后冷却而成。岩浆岩根据岩浆冷却条件的不同，又分为深成岩、喷出岩和火山岩三种。

深成岩是岩浆在地壳深处，在很大的覆盖压力下缓慢冷却而成的岩石，其特性是：构造致密，容重大，抗压强度高，吸水率小，抗冻性好，耐磨性好，耐久性很好。建筑上常用的深成岩有：花岗岩、闪长岩、辉长岩等，可用于基础等石砌体及装饰。

喷出岩是熔融的岩浆喷出地表后，在压力降低、迅速冷却的条件下形成的岩石。当喷出的岩浆层较厚时，形成的岩石其特性近似深成岩；若喷出的岩浆层较薄时，则形成的岩石常呈多孔结构。建筑上常用的喷出岩有：玄武岩、辉绿岩等，可用于基础、桥梁等石砌体。

火山岩又称火山碎屑岩。火山岩都是轻质多孔结构的材料。常用的火山岩有浮石等。浮石可用作轻质集料，配制轻集料混凝土用作墙体材料。

(2) 沉积岩石材(Sedimentary rock)

沉积岩又称水成岩(Aqueous rock)。沉积岩是由原来的母岩风化后，经过风吹搬迁、流水冲移而沉积、胶结和压实等作用，在离地表不太深处形成的岩石。与火成岩相比，其特性是：结构致密性较差，容重较小，孔隙率及吸水率均较大，强度较低，耐久性也较差一些。建筑上常见沉积岩有：石灰岩、砂岩、页岩等，可用于基础、墙体、挡土墙等石砌体。

(3) 变质岩石材(Metamorphic rock)

变质岩是由原生的火成岩或沉积岩，经过地壳内部高温、高压等变化作用后而形成的岩石。其中沉积岩变质后，性能变好，结构变得致密，坚实耐久，如石灰岩变质为大理岩；而火成岩经变质后，性质反而变差，如花岗岩变质成的片麻岩，易产生分层剥落，使耐久性变差。建筑上常用的变质岩有：大理岩、片麻岩、石英岩、板岩等。片麻岩可用于一般建筑工程的基础、勒脚等石砌体。

2. 按外形分类(Classification by shape of rock)

岩石经开采、加工后称为石材。砌筑石材按其加工后的外形规则程度分为料石和毛石。

(1) 料石

砌筑用料石，按其加工面的平整程度可分为细料石、半细料石、粗料石和毛料石四种。料石外形规则，截面的宽度、高度不小于 200 mm，长度不宜大于厚度的 4 倍。料石根据加工程度分别用于建筑物的外部装饰、勒脚、台阶、砌体、石拱等。

(2) 毛石

毛石指采石场爆破后直接得到的形状不规则的石块，其中部厚度不小于 150 mm，挡土墙用毛石中部厚度不小于 200 mm。毛石又有乱毛石和平毛石之分，乱毛石是指形状不规则的石块，平毛石是指形状不规则，但有两个平面大致平行的石块。毛石主要用于基

础、挡土墙、毛石混凝土等。

8.4.2 耐久性(Durability)

石材的耐久性主要包括有抗冻性、抗风化性、耐水性、耐火性和耐酸性等。

1. 抗冻性(Anti-freezing)

石材的抗冻性主要决定于其矿物成分、晶粒大小和分布均匀性、天然胶结物的胶结性质、孔隙率及吸水性等性质。石材应根据使用条件选择相应的抗冻性指标。

2. 抗风化能力(Efflorescence resistance)

水、冰、化学因素等造成岩石开裂或剥落称为岩石的风化。岩石抗风化能力的强弱与其矿物组成、结构和构造状态有关。岩石上所有裂隙都能被水侵入,致使其逐渐崩解破坏。花岗石等具有较好的抗风化能力。防风化措施主要有磨光石材以防止表面积水;采用有机硅涂覆表面;对碳酸盐类石材可采用氟硅酸镁溶液处理石材的表面。

3. 耐水性(Water resistance)

石材耐水性按其软化系数分为高、中、低三等。软化系数大于 0.9 者为高耐水性石材,软化系数为 0.7~0.9 者为中等耐水性石材,软化系数为 0.6~0.7 者为低耐水性石材。软化系数低于 0.6 的石材一般不允许用于重要建筑,如在气候温暖地区,或石材在吸水饱和后仍能具有较高的抗压强度时,则可慎重考虑使用。

8.5 砌体工程

砌体结构系指其承重构件的材料是由块材和砂浆砌筑而成的结构。块材可以是天然的或人工合成的,例如天然石材、烧结砖和中小型砌块等。由烧结普通砖、非烧结硅酸盐砖和承重粘土空心砖作为块材与砂浆砌筑而成的结构称为砖砌体结构。由天然毛石或经加工的料石与砂浆砌筑而成的结构称为石砌体结构。砖、石砌体结构又称砖石结构。而由混凝土、轻混凝土、硅酸盐等材料制成的实心、空心和微孔砌块作为块材与砂浆砌筑而成的结构则称为砌块结构。另外,在砖砌体构件中按其受力需要又可配置各种型式的钢筋,在砂浆层中设置网状钢筋片的砖砌体称为网状配筋砖砌体构件,在砖砌体内设置钢筋混凝土小柱、在砌体外层设置钢筋混凝土面层或钢筋砂浆面层的称为组合砖砌体构件。所有上述砖石结构、砌块结构以及用配筋砖砌体建成的结构统称砌体结构。

8.5.1 工业与民用建筑物中砌体结构体系

砌体在工业与民用建筑物中主要应用于建造各类承重墙、柱和基础构件,由这些构件形成建筑中的砌体结构。因此,在学习砌体结构知识以前有必要了解建筑结构中的承重墙体系。砌体结构建筑物中的水平结构体系为屋盖和楼盖,竖向结构体系为纵向(沿建筑物较长方向即长度方向)和横向(沿建筑物较短方向即宽度方向)的由砖石或砌块和砂浆砌筑而成的承重墙。

1. 横墙承重体系

横墙指横向承重墙体。横墙承重体系指建筑物楼(屋)盖的竖向荷载主要通过短向楼板或横墙间小梁传给横墙,再经横墙基础传至地基的结构体系。由于横墙是主要承重墙

体，它的间距不能太大，划分房屋开间的宽度一般为3m~5m，即横墙间距。横墙承受两侧开间内由楼(屋)盖传来的竖向荷载和由风或横向水平地震作用产生的水平荷载。假若两侧开间宽度相同，横墙在竖向荷载作用下基本上处于轴心受压状态，在水平荷载作用下则处于受弯、受剪状态。横墙承重体系建筑物的纵墙不参与承受楼(屋)盖荷载，仅承受自身的重量，因而在纵墙上可开设较大的门窗洞口；又由于承重横墙较密，建筑物的整体刚性和抗地震性能很好，这些都是横墙承重体系的优点，但是这种体系在房间使用上很不灵活，室内空间较小；又由于横墙较密而使建筑材料用量较大，这又是横墙承重体系的缺点。横墙承重体系适用于宿舍、住宅等建筑。

2. 纵墙承重体系

纵墙指纵向承重墙体。纵墙承重体系指建筑物楼(屋)盖的竖向荷载主要通过长向楼板或进深梁传给纵墙，再经纵墙基础传至地基的结构体系。在这个体系中，为了保证建筑物的整体刚性，沿纵墙方向一定长度还需设置少数横墙与纵墙拉结。这样，建筑物的竖向荷载基本上由纵墙承受，而由风或横向水平地震作用产生的水平荷载则主要通过水平楼(屋)盖传给横墙。由于板、梁在纵墙上的支承点往往并不与纵墙形心线重合，故纵墙一般处于偏心受压状态。而横墙在水平荷载作用下则处于受剪和受弯状态。纵墙承重体系的横墙间距一般较大，使得建筑物可以有较大的房间，室内分割也较灵活，这是它的优点，但整个建筑物的整体刚性不如横向承重体系，在纵墙上开门窗洞口受到限制，这又是它的缺点。纵向承重体系适用于教学楼、办公楼、实验室、阅览室、中小型生产厂房、车间、食堂和会议室等建筑。

3. 内框架承重体系

内框架承重体系指四周纵、横墙和室内钢筋混凝土(或砖)柱共同承受楼(屋)盖竖向荷载的承重结构体系。在一般情况下内框架承重体系中的柱承受着竖向荷载的大部分，而该体系中的纵、横墙则承受由风或水平地震作用产生水平荷载的绝大部分。因此，内框架承重体系中的墙砌体既受压又受剪、受弯。内框架承重体系由于内柱代替承重内墙可有较大空间的房间而不增加梁的跨度，使室内布置灵活，这是它的主要优点，但由于纵、横墙较少，使建筑物又由于柱和墙体的材料不同、压缩性不同，基础沉降不一等情况，给设计和施工带来某些不利因素，这又是它的重要缺点。内框架承重体系适用于商店、实验楼、工业厂房等建筑。

以上是从大量工程实践中概括出来的在工业与民用建筑物中的三种砌体结构承重体系。对一个具体砌体结构建筑物来说还可以在不同区段采用不同的承重体系。不论在哪种承重体系中，承重墙的砌体都要承受由竖向荷载产生的压力和弯矩以及由水平荷载产生的剪力和弯矩。若该承重体系中还设置有砌体柱，则该柱砌体将主要承受楼(屋)盖传来的轴向压力或偏心压力。因此，研究砌体的物理力学性能和砌体构件的受压、受弯、受剪乃至受拉性能是掌握砌体结构的重要前提。

8.5.2 砖砌体的力学性能(Mechanical properties of brick wall)

1. 砖砌体的轴心受压破坏特征与抗压强度

以MU10普通烧结砖和M5混合砂浆砌筑的标准试件，图8.1砂浆的应力应变关系曲线，其尺寸卫240 mm×370 mm×720 mm。

图 8.2 表示在轴心压力作用下加载至破坏的三个阶段。

(1) 由开始加荷起,到个别砖块上出现微细可见裂缝止,为第Ⅰ阶段。该阶段横向变形较小,应力应变呈直线关系,故属弹性阶段。在本试验中,出现微细裂缝时的轴心荷载为 $N_{cr}=161\ kN$,压应力为 1.81 N/mm^2,约为砖砌体极限压应力的 0.55 倍。

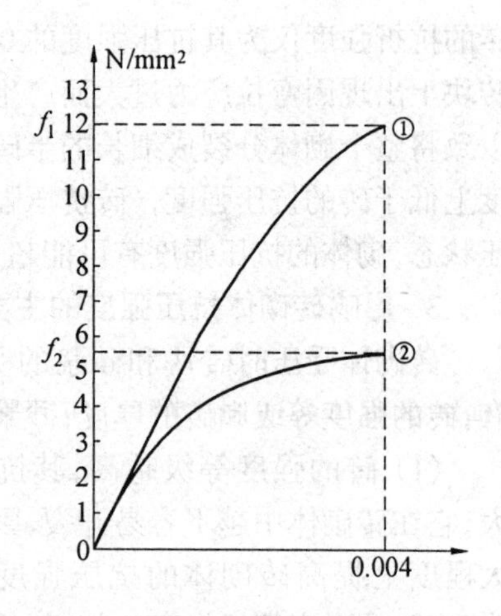

图 8.1　砂浆的应力应变关系曲线

(2) 继续加载,到个别砖块上的裂缝贯通。并顺竖向灰缝与相邻砖块上的裂缝贯穿,形成平行于加载方向的纵向间断裂缝时,为第Ⅱ阶段。这时轴心荷载 N 约为 234 kN,压应力为 2.64 N/mm^2,约为砖砌体极限压应力的 0.8 倍;在此期间,若荷载不增加而保持恒定,裂缝发展可以稳定,不会出现新的裂缝。

(3) 当 $N>234$ kN 后即使荷载增加不多,裂缝亦会发展很快,之后即使不增加荷载,裂缝仍能不断增加,使成段的裂缝逐渐形成上下贯通到底的通长裂缝、直至整个砖棱柱砌体被通长裂缝分割成若干半砖小柱,发生明显的横向变形,向外鼓出,导致失稳而破坏。这时称第Ⅲ阶段,所以加荷载到达其极限值 $N_u=293$ kN,相应的砌体压应力为 3.30 N/mm^2。

试验还表明:不同强度等级砖和不同强度等级砂浆砌筑的砖砌体,其开裂荷载 N_{cr}的比值不尽相同,且随砂浆强度等级的提高而提高。一般情况下 $N_{Cr}=0.5\sim0.7$。

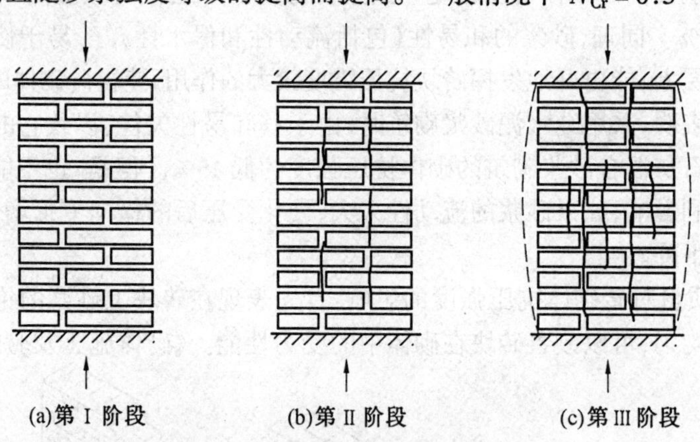

图 8.2　砖砌标准试件受压破坏过程

2. 受压砖砌体中砖和砂浆应力分析

砖砌体中砖和砂浆的受力状态十分复杂。由于砖块一般以手工铺砌在厚度、密实性都很不均匀的砂浆层上,砖块的受压面并不平整而且砖块之间还有竖缝,其间砂浆不一定良好密实充填。故当砌体受压时,砖块实际处于不均匀受压、局部受压、受弯、受剪以及竖缝处的应力集中状态下。此外,由于砖和砂浆受压后的横向变形不同,当砖和砂浆因其间存在粘结应力而共同变形时,使得砖还处于受拉状态,而砂浆则处于三向受压状态。由于

砖的抗折强度仅为其抗压强度的0.2倍，砖的抗拉强度更低，故砖砌体受压后，总是先在砖块上出现因弯拉应力过大而产生的竖向裂缝，这种裂缝还会随着荷载加大而上下贯通，以致将整个砌体分裂成细长的半砖小柱而压屈破坏，因而砖砌体抗压强度，必然在很大程度上低于砖的抗压强度，(砖抗压强度较高的特性未能充分发挥)，而砂浆则因处于三向受压状态，砌体的抗压强度有可能超过砂浆自身的抗压强度。

3. 影响砖砌体抗压强度的主要因素

砖砌体受压时砖块和砂浆的受力状态见图8.3。影响砖砌体抗压强度的主要因素有，砖的强度等级和砖的厚度；砂浆强度等级及砂浆层铺砌厚度；砌筑质量。

(1) 砖的强度等级越高，其抗折强度越大，它在砖砌体中越不容易开裂，因而能在较大程度上提高砖砌体的抗压强度。试验表明，当砖的强度等级提高一倍时，约可使砌体抗压强度提高50%左右。同样，砖的厚度增加，其抗折强度亦会增加，同样也可以提高砖砌体的抗压强度；但是砖的厚度增加后，会增加单块砖的重量，影响砖块尺寸的模数，会给砌筑工作带来不便。

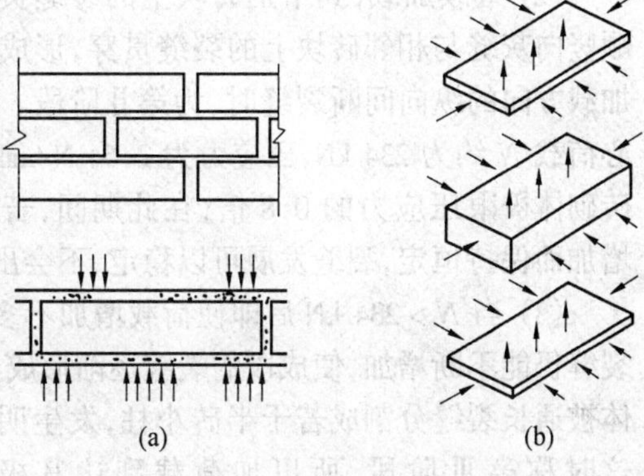

图8.3 砖砌体中砖和砂浆的受力状态

(2) 砂浆的强度等级越高，不但砂浆自身的承载能力越高而且受压后的横向变形越小，越接近砖受压后的横向变形，使得砖块在砌体受压时所受的测向拉应力越小，因而可以在一定程度上提高砖砌体抗压强度。试验表明，如砂浆强度等级提高一倍，砌体抗压强度约可提高20%。同理，砂浆的和易性(包括流动性和保水性)好，易于使砖块比较均匀地砌筑在砂浆层上，能更好地发挥砖块抗压强度较大的作用，使得砖砌体的抗压强度得到提高。试验还表明，采用纯水泥砂浆砌筑时，由于其和易性欠佳，以致它的砌体的抗压强度比采用水泥石灰混合砂浆砌筑的砌体抗压强度约低15%。但是，也不能过高地估计砂浆流动性的有利影响，如果砂浆的流动性太大，硬化受压后的横向变形增大，反而使砌体抗压强度有所下降。

(3) 砌筑质量对砖砌体抗压强度的影响：首先表现在砖块上砂浆的饱满程度。若砂浆层比较饱满均匀，可以改善砖块在砌体中的受力性能。《砌体施工及验收规范》规定水

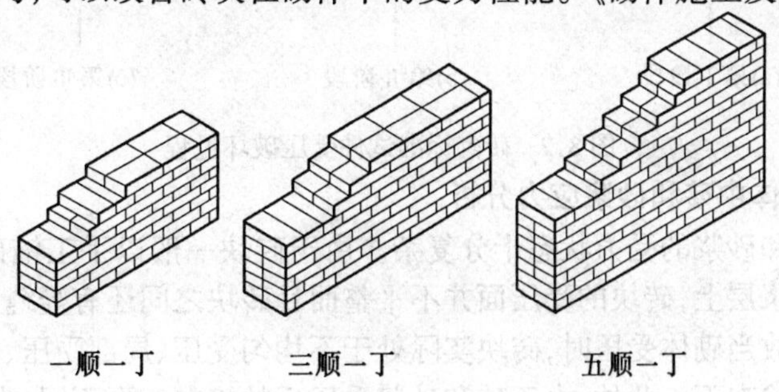

图8.4 砌筑时各层砖块间的砌合方式

平灰缝中砂浆层的饱满度应≥80%。其次表现为砂浆层的铺砌厚度。砂浆层的标准厚度为 10～12 mm。灰缝太薄,使砂浆难以均匀铺砌;灰缝太厚会造成砂浆层受压后的横向变形过大,使砖块受到较大的横向拉力。两种情况都将使砌体抗压强度降低。再次表现为砌筑时各层砖块间的砌合方式。图 8.4 所示一顺一丁的砌合方式最好,三顺三丁其次,五顺一丁较差。前两种砌合方式的整体受力性能较好,后一种的横截面中通缝的半砖厚砌体的高厚比约为 3,容易使砌体在破坏前形成半砖小柱,因而砌体抗压强度将比一顺一丁时降低 2%～5%。至于砌体中有更多砖皮未咬合的情况则是不允许的。砌筑质量显然还与砌筑工人的技术水平有关,若以中等技术水平的工人砌筑的砌体强度为 1,高级技术水平熟练工人砌筑的砌体强度可达 1.3～1.5,而低技术水平不熟练工人仅及 0.7～0.9。

4. 砖砌体局部受压和均匀局部受压强度

支撑砖柱的砖基础顶面,支撑钢筋混凝土梁的砖墙或砖柱的支撑面均属局部受压状态。前者当砖柱承受轴心压力时为均匀局部受压状态,后者为非均匀局部受压状态。其共同点是局部受压截面周围存在有未受压或受有较小压力的砌体,限制了局部受压砌体的竖向压力作用下的横向变形。从局部受压砌体的受力状态分析,该砌体在竖向压力作用下的横向变形受到周围砌体的箍束作用产生四侧的横向压力,使局部受压砌体处于三向受压的应力状态,因而能在较大程度上提高其抗压强度。

8.5.3 砖砌体的应力应变曲线及弹性模量

砖砌体的应力应变曲线如图 8.5 所示。

试验结果表明砖砌体为弹塑性材料。通过原点的弹性模量为初时弹性模量 E_0。由于初时弹性模量 E_0 较难测定,通常取正常使用状态下的应力值即 A 点的割线模量作为砖砌体的弹性模量 E。

试验结果表明,砖砌体在受压后的压缩变形由三部分组成:空隙的变形;砂浆的变形及砖的变形。其中砂浆的变形是砖砌体压缩变形的主要影响因素。

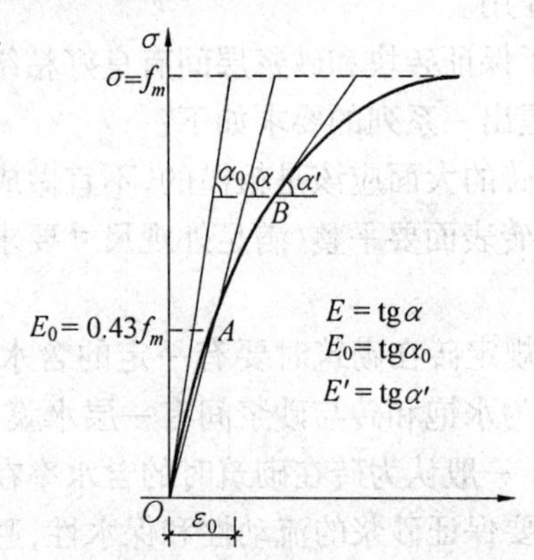

图 8.5 砖砌体的应力应变曲线

8.5.4 砖砌体的线膨胀系数、收缩应变和摩擦系数

烧结普通砖和空心砖、砌块和硅酸盐砖的线膨胀系数分别为 5×10^{-6}/℃、10×10^{-6}/℃。而钢筋混凝土的线膨胀系数为 10×10^{-6}/℃,为烧结普通砖砌体的一倍。

砖砌体的收缩应变,正常温度下一般可不考虑,钢筋混凝土的收缩应变为 $(2\sim4)\times10^{-4}$。

由于砖砌体、钢筋混凝土两种材料的线膨胀和收缩应变有较大差异,在设计中将它们粘结在一起时(如砖墙中设置钢筋混凝土圈等),就要十分注意它们之间的连接构造问题,否则容易使墙体开裂。

砌体之间、砌体与其他材料之间的摩擦系数,当摩擦面干燥时为 0.50～0.70,当摩擦

面潮湿时 0.30~0.60,视不同材料而异,应用时可查砌体规范。

8.5.5 砖砌体中块材和砂浆的粘结作用

砖砌体在竖向压力作用下,砖块和砂浆在产生竖向压缩的同时都会发生横向的拉伸。由于二者材性不同,其横向拉伸率是不同的,靠砖块和砂浆层之间的良好粘结作用,使二者能较好地共同承受竖向荷载。而且随着砌体纵向裂缝的发生和发展,砖块和砂浆层所受的内力也由于其间粘结力的存在而不断的变化,以便与外荷载取得平衡。

砖砌体在拉力、由弯曲引起的拉力或水平剪力作用下,截面的破坏一般都发生在砂浆和砖块的连接面上。因此砖砌体的抗拉,抗弯和抗剪强度往往决定于灰缝中砂浆层和砖块间的粘结强度。如砖砌体轴心受拉情况,若 a 为齿缝宽度、b 为块体高,n 为砖皮数或灰缝数,砌体截面厚度为 d。

根据平衡条件,其极限拉力

$$N_u = nadf_{tm}/b$$

式中,a/b 反映砌筑方向,若采用一顺一丁砌筑时,$a/b=1$。顺砖多时 a 相对大一些,砌体的抗拉强度相对可以提高一些。由此可见,水平灰缝中砂浆层和砖块间的粘结强度在一定程度上决定了砖砌体抗拉、抗剪、抗弯强度。而粘结强度又取决于块体和灰浆界面上的粘结作用。

为了保证砖块和砂浆层间有良好粘结作用,在砌体结构工程对各类砖块、砂浆及其砌筑方法提出一系列的要求如下:

(1)砖的大面应该是粗糙的,不宜做成光滑面,以便增加砖块和砂浆层间的机械咬合力;同时砖表面要平整(满足外观尺寸要求的技术规定)以便增加砖块和砂浆层间的吻合接触面。

(2)规定砖在砌筑时要有一定的含水率(即砖要适当润湿后而不是在干燥时进行砌筑)。因为水饱和砖与砂浆间有一层水膜,而干燥的砖会吸掉砂浆中的水分;两者均对粘结不利。一般认为砖在砌筑时的含水率在 10%左右为宜。

(3)要保证砂浆的流动性和保水性,避免砂浆失水后形成面层上有许多突出砂粒与砖面接触,降低砖块和砂浆层间的吸附力,同时也避免使砖块支撑在很不规则的支撑面上,形成极为复杂的受力状态。

(4)要保证铺砌砂浆的饱满度,以增加砖块与砂浆层间的接触面,既要尽可能使砖块在竖向压力下均匀受压,又能提高砖块与砂浆层界面上的摩阻力,增加抵抗水平剪力的能力。

(5)砌筑时各层砖块间必须有效地搭接,以提高砌体的粘结强度。

第9章 木 材

9.1 木材的分类与构造

木材应用于土木工程,历史悠久。我国在木材建筑技术和木材装饰艺术上都有很高的水平和独特的风格。如世界闻名的天坛祈年殿、被誉为“天下第一塔”的山西应县木塔。

木材作为建筑和装饰材料具有以下的优点:

(1) 比强度大,具有轻质高强的特点;

(2) 弹性韧性好,能承受冲击和振动作用;

(3) 导热性低,具有较好的隔热、保温性能;

(4) 在适当的保养条件下,有较好的耐久性;

(5) 纹理美观、色调温和、风格典雅,极富装饰性;

(6) 易于加工,可制成各种形状的产品;

(7) 绝缘性好、无毒性;

(8) 木材的弹性、绝热性和暖色调的结合,给人以温暖和亲切感。

木材的组成和构造是由树木生长的需要而决定,因此人们在使用时必然会受到木材自然属性的限制,主要有以下几个方面:

(1) 构造不均匀,呈各向异性;

(2) 湿胀干缩大,处理不当易翘曲和开裂;

(3) 天然缺陷较多,降低了材质和利用率;

(4) 耐火性差,易着火燃烧;

(5) 使用不当,易腐朽、虫蛀。

9.1.1 树木的分类(Classification of trees)

树木按树叶外观形状不同分为针叶树和阔叶树两大类。

1. 针叶树

针叶树树叶细长,树干通直高大,易得大材,其纹理顺直,材质均匀,木质较软而易于加工,故又称软木材。

针叶树材强度较高,表观密度和胀缩变形较小,耐腐性较强,是建筑工程中的主要用材,广泛用作承重构件、制作模板、门窗等。常用树种有松、杉、柏等。

2. 阔叶树

阔叶树树叶宽大,多数树种的树干通直部分较短,材质坚硬,较难加工,故又称硬木材。

阔叶树材一般表观密度较大,胀缩和翘曲变形大,易开裂,在建筑中常用作尺寸较小的装修和装饰。阔叶树又可分为两种,一种材质较硬,纹理也清晰美观,如樟木、水曲柳、

桐木、柞木、榆木等；另一种材质并不很坚硬（有些甚至与针叶树一样松软），且纹理也不很清晰，但质地较针叶木要更为细腻，这一类木材主要有桦木、椴木、山杨、青杨等树种。

9.1.2　木材的构造（Structure of timber）

木材的构造决定其性质，针叶树和阔叶树的构造略有不同，故其性质有差异。了解木材的构造可从宏观和微观两个方面进行。

1. 木材的宏观构造

木材的宏观构造是指用肉眼和放大镜就能观察到的木材组织。通常从树干的三个切面上来进行剖析，即横切面（垂直于树轴的面）、径切面（通过树轴的面）和弦切面（平行于树轴的面），如图9.1所示。

树木是由树皮、木质部和髓心三部分组成（图9.1），一般树的树皮均无使用价值。髓心在树干中心，质地松软，易于腐朽，对材质要求高的用材不得带有髓心。建筑使用的木材主要是树木的木质部。木质部的颜色不均，一般而言，接近树干中心者木色较深，称心材，靠近外围的部分颜色较浅，称边材。

从横切面上可看到木质部具有深浅相间的同心圆环，称为年轮，在同一年轮内，春天生长的木质，色较浅，质较松，称为春材（早材），夏秋两季生长的木质，色较深，质较密，称为夏材（晚材）。相同树种，年轮越密而均匀，材质越好；夏材部分越多，木材强度越高。

从髓心向外的辐射线称为髓线，髓线与周围连接较差，木材干燥时易沿髓线开裂，但髓线和年轮组成了木材美丽的天然纹理。

2. 木材的微观结构

木材的微观结构是指在显微镜下观察到的木材组织。在显微镜中可以看到，木材是由无数管状细胞紧密结合而成，它们绝大部分为纵向排列，少数横向排列（如髓线），每个细胞又由细胞壁和细胞腔两部分组成，细胞壁是由细纤维组成，细纤维之间可以吸附和渗透水分，细胞腔是细胞壁包裹而成的空腔。细胞壁承受力的作用，所以木材的细胞壁越厚，细胞腔越小，木材越密实，其表观密度和强度也越大，但胀缩变形也大。与春材相比，夏材的细胞壁较厚。

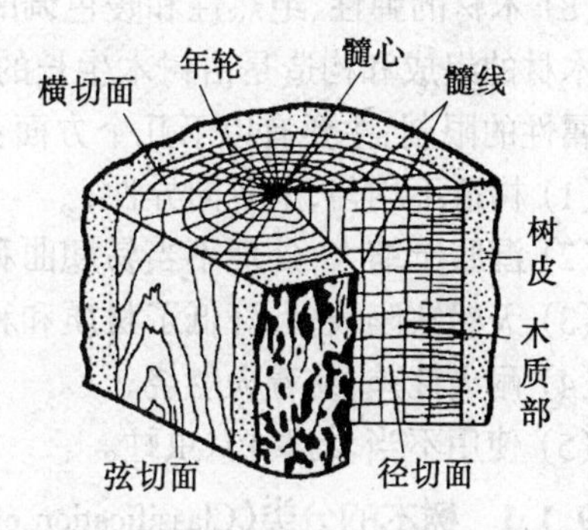

图9.1　树干的三个切面

针叶树显微结构简单而规则，它主要由管胞和髓线组成，其髓线较细而不明显。阔叶树显微结构较复杂，其最大的特点是髓线很发达，粗大而明显。

9.2　木材的性能及应用

9.2.1　木材的性能（Properties of timber）

1. 木材的含水率及吸湿性

木材的含水率是指木材所含水的质量占干燥木材质量的百分数。含水率的大小对木

材的湿胀干缩和强度影响很大。新伐木材的含水率常在35%以上;风干木材的含水率为15%~25%;室内干燥木材的含水率为8%~15%。

木材中主要有三种水,即自由水、吸附水和结合水。自由水是存在于木材细胞腔和细胞间隙中的水分。自由水的变化只与木材的表观密度、含水率、燃烧性等有关。吸附水是被吸附在细胞壁内细纤维之间的水分,吸附水的变化是影响木材强度和胀缩变形的主要因素。结合水是指木材中的化合水,它在常温下不变化,故其对木材常温下性质无影响。

当木材细胞腔与细胞间隙中无自由水,而细胞壁内吸附水达到饱和时的含水率称为纤维饱和点。纤维饱和点是木材物理力学性质发生变化的转折点。

木材的吸湿性是双向的,即干燥木材能从周围空气中吸收水分,潮湿的木材也能在较干燥的空气中失去水分,其含水率随着环境的温度和湿度的变化而改变。当木材长时间处于一定温度和湿度的环境中时,木材中的含水量最后会达到与周围环境湿度相平衡,这时木材的含水率称为平衡含水率。它是木材进行干燥时的重要指标,平衡含水率随空气湿度的变大和温度的升高而增大,反之减少。我国北方木材的平衡含水率约为12%左右,南方约为18%,长江流域一般为15%左右。

2. 木材的湿胀干缩与变形

湿胀干缩是指材料在含水率增加时体积膨胀,减少时体积收缩的现象。木材的湿胀干缩具有一定规律:当木材的含水率在纤维饱和点以下变化时,随着含水率的增加,木材体积产生膨胀,随着含水率减小,木材体积收缩;而当木材含水率在纤维饱和点以上变化时,只是自由水的增减,木材的体积不发生变化。木材含水率与其胀缩变形的关系见图9.2所示,从图中可以看出,木材的纤维饱和点是木材发生湿胀干缩变形的转折点。

木材为非匀质构造,从其构造上可分为弦向、径向和纵向。其各方向胀缩变形不同,其中以弦向最大,径向次之,纵向(即顺纤维方向)最小。如木材干燥时,弦向干缩约为6%~12%,径向干缩为3%~6%。纵向仅为0.1%~0.35%。木材弦向胀缩变形最大,是因受管胞横向排列的髓线与周围联结较差所致。木材的湿胀干缩变形还随树种不同而异,一般来说,表观密度大的、夏材含量多的木材,胀缩变形就较大。

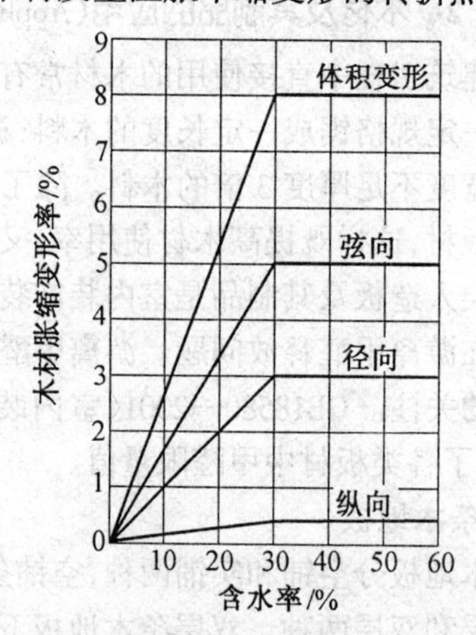

图9.2 木材含水率与其胀缩变形的关系

木材显著的湿胀干缩变形,对木材的实际应用带来严重影响,干缩会造成木结构拼缝不严、接榫松弛、翘曲开裂,而湿胀又会使木材产生凸起变形。为了避免这种不利影响,在木材使用前预先将木材进行干燥处理,使木材含水率达到与使用环境湿度相适应的平衡含水率。

3. 木材的强度

木材的强度主要是指其抗拉、抗压、抗弯和抗剪强度。由于木材的构造各向不同,致使各方向强度有很大差异,因此木材的强度有顺纹强度和横纹强度之分。木材的顺纹强

度比其横纹强度要大得多，所以工程上均充分利用它的顺纹抗拉、抗压和抗弯强度，而避免使其横向承受拉力或压力。

当木材无缺陷时，其强度中顺纹抗拉强度最大，其次是抗弯强度和顺纹抗压强度，但有时却是木材的顺纹抗压强度最高，这是由于木材是自然生长的材料，在生长期间或多或少会受到环境不利因素影响而造成一些缺陷，如木节、斜纹、夹皮、虫蛀、腐朽等，而这些缺陷对木材的抗压强度影响较小，但对抗拉强度影响极为显著，从而造成抗拉强度低于抗压强度。当设顺纹抗压强度为100时，木材无缺陷时各强度大小的关系见表9.1所示。

表9.1 木材无缺陷时各强度大小关系

抗压		抗拉		抗弯	抗剪	
顺纹	横纹	顺纹	横纹		顺纹	横纹切断
100	10 ~ 30	200 ~ 300	5 ~ 30	150 ~ 200	15 ~ 30	50 ~ 100

木材的强度受含水率的影响很大，其规律是：当木材的含水率在纤维饱和点以下时，其强度随含水率降低而升高，吸附水减少，细胞壁趋于紧密，木材强度增大，反之，吸附水增加，木材的强度就降低；当木材含水率在纤维饱和点以上变化时，木材强度不改变。

木材的强度是由其纤维组织决定的，但木材的强度还受到含水率、负荷时间、使用温度、疵病等的影响。木材长时间负荷后的强度远小于极限强度，一般为极限强度的50% ~ 60%。木材在长期荷载下不致引起破坏的最大强度，称为持久强度，木结构设计时应以持久强度作为计算依据。环境温度升高以及木材中的疵病都会导致木材强度降低。

9.2.2 木材及其制品的应用(Application of timber and the products)

在建筑工程中直接使用的木材常有原木、板材和枋材三种形式。原木是指去皮去枝梢后按一定规格锯成一定长度的木料；板材是指宽度为厚度的3倍或3倍以上的木料；枋材是指宽度不足厚度3倍的木料。除了直接使用木材外，还对木材进行综合利用，制成各种人造板材，这样既提高木材使用率，又改善天然木材的不足。

各类人造板及其制品是室内装饰装修最主要的材料之一。室内装饰装修用人造板大多数存在游离甲醛释放问题。游离甲醛是室内环境主要污染物，对人体危害很大，已引起全社会的关注。GB18580—2001《室内装饰装修材料——人造板及其制品中甲醛释放限量》规定了各类板材中甲醛限量值。

1. 条木地板

条木地板分空铺和实铺两种，空铺条木地板是由龙骨、水平撑和地板三部分构成，地板有单层和双层两种。双层条木地板下层为毛板，钉在龙骨上，面层为硬条木板，硬条木板多选用水曲柳、柞木、枫木、柚木、榆木等硬质木材。单层条木地板直接钉在龙骨上或粘于地面，板材常选用松、杉等软木材。条木地板自重轻，弹性好，脚感舒适，其导热性小，冬暖夏凉，且易于清洁。它适用于办公室、会客室、旅馆客房，卧室等场所。

2. 拼花木地板

拼花木地板是较高级的室内地面装修，分双层和单层两种，二者面层均用一定大小的硬木块镶拼而成，双层者下层为毛板层。面层拼花板材多选用柚木、水曲柳、柞木、核桃

木、栎木、榆木、槐木等质地优良、不易腐朽开裂的硬木材。拼花小木条一般均带有企口，双层拼花木地板是将面层小条用暗钉钉在毛板上固定，单层拼花木地板是采用适宜的粘结材料，将硬木面板条直接粘贴于混凝土基层上。拼花木地板适合宾馆、会议室、办公室，疗养院、托儿所、体育馆、舞厅、酒吧、民用住宅等的地面装饰。

3. 复合木地板

复合木地板是以中密度纤维板或木板条为基材，涂布三氧化二铝等作为覆盖材料而制成的一种板材。它具有耐烫、耐污、耐磨、抗压、施工方便等特点。复合木地板安装方便，板与板之间可通过槽榫进行连接。在地面平整度保证的前提下，复合木地板可直接浮铺在地面上，而不需用胶粘结。

复合木地板适用于办公室、会议室、商场、展览厅、民用住宅等的地面装饰。

4. 胶合板

胶合板又称层压板，是用蒸煮软化的原木旋切成大张薄片，再用胶粘剂按奇数层以各层纤维互相垂直的方向粘合热压而成的人造板材。胶合板层数可达15层，根据木片层数的不同，而有不同的称谓，如三合板、五合板等。我国胶合板目前主要采用松木、水曲柳、椴木、桦木、马尾松及部分进口原木制成。

胶合板大大提高了木材的利用率，其主要特点是：由小直径的原木就能制得宽幅的板材；因其各层单板的纤维互相垂直，故能消除各向异性，得到纵横一样的均匀强度；干湿变形小；没有木节和裂纹等缺陷。胶合板广泛用作建筑室内隔墙板，天花板、门框、门面板以及各种家具及室内装修等。

5. 刨花板、木丝板、木屑板

刨花板、木丝板、木屑板是分别以刨花碎片、短小废料刨制的木丝、木屑等为原料，经干燥后拌入胶料；再经热压而制成的人造板材。所用胶料可用合成树脂，也可用水泥等无机胶结料。这类板材一般表观密度较小，强度较低，主要用作绝热和吸声材料，但不宜用于潮湿处，其表面可粘贴塑料贴面或胶合板作饰面层，这样既增加了板材的强度，又使板材具有装饰性，可用作吊顶、隔墙、家具等。

9.3 木材的防护与防火

木材具有很多优点，但也存在两大缺点，一是易腐，二是易燃，因此建筑工程中应用木材时，必须考虑木材的防腐和防火问题。

9.3.1 木材的腐朽与防腐(Corrosion and antisepsis of timber)

民间谚语称木材："干千年，湿千年，干干湿湿两三年"。意思是说，木材只要一直保持通风干燥或完全浸于水中，就不会腐朽破坏，但是如果木材干干湿湿，则极易腐朽。

木材的腐朽是真菌侵害所致，真菌在木材中生存和繁殖必须具备三个条件，即：水分、适宜的温度和空气中的氧。所以木材完全干燥和完全浸入水中(缺氧)都不易腐朽。了解了木材产生腐朽的原因，也就有了防止木材腐朽的方法。通常防止木材腐朽的措施有以下两种：一是破坏真菌生存的条件，使木结构、木制品和储存的木材处于经常保持通风干燥的状态，并对木结构和木制品表面进行油漆处理，油漆涂层既使木材隔绝了空气，又隔

绝了水分；二是将化学防腐剂注入木材中，使真菌无法寄生。木材防腐剂种类很多，一般分为水溶性防腐剂，油质防腐剂和膏状防腐剂三类。

9.3.2 木材的防虫(Mothproofing of timber)

木材除受真菌侵蚀而腐朽外，还会遭受昆虫的蛀蚀。常见的蛀虫有白蚁、天牛等。木材虫蛀的防护方法，主要是采用化学药剂处理。木材防腐剂也能防止昆虫的危害。

9.3.3 木材的防火(Fireproofing of timber)

木材属木质纤维材料，易燃烧，它是具有火灾危险性的有机可燃物。所谓木材的防火，就是将木材经过具有阻燃性能的化学物质处理后，变成难燃的材料，以达到遇小火能自熄，遇大火能延缓或阻滞燃烧蔓延的目的，从而赢得扑救的时间。

常用木材防火处理方法是在木材表面涂刷或覆盖难燃材料和用防火剂浸渍木材。

第10章 复合材料概论

10.1 复合材料的发展概况

人类发展的历史证明,材料是社会进步的物质基础和先导,是人类进步的里程碑。纵观人类利用材料的历史,可以清楚地看到,每一种重要材料的发现和利用,都会把人类支配和改造自然的能力提高到一个新的水平,给社会生产力和人类生活带来巨大的变化。当前以信息、生命和材料三大学科为基础的世界规模的新技术革命风涌兴起,它将人类的物质文明推向一个新阶段。在新型材料研究、开发和应用,在特种性能的充分发挥以及传统材料的改性等诸多方面,材料科学都肩负着重要的历史使命。近30年来,科学技术迅速发展,特别是尖端科学技术的突飞猛进,对材料性能提出越来越高、越严和越多的要求。在许多方面,传统的单一材料已不能满足实际需要,这些都促进了人们对材料的研究逐步摆脱过去单纯靠经验的摸索方法,而是向着按预定性能设计和制造新材料的研究方向发展。

根据国际标准化组织(International organization for standardization, IOS)为复合材料所下的定义,复合材料是由两种或两种以上物理和化学性质不同的物质组合而成的一种多相固体材料。复合材料的组分材料虽然保持其相对独立性,但复合材料的性能却不是组分材料性能的简单加和,而是有着重要的改进。在复合材料中,通常有一相为连续相,称为基体;另一相为分散相,成为增强材料。分散相是以独立的形态分布在整个连续相中的,两相之间存在着相界面。分散相可以是增强纤维,也可以是颗粒状或弥散的填料。

从上述的定义中可以得出,复合材料可以是一个连续物理相与一个连续分散相的复合,也可以是两个或者多个分散相在连续相中的复合,复合后的产物为固体时才称为复合材料,若复合产物为液体或气体时就不能称为复合材料。复合材料既可以保持原材料的某些特点,又能发挥组合后的新特征,它可以根据需要进行设计,从而最合理地达到使用所要求的性能。

由于复合材料各组分之间“取长补短”、“协同作用”,极大地弥补了单一材料的缺点,产生单一材料所不具有的新性能,也是材料设计方面的一个突破,它综合了各种材料如纤维、树脂、橡胶、金属、陶瓷等的优点,按需要设计、复合成为综合性能优异的新型材料。可以预言,如果用材料作为历史分期的依据,那么21世纪,将是复合材料的时代。

纵观复合材料的发展过程,可以看到,早期发展出现的复合材料,由于性能相对比较低,生产量大,使用面广,可称之为常用复合材料。后来随着高技术发展的需要,在此基础上又发展出性能高的先进复合材料。

随着航天航空技术的发展,对结构材料要求比强度、比模量、韧性、耐热、抗环境能力和加工性能都好。针对不同需求,出现了高性能树脂基先进复合材料,标志在性能上区别

于一般低性能的常用树脂基复合材料。以后又陆续出现金属基和陶瓷基先进复合材料。

10.2 复合材料的命名和分类

复合材料可根据增强材料与基体材料的名称来命名。将增强材料的名称放在前面,基体材料的名称放在后面,再加上“复合材料”。例如,玻璃纤维和环氧树脂构成的复合材料称为“玻璃纤维环氧树脂复合材料”。为书写简便,也可仅写增强材料和基体材料的缩写名称,中间加一斜线隔开,后面再加“复合材料”。如上述玻璃纤维和环氧树脂构成的复合材料,也可写做“玻璃/环氧复合材料”。有时为突出增强材料和基体材料,视强调的组分不同,也可简称为“玻璃纤维复合材料”或“环氧树脂复合材料”。碳纤维和金属基体构成的复合材料叫“金属基复合材料”,也可写为“碳/金属复合材料”。碳纤维和碳构成的复合材料叫“碳/碳复合材料”。

随着材料品种不断增加,人们为了更好的研究和使用材料,需要对材料进行分类。材料的分类,历史上有许多方法,如按材料的化学性质分类,有金属材料、非金属材料之分。按物理性质分类,有绝缘材料、磁性材料、透光材料、半导体材料、导电材料等。按用途分类,有航空材料、电工材料、建筑材料、包装材料等。

复合材料的分类方法也很多,常见的分类方法有以下几种。

1.按增强材料形态分类(Classification by shape of reinforced materials)

(1) 连续纤维复合材料:作为分散相的纤维,每根纤维的两个端点都位于复合材料的边界处;

(2) 短纤维复合材料:短纤维无规则地分散在基体材料中制成的复合材料;

(3) 粒状填料复合材料:微小颗粒状增强材料分散在基体中制成的复合材料;

(4) 编织复合材料:以平面二维或立体三维纤维编织物为增强材料与基体复合制成的复合材料。

2.按增强纤维种类分类(Classification by type of reinforced fibre)

(1) 玻璃纤维复合材料;

(2) 碳纤维复合材料;

(3) 有机纤维(芳香族聚酰胺纤维、芳香族聚酯纤维、高强度聚烯烃纤维等)复合材料;

(4) 金属纤维(如钨丝、不锈钢丝等)复合材料;

(5) 陶瓷纤维(如氧化铝纤维、碳化硅纤维、硼纤维等)复合材料。

此外,如果用两种或两种以上纤维增强同一基体材料制成的复合材料称为混杂复合材料(Hybrid composite materials)。混杂复合材料可以看成是两种或多种单一纤维复合材料的相互复合,即复合材料的“复合材料”。

3.按基体材料分类(Classification by base materials)

(1) 聚合物基复合材料:以有机聚合物(主要为热固性树脂、热塑性树脂及橡胶)为基体制成的复合材料;

(2) 金属基复合材料:以金属为基体制成的复合材料,如铝基复合材料、钛基复合材

料等；

(3) 无机非金属基复合材料：以陶瓷材料(也包括玻璃和水泥)为基体制成的复合材料。

4.按材料作用分类(Classification by action of materials)

(1) 结构复合材料：用于制造受力构件的复合材料；

(2) 功能复合材料：具有各种特殊性能(如阻尼、导电、导磁、换能、摩擦、屏蔽等)的复合材料。

此外，还有同质复合材料和异质复合材料，增强材料和基体材料属于同种物质的复合材料为同质复合材料，如碳/碳复合材料，异质复合材料如前面提及的复合材料多属此类。

10.3 复合材料的基本性能

复合材料是由多相材料复合而成，其共同的特点是：

(1) 可综合发挥各种组成材料的优点，使一种材料具有多种性能，具有天然材料所没有的性能。例如，玻璃纤维增强环氧基复合材料，既具有类似钢材的强度，又具有塑料的介电性能和耐腐蚀性能。

(2) 可按对材料性能的需要进行材料的设计和制造，例如，针对方向性材料强度的设计，针对某种介质耐腐蚀性能的设计等。

(3) 可制成所需的任意形状的产品，可避免多次加工工序，例如，可避免金属产品的铸模、切削、磨光等工序。

性能的可设计性是复合材料的最大特点。影响复合材料性能的因素很多，主要取决于增强材料的性能、含量及分布状况，基体材料的性能、含量，以及它们之间的界面结合情况，作为产品还与成型工艺和结构设计有关。因此，不论对哪一类复合材料，就是同一类复合材料的性能也不是一个定值，在此只给出主要性能。

10.3.1 聚合物基复合材料的主要性能
(Major properties of polymer base composite materials)

1.比强度、比模量大

玻璃纤维复合材料有较高的比强度、比模量，而碳纤维、硼纤维、有机纤维增强的聚合物基复合材料的比强度如表10.1所示，相当于钛合金的3~5倍，它们的比模量相当于金属的4倍之多，这种性能可由纤维排列的不同而在一定范围内变动。

2.耐疲劳性能好

金属材料的疲劳破坏常常是没有明显预兆的突发性破坏，而聚合物基复合材料中纤维与基体的界面能阻止材料受力所致裂纹的扩展。因此，其疲劳破坏总是从纤维的薄弱环节开始逐渐扩展到结合面上，破坏前有明显的预兆。大多数金属材料的疲劳强度极限是其抗拉强度的20%~50%，而碳纤维/聚酯复合材料的疲劳强度极限可为其抗拉强度的70%~80%。

表 10.1 各种材料的比强度和比模量

材 料	密度 $/g\cdot cm^{-3}$	拉伸强度 $/\times 10^3$ MPa	弹性模量 $/\times 10^5$ MPa	比强度 $/\times 10^5$ MPa	比模量 $/\times 10^5$ MPa
钢	7.85	1.03	2.1	0.13	0.27
铝合金	2.7	0.47	0.75	0.17	0.26
钛合金	4.5	0.96	1.14	0.21	0.25
玻璃纤维复合材料	2.0	1.06	0.4	0.53	0.20
碳纤维Ⅱ/环氧复合材料	1.45	1.50	1.4	1.03	0.97
碳纤维Ⅰ/环氧复合材料	1.6	1.07	2.4	0.67	1.5
有机纤维/环氧复合材料	1.4	1.4	0.8	1.0	0.57
硼纤维/环氧复合材料	2.1	1.38	2.1	0.66	1.0
硼纤维/铝复合材料	2.65	1.0	2.0	0.38	0.57

3.减震性好

受力结构的自振频率除与结构本身形状有关外,还与结构材料比模量的平方根成正比。复合材料比模量高,故具有高的自振频率。同时,复合材料界面具有吸振能力,使材料的震动阻尼很高。由试验得知:轻合金梁需 9 s 才能停止振动时,而碳纤维复合材料梁只需 2.5 s 就会停止同样大小的振动。

4.过载时安全性好

复合材料中由大量增强纤维组成,当材料过载而有少数纤维断裂时,载荷会迅速重新分配到未破坏的纤维上,使整个构件在短期内不致于失去承载能力。

5.具有多功能性

①耐烧蚀性好,聚合物基复合材料可以制成具有较高比热容、熔融热和气化热的材料,以吸收高温烧蚀时大量热能;

②有良好的摩擦性能,包括良好的摩阻特性及减摩特性;

③高度的电绝缘性能;

④优良的耐腐蚀性能;

⑤有特殊的光学、电学、磁学特性。

6.有很好的加工工艺性

复合材料可采用手糊成型、模压成型、缠绕成型、注射成型和拉挤成型等各种方法制成各种形状的产品。

但是复合材料还存在着一些缺点,如耐高温性能、耐老化性能及材料强度一致性等,有待于进一步研究提高。

10.3.2 金属基复合材料的主要性能(Major properties of metal base composite materials)

金属基复合材料的性能取决于所选用金属或合金基体和增强物的特性、含量、分布

等。通过优化组合可以获得既具有金属特性，又具有高比强度、高比模量、耐热、耐磨等的综合性能。综合归纳金属基复合材料有以下性能特点：

1.高比强度、高比模量

由于在金属基体中加入了适量的高强度、高模量、低密度的纤维、晶须、颗粒等增强物质，明显提高了复合材料的比强度和比模量，特别是高性能连续纤维——硼纤维、碳(石墨)纤维、碳化硅纤维等增强物质，具有很高的强度和模量。密度只有 1.85 g/cm^3 的碳纤维的最高强度可达到 7 000 MPa，比铝合金强度高出 10 倍以上，石墨纤维的最高模量可达 91 GPa。硼纤维、碳化硅纤维密度为 2.5 ~ 3.4 g/cm^3，强度为 3 000 ~ 4 500 MPa，模量为 350 ~ 450 GPa。加入 30% ~ 50%高性能纤维作为复合材料的主要承载体，复合材料的比强度、比模量成倍地高于基体合金的比强度和比模量。

用高比强度、高比模量复合材料制成的构件重量轻、刚性好、强度高，是航天航空技术领域中理想的结构材料。

2.导热、导电性能

金属基复合材料中金属基体占有很高的体积百分比，一般在 60%以上，因此仍保持金属所具有的良好导热和导电性。良好的导热性可以有效地传热，减少构件受热后产生的温度梯度，迅速散热，这对尺寸稳定性要求高的构件和高集成度的电子器件尤为重要。良好的导电性可以防止飞行器构件产生静电聚集的问题。

在金属基复合材料中采用高导热性的增强物还可以进一步提高金属基复合材料的导热系数，使复合材料的热导率比纯金属基体还高。为了解决高集成度电子器件的散热问题，现已研究成功的超高模量石墨纤维、金刚石纤维、金刚石颗粒增强铝基、铜基复合材料的导热率比纯铝、钢还高，用它们制成的集成电路底板和封装件可有效迅速地把热量散去，提高集成电路的可靠性。

3.热膨胀系数小、尺寸稳定性好

金属基复合材料中所用的增强物碳纤维、碳化硅纤维、晶须、颗粒、硼纤维等均具有很小的热膨胀系数，又具有很高的模量，特别是高模量、超高模量的石墨纤维具有负的热膨胀系数，例如，石墨纤维增强镁基复合材料，当石墨纤维含量达到 48%时，复合材料的热膨胀系数为零，即在温度变化时，由这种复合材料做成的零件不发生热变形，这对人造卫星构件特别重要。

通过选择不同的基体金属和增强物，以一定的比例复合在一起，可得到导热性好、热膨胀系数小、尺寸稳定性好的金属基复合材料。

4.良好的高温性能

由于金属基体的高温性能比聚合物高很多，增强纤维、晶须、颗粒在高温下都具有很高的高温强度和模量，因此金属基复合材料具有比金属基体更高的高温性能，特别是连续纤维增强金属基复合材料的高温性能可保持到接近金属熔点，并比金属基体的高温性能高许多。如钨丝增强耐热合金，其 1 100℃，100 h 高温持久强度为 207 MPa，而基体合金的高温强度只有 48 MPa；又如石墨纤维增强铝基复合材料在 500℃高温下，仍具有 600 MPa 的高温强度，而铝基体在 300℃时强度已下降到 100 MPa 以下。因此，金属基复合材料被选用在发动机等高温零部件上，可大幅度地提高发动机的性能和效率。总之，金属基复合

材料制成的零、构件比金属材料、聚合物基复合材料制成的零、构件能在更高的温度条件下使用。

5.耐磨性好

金属基复合材料,尤其是陶瓷纤维、晶须、颗粒增强金属基复合材料具有很好的耐磨性。这是因为在基体金属中加入了大量的陶瓷增强物,特别是细小的陶瓷颗粒。陶瓷材料具有硬度高、耐磨、化学性能稳定的优点,用它们来增强金属不仅提高了材料的强度和刚度,也提高了复合材料的硬度和耐磨性。SiC/Al复合材料的高耐磨性在汽车、机械工业中有很广的应用前景,可用于汽车发动机、刹车盘、活塞等重要零件,能明显提高零件的性能和寿命。

6.良好的疲劳性能和断裂韧性

金属基复合材料的疲劳性能和断裂韧性取决于纤维等增强物与金属基体的界面结合状态,增强物在金属基体中的分布以及金属、增强物本身的特性,特别是界面状态,最佳的界面结合状态既可有效地传递载荷,又能阻止裂纹的扩展,提高材料的断裂韧性。据美国宇航公司报道,C/Al复合材料的疲劳强度与拉伸强度比为0.7左右。

7.不吸潮、不老化、气密性好

与聚合物相比,金属基性质稳定、组织致密,不存在老化、分解、吸潮等问题,也不会发生性能的自然退化,这比聚合物复合材料优越,在空间使用不会分解出低分子物质污染仪器和环境,有明显的优越性。

总之,金属基复合材料所具有的高比强度、高比模量、良好的导热性、导电性、耐磨性、高温性能、低的热膨胀系数、高的尺寸稳定性等优异的综合性能,使金属基复合材料在航天、航空、电子、汽车、先进武器系统中均具有广泛的应用前景,对装备性能的提高将发挥巨大作用。

10.3.3 陶瓷基复合材料的主要性能

(Major properties of ceramic base composite materials)

陶瓷材料强度高、硬度大、耐高温、抗氧化,高温下抗磨损性好、耐化学腐蚀性优良,热膨胀系数和相对密度较小,这些优异的性能是一般常用金属材料、高分子材料及其复合材料所不具备的。但陶瓷材料抗弯强度不高,断裂韧性低,限制了其作为结构材料使用。当用高强度、高模量的纤维或晶须增强后,其高温强度和韧性可大幅度提高。最近,欧洲动力公司推出的航天飞机高温区用碳纤维碳化硅基体和用碳化硅纤维增强碳化硅基体所制造的陶瓷基复合材料,可分别在1 700℃和1 200℃下保持20 h时的抗拉强度,并且有较好的抗压性能,较高的层间剪切强度;而断裂延伸率较一般陶瓷高,耐辐射效率高,可有效地降低表面温度,有极好的抗氧化、抗开裂性能。陶瓷基复合材料与其他复合材料相比发展仍较缓慢,主要原因一方面是制备工艺复杂,另一方面是缺少耐高温的纤维。

10.3.4 水泥基复合材料的主要性能

(Major properties of cement base composite materials)

水泥混凝土制品在压缩强度、热能等方面具有优异的性能,但抗拉伸强度低,破坏前的许用应变小,通过用钢筋增强后,一直作为常用的建筑材料。但在钢筋混凝土制品中为

了防止钢筋生锈,壁要加厚,质量也增大,而且钢筋混凝土的腐蚀一直是建筑业的一大难题。在水泥中引入高模量、高强度、轻质纤维或晶须增强混凝土,提高混凝土制品的抗拉性能,降低混凝土制品的重量,提高耐腐蚀性能。

复合材料的性能是根据使用条件进行设计的,但是使用温度和材料硬度方面,三类复合材料有着明显的区别。如树脂复合材料的使用温度一般为 60~250℃;金属基复合材料为 400~600℃;陶瓷基复合材料为 1 000~1 500℃。复合材料的硬度主要取决于基体材料性能,一般陶瓷基复合材料硬度大于金属基复合材料,金属基复合材料硬度大于树脂基复合材料。

就力学性能而言,复合材料力学性能取决于增强材料的性能、含量和分布,取决于基体材料的性能和含量。它可以根据使用条件进行设计,从强度方面来讲,三类复合材料都可以获得较高的强度。

复合材料的耐自然老化性能,取决于基体材料性能和与增强材料的界面粘结。一般来讲其耐老化性能的优劣次序为:陶瓷基复合材料大于金属基复合材料,金属基复合材料大于树脂基复合材料。树脂基复合材料的耐自然老化性能也可以通过改进树脂配方、增加表面保护层等方法来提高和改善。

三类复合材料的导热性能的优劣比较为:金属基复合材料,50~65W/(m·K);陶瓷基复合材料,0.7~3.5 W/(m·K);树脂基复合材料,0.35~0.45 W/(m·K)。

复合材料的耐化学腐蚀性能是通过选择基体材料来实现的。一般来讲陶瓷基复合材料和树脂基复合材料的耐化学腐蚀性能比金属基复合材料优越。在树脂基复合材料中不同的树脂基体,其耐化学腐蚀性能也不相同。聚乙烯酯树脂较通用型聚酯有较高的耐化学腐蚀性,有碱纤维较无碱纤维的耐酸介质性能好。

从生产工艺的难易程度和成本高低方面分析,树脂基复合材料生产工艺成熟,产品成本最低;金属基复合材料次之;陶瓷基复合材料工艺最复杂,产品成本也最高。但无机粘结剂复合材料的成型工艺与树脂基复合材料相似,且产品成本大大低于树脂基复合材料。

10.4 复合材料的增强机理

1.纤维增强复合材料的增强机理

(Reinforced mechanism of fibre reinforced composite materials)

纤维增强复合材料是由高强度、高弹性模量的连续(长)纤维或不连续(短)纤维与基体(树脂或金属、陶瓷等)复合而成。复合材料受力时,高强度、高模量的增强纤维承受大部分载荷,而基体主要作为煤介、传递和分散载荷。

单向纤维增强复合材料的断裂强度 σ_c 和弹性模量 E_c 与各材料性能关系如下

$$\sigma_c = k_1[\sigma_f\varphi_f + \sigma_m(1 - \varphi_f)]$$

$$E_c = k_2[\sigma_f\varphi_f + E_m(1 - \varphi_f)]$$

式中,σ_f、E_f 分别为纤维强度和弹性模量;σ_m、E_m 分别为基体材料的强度和弹性模量;φ_f 为纤维体积分数;k_1、k_2 为常数,主要与界面强度有关。

纤维与基体界面的结合强度,还和纤维的排列、分布方式、断裂形式有关。

为达到强化目的,必须满足下列条件。

①增强纤维的强度、弹性模量应远远高于基体,以保证复合材料受力时主要由纤维承受外加载荷。

②纤维和基体之间有一定的结合强度,这样都能保证基体所承受的载荷能通过界面传递给纤维,并防止脆性断裂。

③纤维的排列方向要和构件的受力方向一致,都能发挥增强作用。

④纤维和基体之间不能发生使结合强度降低的化学反应。

⑤纤维和基体的热膨胀系数应匹配,不能相差过大,否则在热胀冷缩过程中会引起纤维和基体结合强度降低。

⑥纤维所占的体积分数、纤维长度 L 和直径 d 及长径比 L/d 等必须满足一定要求。一般是纤维所占的体积分数越高、纤维越长、越细,增强效果越好。

2.粒子增强型复合材料(Particle reinforced composite materials)的增强机理

粒子增强型复合材料按照颗粒尺寸大小和数量多少可分为:弥散强化的复合材料,其粒子直径 d 一般为 0.01 ~ 0.1 μm,粒子体积分数 φ_p 为 1% ~ 15%;颗粒增强的复合材料,粒子直径 d 为 1 ~ 50 μm,体积分数 $\varphi_p > 20\%$。

(1) 弥散强化的复合材料的增强机理

弥散强化的复合材料就是将一种或几种材料的颗粒(< 0.1 μm)弥散、均匀分布在基体材料内所形成的材料。这类复合材料的增强机理是:在外力的作用下,复合材料的基体将主要承受载荷,而弥散均匀分布的增强粒子将阻碍导致基体塑性变形的位错运动(例如金属基体的绕过机理)或分子链运动(高聚物基体时)。特别是增强粒子大都是氧化物等化合物,其熔点、硬度较高,化学稳定性好,所以粒子加入后,不但使常温下材料的强度、硬度有较大提高,而且使高温下材料的强度下降幅度减少,即弥散强化复合材料的高温强度高于单一材料。强化效果与粒子直径及体积分数有关,质点尺寸越小、体积分数越高,强化效果越好。通常 $d = 0.01 \sim 0.1$ μm, $\varphi_p = 1\% \sim 15\%$。

(2) 颗粒增强(Grain Reinforced)复合材料的增强机理

颗粒增强复合材料是用金属或高分子聚合物为粘接剂,把具有耐热性好、硬度高但不耐冲击的金属氧化物、碳化物、氮化物粘结在一起而形成的材料。这类材料的性能既具有陶瓷的高硬度及耐热的优点,又具有脆性小、耐冲击等方面的优点,显示了突出的复合效果。由于强化相的颗粒较大($d > 1$ μm),它对位错的滑移(金属基)和分子链运动(聚合物基)已没有多大的阻碍作用,因此强度效果并不显著。颗粒增强复合材料主要不是为了提高强度,而是为了改善耐磨性或者综合的力学性能。

10.5 复合材料结构设计基础

近几十年来,复合材料技术的发展为科学家和工程师开辟了新的领域。复合材料应用范围迅速扩大,特别是先进复合材料在高性能结构上的应用,大大促进了复合材料力学、复合材料结构力学的迅速发展,进一步增强了复合材料结构设计能力。

复合材料本身是非均质、各向异性材料,因此,复合材料力学在经典非均质各向异性

弹性力学基础上得到迅速发展。近几十年复合材料的应用,实现了先进复合材料在高性能结构上,从进行次承力构件设计,到现在按照复合材料特点进行主承力构件设计。

复合材料不仅是材料,更确切地说是结构,可以用纤维增强的层合结构为例来说明这个问题。从固体力学角度,不妨将其分为三个"结构层次":一次结构、二次结构、三次结构。所谓"一次结构"是指由基体和增强材料复合而成的单层材料,其力学性能决定于组分材料的力学性能、相几何(各相材料的形状、分布、含量)和界面区的性能;所谓"二次结构"是指由单层材料层合而成的层合体,其力学性能决定于单层材料的力学性能和铺层几何(各单层的厚度、铺设方向、铺层序列);"三次结构"是指通常所说的工程结构或产品结构,其力学性能决定于层合体的力学性能和结构几何。

复合材料力学是复合材料结构力学的基础,也是复合材料结构设计的基础。复合材料力学主要是在单层板和层合板这两个结构层次上展开的,研究内容可以分为微观力学和宏观力学两大部分。微观力学主要研究纤维、基体组分性能与单向板性能的关系;宏观力学主要研究层合板的刚度与强度分析、温湿度环境的影响等。

将单层复合材料作为结构来分析,必须承认材料的多相性,以研究各相材料之间的相互作用。这种研究方法称为"微观力学"方法。犹如在显微镜视野中分辨出了材料的微观非均质性,运用非均质力学的手段尽可能准确地描述各相中的真实应力场和应变场,以预测复合材料的宏观力学性能。微观力学总是在某些假定的基础上建立起分析模型以模拟复合材料,所以微观力学的分析结果必须用宏观试验来验证。微观力学因不能顾及不胜枚举的各种影响因素而总带有一定的局限性。但是,微观力学毕竟是在一次结构这个相对细微的层次上来分析复合材料的,所以它在解释机理,发掘材料本质,特别是在提出改进和正确使用复合材料的方案方面是十分重要的。

在研究单层复合材料时,也可以假定材料是均匀的,而将各相材料的影响仅仅作为复合材料的平均表现性能来考虑,这种研究方法称为"宏观力学"方法。在宏观力学中,应力、应变均定义在宏观尺度上,亦即定义在比各相特征尺寸大得多的尺度上。这样定义应力和应变称为宏观应力和宏观应变,它们既不是基体相的应力和应变,也不是增强相的应力和应变,而是在宏观尺度上的某种平均值。相应地,材料的各类参数也都在宏观尺度上,这样定义的材料参数称为"表观参数"。在宏观力学中,各类材料参数只能靠宏观试验来获得。宏观力学方法较之微观力学方法显然粗糙得多。但是,由于宏观力学始终以试验结果作为根据,所以它的实用性和可靠性反而比微观力学强得多。因此,不能说宏观力学更好,或者说微观力学更好,事实上,它们是互相补充的。

将层合复合材料作为结构来分析,必须承认材料在板厚度方向的非均质性,亦即承认层合板是由若干单层板所构成这一事实,由此发展起来的理论称为"层合理论"。该理论以单层复合材料的宏观性能作为依据,以非均质力学的手段来研究层合复合材料的性能,它属于宏观力学的范围。

工程结构的分析属于复合材料结构力学的范畴。目前复合材料结构力学以纤维增强复合材料层压结构为研究对象。复合材料结构力学的主要研究内容包括:层合板和层合壳结构的弯曲、屈曲与振动问题,以及耐久性、损伤容限、气动弹性剪裁、安全系数与许用值、验证试验和计算方法等问题。

复合材料设计也可分为三个层次:单层材料设计、铺层设计、结构设计。单层材料设计包括正确选择增强材料、基体材料及其配合比,该层次决定单层板的性能;铺层设计包括对铺层材料的铺层方案做出合理安排,该层次决定层合板的性能;结构设计则最后确定产品结构的形状和尺寸。这三个设计层次互为前提、互相影响、互相依赖。因此,复合材料及其结构的设计打破了材料研究和结构研究的传统界限,设计人员必须把材料性能和结构性能一起考虑,换言之,材料设计和结构设计必须同时进行,并将它们统一在同一个设计方案中。

从分析的角度而言,复合材料与惯用的均质各向同性材料的差别主要是它的各向异性和非均质性。这种差别是属于物理方面的。我们知道,各向同性材料,独立的弹性常数只有两个:弹性模量 E、泊松比 γ(或剪切模量 G)。对于各向异性材料,独立的弹性常数增加了。譬如图 10.1(c)所示的单层板,在面内有两个材料主方向:纤维方向(纵向 L)和垂直纤维 LT 方向(横向 T)。在 L-T 坐标系中,单层板独立的弹性常数有四个:纵向弹性模量 E_L、横向弹性模量 E_T、纵横向泊松比(或横纵向泊松比)γ_{LT}、纵横向剪切模量 G_{LT},表现出明显的正交异性特点。在材料的非主方向坐标系中,正应力会引起剪应变,剪应力会引起线应变,这种现象称为交叉效应,是各向同性材料所没有的。对于各向同性材料,强度与方向无关,但是对于各向异性材料,强度随方向不同而异。上述单层板在其面内就有五个基本强度:纵向拉伸强度 F_{Lt}、纵向压缩强度 F_{Lc}、横向拉伸强度 F_{Tt}、横向压缩强度 F_{Tc}、纵横向剪切强度 F_{LT},其他物理-力学性能也是各向异性的,比如热性能,单层板的纵向热膨胀系数 α_L 和横向热膨胀系数 α_T 也是不同的。总之,单层板的各类参数都是方向的函数。在复合材料力学中,各类参数的坐标转换关系经常会遇到,因此,熟悉它们并能熟练地运用它们是十分重要的。层合板厚度方向的非均质性会造成层合结构的一个特有现象:耦合效应。所谓耦合效应是在小变形情况下,面内内力会引起平面变形,内力矩也会引起面内变形。如何避免或者利用耦合效应也是一个重要课题。复合材料结构设计是以复合材料力学分析理论和结构分析理论为基础的,三者有机统一,不可分割。

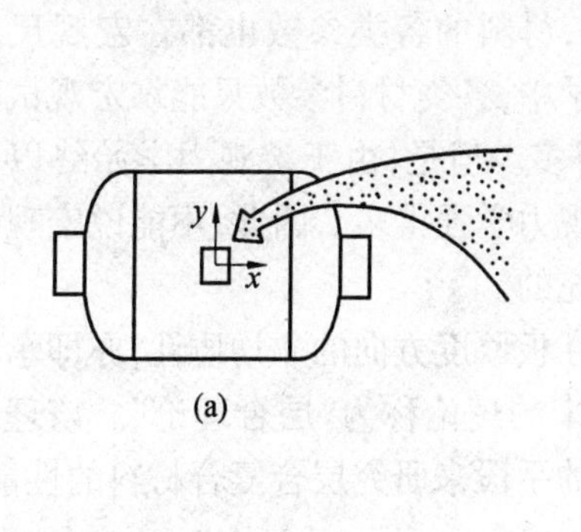

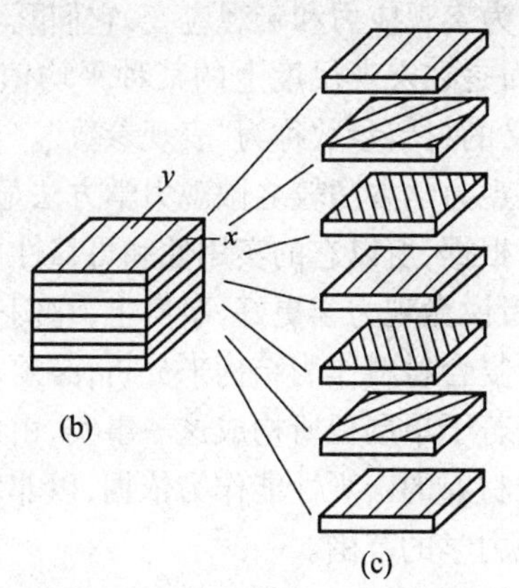

图 10.1

10.6 常用复合材料

10.6.1 纤维增强复合材料

1.常用增强纤维(Normal reinforced fibre)

纤维增强复合材料中常用的纤维有玻璃纤维、碳纤维、硼纤维、碳化硅纤维、Kevlar 有机纤维等,这些纤维除可增强树脂之外,其中碳化硅纤维、碳纤维、硼纤维还可增强金属和陶瓷。常用增强纤维与金属丝性能比较如表 10.2 所示。

表 10.2 常用增强纤维与金属丝性能对比

性能 材料	密 度 $/g\cdot cm^{-3}$	抗拉强度 $/\times 10^3$ MPa	拉伸模量 $/\times 10^5$ MPa	比强度 $/\times 10^6 N\cdot m\cdot kg^{-1}$	比模量 $/\times 10^8 N\cdot m\cdot kg^{-1}$
无碱玻纤	2.55	3.40	0.71	1.40	29
高强碳纤(Ⅱ型)	1.74	2.42	2.16	1.80	130
高模量碳纤(Ⅰ型)	2.00	2.23	3.75	1.10	210
Kevlar-49	1.44	2.80	1.26	1.94	875
硼 纤 维	2.36	2.75	3.82	1.20	160
SiC 纤维(钨芯)	2.69	3.43	4.80	1.27	178
钢 丝	7.85	4.20	2.00	0.54	26
钨 丝	19.40	4.10	4.10	0.21	21
钼 丝	10.20	2.20	3.60	0.22	36

(1) 玻璃纤维(Glass fibre)

玻璃纤维是将熔化的玻璃以极快的速度拉成细丝而制得。按玻璃纤维中 Na_2O 和 K_2O 的含量不同,可将其分为无碱纤维(含碱量<2%)、中碱纤维(含碱量 2%~12%)、高碱纤维(含碱量>12%)。随含碱量的增加,玻璃纤维的强度、绝缘性、耐腐蚀性降低,因此高强度复合材料多用无碱玻璃纤维。

玻璃纤维的特点是强度高,其抗拉强度可达 1 000~3 000 MPa;弹性模量比金属低得多,为$(3\sim5)\times10^4$ MPa;密度小,为 2.5~2.7 g/cm^3,与铝相近,是钢的 1/3;比强度、比模量比钢高;化学稳定性好;不吸水、不燃烧、尺寸稳定、隔热、吸声、绝缘等。缺点是脆性较大,耐热性低,250℃以上开始软化。由于价格便宜,制作方便,是目前应用最多的增强纤维。

(2) 碳纤维(Carbonic fibre)

碳纤维是人造纤维(粘胶纤维、聚丙烯腈纤维等)在 200~300℃空气中加热并施加一定张力进行预氧化处理,然后在氮气的保护下,在 1 000~1 500℃的高温下进行碳化处理而制得,其含碳量可达 85%~95%。由于其具有高强度,因而称高强度碳纤维,也称Ⅱ型碳纤维。

如果将碳纤维在 2000~3000℃高温的氩气中进行石墨化处理,就可获得含碳量为 98%以上的碳纤维。这种碳纤维中的石墨晶体的层面有规则地沿纤维方向排列,具有高的弹性模量,又称石墨纤维或高模量碳纤维,也称Ⅰ型碳纤维。

与玻璃纤维相比，碳纤维密度小(1.33～2.0 g/cm^3)；弹性模量高($2.8～4.0\times10^5$ MPa)，为玻璃纤维的4～6倍；高温及低温性能好，在1 500℃以上的惰性气体中强度仍保持不变，在-180℃下脆性也不增加；导电性好、化学稳定性高、摩擦系数小、自润滑性能好。缺点是脆性大、易氧化、与基体结合力差，必须用硝酸对纤维进行氧化处理以增强结合力。

(3) 硼纤维(Boron fibre)

它是用化学沉积法将非晶态的硼涂覆到钨丝或碳丝上而制得的。具有高熔点(2 300℃)、高强度(2 450～2 750 MPa)、高弹性模量($3.8～4.9\times10^5$ MPa)。其弹性模量是无碱玻璃纤维的5倍，与碳纤维相当，在无氧条件下1 000℃时其模量值也不变。此外，它还具有良好的抗氧化性、耐腐蚀性。缺点是密度大、直径较粗及生产工艺复杂、成本高、价格昂贵，所以它在复合材料中的应用不及玻璃纤维和碳纤维广泛。

(4) 碳化硅纤维(Silicon carbide fibre)

它是用碳纤维作底丝，通过气相沉积法而制得。具有高熔点、高强度(平均抗拉强度达3 090 MPa)、高弹性模量(1.96×10^5 MPa)。其突出优点是具有优良的高温强度，在1 100℃时其强度仍高达2 100 MPa，主要用于增强金属及陶瓷。

(5) Kevlar有机纤维(芳纶、聚芳酰酰胺纤维)(Kevlar organic fibre)

目前世界上生产的主要芳纶纤维是以对苯二胺和对苯甲酰为原料，采用“液晶纺丝”和“干湿法纺丝”等新技术制得，其最大特点是比强度、比弹性模量高。其强度可达2 800～3 700 MPa，比玻璃纤维高45%；密度小，只有1.45 g/cm^3，是钢的1/6；耐热性比玻璃纤维好，能在290℃长期使用。此外，它还具有优良的抗疲劳性、耐蚀性、绝缘性和加工性，且价格便宜。主要纤维种类有Kevlar-29、Kevlar-49和我国的芳纶Ⅱ纤维。

2. 纤维-树脂复合材料(Fibre-resin composite materials)

(1) 玻璃纤维-树脂复合材料，亦称玻璃纤维增强塑料，也称玻璃钢。按树脂性质可将其分为玻璃纤维增强热塑性塑料(即热塑性玻璃钢)和玻璃纤维增强热固性塑料(即热固性玻璃钢)。

①热塑性玻璃钢(Thermoplasticity glass fibre reinforced plastic)

它是由20%～40%的玻璃纤维和60%～80%的热塑性树脂(如尼龙、ABS等)组成，它具有高强度和高冲击韧性，良好的低温性能及低热膨胀系数。热塑性玻璃钢的性能如表10.3所示。

②热固性玻璃钢(Thermosetting glass fibre reinforced plastic)

它是由60%～70%玻璃纤维(或玻璃布)和30%～40%热固性树脂(环氧、聚酯树脂等)组成，主要优点是密度小，强度高，其比强度超过一般高强度钢和铝合金及钛合金，耐腐蚀性、绝缘性、绝热性好；吸水性低，防磁，微波穿透性好，易于加工成型。缺点是弹性模量低，热稳定性不高，只能在300℃以下工作。为此更换基体材料，用环氧和酚醛树脂混溶后作基体或用有机硅和酚醛树脂混溶后作基体制成玻璃钢。前者热稳定性好，强度高，后者耐高温，可作耐高温结构材料。热固性玻璃钢的性能如表10.4所示。

表 10.3 几种热塑性玻璃钢的性能

基体材料 \ 性能	密度 /g·cm^{-3}	抗拉强度 /MPa	弯曲模量 /×10^2 MPa	热膨胀系数 /×10^{-6}/℃$^{-1}$
尼龙 60	1.37	182.0	91	3.24
ABS	1.28	101.5	77	2.88
聚苯乙烯	1.28	94.5	91	3.42
聚碳酸酯	1.43	129.5	84	2.34

表 10.4 几种热固性玻璃钢的性能

基体材料 \ 性能	密度 /g·cm^{-3}	抗拉强度 /MPa	弯曲模量 /×10^2 MPa	抗弯强度 /×10^2 MPa
聚 酯	1.7～1.9	180～350	210～250	210～350
环 氧	1.8～2.0	70.3～298.5	180～300	70.3～470
酚 醛	1.6～1.85	70～280	100～270	270～1 100

玻璃钢主要用于制作要求自重轻的受力构件及无磁性、绝缘、耐腐蚀的零件。例如，直升飞机机身、螺旋浆、发动机叶轮；火箭导弹发动机壳体、液体燃料箱；轻型舰船（特别适于制作扫雷艇）；机车、汽车的车身，发动机罩；重型发电机护环、绝缘零件，化工容器及管道等。

（2）碳纤维－树脂（Carbonic fibre-resin）复合材料，亦称碳纤维增强塑料，最常用的是碳纤维和聚酯、酚醛、环氧、聚四氟乙烯等树脂组成的复合材料。其性能优于玻璃钢，具有高强度、高弹性模量、高比强度和比模量。例如碳纤维－树脂复合材料的上述四项指标均超过了铝合金、钢和玻璃钢。此外碳纤维－树脂复合材料还具有优良的抗疲劳性能、耐冲击性能、自润滑性、减摩耐磨性及耐热性。缺点是纤维与基体结合力低，材料在垂直于纤维方向上的强度和弹性模量较低。

其用途与玻璃钢相似，如飞机机身、螺旋浆、尾翼，卫星壳体、宇宙飞船外表面防热层，机械轴承、齿轮、磨床磨头等。

（3）硼纤维－树脂复合材料，主要由硼纤维和环氧、聚酰亚胺等树脂组成，具有高的比强度和比模量，良好的耐热性。例如硼纤维－环氧树脂复合材料的拉伸、压缩、剪切和比强度均高于铝合金和钛合金。而其弹性模量为铝的 3 倍、为钛合金的 2 倍；比模量则是铝合金及钛合金的 4 倍。缺点是各向异性明显，即纵向力学性能高而横向性能低，两者相差十几到几十倍；此外加工困难，成本昂贵。主要用于航天、航空工业中制作要求刚度高的结构件，如飞机机身、机翼等。

（4）碳化硅纤维－树脂复合材料，碳化硅纤维与环氧树脂组成的复合材料具有高的比强度、比模量，其抗拉强度接近碳纤维－环氧树脂复合材料，而抗压强度为后者的 2 倍，因此是一种很有发展前途的新型材料。主要用于制作宇航器上的结构件，飞机的门、机翼、降落传动装置箱。

（5）Kevlar 纤维－树脂复合材料，它是由 Kevlar 纤维和环氧、聚乙烯、聚碳酸酯、聚脂等树脂组成。最常用的是 Kevlar 纤维与环氧树脂组成的复合材料，其主要性能特点是抗

拉强度大于玻璃钢，而与碳纤维－环氧树脂复合材料相似；延性好，与金属相当；其耐冲击性超过碳纤维增强塑料，具有优良的疲劳抗力和减震性；其疲劳抗力高于玻璃钢和铝合金，减震能力为钢的5倍，为玻璃钢的4～5倍。主要用于制作飞机机身、雷达天线罩、火箭发动机外壳、轻型船舰、快艇等。

3．纤维－金属（或合金）复合材料（Fibre-metal (alloy) composite materials）

纤维增强金属复合材料是高强度、高模量的脆性纤维（碳、硼、碳化硅纤维）和具有较韧性及低屈服强度的金属（铝及其合金、钛及其合金、铜及其合金、镍合金、镁合金、银铅等）组成。此类材料具有比纤维－树脂复合材料高的横向力学性能，高的层间剪切强度，冲击韧性好，高温强度高，耐热性、耐磨性、导电性、导热性好，不吸湿，尺寸稳定性好，不老化等优点。但由于其工艺复杂，价格较贵，仍处于研制和试用阶段。

(1) 纤维－铝（或合金）复合材料（Fibre-aluminium (alloy) composite materials）

①硼纤维－铝（或合金）基复合材料是纤维－金属基复合材料中最成功、应用最广的一种复合材料。它是由硼纤维和纯铝、形变铝合金、铸造铝合金组成。由于硼和铝在高温易形成 AlB_2，与氧易形成 B_2O_3，故在硼纤维表面要涂一层 SiC，以提高硼纤维的化学稳定性。这种硼纤维称为改性硼纤维或硼矽克。

硼纤维－铝（或铝合金）基复合材料的性能优于硼纤维－环氧树脂复合材料，也优于铝合金、钛合金。它具有高拉伸模量、高横向模量，高抗压强度、剪切强度和疲劳强度，主要用于制造飞机和航天器的蒙皮、大型壁板、长梁、加强肋、航空发动机叶片等。

②石墨纤维－铝（或铝合金）基复合材料

石墨纤维（高模量碳纤维）－铝（或铝合金）基复合材料是由Ⅰ型碳纤维与纯铝或形变铝合金、铸造铝合金组成。它具有高强度和高温强度，在500℃时其比强度为钛合金的1.5倍。主要用于制造航天飞机的外壳，运载火箭大直径圆锥段、级间段，接合器，油箱，飞机蒙皮，螺旋桨，涡轮发动机的压气机叶片，重返大气层运载工具的防护罩等。

③碳化硅纤维－铝（或合金）复合材料

它是由碳化硅纤维和纯铝（或铸造铝合金、铝铜合金等）组成的复合材料。其性能特点是具有高比强度和比模量、硬度高。用于制造飞机机身结构件及汽车发动机的活塞、连杆等。

(2) 纤维－钛合金复合材料（Fibre-titanium alloy composite materials）

这类复合材料由硼纤维或改性硼纤维、碳化硅纤维与钛合金（Ti－6Al－4V）组成。它具有低密度、高强度、高弹性模量、高耐热性、低热膨胀系数的特点，是理想的航天航空用结构材料。例如碳化硅改性硼纤维和 Ti－6Al－4V 组成的复合材料，其密度为 $3.6\ g/cm^3$，比钛还轻，抗拉强度可达 1.21×10^3 MPa，弹性模量可达 2.34×10^5 MPa，热膨胀系数为 $(1.39\sim1.75)\times10^{-6}$/℃。目前纤维增强钛合金复合材料还处于研究和试用阶段。

(3) 纤维－铜（或合金）复合材料（Fibre-copper (alloy) composite materials）

它是由石墨纤维和铜（或铜镍合金）组成的材料。为了增强石墨纤维和基体的结合强度，常在石墨纤维表面镀铜或镀镍后再镀铜。石墨纤维增强铜或铜镍合金复合材料具有高强度、高导电性、低的摩擦系数和高的耐磨性，以及在一定温度范围内的尺寸稳定性。用来制作高负荷的滑动轴承、集成电路的电刷、滑块等。

4. 纤维－陶瓷复合材料(Fibre-cermic composite materials)

用碳(或石墨)纤维与陶瓷组成的复合材料能大幅度提高陶瓷的冲击韧性和抗热震性、降低脆性,而陶瓷又能保护碳(或石墨)纤维,使其在高温下不被氧化。因而这类材料具有很高强度和弹性模量。例如碳纤维－氮化硅复合材料可在1400℃温度下长期使用,用于制造喷气飞机的涡轮叶片。又如碳纤维－石英陶瓷复合材料,冲击韧性比纯烧结石英陶瓷大40倍,抗弯强度大5～12倍,比强度、比模量成倍提高,能承受1 200～1 500℃的高温气流冲击,是一种很有前途的新型复合材料。

除上述三大类纤维增强复合材料外,近年来研制了多种纤维增强复合材料,例如C/C复合材料,混杂纤维复合材料等。

10.6.2 叠层复合材料(Lamination composite materials)

叠层复合材料是由两层或两层以上不同材料结合而成。其目的是为了将组成材料层的最佳性能组合起来以得到更为有用的材料。用叠层增强法可使复合材料强度、刚度、耐磨、耐腐蚀、绝热、隔音、减轻自重等若干性能分别得到改善。常用叠层复合材料如下。

1. 双层金属复合材料(Double-deck metal composite materials)

双层金属复合材料是将性能不同的两种金属,用胶合或熔合铸造、热压、焊接、喷涂等方法复合在一起以满足某种性能要求的材料。最简单的双层金属复合材料是将两块具有不同热膨胀系数的金属板胶合在一起。用它组成悬壁梁,当温度发生变化后,由于热膨胀系数不同而产生预定的翘曲变形,从而可以作为测量和控制温度的简易恒温器。

此外,典型的双层金属复合材料还有不锈钢－普通钢复合钢板、合金钢－普通钢复合钢板。

2. 塑料－金属多层复合材料(Plastic-metal multilayered composite materials)

这类复合材料的典型代表是SF型三层复合材料,是以钢为基体,烧结铜网或铜球为中间层,塑料为表面层的一种自润滑材料。基整体性能取决于基体,而摩擦磨损性能取决于塑料表层,中间层系多孔性青铜,其作用是使三层之间有较强的结合力,且一旦塑料磨损露出青铜亦不致磨伤轴。常用于表面层的塑料为聚四氟乙烯(如SF－1)和聚甲醛(如SF－2)。此类复合材料常用作无油润滑的轴承,它比单一的塑料提高承载能力20倍、导热系数提高50倍、热膨胀系数降低75%,因而提高了尺寸稳定性和耐磨性。适于制作高应力(140 MPa)、高温(270℃)及低温(－195℃)和无油润滑条件下的各种滑动轴承,已在汽车、矿山机械、化工机械中应用。

10.6.3 粒子增强型复合材料(Particle reinforced composite materials)

1. 颗粒增强(Grain reinforced)复合材料($d>1\ \mu m$, $\varphi_p>20\%$)

金属陶瓷和砂轮是常见的颗粒增强复合材料,金属陶瓷是以Ti、Cr、Ni、Co、Mo、Fe等金属(或合金)为粘结剂,与以氧化物(Al_2O_3、MgO、BeO)粒子或碳化物粒子(TiC、SiC、WC)为基体组成的一种复合材料。其中硬质合金是以TiC、WC(或TaC)等碳化物为基体,以金属Ni、Co为粘结剂,将它们用粉末冶金方法经烧结所形成的金属陶瓷。无论氧化物金属陶瓷还是碳化物金属陶瓷,它们均具有高硬度、高强度、耐磨损、耐腐蚀、耐高温和热膨胀系数小的优点,常被用来制作工具(例如刀具、模具)。砂轮是由Al_2O_3或SiC粒子与玻璃

(或聚合物)等非金属材料粘结剂所形成的一种磨削材料。

2. 弥散强化(Diffusion strengthened)复合材料($d = 0.01 \sim 0.1\ \mu m, \varphi_p = 1\% \sim 5\%$)

弥散强化复合材料的典型代表是 SAP 及 TD - Ni 复合材料,SAP 是在铝的基体上用 Al_2O_3 质点进行弥散强化的复合材料。TD - Ni 材料是在镍中加入 1% ~ 2% Th,在压实烧结时,使氧扩散到金属镍内部氧化产生了 ThO_2。细小 ThO_2 质点弥散分布在镍的基体上,使其高温强度显著提高。SiC/Al 材料是另外一种弥散强化复合材料。

随着科学技术的进步,一大批新型复合材料将得到应用。C/C 复合材料、金属化合物复合材料、纳米级复合材料、功能梯度复合材料、智能复合材料及体现复合材料“精髓”的“混杂”复合材料将得到发展及应用。

第11章 土

在地球表面除基岩裸露的部位外都覆盖着一层颗粒状的物质，称为土。土是经过漫长的地质历史并在各种复杂的自然环境和地质作用下形成的。所以，土随着形成的时间、地点、环境以及方式的不同，其性质也各有差异。因此，在研究土的工程性质时，强调对其成因类型和地质历史方面的研究具有重要的意义。

除火山灰、硅藻土等外，绝大多数土都是岩石在漫长的地质历史年代经物理风化或化学风化作用而形成的产物。物理风化是指由于温度变化、水的冻胀、波浪冲击等作用使岩石块体崩解为碎块和岩屑的过程，土中的碎石、砾石、砂粒等便是岩石物理风化的产物。化学风化作用是由水、空气中的二氧化碳和氧以及生物活动等所促成的。它使构成岩石的化学成分发生水化、氧化、还原、碳酸化及溶解等作用；它不仅使岩石进一步崩解，而且使风化的矿物发生化学成分上的变化。极细的粘土颗粒便是岩石经化学风化作用后的产物。在自然界中，这两种风化作用往往同时或交替存在，所以由岩石风化而成的土常是物理风化和化学风化的共同产物。

岩石风化后形成的破碎物质覆盖层，如残留于原处，称为残积层。如地形平缓，基岩风化严重，残积层的厚度可以很大。由于它未经搬运，故其颗粒大都呈棱角状，粒径组成也未经分选，大小不一，其性质随着深度的增大逐渐向未经风化的基岩过渡。岩石的风化产物，可因自重作用坠落，或被流水、风和冰川搬运至远处后沉积，形成坡积层、洪积层、冲积层、冰川沉积层或风成沉积层等。由于搬运与沉积的条件和行程远近等的不同，土粒大小的分选程度、土粒形状以及土的结构都会有所不同。

各种土木建筑物在多数情况下总是同土发生关系，因此，必须研究和掌握土的工程特性。土与其他连续介质的建筑材料相比，具有下列三个显著的工程特性。

(1) 压缩性高

反映材料压缩性高低的指标在岩土工程中称变形模量，随着材料性质不同而有极大的差别，如钢筋的变形模量为 21×10^4 MPa；C20 混凝土的变形模量为 $2.6\sim10^4$ MPa；堆积状态的卵石为(40 ~ 50) MPa；饱和细砂的变形模量为(8 ~ 16) MPa，当应力数值相同、材料厚度一样时，堆积卵石的压缩性是钢筋的 4 200 倍：饱和细砂的压缩性比 C20 混凝土的高 1 600 倍，这足以证明土的压缩性极高。软塑或流塑状态的粘性土往往比饱和细砂的压缩性还要高。

(2) 强度低

土的强度特指抗剪强度，而非抗压强度或抗拉强度。

无粘性土的强度来源于土粒表面粗糙不平产生的摩擦力，粘性土的强度除摩擦力外，还有粘聚力。无论摩擦力和粘聚力，均远远小于建筑材料本身的强度，因此，土的强度比其他建筑材料(如钢材、混凝土等)都低得多。

(3) 透水性大

材料的透水性可以用实验来说明:将一小杯水倒在桌面上可以保留很长时间,说明木材透水性小。如将水倒在混凝土地板上,也可保留一段时间。若将水倒在室外土地上,则发现水立即不见,这是由于土体中固体矿物颗粒之间具有无数的孔隙,这些孔隙是透水的。因此,土的透水性比木材、混凝土都大,尤其是粗颗粒的卵石或砂土,其透水性极大。

上述土的三个工程特性(压缩性高、强度低、透水性大)与土木工程设计和施工关系密切。

11.1 土的三相组成

土是由岩石经过物理风化和化学风化作用后的产物,是由各种大小不同的土粒按各种比例组成的集合体,土粒之间的孔隙中包含着水和气体,所以土是由颗粒(固相)、水(液相)和气(气相)所组成的三相体系。随着土的三相组成物质的质量和体积比例不同,土的轻重、松密、干湿、软硬等一系列物理性质和状态也随之发生变化,土的物理性质在一定程度上决定了其化学性质。土中三相相对比例并非是固定不变的,而是随着环境的变化如雨水、压力、污染等影响不断变化的。

土颗粒、水和气体这三个基本组成部分不是彼此孤立地、机械地混合在一起,而是相互联系、相互作用,共同形成土的工程地质性质。各种土中三相物质组成的自身特性、它们之间的相对比例关系和相互作用,是决定土的工程地质性质的最本质因素。三相物质组成是构成土的工程地质性质的物质基础。

11.1.1 土的固相(Solid state of soil)

土的固相物质包括无机矿物颗粒和有机质,它们是构成土的骨架最基本的物质。土中的无机矿物成分可以分为原生矿物和次生矿物两大类。

原生矿物是岩浆在冷凝过程中形成的矿物,如石英、长石、云母等。

次生矿物是由原生矿物经过风化作用后形成的新矿物,如三氧化二铝、三氧化二铁、次生二氧化硅、粘土矿物以及碳酸盐等。次生矿物按其与水的作用可分为易溶的、难溶的和不溶的,次生矿物的水溶性对土的性质有重要的影响。粘土矿物的主要代表性矿物为高岭石、伊利石和蒙脱石。由于其亲水性不同,当其含量不同时,土的工程性质也就不同。

在以物理风化为主的过程中,岩石破碎而并不改变其成分,岩石中的原生矿物得以保存下来;但在化学风化的过程中,有些矿物分解成为次生的粘土矿物,粘土矿物是很细小的扁平颗粒,表面具有极强的和水相互作用的能力,颗粒越细,表面积越大,亲水的能力就越强,对土的工程性质的影响也就越大。

在风化过程中,由于微生物作用,土中产生复杂的腐殖质矿物,此外还会有动植物残体等有机物,如泥炭等。有机颗粒紧紧地吸附在无机矿物颗粒的表面形成了颗粒间的连接,但是这种连接的稳定性较差。

11.1.2 土的液相(Liquid state of soil)

土的液相是指存在于土孔隙中的水,通常认为水是中性的,在0℃时冻结,但实际上土中的水是一种成分非常复杂的电解质水溶液,它和亲水性的矿物颗粒表面有着复杂的

物理化学作用。按照水与土相互作用程度的强弱，可将土中水分为结合水和自由水两大类。

结合水是指处于土颗粒表面水膜中的水，受到表面引力的控制而不服从静水力学规律，其冰点低于0℃。结合水又可分为强结合水和弱结合水，强结合水存在于最靠近土颗粒表面处，水分子和水化离子排列得非常紧密，以致其密度大于1，并有过冷现象（即温度降到0℃以下而不发生冻结的现象）。在距土粒表面较远处的结合水称为弱结合水，由于引力降低，弱结合水的水分子的排列不如强结合水那样紧密，弱结合水可能从较厚水膜或浓度较低处缓慢地迁移到较簿的水膜或浓度较高处，即可能从一个土粒周围迁移到另一个土粒的周围，这种运动与重力无关，这层不能传递静水压力的水定义为弱结合水。

自由水包括毛细水和重力水。毛细水不仅受到重力的作用，还受到表面张力的支配，能沿着土的细孔隙从潜水面上升到一定的高度，毛细水上升对于公路路基土的干湿状态及建筑物的防潮有重要影响。重力水在重力或压力差作用下能在土中渗流，对于土颗粒和结构物都具有浮力作用，在土中应力计算中应当考虑这种渗流及浮力的作用力。

11.1.3 土的气相（Gaseous state of soil）

土的气相是指充填在土的孔隙中的气体，包括与大气连通或不连通两类。与大气连通的气体对土的工程性质没有多大的影响，它的成分与空气相似，当土受到外力作用时，这种气体很快地从孔隙中挤出。但是密闭的气体对土的工程性质有很大的影响，在压力作用下这种气体可被压缩或溶解于水中，而当压力减小时，气泡会恢复原状或重新游离出来，含气体的土则称为非饱和土。

11.2 土的基本物理性质

11.2.1 土的三相比例指标

土的三相物质在体积或质量上的比例关系称为三相比例指标。土的三相比例指标反映了土的干燥与潮湿、疏松与紧密的程度，它是评价土的工程性质的最基本物理性质指标，同时在一定程度上还可以确定土的力学性质，因此在评价土的工程性质时，土的物理性质试验及其物理性质指标的计算是十分重要的内容。

土的物理性质指标，一部分通过试验直接获得，例如含水量、密度和比重，称为试验指标；另一部分是通过上述试验指标进行换算获得，例如干密度、浮密度、饱和密度、孔隙比、孔隙率及饱和度等，称为换算指标。

为了便于说明各物理性质指标定义和它们之间的相互关系，通常把在土体中实际上是处于分散状态的三相物质理想化地分别集中在一起，构成如图11.1所示的三相图。在图11.1(c)中，右边注明土中各相的体积，左边注明土中各相的质量。土的体积 V 为土中空气的体积 V_a、水的体积 V_w 和土粒的体积 V_s 之和；土样的质量 m 为土中空气的质量 m_a，水的质量 m_w 和土粒的质量 m_s 之和；通常认为空气的质量可以忽略，则土样的质量就仅为水和土粒质量之和。

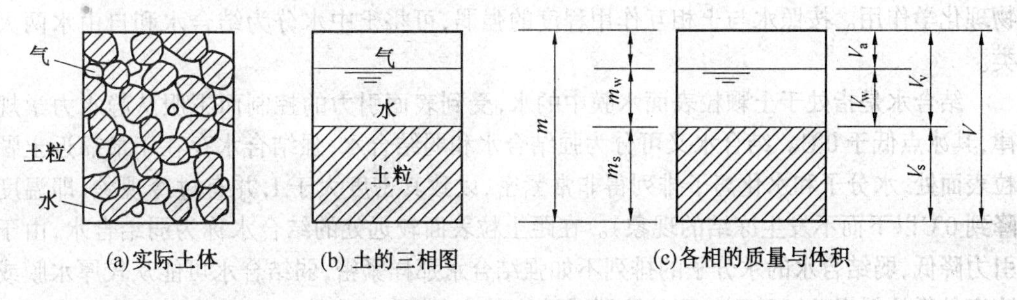

图 11.1　土的三相图

1.试验指标

(1) 土的密度(Density of soil)

土的密度是单位体积土的质量.单位为 g/cm^3。若土的体积为 V,质量为 m,则土的密度可由下式表示

$$\rho = \frac{m}{V}$$

土的密度常用环刀法测定,一般土的密度为 1.60 ~ 2.20 g/cm^3。当用国际单位制计算土的重力 W 时,由土的质量产生的单位体积的重力称为土的重力密度 γ,简称为重度,其单位为 kN/m^3;重力等于质量乘以重力加速度 g,则重度由密度乘以重力加速度求得,即

$$\gamma = \rho g$$

对天然土求得的密度称为天然密度或湿密度,相应的重度称为天然重度或湿重度,以区别于其他条件下的指标,如干密度和干重度、饱和密度和饱和重度等。

(2) 土粒比重 G_s(Specific gravity of soil grain)

土粒比重是土粒质量 m_s 与同体积 4℃ 时纯水的质量之比,可由下式表示

$$G_s = \frac{m_s}{V_s \rho_{w1}} = \frac{\rho_s}{\rho_{w1}}$$

式中,ρ_{w1} 为纯水在 4℃ 时的密度(ρ_w = lg/cm^3),ρ_s 为土粒密度。

土粒比重在数值上等于土粒密度,但土粒比重无量纲。土粒比重主要取决于土的矿物成分,不同土粒的比重变化幅度并不大,在有经验的地区可按经验值选用,一般土的比重参考值见表 11.1。

表 11.1　土粒比重参考值

土　名	砂　土	砂质粘粉土	粘质粉土	粉质粘土	粘土
土粒比重	2.65 ~ 2.69	2.70	2.71	2.72 ~ 2.73	2.74 ~ 2.76

(3) 土的含水量(w)(Water content of soil)

土的含水率是土中水的质量 m_w 与土料质量 m_s 之比,可由下式表示

$$w = \frac{m_w}{m_s} \times 100\%$$

含水率一般用烘干法测定,是描述土的干湿程度的重要指标,常以百分数表示。土的天然含水率变化范围很大,从干砂的含水率接近于零到蒙脱土的含水率可达百分之几百。

2. 换算指标

除了上述三个试验指标之外，还有一些指标可以通过计算求得，称为换算指标，包括土的干密度、饱和密度、有效密度、孔隙比、孔隙率和饱和度。

(1) 土的干密度 ρ_d、饱和密度 ρ_{sat} 和有效密度 ρ'

干密度是土的颗粒质量 m_s 与土的总体积 V 之比，单位为 g/cm^3，可由下式表示

$$\rho_d = \frac{m_s}{V}$$

土的干密度越大，土则越密实，强度也越高，土稳定性也越好。干密度常用作填土密实度的施工控制指标。

土的饱和密度是当土的孔隙中全部为水所充满时的密度，即全部充满孔隙的水的质量 m_w 与颗粒质量 m_s 之和与土的总体积 V 之比，单位为 g/cm^3，可由下式表示

$$\rho_{sat} = \frac{m_s + V_v\rho_w}{V}$$

式中，V_v 为土的孔隙体积；ρ_w 为水的密度。

当土浸没在水中时，土的颗粒受到水的浮力作用，单位土体积中土粒的质量扣除同体积水的质量后，即为单位土体积中土粒的有效质量，称为土的有效密度(又称浮密度)，单位为 g/cm^3，可由下式表示

$$\rho' = \frac{m_s - V_s\rho_w}{V}$$

当用干密度、饱和密度或有效密度计算重力时，也应乘以重力加速度 g 变换为干重度 γ_d、饱和重度 γ_{sdt} 或有效重度 γ'，单位为 kN/m^3。

(2) 土的孔隙比 e 和孔隙率 n(Void ratio and porosity of soil)

土的孔隙比是土中孔隙的体积 V_v 与土粒体积 V_s 之比，以小数计，可由下式表示

$$e = \frac{V_v}{V_s}$$

孔隙比可用来评价土的紧密程度，或从孔隙比的变化来推算土的压密程度，是一个重要的物理性质指标。

土的孔隙率是土中孔隙的体积 V_v 与土的总体积 V 之比，以百分数计

$$n = \frac{V_v}{V} \times 100\%$$

(3) 土的饱和度 S_r(Degree of saturation of soil)

土的饱和度是指土中孔隙水的体积 V_w 与孔隙体积 V_v 之比，以百分数计

$$S_r = \frac{V_w}{V_v} \times 100\%$$

土的三相比例指标换算公式一并列于表 11.2。

表 11.2　土的三相比例指标换算关系

换算指标	用试验指标计算的公式	用其他指标计算的公式
孔隙比 e	$e = \frac{G_s(1+w)\gamma_w}{\gamma} - 1$	$e = \frac{G_s\gamma_w}{\gamma_d} - 1$
饱和重度 γ_{sdt}	$\gamma_{sdt} = \frac{\gamma(G_s-1)}{G_s(1+w)} + \gamma_w$	$\gamma_{sdt} = \frac{G_s+e}{1+e}\gamma_w$ $\gamma_{sdt} = \gamma' + \gamma_w$
饱和度 S_r	$S_r = \frac{\gamma G_s w}{G_s(1-w)\gamma_w - \gamma}$	$S_r = \frac{G_s w}{e}$
干重度 γ_d	$\gamma_d = \frac{\gamma}{1+w}$	$\gamma_d = \frac{G_s}{1+e}\gamma_w$
孔隙率 n	$n = 1 - \frac{\gamma}{G_s(1-w)\gamma_w}$	$n = \frac{e}{1+e}$
有效重度 γ'	$\gamma' = \frac{\gamma(G_s-1)}{G_s(1+w)}$	$\gamma' = \gamma_{sdt} - \gamma_w$

11.2.2　土的颗粒级配(Particle grading of soil)

土粒的大小及其组成情况,通常用土中各个粒组的相对含量(各粒组质量占土粒总质量的百分比)来表示,称为土的颗粒级配。

常用的颗粒级配的表示方法有表格法和累计曲线法。

1. 表格法

表格法是以列表形式直接表达各粒组的相对含量,表格法有两种不同的表示方法,一种是用累计含量百分比表示的,如表 11.3 所示;另一种是以粒组表示的,如表 11.4 所示。累计百分含量是直接由试验求得的结果,粒组是由相邻两个粒径的累计百分含量之差求得的。

表 11.3　颗粒级配的累计百分含量表示法

粒径 d_i/mm	粒径小于等于 d_i 的累计百分含量 p_i/%		
	土样 A	土样 B	土样 C
10	–	100.0	–
5	100.0	75.0	–
2	98.9	55.0	–
1	92.9	42.7	–
0.5	76.5	34.7	–
0.25	35.0	28.5	100.0
0.10	9.0	23.6	92.0
0.075	–	19.0	77.6
0.010	–	10.9	40.0
0.005	–	6.7	28.9
0.001	–	1.5	10.0

表 11.4　颗粒级配的粒组表示法

粒组 /mm	土样 A	土样 B	土样 C
10 ~ 5	–	25.0	–
5 ~ 2	1.1	20.0	–
2 ~ 1	6.0	12.3	–
1 ~ 0.5	16.4	8.0	–
0.5 ~ 0.25	41.5	6.2	–
0.25 ~ 0.10	26.0	4.9	8.0
0.10 ~ 0.075	9.0	4.6	14.4
0.075 ~ 0.010	–	8.1	37.6
0.010 ~ 0.005	–	4.2	11.1
0.005 ~ 0.001	–	5.2	18.9
< 0.001	–	1.5	10.0

2. 累计曲线法

累计曲线法是一种图示的方法，通常用半对数纸绘制，横坐标（按对数比例尺）表示某一粒径，纵坐标表示小于某一粒径土粒质量的百分含量。图 11.2 所示的是表 11.3 中的三种土的累计曲线。

在累计曲线上可确定两个描述土的颗粒级配的指标。

(1) 不均匀系数

$$C_u = \frac{d_{60}}{d_{10}}$$

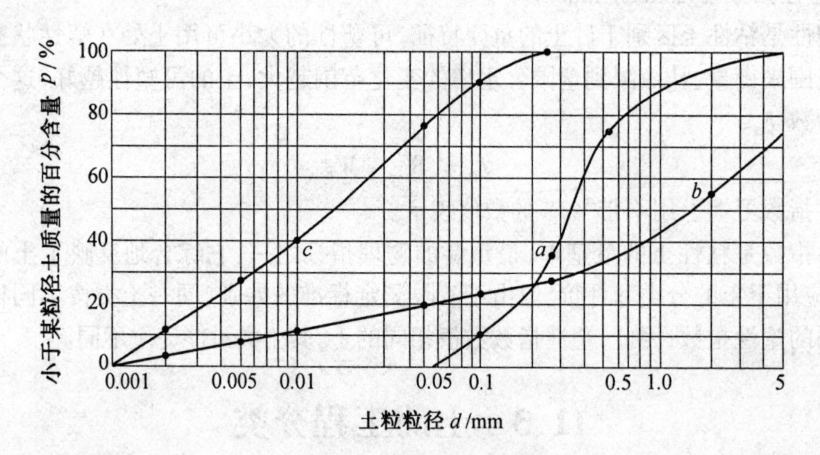

图 11.2　土的累计曲线

(2) 曲率系数

$$C_c = \frac{d_{30}^2}{d_{10} d_{60}}$$

式中，d_{10}，d_{30}，d_{60} 分别相当于累计百分含量为 10%、30% 和 60% 的粒径，d_{10} 为有效粒径；d_{60} 为限制粒径。

不均匀系数 C_u 反映大小不同粒组的分布情况，$C_u < 5$ 的土称为匀粒土，级配不良；C_u 越大，表示粒组分布范围比较广，$C_u > 10$ 的土级配良好，但如 C_u 过大，表示可能缺失中间粒径，属不连续级配，需同时用曲率系数来评价，曲率系数是描述累计曲线整体形状的指标。

累计曲线法能用一条曲线表示一种土的粒度成分，而且可以在一张图上同时表示多种土的粒度成分，能直观地比较相互的级配状况。

11.2.3 粘性土的塑性指数(Plasticity index of clayey soil)

1. 粘性土的状态与界限含水率(State and limit water content of clayey soil)

土从泥泞到坚硬经历了几个不同的物理状态，含水率很大时土就成为泥浆，是一种粘滞流动的液体，称为流动状态；含水率逐渐减少时，粘滞流动的特点渐渐消失而显示出可塑性。所谓可塑性就是指可以塑成任何形状而不发生裂缝，并在外力解除以后能保持已有的形状而不恢复原状态的性质；当含水率继续减少时，则发现土的可塑性逐渐消失，从可塑状态变为半固体状态。如果同时测定含水率减少过程中的体积变化，则可发现土的体积随着含水率的减少而减小，但当含水率很小的时候，土的体积却不再随含水率的减少而减小了，这种状态称为固体状态。从一种状态变到另一种状态的含水率分界点称为分界含水率，流动状态与可塑状态间的分界含水率称为液限(Liquid limit) W_L；可塑状态与半固体状态间的分界含水率称为塑限(Plastic limit) W_P；半固体状态与固体状态间的分界含水率称为缩限(Shrinkage limit) W_s。

塑限 W_P 和液限 W_L 在国际上称为阿太堡界限(Atterberg)，来源于农业土壤学，后来被应用于土木工程，成为粘性土物理性质的重要指标。

2. 塑性指数(Plasticity index)

可塑性是粘性土区别于砂土的重要特征，可塑性的大小可用土处在塑性状态的含水率变化范围来衡量，从液限到塑限含水率的变化范围越大，土的可塑性越好，这个范围称为塑性指数 I_p

$$I_p = W_L - W_P$$

塑性指数习惯上用不带“%”的数值表示。

塑性指数是粘性土的最基本、最重要的物理指标之一，它综合地反映了土的物质组成，广泛应用于土的分类和评价。但由于液限测定标准的差别，同一土类按不同标准可能得到不同的塑性指数，因此，塑性指数数值相同的土，其土类可能完全不同。

11.3 土的工程分类

土的工程分类是工程勘测与设计的前提，一个正确的设计必须是建立在对土正确评价的基础上，而土的工程分类正是工程勘测评价的基本内容。

从为工程服务的目的来说，土的分类是把不同的土分别安排到各个具有相近性质的组合中去，其目的是为了使人们有可能根据同类土已知的性质去评价其性质，或为工程师提供一个可供采用的描述与评价土的方法。由于各类工程的特点不同，分类依据的侧重

面也就不同,因而形成了服务于不同工程类型的分类体系。对同样的土如果采用不同的规范进行分类,定出的土名也可能会有差别。

土的工程分类一般有下列几种分类方法。

(1) 按地质成因可分为残积土、坡积土、洪积土、冲积土、淤积土和冰积土等。

(2) 按地质沉积年代可分为老沉积土、一般沉积土和新近沉积土。

(3) 按颗粒级配或塑性指数可分为碎石类土、砂类土、粉土和粘性土。

(4) 按有机质含量可分为无机土、有机土、泥炭质土和泥炭。

(5) 按地区和土的工程性质的特殊性可分为一般土和各类特殊土(如黄土、软土、红粘土、冻土及人工填土等)。

11.3.1 土粒粒组的划分(Division of soil grain group)

天然土是由大小不同的颗粒所组成的,土颗粒的大小相差悬殊,从大到几十厘米的漂石至小到几微米的胶粒,同时由于土粒的形状往往是不规则的,因此很难直接测量土粒的大小,只能用间接的方法来定量地描述土粒的大小及各种颗粒的相对含量。常用的方法有两种,对粒径大于 0.075 mm 的土粒常用筛分析的方法,而对小于 0.075 mm 的土粒则用沉降分析的方法。

天然土的粒径一般是连续变化的,为了描述的方便,工程上常把大小相近的土粒合并为组,称为粒组。粒组间的分界线是人为划定的,划分时应使粒组界限与粒组性质的变化相适应,并按一定的比例递减关系划分粒组的界限值。

对于粒组的划分,各个国家,甚至一个国家的各个部门之间都有不同的规定,其中《土的工程分类标准》(GBJ145—1990)和《公路土工试验规程》(JTJ051-93)所规定的粒组划分标准见表 11.5。

表 11.5 土粒粒组的划分标准

粒组统称	《土的工程分类标准》(GBJ145—90)		《公路土工试验规程》(JTJ051—93)	
	粒组名称	粒组范围/mm	粒组名称	粒组范围/mm
巨粒	漂石(块石)	>200	漂石(块石)	>200
	卵石(碎石)	200~60	卵石(小块石)	200~60
粗粒	粗砾	60~20	粗砾	60~20
	砾粒 细砾	20~2	中砾	20~5
	砂粒	2~0.075	细砾	5~2
			粗砂	2~0.5
			中砂	0.5~0.25
			细砂	0.25~0.075
细粒	粉粒	0.075~0.005	粉粒	0.075~0.002
	粘粒	<0.005	粘粒	<0.002

11.3.2 碎石土分类(Classification of gravel soils)

碎石土是指粒径大于 2 mm 的颗粒含量超过总质量 50%的土,按粒径和颗粒形状可进一步划分为漂石、块石、卵石、碎石、圆砾和角砾,见表 11.6。

11.3.3 砂土分类(Classification of granular soil)

砂土是指粒径大于 2 mm 的颗粒含量不超过总质量的 50%且粒径大于 0.075 mm 的颗粒含量超过总质量 50%的土。砂土可再划分为 5 个大类,即砾砂、粗砂、中砂、细纱和粉砂,见表 11.7。

表 11.6 碎石土的分类

名 称	颗粒形状	粒组含量
漂石	圆形及亚圆形为主	粒径大于 200 mm 的颗粒含量超过总质量的 50%
块石	棱角形为主	
卵石	圆形及亚圆形为主	粒径大于 20 mm 的颗粒含量超过总质量的 50%
碎石	棱角形为主	
圆砾	圆形及亚圆形为主	粒径大于 2 mm 的颗粒含量超过总质量的 50%
角砾	棱角形为主	

注:分类时应根据独组含量由大到小以最先符合者确定。

表 11.7 砂土的分类

名 称	粒组含量
砾砂	粒径大于 2 mm 的颗粒含量占总质量的 25% ~ 50%
粗砂	粒径大于 0.5 mm 的颗粒含量超过总质量的 50%
中砂	粒径大于 0.25 mm 的颗粒含量超过总质量的 50%
细砂	粒径大于 0.075 mm 的颗粒含量超过总质量的 85%
粉砂	粒径大于 0.075 mm 的颗粒含量超过总质量的 50%

注:分类时应根据粒组含量由大到小以最先符合者确定。

11.3.4 细粒土分类(Classification of fine gravel soil)

粒径大于 0.075 mm 的颗粒含量不超过总质量 50%的土属于细粒土,细粒土可划分为粉土和粘性土两大类,粘性土可再划分为粉质粘土和粘土两大类,划分标准见表 11.8。

表 11.8 细粒土分类

塑性指数	名 称
$I_p > 17$	粘土
$10 < I_p \leqslant 17$	粉质粘土
$I_p \leqslant 10$	粉土

粉土是介于砂土和粘性土之间的过渡性土类,它具有砂土和粘性土的某些特征,根据粘粒含量可以将粉土再划分为砂质粉土和粘质粉土,具体划分标准见表 11.9

表 11.9 粉土的分类

粘粒含量	名 称
粒径小于 0.005 mm 的颗粒含量小于等于总质量的 10%	砂质粉土
粒径小于 0.005 mm 的颗粒含量超过总质量的 10%	粘质粉土

11.3.5 塑性图分类(Classification of plasticity chart)

塑性图以塑性指数为纵坐标,液限为横坐标,如图 11.3 所示。图中有两条经验界限,斜线称为 A 线,它的方程式为 $I_P = 0.73(W_L - 20)$,它的作用是区分有机土和无机土、粘土和粉土,A 线上侧是无机粘土,下侧是无机粉土或有机土;竖线称为 B 线,其方程为 $W_L = 50$,其作用是区分高塑性土和低塑性土。

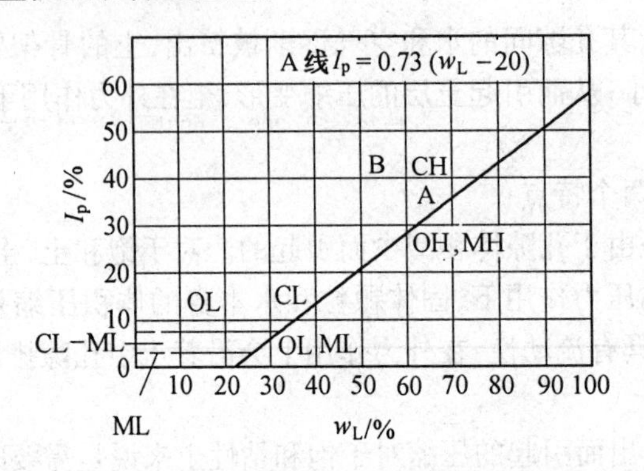

图 11.3 塑性图

如图 11.3 所示,在 A 线以上的土分类为粘土,如果液限大于 50,称为高塑性粘土 CH,液限小于 50 的土称为低塑性粘土 CL;在 A 线以下的土分类为粉土,液限大于 50 的土称为高塑性粉土 MH,液限小于 50 的土称为低塑性粉土 ML。在低塑性区,如果土样处于 A 线以上,而塑性指数范围在 4 到 7 之间,则土的分类应给以相应的搭界分类 CL - ML。

《公路土工试验规程》(JTJ051—1993)是将土分为巨粒土、粗粒土、细粒土三大类,见表 11.10。巨粒组质量多于总质量 50% 的土称为巨粒土;粗粒组质量多于总质量 50% 的土称为粗粒土,粗粒土中再分为砾类土和砂类土,各以砾粒组或砂粒组的质量多于总质量的 50% 作为定名的标准:当细粒粗的质量多于总质量 50% 的土称为细粒土,细粒土再按在塑性图上的位置进一步定名为粉质土和粘质土。

表 11.10 《公路土工试验规程》(JTJ051—1993)的土分类标准

土类	划分标准	亚类	划分标准
巨粒土	巨粒含量超过总质量 50%	漂(卵)石	巨粒含量 75% ~ 100%
		漂(卵)石夹土	巨粒含量 50% ~ 75%
粗粒土	粗粒含量超过总质量 50%	砾类土	砾粒含量超过 50%
		砂类土	砂粒含量超过 50%
细粒土	细粒含量超过总质量 50%	粉质土	位于塑性图 A 线上方
		粘质土	位于塑性图 A 线下方

11.4 土的基本力学性质

土的力学性质是指土在外力作用下所表现的性质,主要包括土的压缩性和抗剪性,亦即土的变形和强度特性。土的力学性质是土的工程地质性质的最重要组成部分,与工程

建筑物的稳定和正常使用关系极为密切，其指标可被工程设计直接采用。

土的压缩性和抗剪性是在不同应力状态下表现出来的。土的力学性质主要决定于土的物质组成、结构构造特点；同时，与受力条件关系密切。这里谈及的是土在静荷载作用下的力学性质。

11.4.1 土的压缩性（Compressibility of soil）

土在外荷载作用下，其孔隙间的水和空气逐渐被挤出，土的骨架颗粒之间相互挤紧，封闭气泡的体积也将缩小，从而引起土层的压缩变形，土在外力作用下体积缩小的这种特性称为土的压缩性。

土的压缩性主要有两个特点：

(1)土的压缩主要是由于孔隙体积减少而引起的。对于饱和土，土是由固体颗粒和水组成的，在工程上一般的压力作用下，固体颗粒和水本身的体积压缩量都非常微小，可不予考虑。但由于土中水具有流动性，在外力作用下会沿着土中孔隙排出，从而引起土体积减少而发生压缩；

(2)由于孔隙水的排出而引起的压缩对于饱和粘性土来说是需要时间的，土的压缩时间增长的过程称为土的固结。

固结试验（亦称压缩试验）是研究土压缩性的最基本方法。固结试验就是将天然状态下的原状土或人工制备的扰动土，制备成一定规格的土样，然后置于固结仪内，在不同荷载和在完全侧限条件下测定土的压缩变形。

由固结试验可得到土的压缩变形 $\triangle H$ 与荷载 p 之间的关系，并可进一步得到相应的孔隙比，与荷载 p 之间的关系 $e-p$ 曲线或 $e-\lg p$ 曲线。

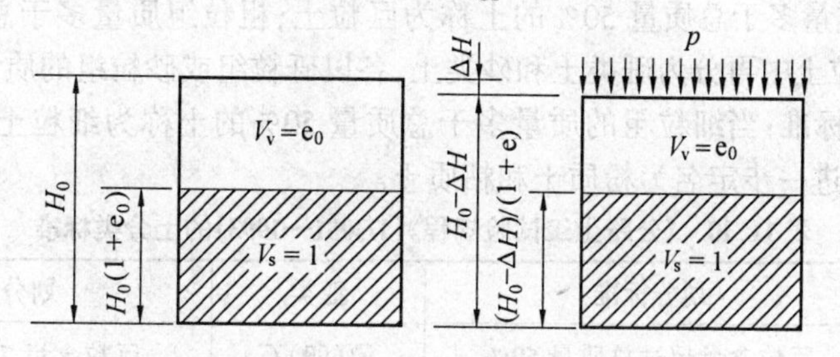

图 11.4 固结试验中土样孔隙比的变化

如图 11.4 所示，设土样的初始高度为 H_0，初始孔隙比为 e_0，在荷载 p 作用下，土样稳定后的总压缩量为 $\triangle H$，假设土粒体积 $V_s=1$（不变），根据土的孔隙比定义 $e=V_v/V_s$，则受压前后土的孔隙体积 V_v 分别为 e_0 和 e，因为受压前后土粒体积不变，且土样横截面积不变，所以受压前后试样中土粒所占的高度不变，因此，根据荷载作用下土样压缩稳定后的总压缩量 $\triangle H$，即可得到相应的孔隙比的计算公式

$$\frac{H_0}{1+e_0}=\frac{H}{1+e}=\frac{H_0-\Delta H}{1+e}$$

于是有

$$e=e_0-\frac{\Delta H}{H_0}(1+e_0)$$

如此，根据上式即可得到各级荷载 p 下对应的孔隙比 e，从而可绘制出土的 $e-p$ 曲线及 $e-\lg p$ 曲线等。

通常将由固结试验得到 $e-p$ 关系，采用普通直角坐标系绘制成如图 11－5(a) 所示的 $e-p$ 曲线。

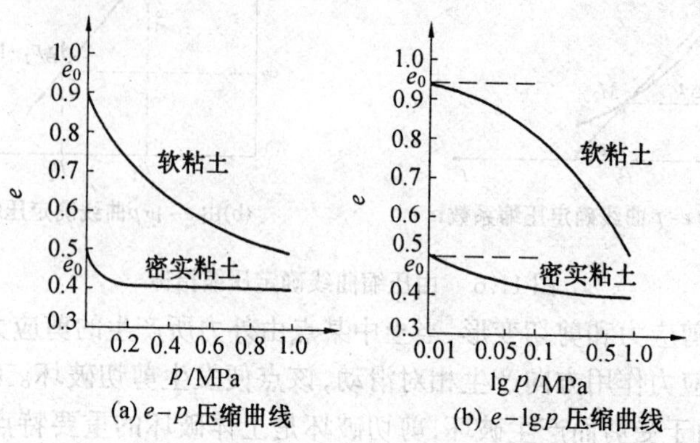

图 11.5　土的压缩曲线

如图 11.5(a) 所示，设 p 压力由 p_1 增至 p_2，相应的孔隙比由 e_1 减小到 e_2，当压力变化范围不大，可将该压力范围的曲线用割线来代替，并用割线的斜率来表示土在这一段压力范围的压缩性，即

$$a = \tan\alpha = \frac{\Delta e}{\Delta p} = \frac{e_1 - e_2}{p_2 - p_1}$$

此式为土的力学性质的基本定律之一，称压密定律。它表明在压力变化范围不大时，孔隙比的变化(减小值)与压力的变化(增加值)成正比，比例系数称为压缩系数，用符号 a 表示，单位是 MPa^{-1}。

压缩系数是表示土的压缩性大小的主要指标，广泛应用于土力学计算中。压缩系数越大，表明在某压力变化范围内孔隙比减少得越多，压缩性就越高。但是，同一种土的压缩系数并不是常数，而是随所取压力变化范围的不同而改变的。为了便于比较，一般采用压力间隔 $p_1 = 100$ kPa 至 $p_2 = 200$ kPa 时对应的压缩系数 a_{1-2} 来评价土的压缩性。

目前国内外还常用压缩指数 C_c 进行压缩性评价和计算地基压缩变形量。压缩指数 C_c 是通过压缩试验求得不同压力下的孔隙比，然后以孔隙比 e 为纵坐标，以压力的对数 $\lg p$ 为横坐标，绘制 $e-\lg p$ 曲线(图 11.6)。该曲线在很大范围内是一条直线，将直线段的斜率定义为土的压缩指数 C_c，表达式为

$$C_c = \frac{e_1 - e_2}{\lg p_2 - \lg p_1} = \frac{e_1 - e_2}{\lg \dfrac{p_2}{p_1}}$$

这是一个无量纲的指数，它与压缩系数 a 不同，a 值随压力变化而变化，而 C_c 值在压力较大时为常数，不随压力变化而变化，一般粘性土 C_c 值多在 0.1 ~ 1.0 之间，C_c 值越大，土的压缩性则越高。

11.4.2　土的抗剪性(Shear capacity of soil)

土的抗剪强度是指土体对于外荷载所产生的剪应力的极限抵抗能力。在外荷载作用

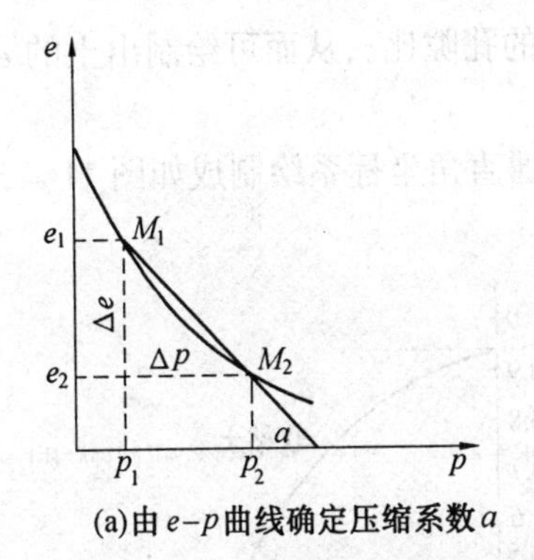

(a)由 $e-p$ 曲线确定压缩系数 a

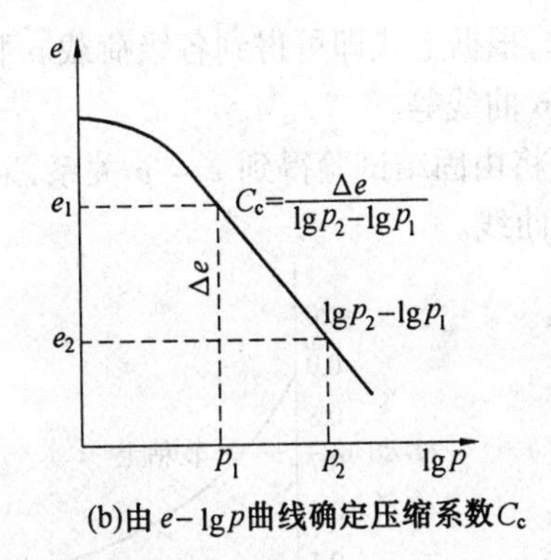

(b)由 $e-\lg p$ 曲线确定压缩系数 C_c

图 11.6　由压缩曲线确定压缩指标

下,土体中将产生剪应力和剪切变形,当土中某点由外力所产生的剪应力达到土的抗剪强度时,土就沿着剪应力作用方向产生相对滑动,该点便发生剪切破坏。工程实践和室内试验都证实了土是由于受剪而产生破坏,剪切破坏是土体破坏的重要特点,因此,土的强度问题实质上就是土的抗剪强度问题。

土体发生剪切破坏时,将沿着其内部某一曲面(滑动面)产生相对滑动,而该滑动面上的剪应力就等于土的抗剪强度。1776 年,法国的库仑(Coulomb)根据不同土的试验结果,将土的抗剪强度表达为滑动面上法向应力的函数,即

$$\tau_f = c + \sigma\tan\varphi$$

式中,τ_f 为土的抗剪强度(kPa);σ 为剪切滑动面上的法向应力(kPa);c 为土的粘聚力(kPa);φ 为土的内摩擦角(°)。

上式就是土的强度规律的数学表达式,称为库仑定律,它表明在一般应力水平时土的抗剪强度与滑动面上的法向应力之间呈直线关系,其中 c 和 φ 称为土的抗剪强度指标。200 多年以来,尽管土的强度问题研究已得到很大的发展,但这个基本的关系式仍被广泛应用于理论研究和工程实践中,而且也能满足一般工程的精度要求,所以,迄今仍是研究土抗剪强度的最基本定律。

根据库伦定律,土的抗剪强度是随剪切面上法向应力的增加而加大的。对饱和土,剪切面上的法向压力在固结过程中是由孔隙水压力 u 和有效压力 $\bar{\sigma}$ 分组,即 $\sigma = \bar{\sigma} + ud$,而且只有有效压力才能使土固结压密,从而加大土的摩擦力,使孔隙水压力逐渐消散,也就是土的抗剪强度逐渐增大。测定抗剪强度指标时,必须考虑孔隙水压力消散程度的影响,也即考虑土的固结程度对抗剪强度的影响。

11.4.3　土的击实性(Compaction property of soil)

土的击实性是指用重复性的冲击动荷载可将土压密的性质。土的压密程度用干密度来表示,它与土的含水率和击实功关系密切。研究土的击实性其目的在于揭示击实作用下击实功与土的干密度、含水率三者之间的关系,从而确定适合工程需要的填土最大干密度与最优含水率,为施工控制填土密度提供设计依据。

土的压实程度与含水率、压实功和压实方法有着密切的关系,当压实功和压实方法不变时,土的干密度先是随着含水率的增加而增加,但当干密度达到某一最大值后,含水率

的增加反而使干密度减小。能使土达到最大密度的含水率,称为最优含水率 w_{op}(或称最佳含水率),其相应的干密度称为最大干密度 ρ_{max}。

土的压实特性与土的组成结构、土粒的表面现象、毛细管压力、孔隙水和孔隙气压力等均有关系,所以因素是复杂的。压实作用使土块变形和结构调整并密实,在松散湿土的含水量处于偏干状态时,由于土粒间引力使土保持比较疏松的凝聚结构,土中孔隙大都相互连通,水少而气多。因此,在一定的外部压实功能作用下,虽然土孔隙中气体易被排出,密度可以增大,但由于较薄的强结合水水膜润滑作用不明显,以及外部功能不足以克服粒间引力,土粒相对移动便不显著,所以压实效果就比较差。当含水率逐渐加大时,水膜变厚、土块变软,粒间引力减弱,施以外加压实功能则土粒移动,加上水膜的润滑作用,压实效果渐佳。在最佳含水率再增加到偏湿状态时,孔隙中出现自由水,击实时不可能使土中多余的水和气体排出,而孔隙压力升高却更为显著,抵消了部分击实功效,击实功效反而下降。在排水不畅的情况下,经过多次的反复击实,甚至会导致土体密度不加大而土体结构被破坏的结果,出现工程上所谓的"橡皮土"现象。

击实试验分轻型击实试验和重型击实试验两种方法,轻型击实试验适用于粒径小于5 mm 的粘性土,其单位体积击实功约为 592.2 kJ/m^3;重型击实试验适用于粒径不大于20 mm的土,其单位体积击实功约为 2 684.9 kJ/m^3。

11.5 土体处理工程

在现代土木工程中,由于原状土其固有的缺陷无法直接使用,需进行必要的改性。改性的手段主要是加入一定的胶凝材料,以提高土体的抗变形能力和强度。在市政工程中该种材料被称为无机稳定料(土);在建筑工程中称为水泥土。在此我们统称为改性土。

改性土是在粉碎的或原来松散的土(包括各种粗、中、细粒土)中,掺入足量的石灰、水泥、工业废渣、沥青及其他材料后,经拌和、压实及养护后,得到的具有较高后期强度,整体性和水稳定性均较好的一种材料。这类材料具有较大的抗变形能力和一定的强度,但耐磨性差,用于市政、公路工程时常用作路面的基层和底基层;在建筑工程中直接作为桩基或用于围护结构。它包括石灰稳定土、水泥稳定土(水泥土)、沥青稳定土、石灰稳定工业废渣和综合稳定土等。

11.5.1 改性土的组成(Composition of modified soil)

1.改性土的基本材料——土(Basic material of modified soil—soil)

土的矿物成分对稳定土性质具有重要影响。试验表明,除有机物质或硫酸盐含量高的土以外,各类砂砾土、砂土、粉土和粘土均可用无机结合料的稳定。一般规定土的液限不大于40%,塑性指数不大于20%。级配良好的土用于无机结合料稳定时,既可节约无机结合料用量,又可取得满意的效果。重粘土颗粒含量多,不易粉碎和拌和,用石灰改性时,容易使路面造成缩裂。粉质粘土的稳定效果最佳。用水泥改性重粘土时,会造成水泥用量过高而不经济。级配良好的砾石-砂-粘土改性效果最佳。

2.改性土的外掺材料(Admixture of modified soil)

(1)石灰(Lime)

各种化学组成的石灰可用于土的改性。在剂量不大的情况下，钙质石灰比镁质石灰稳定土的初期强度高。镁质石灰稳定土在剂量较大时后期强度优于钙质石灰稳定土。石灰的最佳剂量，对粘性土和粉性土为干土重的 8% ~ 16%，对砂性土为干土重的 10% ~ 18%。

石灰可使土粒胶结成整体，密实性、水稳定性、强度均得到提高。

(2)水泥(Cement)

各种类型的水泥都可用于土的改性，硅酸盐水泥比铝酸盐水泥效果好。通常在保证稳定土达到所规定的强度和稳定性的前提下，取尽可能低的水泥用量。水泥的作用是在水泥加入塑性土后能大大降低土的塑性，增加土的强度和稳定性。

(3)粉煤灰(Fly Ash)

粉煤灰属硅质或硅铝质材料，其本身不具有或有很小的粘结性，但它以细分散状态与水和消石灰或水泥混合，可以发生反应形成具有粘结性的化合物。所以，石灰粉煤灰可用来稳定各种粒料和土，又称二灰土。

粉煤灰加入土中既能起填充作用，与石灰反应的产物也起胶结作用。由此而达到改善土的水稳定性、提高强度与密实度的目的。

(4)沥青(Asphaltum)

土粉碎后，与沥青(液体石油沥青、煤沥青、乳化沥青、沥青膏浆等)拌和压实形成的材料称为沥青稳定类材料。

沥青加入集料或土中，据其与集料或土表面距离远近可分为结构沥青(接近表面)和自由沥青(远离表面)。结构沥青有利于提高土的水稳定性和强度，自由沥青在压实时起润滑和填充作用。液体沥青习惯用于稳定各种土，但在潮湿地区不宜采用，较粘稠的沥青宜用于稳定低粘性的土。

11.5.2 改性土的性质(Properties of modified soil)

1.强度(Strength)

土经过改性，其强度有明显的提高，对水泥土，抗压强度与水泥掺入量基本成线性关系，增大水泥用量，是提高水泥土强度的措施之一。最大抗压强度可达到 10 ~ 15 MPa；对其他类的改性土，最终抗压强度在 0.5 ~ 6 MPa 之间。强度得以提高的原因是下列一种作用或多种综合作用的结果。

(1)离子交换作用

所谓离子交换作用是指稳定剂中高价阳离子在一定条件下替换土中某些低价金属离子(K^+，Na^+)等的作用。通过离子交换，使土粒凝聚而增强了粘聚力，并使其水稳性提高。石灰、水泥改性土加水拌和后，所形成的 Ca^{2+} 能与土粒表面的 K^+ 和 Na^+ 等离子进行当量吸附交换。

(2)吸附作用

某些稳定剂加入土中能吸附于土颗粒表面，使土颗粒表面具有憎水性或使土颗粒表面粘结性增加，如沥青。

(3)水化作用

胶凝材料水化和火山灰反应后形成水化硅酸钙和水化铝酸钙，将松散的颗粒胶结成

整体材料;大量 $Ca(OH)_2$ 结晶充实了土体中的孔隙,土的密实性得以改善,强度和水稳性提高。

2.改性土的变形性能(Deformation properties of modified soil)

(1) 干缩(Dry shrinkage)

随着无机结合料稳定土强度的不断形成,水分逐渐消耗以及蒸发,体积发生收缩,收缩变形受到约束时,逐渐产生裂缝,称为干缩裂缝。试验表明,若以最佳含水量状态下各种无机稳定土干缩系数的大小顺序则为,石灰土 > 石灰砂砾 > 二灰土(粉煤灰、石灰和土) > 二灰砂砾 > 水泥砂砾。稳定土干缩裂缝的产生与结合料的种类与用量、含细粒土的多少及养护条件有关。石灰稳定土比水泥稳定土容易产生干缩裂缝。对于含细粒土较多的无机结合料稳定土,常以干缩为主,故应加强初期养护,保证稳定土表面潮湿,减轻其干缩裂缝。

(2) 温缩(Temperature shrinkage)

无机结合料稳定土具有热胀冷缩性质,随着气温的降低,稳定土会产生冷却收缩变形,收缩变形受到约束时,逐渐形成裂缝,称为温缩裂缝。试验表明,若以最佳含水量状态下各种无机稳定土的温缩系数大小排序为,石灰土 > 石灰砂砾 > 二灰土 > 水泥砂砾 > 二灰砂砾。其温缩裂缝产生与结合料的种类与用量,土的粗细程度与成分以及养护条件有关。石灰稳定土比水泥稳定土的温缩大,细粒土比粗粒土的温缩大。掺入一定数量的粉煤灰可以降低温缩系数。早期养生良好的无机稳定土易于成型,早期强度高,可以减少裂缝的产生。

3. 改性土的疲劳特性(Fatigue property of modified soil)

在重复荷载作用下材料的强度与其静力极限强度相比则有所下降。荷载重复作用的次数越多,这种强度下降亦大,即疲劳强度越小。材料从开始至出现疲劳破坏的荷载作用次数称之为材料的疲劳寿命,通过试验表明,石灰粉煤灰稳定材料的抗疲劳性能优于水泥砂砾。由于在一定的应力条件下,疲劳寿命决定于材料的强度,故在多数情况下凡有利于水泥(石灰)类材料强度的因素对提高疲劳寿命也有利。

11.5.3 改性土的特点(Characteristics of modified soil)

(1)原料广泛。适于配制的土料种类几乎不受限制,分布广泛,对水泥和拌和水质均无过多的限制。

(2)改善土性。土中掺入少量胶凝材料能够降低土的塑性,增大土的凝聚力和内摩擦角,有效地提高了土的抗剪强度,使土的承载力得到显著改善,因而扩大了土料的应用范围。

(3)适应性广。改性土材料无论是强度或某一耐久性能,均可从原料选用和组成配比中加以适当调整,以满足工程需要。

(4)可塑性好。改性土具有较好的可塑性,可随建筑物形状的要求而成型,既能现场整体浇注,也可定点预制。

(5)立即成型。改性土材料由于土料中含有一定数量的极细胶凝颗粒,在外力作用下,预制品成型后立即脱膜而不受影响。

(6)强度不高重量较大。按建筑材料的单位质量计算强度,它属于低强质质材料,所

以一般不宜用于薄、轻、巧结构的建筑物。

(7)软化系数小。受土料结构不稳和亲水性能较强的影响,遇水后强度暂时有较大幅度的降低,所以一般不能用于短龄期有承载要求的建筑物或工程部位。

(8)均匀性要求较高。胶凝材料能否均匀地分布于土体内部,土粒能不能完全被胶凝材料固结,是施工质量影响材料性能的关键。改性土施工质量的要求甚至较混凝土还要严格。

11.5.4 应用(Application)

1.改性土管道工程(Modified soil for pipeline engineering)

改性土管道工程一般是指水泥土管道用于农田地下排水或输水灌溉工程,农田地下管道输水或地下管道排水(亦称暗管排水)是平原井灌区、提水灌区、低洼易涝盐碱地区,提高农作物产量、节约水土资源、节省能源、改性盐碱地的先进工程措施和普及推广的方向。

这些田间排灌设施,一般工程规模较小,而且地形平缓,地貌比较单一,对管材规格和性能无特殊要求,采用水泥土管代替旧有沟渠极为有利。从材料性能分析,高标号水泥土具有比较稳定的物理力学性能,与素混凝土接近,因此用廉价的水泥土管道来满足量很大的田间地下排灌管道工程是可行的。

2.水泥土桥涵工程(Cement soil for bridges-culverts engineering)

水泥土桥涵与砖砌体比较,具有承载能力高,耐盐渍腐蚀性能强以及节省水泥砂浆等优点;与同强度的混凝土桥涵相比,具有造价低的突出优点。

早在 1976 年,山东省水利科学研究所与禹城县配合,就建起一净跨 15 m 的汽 - 8 级水泥土砖薄壳桥。这座水泥掺量为 13% 的水泥土桥,经过几年过车运行,情况良好。

四川安岳县书房坝水库渣区,用于硬性水泥土夯筑及塑性水泥土预制砖修建了人行、泄洪两用桥 10 座和汽 - 8 级、净跨 25m 的公路桥 1 座,长期通过重 11t 的汽车,其运行正常。

3.水泥土防渗工程(Cement soil for anti-permeability engineering)

水泥土材料用于渠道防渗工程,国内外已有几十年的经验,它不仅具有较好的防渗、抗冲性能,而且它是土类防渗材料中耐久性最好的一种。同时,水泥土的主要原料不限于平原地区的土类,一些山丘地区的岩质风化后也是很好的水泥土原料,例如四川、云南有些丘陵地区的泥质岩风化土,配制成水泥土,用于渠道防渗的效果,较当地黄泥水泥土要好。因此,水泥土作为一种新型渠道防渗材料,在我国的南方越来越引起人们的重视。北方有些省、区曾经比较早的试用过水泥土防渗渠道,也有目前尚在使用的水泥土防渗但是由于气候比较寒冷,冻融破坏比南方严重,因而逐步认识到,在田间发展地下水泥土管道代替水泥土趁砌明渠,特别是结合北方平原地区灌溉设施、水源能源条件和建筑材料的状况来考虑,这样也许更为妥当,更有现实意义。

4.水泥土地基处理工程(Cement soil for ground handling engineering)

地基处理是土质稳定的重要而且经济有效的措施之一,是用硅酸盐水泥作为固化剂混合或注入软土中,使其与软土产生物理化学反应,造成水泥土。它具有显著地改善剪切特性,降低间隔性和膨胀性,提高防水性能等效能,从而使软基变成良好的地基。

根据水泥处理土的施工方法和施工部位，可分为表层土质稳定和深层地基处理。表层土质稳定主要用于公路、跑道的基层及底基层，低级道路路面及晒场等工程。深层地基处理主要用于工业及民用建筑的地基、铁路、码头的底基层以及在挡土墙和开挖工程中防止基底隆起等特殊地基。

从工程实践分析，高压喷注水泥土主要在软土地区用做地基加固和桩基础，我国的软土地区分布很广，所以高压喷注技术的应用前景是很广阔的。按一般的施工方法及配方，能使水泥土的抗压强度实现 2 ~ 10 MPa，适用于在大部分土层中做单桩承重或做复合地基使用。上海地区大量多层建筑的桩基采用这种设计，在工程实践中收到很好的经济效益。因抗折能力较差，以设计成中心受压为宜。当水泥掺入量仅在 10% 左右时，只能形成抗压强度为 0.5 ~ 2 MPa 之间的水泥土，因强度较低，一般多用在临时工程的地基处理中，如减小基抗开挖的放坡及临时支护等，也可用于软土地基的大片置换改性。

试验部分

试验一 材料学基础基本物理性质试验

1.密度试验

(1) 试验依据和适用范围

本试验依据 GB/T208—1994《水泥密度测定方法》进行。

此方法适用于测定水泥的密度,也适用于测定采用本方法的其他粉状物料的密度。

(2) 主要仪器

李氏瓶(试图 1.1);恒温水槽;烘箱;天平(称量 500 g,精度 0.01 g);温度计;干燥器等。

(3) 试样制备

将试样研磨,用 0.90 mm 方孔筛筛除筛余物,并放到 110℃ ± 5℃的烘箱中,烘至恒重。将烘干的粉料放入干燥器中冷却至室温待用。

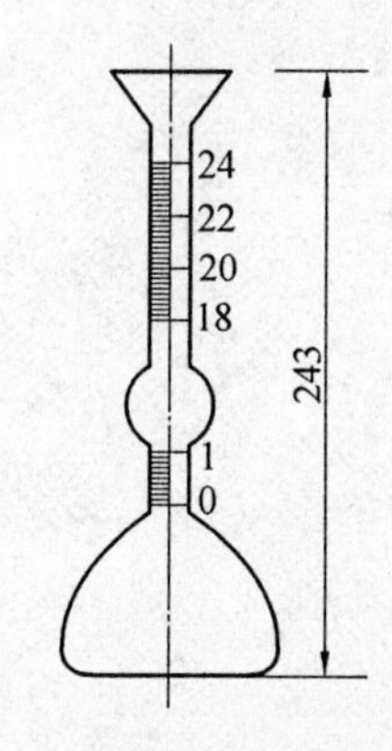

试图 1.1 李氏瓶

(4) 试验步骤

A.将与试样不起反应的液体(若测定水泥密度,则用无水煤油)注入李氏瓶中至 0 ~ 1 mL 刻度线后(以弯月面下部为准),盖上瓶塞放入恒温水槽内,使刻度部分浸入水中,恒温 30 min,记下刻度数。

B.从恒温水槽中取出李氏瓶,用滤纸将李氏瓶细长颈内没有煤油的部分仔细擦干净。

C.用天平称取试样 60 g,称准至 0.01 g。

D.用小匙将水泥试样一点一点装入李氏瓶中,反复摇动(亦可用超声波震动),至没有气泡排出,再次将李氏瓶静置于恒温水槽中,恒温 30 min,记下第二次读数。

E.第一次读数和第二次读数时,恒温水槽的温度差不大于 0.2℃。

(5) 试验结果计算

水泥体积应为第二次读数减去初始读数,即水泥所排开的无水煤油的体积。按下式计算出试样密度 ρ(精确至 0.01 g/cm^3)

$$\rho = m/V$$

密度试验用两个试样平行进行,以其结果的算术平均值作为最后结果。两个结果之差不得超过 0.02 g/cm^3。

2. 干体积密度、含水率和吸水率

(1) 试验依据和适用范围

本试验依据为 GB/T11970—1997《加气混凝土体积密度、含水率和吸水率试验方法》,适用于加气混凝土及类同材料的检验。

(2) 仪器设备

电热鼓风干燥箱:最高温度 200℃。

托盘天平或磅秤:称量 2 000 g,感量 1 g。

钢板直尺:规格为 300 mm,分度值为 0.5 mm。

恒温水槽:水温 15 ~ 25℃。

(3) 试样制备

A.试样的制备采用机据或刀锯,沿制品膨胀方向中心部分上、中、下顺序锯取一组,"上"块上表面距离制品顶面 30 mm,"中"块在制品正中处,"下"块下表面离制品底面 30 mm。锯时不得将试件弄湿。

B.制取 100 mm × 100 mm × 100 mm 立方体试件二组 6 块。

(4) 试验步骤

A.干体积密度和含水率试验步骤

a.取试件一组 3 块,逐块量取长、宽、高三个方向的轴线尺寸,精确至 1 mm,计算试件的体积;并称取试件质量 m,精确至 1 g。

b.将试件放入电热鼓风干燥箱内。在 60℃ ± 5℃下保持 24 h,然后在 80℃ ± 5℃下保持 24 h,再在 105℃ ± 5℃下烘至恒质(m_0)。

B.吸水率试验步骤

a.取另一组 3 块试件放入电热鼓风干燥箱内,在 60℃ ± 5℃下保持 24 h,然后在 80℃ ± 5℃下保持 24 h,再在 105℃ ± 5℃下烘至恒质(m_0)。

b.试件冷却至室温后,放入水温为 20℃ ± 5℃的恒温水槽内,然后加水至试件高度的 1/3,保持 24 h,再加水至试件高度的 2/3,经 24 h 后,加水高出试件 30 mm 以上,保持 24 h。

c.将试件从水中取出,用湿布抹去表面水分,立即称取每块质量(m_g),精确至 1 g。

(5) 结果计算与评定

A.干体积密度按下式计算

$$\rho_0 = \frac{m_0}{V_0} \times 10^6$$

式中,ρ_0 为干体积密度(kg/m^3);m_0 为试件烘干后质量(g);V_0 为试件体积(mm^3)。

B.含水率按下式计算

$$W_s = \frac{m - m_0}{m_0} \times 100$$

式中,W_s 为含水率(%);m_0 为试件烘干后质量(g);m 为试件烘干前的质量(g)。

C.吸水率按下式计算(以质量百分率表示)

$$W_R = \frac{m_g - m_0}{m_0} \times 100$$

式中,W_R 为吸水率(%); m_0 为试件烘干后质量(g); m_g 为试件吸水后质量(g)。

D.体积密度的计算精确至 1 kg/m^3;含水率和吸水率的计算精确至 0.1%。

试验二　金属材料试验

1. 试验目的及依据

测定钢材的屈服强度、抗拉强度与伸长率，注意观察拉力与变形之间的关系，检验钢材的力学及工艺性能。

检验钢筋承受规定弯曲程度的变形性能，确定其可加工性能，并显示其缺陷。

本试验依据 GB 232—1999《金属材料弯曲试验方法》、GB 228—2002《金属材料室温拉伸试验方法》进行。

2. 取样方法

自每批钢筋中任意抽取两根，于每根距端部 50 mm 处各取一套试样（两根试件）。在每套试样中取一根作拉力试验，另一根作冷弯试验。试验应在 20℃ ± 10℃ 的温度下进行，如试验温度超出这一范围.应在试验记录和报告中注明。

3. 拉伸试验

(1) 原理

试验是用拉力拉伸试样，一般拉至断裂，测定建筑钢材的一项或几项力学性能。

除非另有规定，试验一般在室温 10 ~ 35℃范围内进行。对温度要求严格的试验，试验温度应为 23℃ ± 5℃。

(2) 主要仪器设备

试验机：应为 1 级或优于 1 级准确度；钢筋切割机；游标卡尺；钢筋打印机或划线笔。

(3) 试样

A.形状与尺寸

试样的形状与尺寸取决于要被试验的金属产品的形状与尺寸。通常从产品、压制坯或铸锭切取样坯经机加工制成试样。但具有恒定横截面的产品（型材、棒材、线材等）和铸造非铁合金可以不经机加工而进行试验。试样横截面可以为圆形、矩形、多边形、环形，特殊情况下可以为其他形状。试样的尺寸公差应符合 GB/T 228—2002《金属材料室温拉伸试验方法》的附录 A ~ D 的规定。

B.试件制作和准备

拉伸试验用钢筋试件不进行车削加工，根据钢筋直径 a 确定试件的标距长度。原始标距 $l_0 = 5a$，如钢筋长度比原始标距长许多，可以标出相互重叠的几组原始标距（试图 2.1）。如受试验机量程限制，直径为 22 ~ 40 mm 的钢筋可制成车削加工试件。应用小标记、细划线或细墨线标记原始标距，但不得用引起过早断裂的缺口作标记。

C.夹持方法

应使用例如楔形夹头、螺纹夹头等合适的夹具夹持试样。确保夹持的试样受轴向拉力的作用。当试验脆性材料或测定规定非比例延伸强度、规定总延伸强度、规定残余延伸强度或屈服强度时尤为重要。

(4) 上屈服强度（R_{eH}）和下屈服强度（R_{eL}）的测定

呈现明显屈服（不连续屈服）现象的金属材料，相关产品标准应规定测定上屈服强度

或下屈服强度或两者。如未具体规定，应测定上屈服强度和下屈服强度。可采用指针方法测上屈服强度和下屈服强度。

指针方法：试验时，读取测力度盘指针首次回转前指示的最大力和不计初始瞬时效应时屈服阶段中指示的最小力或首次停止转动指示的恒定力。将其分别除以试样原始横截面积(S_0)得到上屈服强度和下屈服强度。

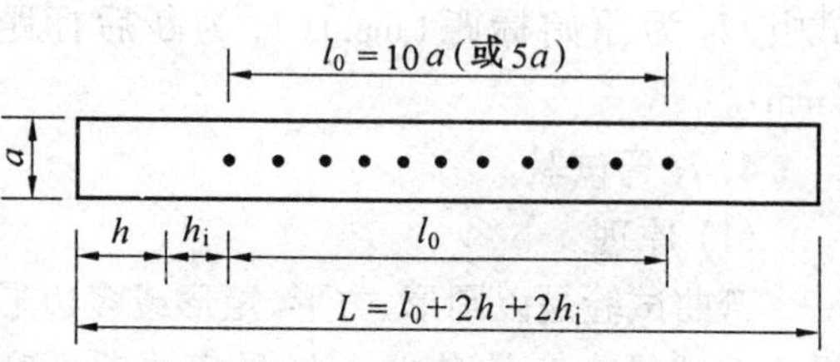

试图 2.1　钢筋拉伸试件

a为试件原始直径；l_0为标距长度；

h为夹头长度；h_1为$(0.5\sim1)a$。

上屈服强度(R_{eH})和下屈服强度(R_{eL})分别按下式计算

$$R_{eH}=\frac{F_{eH}}{S_0}$$

$$R_{eL}=\frac{F_{eL}}{S_0}$$

式中，F_{eH}为试样发生屈服而力首次下降前的最大力(kN)；F_{eL}为在屈服期间，不计初始瞬时效应的最小力(kN)；S_0为原始横截面积(mm^2)。

(5) 抗拉强度(R_m)的测定

对于呈现明显屈服(不连续屈服)现象的金属材料，从测力度盘，读取了屈服阶段之后的最大力；对于呈现无明显屈服(连续屈服)现象的金属材料，从测力度盘，读取试验过程中的最大力。

抗拉强度(R_m)按下式计算

$$R_m=\frac{F_m}{S_0}$$

式中，F_m为最大力，kN；S_0为原始横截面积，mm^2。

(6) 断后伸长率(δ)的测定

为了测定断后伸长度，应将试样断裂的部分仔细地配接在一起使其轴线处于同一直线上，并采取特别措施确保试样断裂部分适当接触后测量试样断后标距。这对小横截面试样和低伸长度试样尤为重要。

应使用分辨力优于0.1 mm的量具或测量装置测定断后标距(l_0)，准确到±0.25 mm。

断裂处与最接近的标距标记的距离大于原始标距的1/3时，可用卡尺直接量出已被拉长的标距长度l_1(精确至0.1 mm)。

如拉断处到邻近的标距端点的距离不大于原始标距长度的1/3时，可按下述位移法确定l_1：在长段上，从拉断处O点取基本等于短段格数，得B点；接着取长段所余格数，偶数，试图2.2(a)之半，得C点；或者取所余格数，奇数，试图2.2(b)减1与加1之半，得C与C_1点。位移后的l_1分别为$AO+OB+2BC$或者$AO+OB+BC_1$。

断后伸长率δ可按下式计算

$$\delta=\frac{l_u-l_0}{l_0}\times100\%$$

式中，l_0 为原始标距（mm）；l_u 为断后标距（mm）。

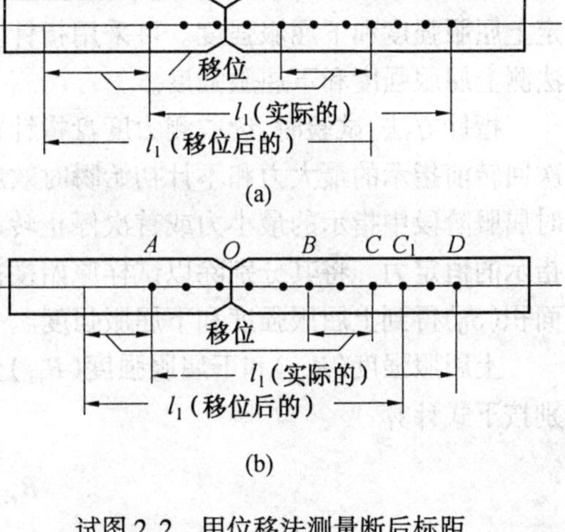

试图 2.2 用位移法测量断后标距

4. 冷弯试验

(1) 原理

弯曲试验是以圆形、方形、矩形或多边形横截面试样在弯曲装置上经受弯曲塑性变形，不改变加力方向，直至达到规定的弯曲角度。

弯曲试验时，试样两臂的轴线保持在垂直于弯曲轴的平面内。如弯曲 180°的弯曲试验，按照相关产品标准的要求，将试样弯曲至两臂相距规定距离且相互平行或两臂直接接触。

(2) 主要仪器设备

试验机或压力机；弯曲装置；游标卡尺等。

(3) 试验程序

A.冷弯件加工

钢筋冷弯试件不得进行车削加工，试件长度通常按下式确定

$$l \approx 5a + 150\ \text{mm}$$

式中，a 为试件原始直径。

B.半导向弯曲

试样一端固定，绕弯心直径进行弯曲，如试图 2.3(a)所示，试样弯曲到规定的角度或出现裂纹、裂缝或断裂为止。

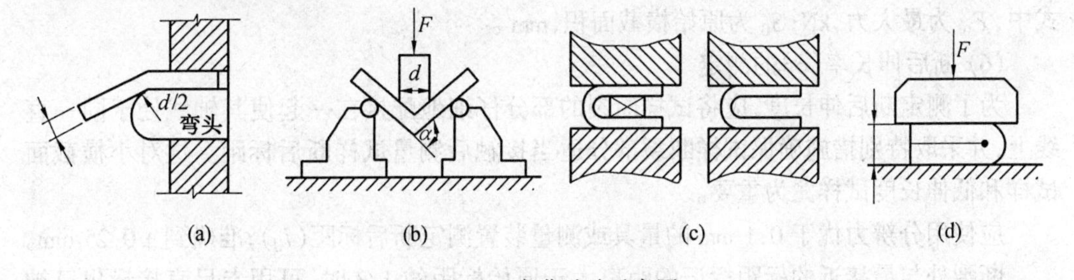

试图 2.3 弯曲试验示意图

C.导向弯曲

a.试样放置于两个支点上，将一定直径的弯心在试样的两个支点中间施加压力，使试样弯曲到规定的角度，如试图 2.3(b)或出现裂纹、裂缝或断裂为止。

b.试样在两个支点上按一定弯心直径弯曲至两臂平行时，可一次完成试验，亦可先弯曲到试图 2.3(b)所示的状态，然后放置在试验机平板之间继续施加压力，压至试样两臂平行。此时可以加与弯心直径相同尺寸的衬垫进行试验，如试图 2.3(c)。

当试样需要弯曲至两臂接触时，首先将试样弯曲到试图 2.3(b)所示状态，然后放置

在试验机两平板间继续施加压力,直至两臂接触,如试图 2.3(d)。

c.试验应在平稳压力作用下,缓慢施加压力。两支辊间距离为$(d+2.5a)\pm0.5a$,并且在试验过程中不允许有变化。

d.试验应在 10~35℃或控制条件(23℃±5℃)下进行。

D.试验结果

弯曲后,按有关标准规定检查试样弯曲外表面,进行结果评定。若无裂纹、裂缝或断裂,则评定试样合格。

试验三　水泥技术性能试验

1. 试验目的及依据

测定水泥的细度、标准稠度用水量、凝结时间、安定性及胶砂强度等主要技术性质,作为评定水泥强度等级的主要依据。

本试验根据 GB1345—1991《水泥细度检验方法(80 μm 筛筛析法)》、GB/T1346—2001《水泥标准稠度用水量、凝结时间、安定性检验方法》和 GB/T17671—1999《水泥胶砂强度检验方法(ISO 法)》进行。

2. 水泥试验的一般规定

(1) 同一试验用的水泥应在同一水泥厂出产的同品种、同强度等级、同编号的水泥中取样。

(2) 当试验水泥从取样至试验要保持 24 h 以上时,应把它贮存在基本装满和气密的容器里。容器应不与水泥发生反应。

(3) 水泥试样应充分拌匀,且用 0.9 mm 方孔筛过筛。

(4) 试验时温度应保持在 20℃±2℃,相对湿度应不低于 50%。养护箱温度为 20℃±1℃,相对湿度不低于 95%。试体养护池水温应在 20℃±1℃范围内。

(5) 试验用水必须是洁净的淡水。水泥试样、标准砂、拌和用水及试模等的温度应与试验室温度相同。

3. 水泥细度检验

细度检验有负压筛法、水筛法和干筛法三种,在检验中,如负压筛法与其他方法的测定结果有争议时,以负压筛法为准。

本处介绍负压筛法。用筛网上所得筛余物的质量占试样原始质量的百分数来表示水泥样品的细度。

(1) 主要仪器设备

A.负压筛:负压筛由圆形筛框和筛网组成,筛框有效直径为 142 mm,高 25 mm,方孔边长为 0.080 mm。

B.负压筛析仪:负压筛析仪由筛座、负压筛、负压源及收尘器组成。其中筛座由转速为 30 r/min±2 r/min 的喷气嘴、负压表、控制板、微电机及壳体等构成。

C.天平:最大称量 100 g,分度值不大于 0.05 g。

(2) 试验步骤

A.筛析试验前应把负压筛放在筛座上，盖上筛盖，接通电源，检查控制系统，调节负压至4 000～6 000 Pa范围内。

B.称取试样25 g置于洁净的负压筛中，盖上筛盖，放在筛座上，开动筛析仪连续筛析2 min。在此期间如有试样附着在筛盖上，可轻轻敲击，使试样落下。筛毕，用天平称量筛余物，精确至0.05 g。

C.当工作负压小于4 000 Pa时，应清理吸尘器内水泥，使负压恢复正常。

(3)试验结果计算

水泥试样筛余百分数按下式计算(结果精确至0.1%)

$$F = \frac{R_s}{W} \times 100\%$$

式中，F为水泥试样的筛余百分数(%)；R_s为水泥筛余物的质量(g)；W为水泥试样的质量(g)。

4. 水泥标准稠度用水量测定(标准法)

(1) 主要仪器设备

水泥净浆搅拌机；维卡仪，见试图3.1；量水器和天平等。

(2) 试验步骤

A.试验前准备

试验前必须做到维卡仪的金属棒能自由滑动；调整维卡仪的金属棒至试杆接触玻璃板时指针对准零点；搅拌机运转正常等。

B.水泥浆的拌制

用水泥净浆搅拌机搅拌，搅拌锅和搅拌叶片先用湿布擦过。将拌和水倒入搅拌锅内，然后在5～10 s内小心将称好的500 g水泥加入水中，防止水和水泥溅出。拌和时，先将锅放到搅拌机锅座上，升至搅拌位置，启动搅拌机，低速搅拌120 s，停拌15 s，同时将叶片和锅壁上的水泥浆刮入锅中间，接着高速搅拌120 s，停机。

C.标准稠度用水量的测定

拌和结束后，立即将拌好的净浆装入锥模内，用小刀插捣、轻轻振动数次，刮去多余的净浆。抹平后迅速将试模和底板移到维卡仪上，并将其中心定在试杆下，降低试杆直至与水泥净浆表面接触。拧紧螺丝1～2 s后，突然放松，使试杆垂直自由地沉入净浆中。在试杆停止沉入或释放试杆30 s时记录试杆距底板之间的距离。升起试杆后，立即擦净；整个操作应在搅拌后1.5 min内完成。

D.试验结果判定

以试杆沉入净浆并距底板6 mm±1 mm的水泥净浆为标准稠度净浆，其拌和水量为该水泥的标准稠度用水量(P)，按水泥质量的百分比计。

5. 水泥凝结时间测定

(1) 主要仪器设备

水泥净浆搅拌机；标准维卡仪；试针和圆模(试图3.2)；量水器；天平。

(2) 试验步骤

A.测定前准备：调整凝结时间测定仪的试针接触玻璃板时，刻度指针对准零点。

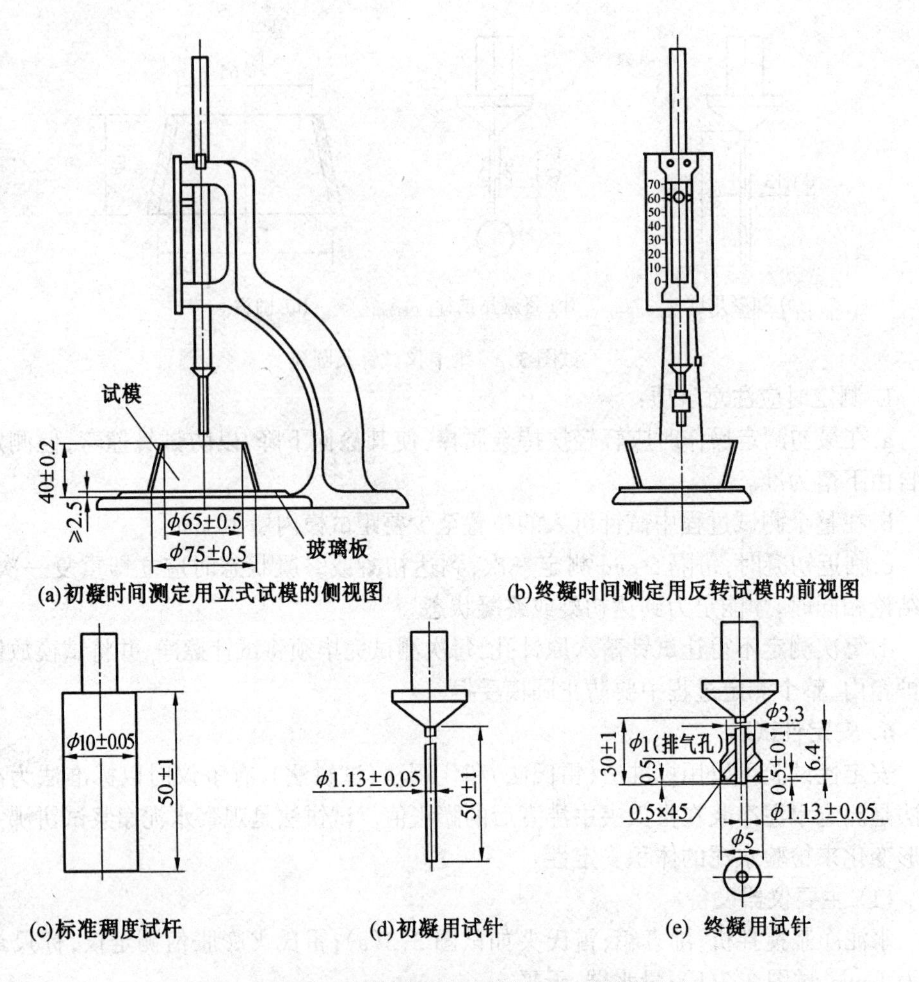

试图 3.1 测定水泥标准稠度和凝结时间用的维卡仪

B.试件的制备:以标准稠度用水量按标准稠度用水量试验相同的方法制成标准稠度净浆,并立即一次装满试模,振动数次后刮平,立即放入湿气养护箱内,记录水泥全部加入水中的时间为凝结时间的起始时间。

C.初凝时间的测定:试件在湿气养护箱中养护至加水后 30 min 时进行第一次测定。测定时,从湿气养护箱中取出试模放到试针下,降低试针与水泥净浆面接触。拧紧螺丝 1~2 s后,突然放松,试针垂直自由沉入净浆,观察试针停止下沉或释放试杆 30 s 时指针的读数。当试针沉至距底板 4 mm ± lmm 时,为水泥达到初凝状态。由水泥全部加入水中至初凝状态的时间为水泥的初凝时间,用"min"表示。

D.终凝时间的测定:为了准确观测试针沉入的状况,在终凝针上安装了一个环形附件(见试图 3.2)。在完成初凝时间测定后,立即将试模连同浆体以平移的方式从玻璃板取下,翻转 180°,直径大端向上,小端向下放在玻璃板上,再放入湿气养护箱中继续养护。临近终凝时间时每隔 15 min 测定一次,当试针沉入试体 0.5 mm 时,即环形附件开始不能在试件上留下痕迹时,为水泥达到终凝状态。由水泥全部加入水中至终凝状态的时间为水泥的终凝时间,用" min"表示。

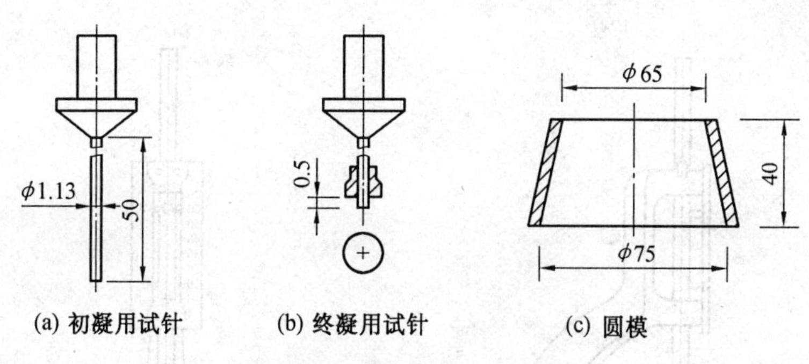

试图 3.2　维卡仪试针及圆模

E.测定时应注意事项：

a.在最初测定操作时应轻轻扶持金属棒，使其徐徐下降，以防试针撞弯，但测定结果以自由下落为准。

b.在整个测试过程中试针沉入的位置至少要距试模内壁 10 mm。

c.临近初凝时，每隔 5 min 测定一次，到达初凝或终凝状态时应立即重复一次，当两次结论相同时，才能定为到达初凝或终凝状态。

d.每次测定不得让试针落入原针孔，每次测试完毕须将试针擦净，并将试模放回湿气养护箱内，整个测定过程中要防止圆模受振。

6. 安定性试验

安定性试验可以用标准法(雷氏法)和代用法(试饼法)，有争议时以标准法为准。雷氏法是测定水泥净浆在雷氏夹中沸煮后的膨胀值。试饼法是观察水泥净浆试饼沸煮后的外形变化来检验水泥的体积安定性。

(1) 主要仪器设备

水泥净浆搅拌机；沸煮箱；雷氏夹如试图 3.3(a)；雷氏夹膨胀值测定仪，标尺最小刻度为 1 mm，试图 3.3(b)；量水器；天平。

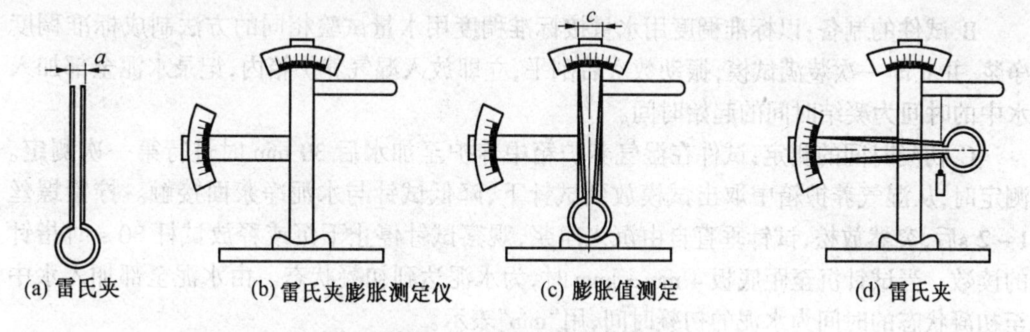

试图 3.3　雷氏夹膨胀值测定

(2) 标准法(雷氏法)试验步骤

A.测定前的准备工作

试验前按试图 3.3(d)方法检查雷氏夹的质量是否符合要求。

每个试样需成型两个试件，每个雷氏夹需配备质量约 75 ~ 85 g 的玻璃板两块，凡与水泥净浆接触的玻璃板和雷氏夹内表面都要稍稍涂上一层油。

B.水泥标准稠度净浆的制备

与凝结时间试验相同。

C.雷氏夹试件的成型

将预先准备好的雷氏夹放在已稍擦油的玻璃板上，并立刻将已制好的标准稠度净浆装满雷氏夹；装浆时一只手轻轻扶持雷氏夹，另一只手用宽约 10 mm 的小刀插捣数次，然后抹平，盖上稍涂油的玻璃板，立即将试模移至养护箱内养护 24 h ± 2 h。

D.沸煮

调整好沸煮箱内的水位，使其能保证在整个沸煮过程中都超过试件，不需中途添补试验用水，同时能保证在 30 min ± 5 min 内加热至恒沸。

脱去玻璃板取下试件，先测量雷氏夹指针尖端间的距离(a)，精确到 0.5 mm，试图 3.3(a)。接着将试件放入沸煮箱水中的试件架上，指针朝上，然后在 30 min ± 5 min 内加热至沸，并恒温 180 min ± 5 min。

E.结果判别

沸煮结束后，放掉沸煮箱中热水，打开箱盖，待箱体冷却至室温，取出试件进行判别，试图 3.3(c)。测量雷氏夹指针尖端距离(c)，准确至 0.5 mm，试图 3.3(c)，当两个试件沸煮后增加距离($c-a$)的平均值不大于 5.0 mm 时，即认为该水泥安定性合格，当两个试件的($c-a$)值相差超过 4.0 mm 时，应用同一水泥立即重做一次试验。再如此，则认为该水泥为安定性不合格。

(3) 代用法(试饼法)试验步骤

A.测定前的准备工作

每个样品需准备两块约 100 mm × 100 mm 的玻璃板，凡与水泥净浆接触的玻璃板都要稍稍涂上一层油。

B.试饼的成型方法

a.将制好的标准稠度净浆取出一部分分成两等份，使之成球形，放在预先准备好的玻璃板上。

b.轻轻振动玻璃板并用湿布擦过的小刀由边缘向中央抹，做成直径 70 ~ 80 mm，中心厚约 10 mm，边缘渐薄，表面光滑的试饼。

c.接着将试饼放入湿气养护箱内养护 24 h ± 2 h。

C.沸煮

a.调整好沸煮箱内的水位，使其能保证在整个沸煮过程中都超过试件，不需中途添补试验用水，同时能保证在 30 min ± 5 min 内加热至恒沸。

b.脱去玻璃板取下试饼，在试饼无缺陷的情况下，将试饼放在沸煮箱内水中的篦板上，然后在 30 min ± 5 min 内加热至沸，并恒沸 180 min ± 5 min。

D.结果判别

沸煮结束后，即放掉沸煮箱中热水，打开箱盖，待箱体冷却至室温，取出试件进行判别。目测试饼未发现裂缝，用直尺检查也没有弯曲(使钢直尺和试饼底部紧靠，以两者间不透光为不弯曲)的试饼为安定性合格，反之为不合格。当两个试饼判别结果有矛盾时，该水泥的安定性也为不合格。

7. 水泥胶砂强度试验

(1) 适用范围和主要仪器设备

试验标准适用于硅酸盐水泥、普通硅酸盐水泥、矿渣硅酸盐水泥、粉煤灰硅酸盐水泥、复合硅酸盐水泥以及石灰石硅酸盐水泥的抗折与抗压强度的检验。其他水泥采用本标准时必须探讨该标准规定的适用性。

试验筛;水泥胶砂搅拌机;水泥胶砂振实台;抗折强度试验机;抗压试验机;试模等。

(2) 水泥胶砂的制备

A.配料：水泥胶砂试验用材料的质量配合比应为：

水泥:标准砂:水=1:3:0.5

一锅胶砂成型3条试体,每锅用料量为:水泥450g±2 g,标准砂1 350 g±5 g,拌和用水量225 g±1 g。按每锅用料量称好各材料。

B.搅拌：使搅拌机处于待工作状态,然后按以下的程序进行操作：

a.将水加入搅拌锅里,再加入水泥,把锅放在固定架上,上升至固定位置。

b.立即开动机器,低速搅拌30 s后,在第二个30 s开始的同时均匀地将砂子加入。把机器转至高速再拌30 s。

c.停拌90 s,在停拌的第一个15 s内用一胶皮刮具将叶片锅壁上的胶砂刮入锅中间,在高速下继续搅拌60 s。各个搅拌阶段,时间误差应在1 s以内。

(3) 试件的制备

试件尺寸应是40 mm×40 mm×160 mm的棱柱体。试件可用振实台成型或用振动台成型。

A.用振实台成型

a.胶砂制备后立即进行成型。

b.将空试模和模套固定在振实台上,用一个适当勺子直接从搅拌锅里将胶砂分两层装入试模。

c.装第一层时,每个槽里约放300 g胶砂,用大播料器垂直架在模套顶部沿每个模槽来回一次将料层播平,接着振实60次。

d.再装第二层胶砂,用小播料器播平,再振实60次。

e.移走模套,从振实台上取下试模,用一金属刮平尺以近90°的角度架在试模顶的一端,然后沿试模长度方向以横向锯割动作慢慢向另一端移动,一次将超过试模部分的胶砂刮去。

f.用同一直尺以近乎水平的情况下将试体表面抹平。

g.在试模上做标记或加字条标明试件编号和试件相对于振实台的位置。

B.用振动台成型

当使用代用振动台成型时,操作如下：

a.在搅拌胶砂的同时将试模和下料漏斗卡紧在振动台的中心。

b.将搅拌好的全部胶砂均匀地装入下料漏斗中,开动振动台,胶砂通过漏斗流入试模。

c.振动120 s±5 s停止。振动完毕,取下试模,以振实台成型同样的方法将试体表面

刮平。

d.在试模上作标记或用字条表明试件编号。

(4) 试件养护

A.脱模前的处理和养护

去掉留在模子四周的胶砂。立即将作好标记的试模放人雾室或湿箱的水平架子上养护，湿空气应能与试摸各边接触。养护时不应将试模放在其他试模上。一直养护到规定的脱模时间时取出脱模。脱模前用防水墨汁或颜料笔对试体进行编号和做其他标记，两个龄期以上的试体，在编号时应将同一试模中的 3 条试体分在两个以上龄期内。

B.脱模

脱模时可用塑料锤或橡皮榔头或专门的脱模器。对于 24 h 龄期的，应在破型试验前 20 min 内脱模，对于 24 h 以上龄期的应在成型后 20 ~ 24 h 之间脱模。如经 24 h 养护，会因脱模对强度造成损害时，可以延迟至 24 h 以后脱模，但需注明。已确定作为 24 h 龄期试验(或其他不下水直接做试验)的已脱模试件，应用湿布覆盖至做试验时为止。

C.水中养护

将做好标记的试件立即水平或竖向放在 20℃ ± 1℃水中养护，水平放置时刮平面应朝上。试件放在不易腐烂的篦子上，并彼此间保持一定间距，以让水与试件的六个面接触。养护期间试件之间间隔以及试体上表面的水深不得小于 5 mm。除 24 h 龄期或延迟至 48 h脱模的试体外，任何到龄期的试体应在破型试验前 15 min 从水中取出。擦去试体表面沉积物，并用湿布覆盖至试验为止。

D.强度试验试体的龄期

试体龄期是从水泥加水搅拌开始时算起。不同龄期强度试验时间应符合试表 3.1 的规定。

试表 3.1　水泥胶砂强度试验时间

龄期	24 h	48 h	3 d	7 d	> 28 d
试验时间	24 h ± 15 min	48 h ± 30 min	72 h ± 45 min	7 d ± 2 h	> 28 d ± 8 h

(5) 强度试验

A.一般规定

用规定的设备以中心加荷法测定抗折强度。

在折断后的棱柱体上进行抗压试验，受压面是试体成型的两个侧面，面积为 40 mm × 40 mm。

当不需要抗折强度数值时，抗折强度试验可以省去。但抗压强度试验应在不使试件受有害应力情况下折断的两截棱柱体上进行。

B.抗折强度试验

将试体一个侧面放在试验机支撑圆柱上，试体长轴垂直于支撑圆柱，通过加荷圆柱以 50 N/s ± 10 N/s 的速率均匀地将荷载垂直地加在棱柱体相对侧面上，直至折断。

保持两个半截棱柱体处于潮湿状态直至抗压试验。

抗折强度 R_f，以 MPa 表示，按下式进行计算(精确至 0.1 MPa)

$$R_f = \frac{1.5F_f L}{b^3}$$

式中，F_f 为折断时施加于棱柱体中部的荷载(N)；L 为支撑圆柱之间的距离(mm)；b 为棱柱体正方形截面的边长(mm)。

本试验以一组3个棱柱体抗折结果的平均值作为试验结果。当3个强度值中有超出平均值±10%时，应剔除后再取平均值作为抗折强度试验结果。

C.抗压强度测定

抗压强度试验以规定的仪器，在半截棱柱体的侧面进行。

半截棱柱体中心与压力机压板受压中心差应在±0.5 mm内，棱柱体露在压板外的部分约有10 mm。

在整个加荷过程中以2 400 N/s±200 N/s的速率均匀地加荷直至试件破坏。

抗压强度 R_c 以MPa为单位，按下式计算(精确至0.1 MPa)：

$$R_c = \frac{F_c}{A}$$

式中，F_c 为破坏荷载(N)；A 为受压部分面积(mm^2)(40 mm×40 mm=1 600 mm^2)。

以一组3个棱柱体上得到的6个抗压强度测定值的算术平均值为试验结果。如6个测定值中有一个超出6个平均值的±10%时，就应剔除这个结果，而以剩下5个的平均数为结果。如果5个测定值中再有超过它们平均值±10%的，则此组结果作废。

试验四　建筑用砂石试验

1. 试验目的与依据

对建筑用砂、石进行试验，评定其质量，为普通混凝土配合比设计提供原材料参数。

建筑用砂、石试验依据为国家行业标准JGJ52-2006《普通混凝土用砂、石质量及检验方法标准》。

2. 取样与处理

(1) 取样

在料堆上取样时，取样部位应均匀分布。取样前先将取样部位表层除去，然后从不同部位抽取大致等量的砂8份或石子15份。在皮带运输机或车船上取样需按照标准的有关规定。

砂石单项试验的最少取样数量应按JGJ52—2006《普通混凝土用砂、石质量及检验方法标准》规定进行，部分单项试验的最少取样数量见试表4.1和试表4.2。

试表4.1　部分单项砂试验的最少取样量

试验项目	颗粒级配	表观密度	堆积密度与空隙率	含泥量
最少取样量/kg	4.4	2.6	5.0	4.4

试表 4.2 部分单项石子试验的最少取样量（kg）

试验项目	最大粒径/mm							
	9.5	16.0	19.0	26.5	31.5	37.5	63.0	75.0
颗粒级配	9.5	16.0	19.0	25.0	31.5	37.5	63.0	80.0
含泥量	8.0	8.0	24.0	24.0	40.0	40.0	80.0	80.0
泥块含量	8.0	8.0	24.0	24.0	40.0	40.0	80.0	80.0
针片状颗粒含量	1.2	4.0	8.0	12.0	20.0	40.0	40.0	40.0
表观密度	8.0	8.0	8.0	8.0	12.0	16.0	24.0	24.0
堆积密度	40.0	40.0	40.0	40.0	80.0	80.0	120.0	120.0

(2) 处理

A.砂试样处理

a.分料器法

将样品放在潮湿状态下拌和均匀，然后通过分料器，取接料斗中的其中一份再次通过分料器。重复上述过程，直至把样品缩分到试验所需量为止。

b.人工四分法

将所取样品放在平整洁净的平板上，在潮湿状态下拌和均匀，并摊成厚度约 20 mm 的圆饼，然后沿相互垂直的两条直径把圆饼分成大致相等的 4 份，取其对角的两份重新搅匀，再堆成圆饼。重复上述过程，直至把样品缩分到试验所需量为止。

c.堆积密度、人工砂坚固性检验所用试样可不经缩分，在搅匀后直接进行试验。

B.石试样处理

将样品置于平板上，在自然状态下拌和均匀，并堆成堆体，然后沿相互垂直的两条直径把圆饼分成大致相等的 4 份，取其对角的两份重新搅匀，再堆成堆体。重复上述过程，直至把样品缩分到试验所需量为止。

堆积密度检验所用试样可不经缩分，在搅匀后直接进行试验。

3.砂的筛分析试验

(1) 主要仪器设备

鼓风烘箱：能使温度控制在 105℃ ± 5℃；

天平：称量 1 000 g，感量 1 g；

方孔筛：孔径为 150 μm，300 μm，600 μm，1.18 mm，2.36 mm，4.75 mm 及 9.50 mm 的筛各一只，并附有筛底和筛盖；

摇筛机；搪瓷盘；毛刷等。

(2) 试样制备

按规定取样，并将试样缩分至约 1 100 g，放在烘箱中于 105℃ ± 5℃下烘干至恒量，待冷却至室温后，筛除大于 9.50 mm 的颗粒（并算出筛余百分率），分为大致相等的两份备用。

(3) 试验步骤

A.称取试样 500 g，精确到 1 g。将试样倒入按孔径大小从上到下组合的套筛（附筛

底)上,然后进行筛分。

B.将套筛置于摇筛机上,摇 10 min,取下套筛,按筛孔大小顺序再逐个用手筛,筛至每分钟通过量小于试样总量 0.1% 为止。通过的试样并入下一号筛中,并和下一号筛中的试样一起过筛,这样顺序进行,直至各号筛全部筛完为止。

C.称出各号筛的筛余量,精确至 1 g,试样在各号筛上的筛余量不得超过按下式计算的量,超过时应按下列方法之一处理

$$G = \frac{A \times d^{1/2}}{200}$$

式中,G 为在一个筛上的筛余量(g); A 为筛面面积(mm^2); d 为筛孔尺寸(mm)。

a.将该粒级试样分成少于按上式计算出的量,分别筛分,并以筛余量之和作为该号筛的筛余量。

b.将该粒级及以下各粒级的筛余混合均匀,称出其质量,精确至 1 g、再用四分法缩分为大致相等的两份,取其中一份,称出其质量,精确至 1 g,继续筛分。计算该粒级及以下各粒级的分计筛余量时应根据缩分比例进行修正。

(4) 试验结果评定

筛分析试验结果按下列步骤计算:

A.计算分计筛余百分率:各号筛上的筛余量与试样总质量之比,计算精确至 0.1%;

B.计算累计筛余百分率:该号筛的筛余百分率加上该号筛以上各筛余百分率之和,计算精确至 0.1%。筛分后,如每号筛的筛余量与筛底的剩余量之和同原试样质量之差超过 1%,须重新试验。

C.砂的细度模数 M_x 可按下式计算,精确至 0.01

$$M_x = \frac{(A_2 + A_3 + A_4 + A_5 + A_6) - 5A_1}{100 - A_1}$$

式中,M_x 为细度模数; $A_1, A_2, A_3, A_4, A_5, A_6$ 分别为 4.75 mm,2.36 mm,1.18 mm, 600 μm,300 μm,150 μm 筛的累积筛余。

D.累计筛余百分率取两次试验结果的算术平均值,精确至 1%。细度模数取两次试验结果的算术平均值,精确至 0.1;如两次试验的细度模数之差大于 0.20 时,须重新试验。

根据累计筛余百分率确定该砂所属的级配区。

4. 碎石或卵石的筛分析试验

(1) 主要仪器设备

鼓风烘箱:能使温度控制在 105℃ ± 5℃;

台秤:称量 10 kg,感量 1 g;

方孔筛:孔径为 2.36 mm,4.75 mm,9.50 mm,16.0 mm,19.0 mm,26.5 mm,31.5 mm,37.5 mm,53.0 mm,63.0 mm,75.0 mm 及 90 mm 的筛各一只,并附有筛底和筛盖(筛框内径为 300 mm);

摇筛机; 搪瓷盘;毛刷等。

(2) 试样制备

从取回试样中用四分法缩取不少于规定的试样数量,经烘干或风干后备用。

(3) 试验步骤

A.按规定称取试样。

B.将试样按筛孔大小顺序过筛,当每号筛上筛余层的厚度大于试样的最大粒径时,应将该号筛上的筛余分成两份,再次进行筛分,直至各筛每分钟通过量不超过试样总量的0.1%。

C.称取各筛筛余的质量,精确至试样总质量的0.1%。在筛上的所有分计筛余量和筛底剩余的总和与筛分前测定的试样总量相比,其相差不得超过1%。

(4) 试验结果计算

A.计算分计筛余百分率:各号筛的筛余量与试样总质量之比,计算精确至0.1%。

B.计算累计筛余百分率:该号筛的筛余百分率加上该号筛以上各分计筛余百分率之和,精确至1.0%。筛分后,如每号筛的筛余量与筛底的筛余量之和同原试样质量之差超过1%时,须重新试验。

C.根据各号筛的累计筛余百分率,评定该试样的颗粒级配。

5. 砂的表观密度和堆积密度试验

(1) 砂的表观密度试验

A.仪器设备

鼓风烘箱:能使温度控制在105℃ ± 5℃;

天平:称量10 kg或1 000 g,感量1 g;

容量瓶:500 mL;

干燥器;搪瓷盘;滴管;毛刷等。

B.试样制备

试样制备可参照前述的取样与处理方法,并将试样缩分至约660 g,放在烘箱中于105℃ ± 5℃下烘干至恒量,待冷却至室温后,分为大致相等的两份备用。

C.试验步骤

a.称取试样300g,精确至1g。将试样装入容量瓶,注入冷开水至接近500 mL的刻度处,用手旋转摇动容量瓶,使砂样充分摇动,排除气泡,塞紧瓶盖,静置24 h。然后用滴管小心加水至容量瓶500 mL的刻度处,塞紧瓶塞,擦干瓶外水分,称出其质量,精确至1 g。

b.倒出瓶内水和试样,洗净容量瓶,再向容量瓶内注水至500 mL的刻度处,塞紧瓶塞,擦干瓶外水分,称出其质量,精确至1 g。

D.结果计算与评定

砂的表观密度按下式计算,精确至10 kg/m³

$$\rho_0 = \left(\frac{G_0}{G_0 + G_2 - G_1}\right) \times \rho_w$$

式中,ρ_0 为表观密度(kg/m³);ρ_w 为水的密度,1 000 kg/m³; G_0 为烘干试样的质量(g); G_1 为试样、水及容量瓶的总质量(g); G_2 为水及容量瓶的总质量(g)。

表观密度取两次试验结果的算术平均值,精确至10 kg/m³;如两次试验结果之差大于20 kg/m³,须重新试验。

(2) 砂的堆积密度试验

A.仪器设备

鼓风烘箱:能使温度控制在 105℃ ± 5℃;

天平:称量 10 kg,感量 1 g;

容量筒:圆柱形金属筒,内径 108 mm,净高 109 mm,壁厚 2 mm,筒底厚约 5 mm,容积为 1L;

方孔筛:孔径为 4.75 mm 的筛一只;

垫棒:直径 10 mm,长 500 mm 的圆钢;

直尺、漏斗或料勺、搪瓷盘、毛刷等。

B.试样制备

试样制备可参照前述的取样与处理方法

C.试验步骤

a.用搪瓷盘装取试样约 3L,放在烘箱中于 105℃ ± 5℃下烘干至恒量,待冷却至室温后,筛除大于 4.75 mm 的颗粒,分为大致相等的两份备用。

b.松散堆积密度:取试样一份,用漏斗或料勺从容量筒中心上方 50 mm 处徐徐倒入,让试样以自由落体落下,当容量筒上部试样呈堆体,且容量筒四周溢满时,即停止加料。然后用直尺沿筒口中心线向两边刮平(试验过程应防止触动容量筒),称出试样和容量筒的总质量,精确至 1 g。

c.紧密堆积密度:取试样一份分两次装入容量筒。装完第一层后,在筒底垫放一根直径为 10 mm 的圆钢,将筒按住,左右交替击地面各 25 次。然后装入第二层,第二层装满后用同样的方法颠实(但筒底所垫钢筋的方向与第一层时的方向垂直)后,再加试样直至超过筒口,然后用直尺沿筒口中心向两边刮平,称出试样和容量筒的总质量,精确至 1g。

D.结果计算与评定

a.松散或紧密堆积密度按下式计算,精确至 10 kg/m³

$$\rho_1 = \frac{G_1 - G_2}{V}$$

式中,ρ_1 为松散堆积密度或紧密堆积密度(kg/m³); G_1 为容量筒和试样总质量(g); G_2 为容量筒质量(g); V 为容量筒的容积(L)。

堆积密度取两次试验结果的算术平均值,精确至 10 kg/m³。

b.空隙率按下式计算,精确至 1%

$$V_0 = (1 - \frac{\rho}{\rho_0}) \times 100$$

式中,P_0 为空隙率(%); ρ_1 为试样的松散(或紧密)堆积密度(kg/m³); ρ_0 为试样表观密度(kg/m³)。

空隙率取两次试验结果的算术平均值,精确至 1%。

6. 石的表观密度和堆积密度试验

(1) 石的表观密度试验

A.仪器设备

鼓风烘箱:能使温度控制在 105℃ ± 5℃;

天平:称量 2 kg,感量 1g;

广口瓶:1 000 mL,磨口,带玻璃片;

方孔筛:孔径为 4.75 mm 的筛一只;

温度计;搪瓷盘;毛巾等。

B.试样制备

试样制备可参照前述的取样与处理方法。

C.试验步骤

a.按规定取样(见试表 4.3),并缩分至略大于规定的数量,风干后筛余小于 4.75 mm 的颗粒,然后洗刷干净,分为大致相等的两份备用。

试表 4.3　表观密度试验所需试样数量

最大粒径/mm	小于 26.5	31.5	37.5	63.0	75.0
最少试样质量/kg	2.0	3.0	4.0	6.0	6.0

b.将试样浸水饱和,然后装入广口瓶中,装试样时,广口瓶应倾斜放置,注入饮用水,用玻璃片覆盖瓶口,以上下左右摇晃的方法排除气泡。

c.气泡排尽后,向瓶中添加饮用水直至水面凸出瓶口边缘,然后用玻璃片沿瓶口迅速滑行,使其紧贴瓶口水面。擦干瓶外水分后,称出试样、水、瓶和玻璃片总质量,精确至 1 g。

d.将瓶中试样倒入浅盘,放在烘箱中于 105℃ ± 5℃下烘干至恒量,待冷却至室温后,称出其质量,精确至 1 g。

e.将瓶洗净并重新注入饮用水,用玻璃片紧贴瓶口水面,擦干瓶外水分后,称出水、瓶和玻璃片总质量,精确至 1 g。

需要说明的是:试验时各项称量可以在 15 ~ 25℃范围内进行,但从试样加水静止的 2 h起至试验结束,其温度变化不应超过 2℃。

D.结果计算与评定

a.表观密度按下式计算,精确至 10 kg/m³

$$\rho_0 = \left(\frac{G_0}{G_0 + G_2 - G_1}\right) \times \rho_w$$

式中,ρ_0 为表观密度(kg/m³); G_0 为烘干后试样的质量(g); G_1 为试样、水、瓶和玻璃片的总质量(g); G_2 为水、瓶和玻璃片的总质量(g); ρ_w 为水的密度,1 000 kg/m³。

b.表观密度取两次试验结果的算术平均值,两次试验结果之差大于 20 kg/m³,须重新试验。对颗粒材质不均匀的试样,如两次试验结果之差超过 20 kg/m³,可取 4 次试验结果的算术平均值。

(2) 石的堆积密度试验

A.仪器设备

台秤:称量 10 kg,感量 10 g;

磅秤:称量 50 kg,感量 50 g;

容量筒:容量筒规格见试表 4.4;

试表 4.4　容量筒的规格要求

最大粒径/mm	容量筒容积/L	容量筒规格		
		内径/mm	净高/mm	壁厚/mm
9.5,16.0,19.0,26.5	10	208	294	2
31.5,37.5	20	294	294	3
53.0,63.0,75.0	30	360	294	4

垫棒:直径 16 mm,长 600 mm 的圆钢;

直尺;小铲等。

B.试样制备

试样制备可参照前述的取样与处理方法。

C.试验步骤

a.松散堆积密度

取试样一份,用小铲从容量筒中心上方 50 mm 处徐徐倒入,让试样以自由落体落下,当容量筒上部试样呈堆体,且容量筒四周溢满时,即停止加料。除去凸出容量筒口表面的颗粒,并以合适的颗粒填入凹陷部分,使表面稍凸起部分和凹陷部分的体积大致相等(试验过程应防止触动容量筒),称出试样和容量筒的总质量。

b.紧密堆积密度

取试样一份分三次装入容量筒,装完第一层后,在筒底垫放一根直径为 16 mm 的圆钢,将筒按住,左右交替击地面各 25 次;再装入第二层,第二层装满后用同样的方法颠实(但筒底所垫钢筋的方向与第一层时的方向垂直),然后装入第三层如法颠实。试样装填完毕,再加试样直至超过筒口,并用钢尺沿筒口边缘刮去高出的试样,并以合适的颗粒填入凹陷部分,使表面凸起部分和凹陷部分的体积大致相等(试验过程应防止触动容量筒),称出试样和容量筒的总质量,精确至 10g。

D.结果计算与评定

a.松散或紧密堆积密度按下式计算,精确至 10 kg/m³

$$\rho_1 = \frac{G_1 - G_2}{V}$$

式中,ρ_1 为松散堆积密度或紧密堆积密度(kg/m³);G_1 为容量筒和试样总质量(g);G_2 为容量筒质量(g);V 为容量筒的容积(L)。

b.空隙率按下式计算,精确至 1%

$$V_0 = (1 - \frac{\rho_1}{\rho_0}) \times 100$$

式中,P_0 为空隙率(%);ρ_1 为松散(或紧密)堆积密度(kg/m³);ρ_0 为表观密度(kg/m³)。

c.堆积密度取两次试验结果的算术平均值,精确至 10 kg/m³。空隙率取两次试验结果的算术平均值,精确至 1%。

试验五　普通混凝土试验

1. 试验依据

本试验依据GB/T50080—2002《普通混凝土拌和物性能试验方法标准》、GB/T50081—2002《普通混凝土力学性能试验方法标准》相关规定进行。

2. 混凝土拌和物试样制备

(1) 主要仪器设备

搅拌机;磅秤(称量50 kg,精度50 g);天平(称量5 kg,精度1 g);量筒(200 cm^3,1 000 cm^3);拌板;拌铲;盛器等。

(2) 拌制混凝土的一般规定

A.拌制混凝土的原材料应符合技术要求,并与施工实际用料相同,在拌和前,材料的温度应与室温(应保持在20℃±5℃)相同,水泥如有结块现象,应用64孔/cm^2筛过筛,筛余团块不得使用。

B.在决定用水量时,应扣除原材料的含水量,并相应增加其他各种材料的用量。

C.拌制混凝土的材料用量以质量计,称量的精确度:集料为±1%,水、水泥及混凝土混合材料为±0.5%。

D.拌制混凝土所用的各种用具(如搅拌机、拌和铁板和铁铲、抹刀等),应预先用水湿润,使用完毕后必须清洗干净,上面不得有混凝土残渣。

(3) 拌和方法

A.人工拌和

将称好的砂料、水泥放在铁板上,用铁铲将水泥和砂料翻拌均匀,然后加入称好的粗集料(石子),再将全部拌和均匀。将拌和均匀的拌和物堆成圆锥形,在中心作一凹坑,将称量好的水(约一半)倒人凹坑中,勿使水溢出,小心拌和均匀。再将材料堆成圆锥形作一凹坑,倒入剩余的水,继续拌和。每翻一次,用铁铲在全部拌和物面上压切一次,翻拌一般不少于6次。拌和时间(从加水算起)随拌和物体积不同,宜按下规定进行。

拌和物体积为30 L以下时,4~5 min;

拌和物体积为30~50 L时,5~9 min;

拌和物体积超过50 L时,9~12 min。

B.机械拌和法

按照所需数量,称取各种材料,分别按石、水泥、砂依次装入料斗,开动机器徐徐将定量的水加入,继续搅拌2~3 min,将混凝土拌和物倾倒在铁板上,再经人工翻拌二次,使拌和物均匀一致后用作试验。

混凝土拌和物取样后应立即进行坍落度测定试验或试件成型。从开始加水时算起,全部操作须在30 min内完成。试验前混凝土拌和物应经人工略加翻拌,以保证其质量均匀。

3. 拌和物稠度试验

混凝土拌和物的和易性是一项综合技术性质,很难用一种指标能全面反映其和易性。

通常是以测定拌和物稠度(即流动性)为主,并辅以直观经验评定粘聚性和保水性,来确定和易性。混凝土拌和物的流动性用"坍落度或坍落扩展度"和"维勃稠度"指标表示。本处介绍坍落度与坍落扩展度的测定。

坍落度法适用于集料最大粒径不大于 40 mm、坍落度值不小于 10 mm 的混凝土拌和物稠度测定。

(1) 主要仪器设备

坍落度筒(试图 5.1);捣棒;拌板;铁锹;小铲、钢尺等。

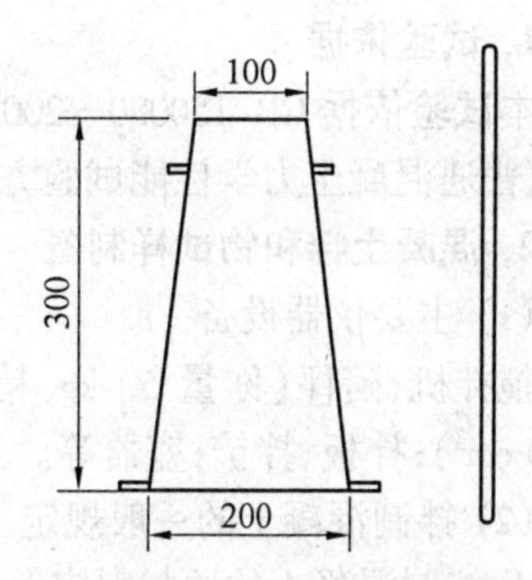

试图 5.1 坍落度筒及捣棒

(2) 试验步骤

A.湿润坍落度筒及拌板,在坍落度筒内壁和拌板上应无明水。拌板应放置在坚实水平面上,并把筒放在拌板中心,然后用脚踩住二边的脚踏板,坍落度筒在装料时保持固定的位置。

B.把按要求取得的混凝土试样用小铲分三层均匀地装放筒内,使捣实后每层高度为筒高的1/3左右。每层用捣棒插捣 25 次。插捣应沿螺旋方向由外向中心进行,各次插捣应在截面上均匀分布。插捣筒边混凝土时,捣棒可以稍稍倾斜。插捣底层时,捣棒应贯穿整个深度,插捣第二层和顶层时,捣棒应插透本层至下一层的表面;浇灌顶层时,混凝土应灌到高出筒口。插捣过程中,如混凝土沉落到低于筒口,则应随时添加。顶层插捣完后,刮去多余的混凝土,并用抹刀抹平。

C.清除筒边拌板上的混凝土后,垂直平稳地提起坍落度筒。坍落度筒的提离过程应在 5 ~ 10 s 内完成;从开始装料到提起坍落度筒的整个进程应不间断地进行,并应在 150 s 内完成。

D.提起坍落度筒后,量测筒高与坍落后混凝土试体最高点之间的高度差,即为该混凝土拌和物的坍落度值(以 mm 为单位,结果表达精确至 5 mm);坍落度筒提离后,如试件发生崩坍或一边剪坏现象,则应重新取样进行测定。如第二次仍出现这种现象,则表示该拌和物和易性不好,应予记录备查。

E.观察坍落后的混凝土试体的粘聚性及保水性。粘聚性的检查方法是用捣棒在已坍落的拌和物锥体侧面轻轻敲打,此时如果锥体逐渐下沉,则表示粘聚性良好,如果锥体倒坍、部分崩裂或出现离析,即表示粘聚性不好。保水性以混凝土拌和物稀浆析出的程度来评定,坍落度筒提起后如有较多的稀浆从底部析出,锥体部分的拌和物也因失浆而骨料外露,则表明此混凝土拌和物的保水性不好;如坍落度筒提起后无稀浆或仅有少量稀浆自底部析出,则表明此混凝土拌和物保水性良好。

F.当混凝土拌和物的坍落度大于 220 mm 时,用钢尺测量混凝土扩展后最终的最大直径和最小直径,在这两个直径之差小于 50 mm 的条件下,用其算术平均值作为坍落扩展度值;否则,此次试验无效。

如果发现粗集料在中央集堆或边缘有水泥浆析出,表示此混凝土拌和物离析性不好,应予记录。

4. 拌和物表观密度试验

(1) 主要仪器设备

容量筒;台秤;振动台;捣棒等。

(2) 试验步骤

A.用湿布把容量筒内外擦干净,称出筒质量(m_1),精确至 50 g。

B.混凝土的装料及捣实方法应根据拌和物的稠度而定。坍落度不大于 70 mm 的混凝土,用振动台振实为宜,大于 70 mm 的用捣棒捣实为宜。

a.采用捣棒捣实:应根据容量筒的大小决定分层与插捣次数。用 5 L 容量筒时,混凝土拌和物应分两层装入,每层的插捣次数应大于 25 次。用大于 5 L 的容量筒时,每层混凝土的高度应不大于 100 mm,每层插捣次数应按每 100 cm^2 截面不小于 12 次计算。各次插捣应均匀地分布在每层截面上,插捣底层时捣棒应贯穿整个深度,插捣第二层时,捣棒应插透本层至下一层的表面。每一层捣完后可把捣棒垫在筒底,将筒左右交替地颠击地面各 15 次。

b.采用振动台振实时,应一次将混凝土拌和物灌到高出容量筒口,装料时可用捣棒稍加插捣,振动过程中如混凝土沉落到低于筒口,则应随时添加混凝土,振动直至表面出浆为止。

C.用刮尺齐筒口将多余的混凝土拌和物刮去,表面如有凹陷应予填平。将容量筒外壁擦净,称出混凝土与容量筒总质量(m_2),精确至 50 g。

3) 试验结果计算

混凝土拌和物表观密度 ρ_0(单位为 kg/m^3)应按下式计算(精确至 10 kg/m^3)

$$\rho_0 = \frac{m_2 - m_1}{V}$$

式中,V 为容量筒的容积(L)。

5. 立方体抗压强度试验

本试验根据国家标准 GB/T50081—2002《普通混凝土力学性能试验方法标准》进行。

本试验采用立方体试件,以同一龄期者为一组,每组至少为 3 个同时制作并同样养护的混凝土试件。试件尺寸根据集料的最大粒径按试表 5.1 选取。

试表 5.1 试件尺寸及强度换算系数

试件尺寸/mm	集料最大粒径/mm	抗压强度换算系数
100×100×100	31.5	0.95
150×150×150	40	1
200×200×200	63	1.05

(1) 主要仪器设备

压力试验机;振动台;试模;捣棒;小铁铲;金属直尺;抹刀等。

(2) 试件制作

A.试件制作符合下列规定:

a.每一组试件所用的混凝土拌和物应由同一次拌和成的拌和物中取出。

b.制作前,应将试模洗干净并将试模的内表面涂以一薄层矿物油脂或其他不与混凝土发生反应的脱模剂。

c.在试验室拌制混凝土时,其材料用量应以质量计,称量的精度:水泥、掺合料、水和外加剂为±0.5%;集料为±1%。

d.取样或试验室拌制的混凝土应在拌制后尽短的时间内成型,一般不宜超过 15 min。

e.根据混凝土拌和物的稠度确定混凝土成型方法,坍落度不大于 70 mm 的混凝土宜用振动振实;大于 70 mm 的宜用捣棒人工捣实;检验现浇混凝土或预制构件的混凝土,试件成型方法宜与实际采用的方法相同。

B.试件制作步骤

a.取样或拌制好的混凝土拌和物应至少用铁锨再来回拌和 3 次。

b.用振动台振动制作试件应按下述方法进行。

Ⅰ.将混凝土拌和物一次装入试模,装料时应用抹刀沿各试模壁插捣,并使混凝土拌和物高出试模口;

Ⅱ.试模应附着或固定在振动台上,振动时试模不得有任何跳动,振动应持续到表面出浆为止,不得过振。

c.用人工插捣制作试件应按下述方法进行。

Ⅰ.混凝土拌和物应分两层装入试模,每层的装料厚度大致相等;

Ⅱ.插捣应按螺旋方向从边缘向中心均匀进行,在插捣底层混凝土时,捣棒应达到试模底面;插捣上层时,捣棒应贯穿上层后插入下层 20~30 mm;插捣时捣棒应保持垂直,不得倾斜,然后应用抹刀沿试模内壁插拔数次;

Ⅲ.每层插捣次数按在 10 000 mm^2 面积内不得少于 12 次;

Ⅳ.插捣后应用橡皮锤轻轻敲击试模四周,直至插捣棒留下的空洞消失为止。

d.用插入式捣棒振实制作试件应按下述方法进行。

Ⅰ.将混凝土拌和物一次装入试模,装料时应用抹刀沿各试模壁插捣,并使混凝土拌和物高出试模口;

Ⅱ.宜用直径为 ϕ25 mm 的插入式振捣棒,插入试模振捣时,振捣棒距试模底板 10~20 mm,且不得触及试模底板,振动应持续到表面出浆为止,且应避免过振,以防止混凝土离析;一般振捣时间为 20 s,振捣棒拔出时要缓慢,拔出后不得留有孔洞。

e.刮除试模上口多余的混凝土,待混凝土临近初凝时,用抹刀抹平。

(3) 试件的养护

A.试件成型后应立即用不透水的薄膜覆盖表面。

B.采用标准养护的试件,应在温度为 20℃±5℃的环境下静置 1 昼夜至 2 昼夜,然后编号、拆模。拆模后应立即放入温度为 20℃±2℃,相对湿度为 95%以上的标准养护室中养护,或在温度为 20℃±2℃的不流动的 $Ca(OH)_2$ 饱和溶液中养护。标准养护室内的试件应放在支架上,彼此间隔为 10~20 mm,试件表面应保持潮湿,并不得被水直接冲淋。

C.同条件养护试件的拆模时间可与实际构件的拆模时间相同,拆模后,试件仍需保持同条件养护。

D.标准养护龄期为 28d(从搅拌加水开始计时)。

(4) 抗压强度试验

A.试件自养护室取出后,随即擦干并量出其尺寸(精确至 1 mm),据以计算试件的受压面积 A(单位为 mm^2)。

B.将试件安放在下承压板上,试件的承压面应与成型时的顶面垂直。试件的中心应与试验机下压板中心对准。开动试验机,当上压板与试件接近时,调整球座,使接触均衡。

C.加压时,应连续而均匀的加荷,加荷速度应为:

混凝土强度等级低于 C30 时,取 0.3~0.5 MPa/s;

混凝土强度等级大于 C30 时,取 0.5~0.8 MPa/s。

当试件接近破坏而迅速变形时,停止调整试验机油门,直至试件破坏,记录破坏荷载 F(单位为 N)。

(5) 试验结果计算

A.混凝土立方体试件抗压强度 $f_{c,cu}$ 按下式计算(结果精确到 0.1 MPa)

$$f_{c,cu} = \frac{F}{A}$$

B.强度值的确定应符合下列规定:

a.3 个试件测值的算术平均值作为该组试件的强度值(精确至 0.1 MPa)。

b.3 个测定值中的最小值或最大值中有一个与中间值的差异超过中间值的 15%,则把最大及最小值一并舍除,取中间值作为该组试件的抗压强度值。

c.如最大和最小值与中间值的差均超过中间值的 15%,则此组试件的试验结果无效。

d.混凝土强度等级 < C60 时,用非标准试件测得的强度值均应乘以尺寸换算系数,其值为对 200 mm × 200 mm × 200 mm 试件为 1.05;对 100 mm × 100 mm × 100 mm 试件为0.95。当混凝土强度等级 ≥ C60 时,宜采用标准试件;使用非标准试件时,尺寸换算系数应由试验确定。

试验六　加气混凝土力学性能试验

1. 试验目的与依据

本试验依据 GB/T11971—1997《加气混凝土性能试验方法》进行。

本方法用于检验加气混凝土力学性能。

2. 抗压强度试验

(1) 仪器设备

A.材料试验机:精度(示值的相对误差)不应低于 ±2%,其量程的选择应能使试件的预期最大破坏荷载处在全量程的 20%~80%范围内。

B.托盘天平或磅秤:称量 2 000 g,感量 1 g。

C.电热鼓风干燥箱:最高温度 200℃。

D.钢板直尺:规格为 300 mm,分度值为 0.5 mm。

(2) 试件

A.试件的制备

采用机锯或刀锯，锯时不得将试件弄湿。

抗压强度试件应沿制品膨胀方向中心部分上、中、下顺序锯取一组，“上”块上表面距离制品顶面 30 mm，“中”块在制品正中处，“下”块下表面离制品底面 30 mm。制品的高度不同，试件间隔略有不同。

试件必须逐块加以编号，并标明锯取部位和膨胀方向。

B.试件尺寸和数量

抗压强度试验用试件尺寸为：100 mm × 100 mm × 100 mm，每组 3 块。

C.试件尺寸允许偏差：± 2 mm。

D.外观要求

试件表面必须平整，不得有裂缝或明显缺陷，试件受力面必须锉平或磨平。试件承压面的不平度应为每 100 mm 不超过 0.1 mm，承压面与相邻面的不垂直度不应超过 ± 1°。

E.试件烘干条件

试件根据试验要求，可分阶段升温烘至恒质，在烘干过程中，要防止出现裂缝。恒质是指在烘干过程中间隔 4 h，前后两次质量差不超过试件质量的 0.5%。

F.试件含水状态

抗压强度试件在质量含水率为 25% ~ 45% 下进行试验。如果质量含水率超过上述规定范围，则在 60℃ ± 5℃下烘至所要求的含水率。其他情况下，可将试件浸水 6 h，从水中取出，用干布抹去表面水分，在 60℃ ± 5℃下烘至所要求的含水率。

(3) 试验步骤

A.检查试件外观。

B.测量试件的尺寸，精确至 1 mm，并计算试件的受压面积 A_1。

C.将试件放在材料试验机的下压板的中心位置，试件的受压方向应垂直于制品的膨胀方向。

D.开动试验机，当上压板与试件接近时，调整球座，使接触均衡。

E.以 2.0 kN/s + 0.5 kN/s 的速度连续而均匀地加载，直至试件破坏，记录破坏荷载 F_1。

F.将试验后的试件全部或部分立即称质量，然后在 105℃ ± 5℃下烘至恒质，计算其含水率。

(4) 结果计算

抗压强度按下式计算

$$f_{cc} = \frac{F_1}{A_1}$$

式中，f_{cc}为试件的抗压强度(MPa)； F_1 为破坏荷载(N)； A_1 为试件受压面积(mm^2)。

(5) 结果评定

抗压强度计算精确至 0.1 MPa。

强度的试验结果按三块试件试验值的算术平均值进行评定。

试验七　石油沥青试验

1. 试验目的及依据

测定石油沥青的针入度、延度、软化点等主要技术性质，作为评定石油沥青牌号的主要依据。

本试验按 JTJ 052—2000《公路工程沥青及沥青混合料试验规程》规定进行。

2. 软化点测定

方法概要：将规定质量的钢球放在内盛规定尺寸金属杯的试样盘上，以恒定的加热速度加热此组件，当试样软到足以使被包在沥青中的钢球下落规定距离（25.4 mm）时，则此时的温度作为石油沥青的软化点，以温度（℃）表示。

（1）主要仪器设备与材料

沥青软化点测定仪（如试图 7.1）；电炉及其他加热器；试验底板（金属板或玻璃板）；筛（筛孔为 0.3～0.5 mm 的金属网）；平直刮刀（切沥青用）。

甘油滑石粉隔离剂（以质量计甘油 2 份、滑石粉 1 份）；新煮沸过的蒸馏水；甘油。

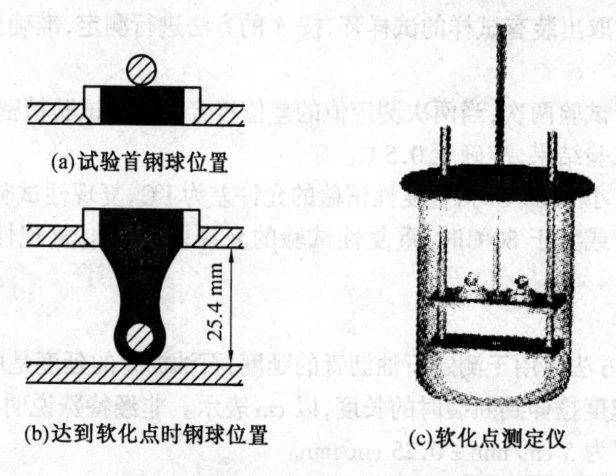

试图 7.1　软化点试验示意图

（2）试验准备

A. 将试样环置于涂有甘油滑石粉隔离剂的试样底板上，将预先脱水的试样加热熔化，不断搅拌，以防止局部过热，加热温度不得高于试样估计软化点 100℃，加热时间不超过 30 min。用筛过滤。将准备好的沥青试样徐徐注入试样环内至略高出环面为止。

如估计软化点在 120℃以上时，则试样环和试样底板（不用玻璃板）均应预热至 80～100℃。

B. 试样在室温冷却 30 min 后，用环夹夹着试样杯，并用热刮刀刮除环面上的试样，务使与环面齐平。

（3）试验步骤

A. 试样软化点在 80℃以下者：

a. 将装有试样的试样环连同试样底板置于 5℃ ± 0.5℃水的恒温水槽中至少 15 min；

同时将金属支架、钢球、钢球定位环等亦置于相同水槽中。

b.烧杯内注入新煮沸并冷却至5℃的蒸馏水，水面略低于立杆上的深度标记。

c.从恒温水槽中取出盛有试样的试样环放置在支架中层板的圆孔中，套上定位环；然后把整个环架放入烧杯中，调整水面至深度标记，并保持水温为5℃±0.5℃。环架上任何部分不得附有气泡。将0℃～80℃的温度计由上层板中心孔垂直插入，使端部测温头与试样环下面平齐。

d.将盛有水和环架的烧杯移至放有石棉网的加热炉具上，然后将钢球放在定位环中间的试样中央，立即开动振荡搅拌器，使水微微振荡，并开始加热，使杯中水温在3 min内调节至维持每分钟上升5℃±0.5℃。在加热过程中应记录每分钟上升的温度值，如温度上升速度超出此范围时，则试验应重作。

e.试样受热软化逐渐下坠，至与下层底板表面接触时，立即读取温度，准确至0.5℃。

B.试样软化点在80℃以上者：

a.将装有试样的试样环连同试样底板置于装有32℃±1℃甘油的恒温槽中至少15 min；同时将金属支架、钢球、钢球定位环等亦置于甘油中。

b.在烧杯内注入预先加热至32℃的甘油，其液面略低于立杆上的深度标记。

c.从恒温槽中取出装有试样的试样环，按A的方法进行测定，准确至1℃。

(4) 试验结果

同一试样平行试验两次，当两次测定值的差值符合重复性试验精密度要求时，取其平均值作为软化点试验结果，准确至0.5℃。

当试样软化点小于80℃时，重复性试验的允许差为1℃，复现性试验的允许差为4℃；当试样软化点等于或大于80℃时，重复性试验的允许差为2℃，复现性试验的允许差为8℃。

3. 延度测定

方法概要：本方法适用于测定石油沥青的延度，石油沥青的延度是用规定的试件在一定温度下以一定速度拉伸到断裂时的长度，以cm表示。非经特殊说明，试验温度为25℃±0.5℃，延伸速度为5 cm/min±0.25 cm/min。

(1) 主要仪器设备与材料

延度仪(配模具)(试图7.2)；水浴(容量至少为10 L，能保持试验温度变化不大于0.1℃)；温度计(0～50℃，分度0.1℃和0.5℃各1支)；瓷皿或金属皿(熔沥青用)；筛(筛孔为0.3～0.5 mm的金属网)；砂浴或可控制温度的密闭电炉；甘油－滑石粉隔离剂(甘油2份、滑石粉1份，按质量计)。

(2) 试验准备

A.将隔离剂拌和均匀，涂于磨光的金属板上和模具侧模的内表面，将模具组装在金属板上。

B.将除去水分的试样，在砂浴上小心加热并防止局部过热，加热温度不得高于估计软化点100℃，用筛过滤，充分搅拌，勿混入气泡。然后将试样呈细流状，自模的一端至另一端往返倒入，使试样略高出模具。

C.试件先在15～30℃的空气中冷却30 min，然后放入25℃±0.1℃的水浴中，保持

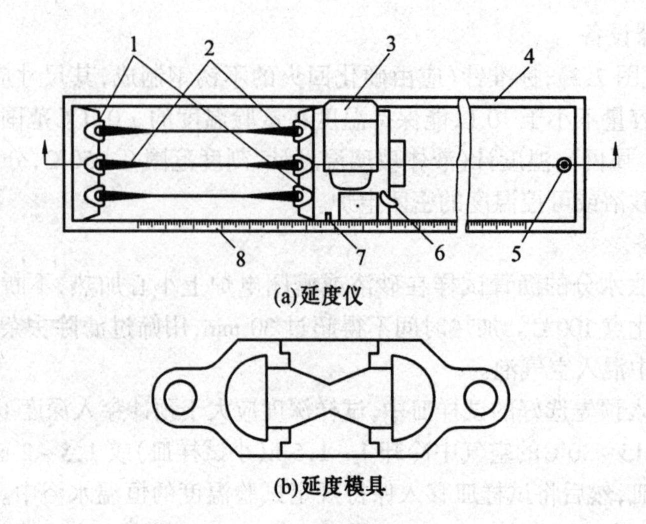

试图 7.2　延度试验示意图

1—试模；2—试样；3—电机；4—水槽；5—泄水孔；6—开关柄；
7—指针；8—标尺

30 min后取出，用热刀将高出模具的沥青刮去，使沥青面与模面齐平。沥青的刮法应自模的中间刮向两面，表面应刮得十分光滑。将试件同金属板再浸入25℃±0.1℃的水浴中1~1.5 h。

D.检查延度仪拉伸速度是否符合要求，移动滑板使指针对准标尺的零点，保持水槽中水温为25℃±0.5℃。

(3) 试验步骤

A.试件移至延度仪水槽中，将模具两端的孔分别套在滑板及槽端的金属柱上，水面距试件表面应不小于25 mm，然后去掉侧模。

B.确认延度仪水槽中水温为25℃±0.5℃时，开动延度仪，观察沥青的拉伸情况。在测定时，如发现沥青细丝浮于水面或沉入槽底时，则在水中加入乙醇或食盐水调整水的密度，直至与试件的密度相近后，再进行测定。

C.试件拉断时指针所指标尺上的读数，即为试样的延度，以 cm 表示。在正常情况下，试件应拉伸成锥尖状，在断裂时实际横断面为零。如不能得到上述结果，则应报告在此条件下无测定结果。

(4) 试验结果处理

取平行测定3个结果的平均值作为测定结果。若3次测定值不在其平均值的5%以内，但其中两个较高值在平均值的5%之内，则弃去最低测定值，取两个较高值的平均值作为测定结果。

4.针入度测定

本方法适用于测定针入度小于350的石油沥青的针入度。

方法概要：石油沥青的针入度以标准针在一定的荷重、时间及温度条件下，垂直穿入沥青试样的深度来表示，单位为0.1 mm。如未另行规定，标准针、针连杆与附加砝码的总重量为100 g±0.05 g，温度为25℃，贯入时间为5 s。

(1) 主要仪器设备

针入度计(试图 7.3);标准针(应由硬化回火的不锈钢制成,其尺寸应符合规定);试样皿;恒温水槽(容量不小于 10 L,能保持温度在试验温度的 ±0.1℃范围内);筛(筛孔为 0.3~0.5 mm 的金属网);温度计(液体玻璃温度计,刻度范围 0~50℃,分度为 0.1℃);平底玻璃皿;秒表;砂浴或可控温度的密闭电炉。

(2) 试验准备

A.将预先除去水分的沥青试样在砂浴或密闭电炉上小心加热,不断搅拌,加热温度不得超过估计软化点 100℃。加热时间不得超过 30 min,用筛过滤除去杂质。加热、搅拌过程中避免试样中混入空气泡。

B.将试样倒入预先选好的试样皿中,试样深度应大于预计穿入深度 10 mm。

C.试样皿在 15~30℃的空气中冷却 1~1.5 h(小试样皿)或 1.5~2 h(大试样皿),防止灰尘落入试样皿,然后将试样皿移入保持规定试验温度的恒温水浴中。小试样皿恒温 1~1.5 h,大试样皿恒温 1.5~2 h。

D.调节针入度仪使之水平,检查针连杆和导轨,以确认无水和其他外来物,无明显摩擦。用三氯乙烯或其他溶剂清洗标准针,并拭干。把标准针插入针连杆,用螺丝固紧,按试验条件加上附加砝码。

(3) 试验步骤

A.取出达到恒温的盛样皿,并移入水温控制在试验温度 ±0.1℃(可用恒温水槽中的水)的平底玻璃皿中的三腿支架上,试样表面以上的水层高度不小于 10 mm。

B.将盛有试样的平底玻璃皿置于针入度计的平台上。慢慢放下针连杆,用适当位置的反光镜或灯光反射观察,使针尖刚好与试样表面接触。拉下活杆,使与针连杆顶端轻轻接触,调节刻度盘或深度指示器的指针指示为零。

C.开动秒表,在指针正指 5 s 的瞬间,用手紧压按钮,使标准针自由下落贯入试样,经规定时间,停压按钮使针停止移动。

D.拉下刻度盘拉杆与针连杆顶端接触,读取刻度盘指针或位移指示器的读数,准确至 0.1 mm。

E.同一试样平行试验至少 3 次,各测定点之间及与盛样皿边缘的距离不应少于 10 mm。每次试验后应将盛有盛样皿的平底玻璃皿放入恒温水槽,使平底玻璃皿中水温保持试验温度。每次试验应换一根干净标准针或将标准针用蘸有三氯乙烯溶剂的棉花或布擦干净,再用干棉花或布擦干。

F.测定针入度大于 200 的沥青试样时,至少用 3 支标准针,每次试验后将针留在试样中,直至 3 次平行试验完成后,才能把标准针取出。

G.测定针入度指数 PI 时,按同样的方法在 15℃,25℃,30℃(或 5℃)3 个或 3 个以上(必要时增加 10℃,20℃等)温度条件下分别测定沥青的针入度,但用于仲裁试验的温度条件应为 5 个。

(4) 试验结果

同一试样 3 次平行试验结果的最大值和最小值之差在下表允许偏差范围内时,计算 3 次试验结果的平均值,取整数作为针入度试验结果,以 0.1 mm 为单位。当试验值不符

合要求时应重新进行。

试表 7.1　针入度测定允许差值

针入度/0.1 mm	0～49	50～149	150～249	250～500
允许差值/0.1 mm	2	4	12	20

试验八　沥青混合料试验

1. 沥青混合料试件制作(击实法)

(1) 目的和依据

标准击实法适用于马歇尔试验、间接抗拉试验(劈裂法)等所用的 φ101.6 mm×63.5 mm圆柱体试件的成型。大型击实法适用于 φ152.4 mm×95.3 mm 的大型圆柱体试件的成型。供试验室进行沥青混合料物理力学性质试验使用。

本试验按 JTJ 052—2000《公路工程沥青及沥青混合料试验规程》规定进行,沥青混合料试件制作时的矿料规格及试件数量应符合该试验规程的规定。

(2) 仪器设备

A.击实仪:由击实锤、压实头及带手柄的导向棒组成。

B.标准击实台。

C.试验室用沥青混合料拌和机。

D.脱模器。

E.试模:每种至少 3 组。

F.烘箱:大、中型各一台,装有温度调节器。

G.天平或电子秤:用于称量矿料的感量不大于 0.5 g,用于称量沥青的感量不大于 0.1 g。

H.沥青运动粘度测定设备:毛细管粘度计或赛波特重油粘度计。

I.工具:插刀或大螺丝刀。

J.温度计:分度值不大于 1℃。

K.其他:电炉或煤气炉、沥青熔化锅、拌和铲、标准筛、滤纸(或普通纸)、胶布、卡尺、秒表、粉笔、棉纱等。

(3) 准备工作

A.决定制作沥青混合料试件的拌和与压实温度。

a.按规程测定沥青的粘度,绘制粘温曲线,按试表 8.1 的要求确定适宜于沥青混合料拌和及压实的等粘温度。

试表 8.1　适宜于沥青混合料拌和及压实的沥青等粘温度

沥青结合料种类	粘度与测定方法	适宜于拌和的沥青结合料粘度	适宜于压实的沥青结合料粘度
石油沥青（含改性沥青）	表观粘度，T0625	0.17 Pa·s ± 0.02 Pa·s	0.28 Pa·s ± 0.03 Pa·s
	运动粘度，T0619	170 mm^2/s ± 20 mm^2/s	280 mm^2/s ± 30 mm^2/s
	赛波特粘度，T0623	80 s ± 10 s	140 s ± 15 s
煤沥青	因格拉度，T0622	25 ± 3	≮ ± 5

注：液体沥青混合料的压实成型温度按石油沥青要求执行。

b.当缺乏沥青粘度测定条件时，试件的拌和与压实温度可按试表 8.2 选用，并根据沥青品种和标号作适当调整。针入度小、稠度大的沥青取高限，针入度大、稠度小的沥青取低限，一般取中值。对改性沥青，应根据改性剂的品种和用量，适当提高混合料的拌和和压实温度，对大部分聚合物改性沥青，需要在基质沥青的基础上提高 15 ~ 30℃左右，掺加纤维时，尚需再提高 10℃左右。

试表 8.2　沥青混合料拌和及压实温度参考表

沥青结合料种类	拌和温度/℃	压实温度/℃
石油沥青	130 ~ 160	120 ~ 150
煤沥青	90 ~ 120	80 ~ 110
改性沥青	160 ~ 175	140 ~ 170

c.常温沥青混合料的拌和及压实在常温下进行。

B.在试验室人工配制沥青混合料时，材料准备按下列步骤进行：

a.将各种规格的矿料置 105℃ ± 5℃的烘箱中烘干至恒重（一般不少于 4 ~ 6 h）。根据需要，粗集料可先用水冲洗干净后烘干，也可将粗、细集料过筛后用水冲洗再烘干备用。

b.按规定试验方法分别测定不同粒径粗、细集料及填料（矿粉）的各种密度，按 T 0603 测定沥青的密度。

c.将烘干分级的粗、细集料，按每个试件设计级配成分要求称其质量，在一金属盘中混合均匀，矿粉单独加热，置烘箱中预热至沥青拌和温度以上约 15℃（采用石油沥青通常为 163℃；采用改性沥青时通常需 180℃）备用。一般按一组试件（每组 4 ~ 6 个）备料，但进行配合比设计时宜对每个试件分别备料。当采用代替法时，对粗集料中粒径大于 26.5 mm的部分，以 13.2 ~ 26.5 mm 粗集料等量代替。常温沥青混合料的矿料不加热。

d.用恒温烘箱、油浴或电热套将沥青试样熔化加热至规定的沥青混合料拌和温度备用，但不得超过 175℃。当不得已采用燃气炉或电炉直接加热进行脱水时，必须使用石棉垫隔开。

e.用沾有少许黄油的绵纱擦净试模、套筒及击实座等置 100℃左右烘箱中加热 1 h 备用。常温沥青混合料用试模不加热。

(4) 拌制沥青混合料

本处所用沥青为粘稠石油沥青或煤沥青。

A.将沥青混合料拌和机预热至拌和温度以上 10℃左右备用。

B.将每个试件预热的粗、细集料置于拌和机中，用小铲子适当混合，然后再加入需要数量的已加热至拌和温度的沥青，开动拌和机一边搅拌，一边将拌和叶片插入混合料中拌和 1～1.5 min，然后暂停拌和，加入单独加热的矿粉，继续拌和至均匀为止，并使沥青混合料保持在要求的拌和温度范围内。标准的总拌和时间为 3 min。

(5) 成型方法

A.马歇尔标准击实法的成型步骤如下：

a.将拌好的沥青混合料均匀称取一个试件所需的用量(标准马歇尔试件约 1 200 g，大型马歇尔试件约 4 050 g)。当已知沥青混合料的密度时，可根据试件的标准尺寸计算并乘以 1.03 得到要求的混合料数量。当一次拌和几个试件时，宜将其倒入经预热的金属盘中，用小铲适当拌和均匀分成几份，分别取用。在试件制作过程中，为防止混合料温度下降，应连盘放在烘箱中保温。

b.从烘箱中取出预热的试模及套筒，沾有少许黄油的棉纱擦拭套筒、底座及击实锤底面，将试模装在底座上，垫一张圆形的吸油性小的纸，按四分法从四个方向用小铲将混合料铲入试模中，用插刀或大螺丝刀沿周边插捣 15 次，中间 10 次。插捣后将沥青混合料表面整平成凸圆弧面，对大型马歇尔试件，混合料分两次加入，每次插捣次数同上。

c.插入温度计，至混合料中心附近，检查混合料温度。

d.待混合料温度符合要求的压实温度后，将试模连同底座一起放在击实台上固定，在装好的混合料上面垫一张吸油性小的圆纸，再将装有击实锤及导向棒的压实头插入试模中，然后开启马达或人工将击实锤从 457 mm 的高度自由落下击实规定的次数(75、50 或 35 次)。对大型马歇尔试件，击实次数为 75 次(相应于标准击实 50 次的情况)或 112 次(相应于标准击实 75 次的情况)。

e.试件击实一面后，取下套筒，将试模掉头，装上套筒，然后以同样的方法和次数击实另一面。

f.试件击实结束后，如上、下面垫有圆纸，应立即用镊子取掉，用卡尺量取试件离试模上口的高度并由此计算试件高度，如高度不符合要求时，试件应作废，并按下式调整试件的混合料数量，以保证高度符合 63.5 mm ± 1.3 mm(标准试件)或 95.3 mm ± 2.5 mm(大型试件)的要求。

$$调整后混合料质量 = \frac{要求试件高度 \times 原用混合料质量}{所得试件的高度}$$

B.卸去套筒和底座，将装有试件的试模横向放置冷却至室温后(不少于 12 h)，置脱模机上脱出试件。

C.将试件仔细置于干燥洁净的平面上，供试验用。

2. 压实沥青混合料试件的密度试验(水中重法)

(1) 目的和适用范围

水中重法适用于测定几乎不吸水的密实的Ⅰ型沥青混合料试件的表观相对密度或表观密度。

(2) 仪具与材料

A.浸水天平或电子秤：当最大称量在 3 kg 以下时，感量不大于 0.1 g，最大称量 3 kg

以上时，感量不大于 0.5 g，最大称量 10 kg 以上时，感量不大于 5g，应有测量水中重的挂钩。

B.网篮。

C.溢流水箱：使用洁净水，有水位溢流装置，保持试件和网篮浸入水中后的水位一定。试验时的水温应在 15℃～25℃范围内，并与测定集料密度时的水温相同。

D.试件悬吊装置：天平下方悬吊网篮及试件的装置，吊线应采用不吸水的细尼龙线绳，并有足够的长度。对轮碾成型机成型的板块状试件可用铁丝悬挂。

E.秒表。

F.电风扇或烘箱。

(3) 方法与步骤

A.选择适宜的浸水天平或电子秤最大称量应不小于试件质量的 1.25 倍，且不大于试件质量的 5 倍。

B.除去试件表面的浮粒，称取干燥试件的空中质量（m_a），读取准确度，根据选择的天平的感量决定为 0.1 g、0.5 g 或 5 g。

c.挂上网篮，浸入溢流水箱的水中，调节水位，将天平调平或复零，把试件置于网篮中（注意不要使水晃动），待天平稳定后立即读数，称取水中质量（m_w）①。

D.对从路上钻取的非干燥试件，可先称取水中质量（m_w），然后用电风扇将试件吹干至恒重（一般不少于 12 h，当不需进行其他试验时，也可用 60℃ ± 5℃烘箱烘干至恒重），再称取空中质量（m_a）。

(4) 计算

A.按下式计算用水中重法测定的沥青混合科试件的表观相对密度及表观密度，取 3 位小数

$$\gamma_a = \frac{m_a}{m_a - m_w}$$

$$\rho_a = \frac{m_a}{m_a - m_v}\rho_v$$

式中，γ_a 为试件的表观相对密度，无量纲；ρ_a 为试件的表观密度（g/cm^3）；m_a 为干燥试件的空中质量（g）；m_w 为试件的水中质量（g）；ρ_w 为常温水的密度，取 1 g/cm^3。

B.当试件为几乎不吸水的密实沥青混合料时，以表观相对密度代替毛体积相对密度，按 JTJ 052—2000《公路工程沥青及沥青混合料试验规程》中 T 0706 的方法计算试件的理论最大相对密度及空隙率、沥青的体积百分率、矿料间隙率、粗集料骨架间隙率、沥青饱和度等各项体积指标。

3. 沥青混合料马歇尔稳定度试验

(1) 目的与适用范围

马歇尔稳定度试验是对标准击实的试件在规定的温度和速度等条件下受压，测定沥青混合料的稳定度和流值等指标所进行的试验。

本方法适用于标准马歇尔稳定度试验和浸水马歇尔稳定度试验。标准马歇尔稳定度试验主要用于沥青混合料的配合比设计及沥青路面施工质量检验。浸水马歇尔稳定度试

验(根据需要,也可进行真空饱水马歇尔试验)主要是检验沥青混合料受水损害时抵抗剥落的能力,通过测试其水稳定性检验配合比设计的可行性。

(2) 仪器与材料

A.沥青混合料马歇尔试验仪:符合国家标准 GB/T11823《沥青混合料马歇尔试验仪》技术要求的产品。

B.恒温水槽:能保持水温于测定温度 ± 1℃的水槽,深度不少于 150 mm。

C.真空饱水容器:包括真空泵及真空干燥器组成。

D.烘箱。

E.天平:感量不大于 0.1 g。

F.温度计:分度 1℃。

G.马歇尔试件高度测定器。

H.其他:卡尺,棉纱,黄油。

(3) 标准马歇尔试验方法

A.准备工作

a.成型马歇尔试件,尺寸应符合(ϕ101.6 mm ± 0.2 mm) × (63.5 mm ± 1.3 mm)的要求。

b.量测试件的直径及高度。

用卡尺测量试件中部的直径,用马歇尔试件高度测定器或用卡尺在十字对称的四个方向量测离试件边缘 10 mm 处的高度,准确至 0.1 mm,并以其平均值作为试件的高度。如试件高度不符合 63.5 mm ± 1.3 mm 要求或两侧高度差大于 2 mm 时,此试件应作废。

c.按规定的方法测定试件的密度、空隙率、沥青体积百分率、沥青饱和度、矿料间隙率等物理指标。

d.将恒温水浴调节至要求的试验温度,对粘稠石油沥青或烘箱养生过的乳化沥青混合料为 60℃ ± 1℃,对煤沥青混合料为 37.8℃ ± 1℃,对空气养生的乳化沥青或液体沥青混合料为 25℃ ± 1℃。

B.试验步骤

a.将试件置于已达规定温度的恒温水槽中保温 30 ~ 40 min。试件应垫起,离容器底部不小于 5 cm。

b.将马歇尔试验仪的上下压头放入水槽或烘箱中达到同样温度。将上下压头从水槽或烘箱中取出拭干净内面,再将试件取出置下压头上,盖上上压头,然后装在加载设备上。

c.在上压头的球座上放妥钢球,并对准荷载测定装置(应力环或传感器)的压头,然后调整压力环中百分表对准零或将荷重传感器的读数复位为零。

d.将流值测定装置安装在导捧上,使导向套管轻轻地压住上压头,同时将流值计读数调零。

e.起动加载设备,使试件承受荷载,加载速度为 50 mm/min ± 5 mm/min。当试验荷载达到最大值的瞬间,取下流值计,同时读取压力环中百分表或荷载传感器读数及流值计的流值读数。

f.从恒温水槽中取出试件至测出最大荷载值的时间,不应超过 30 s。

(4) 浸水马歇尔试验方法

浸水马歇尔试验方法与标准马歇尔试验方法的不同之处在于,试件在已达规定温度恒温水槽中的保温时间为 48 h,其余均与标准马歇尔试验方法相同。

(5) 真空饱水马歇尔试验的方法

试件先放入真空干燥器中,关闭透水胶管,开动真空泵,使干燥器的真空度达到 98.3 kPa(730 mmHg)以上,维持 15 min,然后打开进水胶管,靠负压进入冷水流使试件全部浸入水中,浸水 15 min 后恢复常压,取出试件再放入已达规定温度的恒温水槽中保温 48 h,进行马歇尔试验,其余与标准马歇尔试验方法相同。

(6) 结果计算与处理

A.试件的稳定度及流值

a.由荷载测定装置读取的最大值即为试样的稳定度,以 kN 计。

b.由流值计及位移传感器测定装置读取的试件垂直变形,即为试件的流值(FL),以 0.1 mm 计。

B.试件的马歇尔模数

试件的马歇尔模数按下式计算

$$T = \frac{MS}{FL}$$

式中,T 为试件的马歇尔模数(kN/mm); MS 为试件的稳定度(kN); FL 为试件的流值(mm)。

C.试件的浸水残留稳定度

试件的浸水残留稳定度依下式计算

$$MS_0 = \frac{MS_1}{MS} \times 100$$

式中,MS_0 为试件的浸水残留稳定度(%); MS_1 为试件浸水 48 h 后的稳定度(kN)。

D.试件的真空饱水残留稳定度

试件的真空饱水残留稳定度依下式计算

$$MS'_0 = \frac{MS_2}{MS} \times 100$$

式中,MS'_0 为试件的真空饱水残留稳定度(%); MS_2 为试件真空饱水后浸水 48 h 后的稳定度(kN)。

当一组测定值中某个数据与平均值之差大于标准差的 k 倍时,该测定值应予舍弃,并以其余测定值的平均值作为试验结果。当试验数目 n 为 3,4,5,6 个时,k 值分别为 1.15,1.46,1.67,1.82。

4. 沥青混合料车辙试验

(1) 目的和适用范围

沥青混合料的车辙试验是在规定尺寸的板块状压实试件上,用固定荷载的橡胶轮反复行走后,测定其在变形稳定期每增加变形 1 mm 的碾压次数。即动稳定度,以(次/mm)表示。

车辙试验的试验温度与轮压可根据有关规定和需要选用,非经注明,试验温度为

60℃,轮压为0.7 MPa。计算动稳定度的时间原则上为试验开始后45~60 min之间。

本方法适于测定沥青混合料的高温抗车辙能力,并作为沥青混合料配合比设计的辅助性检验使用。

本方法适用于用轮碾成型机碾压成型的长300 mm,宽300 mm,厚50 mm的板块状试件,也适用于现场切割制作长300 mm,宽150 mm,厚50 mm的板块状试件。

(2) 仪器与材料

A.车辙试验机:主要由试件台、试验轮、加载装置、试模、变形测量装置、温度检测装置等部分组成。

B.恒温室:能保持恒温室温度60℃±1℃(试件内部温度60℃±0.5℃)。

c.台秤:称量15 kg,感量不大于5 g。

(3) 方法与步骤

A.准备工作

a.试验轮接地压强测定:测定在60℃时进行,在试验台上放置一块50 mm厚的钢板,其上铺一张毫米方格纸,上铺一张新的复写纸,以规定的700 N荷载试验轮静压复写纸,即可在方格纸上得出轮压面积,并由此求得接地压强。当压强不符合0.7 MPa±0.05 MPa时,荷载应予以适当调整。

b.用轮碾成型法制作车辙试验试块:在试验室或工地制备成型的车辙试件,其标准尺寸为300 mm×300 mm×50 mm,也可从路面切割得到300 mm×150 mm×50 mm的试件。

c.将试件脱模按规定的方法测定密度及空隙率等各项物理指标,如经水浸,应用电扇将其吹干,然后再装回原试模中。

B.试验步骤

a.将试件连同试模一起,置于达到试验温度60℃±1℃的恒温室中,保温不少于5 h,也不得多于24 h。在试件的试验轮不行走的部位上,粘贴一个热电偶温度计(也可在试件制作时预先将热电偶导线埋入试件一角),控制试件温度稳定在60℃±0.5℃。

b.将试件连同试模移置于轮辙试验机的试验台上,试验轮在试件的中央部位,其行走方向须与试件碾压或行车方向一致。开动车辙变形自动记录仪,然后启动试验机,使试验轮往返行走,时间约1 h,或最大变形达到25 mm时为止。试验时,记录仪自动记录变形曲线及试件温度。

(4) 结果计算与处理

A.从变形曲线上读取45 min(t_1)及60 min(t_2)时的车辙变形 d_1 及 d_2,准确至0.01 mm。

当变形过大,在未到60 min变形已达25 mm时,则以达到25 mm(d_2)时的时间为 t_2,将其前15 min为 t_1,此时的变形量为 d_1。

B.沥青混合料试件的动稳定度按下式计算

$$DS=\frac{(t_2-t_1)\times 42}{d_2-d_1}\times c_1\times c_2$$

式中,DS 为沥青混合料的动稳定度(次/mm); d_1 为时间 t_1(一般为45 min)的变形量(mm); d_2 为时间 t_2(一般为60 min)的变形量(mm); c_1 为试验机类型修正系数,曲柄连杆

驱动试件的变速行走方式为 1.0,链驱动试验轮的等速方式为 1.5 mm；c_2 为试件系数,试验室制备的宽 300 mm 的试件为 1.0,从路面切割的宽 150 mm 的试件为 0.80。

同一沥青混合料至少平行试验三个试件,当三个试件动稳定度变异系数小于 20%时,取其平均值作为试验结果。变异系数大于 20%时应分析原因,并追加试验。如计算稳定度值大于 6 000 次/mm 时,记作 >6 000 次/mm。

习题部分

第1章 材料学基础

1. 填空题

(1) 材料的吸湿性是指材料在 ________的性质。

(2) 材料的抗冻性以材料在吸水饱和状态下所能抵抗的 ________来表示。

(3) 水可以在材料表面展开，即材料表面可以被水浸润，这种性质称为 ________。

(4) 按材料结构和构造的尺度范围，可分以下三种：________、________和________。

(5) 当某一土木工程材料的孔隙率增大时，下表内其他性质将如何变化(用符号填写：↑增大，↓下降，—不变，？不定)。

孔隙率	密度	表观密度	强度	吸水率	抗冻性	导热性
↑						

2. 选择题

(1) 孔隙率增大，材料的 ________降低。

A 密度　　B 表观密度　　C 憎水性　　D 抗冻性

(2) 材料在水中吸收水分的性质称为 ________。

A 吸水性　　B 吸湿性　　C 耐水性　　D 渗透性

3. 块体石料的孔隙率和碎石的空隙率各是如何测试的？了解它们有何意义？

4. 当材料自高温液态下冷却后，有时成为结晶体，有时则呈玻璃态，何故？两者在性质上有何不同？

5. 试证明：$W_V = W_m \cdot \rho_0$（W_V 为体积吸水率；W_m 为质量吸水率；ρ_0 为材料的干表观密度)，并指出 ρ_0 的单位。

6. 破碎的岩石试样，经完全干燥后质量为 482 g，，将它放入盛有水的量筒中，经 24 h 后，水平面由 452 cm^3 升至 630 cm^3。取出试样称量质量为 487 g。试求：①该岩石的表观密度；②开口孔隙率。

7. 某厂生产的烧结粉煤灰砖，干表观密度为 1 450 kg/m^3，密度为 2.5 g/cm^3，质量吸水率为 18%。试求：①砖的孔隙率；②体积吸水率；③孔隙中开口孔隙体积与闭口孔隙体积各自所占的百分数。

8. 现有甲、乙两种墙体材料，密度均为 2.7 g/cm^3。甲的干表观密度（$\rho_{0甲}$）为 1 400 kg/m^3，质量吸水率（$W_{m甲}$）为 17%。乙浸水饱和后的表观密度（$\rho_{0乙}^{饱}$）为 1 862 kg/m^3，体积吸水率（$W_{V乙}$）为 46.2%。试求出：甲材料的孔隙率（$P_甲$）和体积吸水率（$W_{V甲}$）；乙材

料的干表观密度($\rho_{0乙}$)和孔隙率($P_{乙}$);哪种材料抗冻性差,并说出理论根据。

9. 下式为根据材料(各向同性材料) 表观密度推算导热系数的经验公式

$$\lambda = 1.16\sqrt{0.0196 + 0.22\rho_0^2} - 0.16$$

式中,ρ_0 为材料表观密度(g/cm^3)。

今有甲、乙两种墙体材料,表观密度分别为 1 800 kg/m^3 及 1 300 kg/m^3,试估计各自的导热系数。按围护结构的热工要求,用甲材料墙厚为 37 cm,若改用乙材料,墙厚应为多少?

10. 为什么新建房屋的墙体保暖性能差,尤其在冬季?

11. 某岩石的密度为 2.75 g/cm^3,孔隙率为 1.5%;今将该岩石破碎为碎石,测得碎石的堆积密度为 1 560 kg/m^3。试求出岩石的表观密度和碎石的空隙率。

12. 亲水材料与憎水材料是如何区分的?举例说明怎样改变材料的亲水性和憎水性?

13. 材料吸水饱和状态时水占的体积可视为开口孔隙体积。

14. 在空气中吸收水分的性质称为材料的吸水性。材料的导热系数越大,其保持隔热性能越好。

15. 材料的导热系数越大,其保持隔热性能越好。

16. 材料比强度越大,越轻质高强。

17. 生产材料时,在组成一定的情况下,可采取什么措施来提高材料的强度和耐久性?

18. 决定材料耐腐蚀性的内在因素是什么?

19. 某岩石在气干、绝干、水饱和状态下测得的抗压强度分别为 172 MPa、178 MPa、168 MPa,该岩石可否用于水下工程。

20. 某堆石子质量 3.4 kg,容积为 10L 的容量筒装满绝对干燥石子后的总质量为 18.4 kg。若向筒内注入水,待石子吸水饱和后,为注满此筒注入水 4.27 kg。将上述吸水饱和的石子擦干表面后称得总质量为 18.6 kg(含筒重)。求该石子的吸水率、表观密度、堆积密度和开口孔隙等。

第2章　建筑金属材料

1. 填空题

(1) 低碳钢受拉直至破坏,经历了________、________、________和________四个阶段。

(2) 按冶炼时脱氧程度分类钢可以分成:________、________、________和特殊镇静钢。

(3) 碳素结构钢 Q215AF 表示为 ________为 215 MPa 的________级 。

2. 选择题

(1) 钢材抵抗冲击荷载的能力称 ________。

A 塑性　　　　　B 冲击韧性　　　　　C 弹性　　　　　D 硬度

(2) 钢的含碳量为 ______。

A <2.06%　　　　B >3.0%　　　　C >2.06%　　　　D <6.67%

3．判断题

(1) 强屈比越大，钢材受力超过屈服点工作时的可靠性越大，结构的安全性越高。

(2) 一般来说，钢材硬度越高，强度也越大。

(3) 所有钢材都会出现屈服现象。

4．简答题

(1) 某厂钢结构屋架使用中碳钢，采用一般的焊条直接焊接。使用一段时间后屋架坍落，请分析事故的可能原因。

(2) 为何说屈服点(σ_s)、抗拉强度(σ_b)和伸长率(δ)是建筑用钢材的重要技术性能指标。

(3) 工地上为何常对强度偏低而塑性偏大的低碳盘条钢筋进行冷拉。

(4) 钢的伸长率与试件标距长度有何关系？为什么？

(5) 钢材的冲出韧性与哪些因素有关？何谓冷脆临界温度和时效敏感性？

(6) 试述钢材锈蚀的原因，并分析钢筋在混凝土中不会锈蚀原因。

(7) 对有抗震要求的框架，为什么不宜用强度等级较高的钢筋代替原设计中的钢筋？

(8) 什么叫钢筋的冷加工强化和时效处理？经过冷加工和时效处理后，其机械性能有何变化？对钢筋混凝土或预应力混凝土用钢筋进行冷拉或冷拔及时效处理的主要目的是什么？

(9) 金属晶体结构中的微观缺陷有哪几种？它们对金属的力学性能会有何影响？

(10) 钢材中碳原子与铁原子之间的结合的基本方式有哪几种？碳素钢在常温下的铁－碳基本组织有哪几种？它们各自的性质特点如何？

(11) 钢中的主要有害元素有哪些？它们造成危害的原因是什么？

(12) 钢筋连接的种类、特点以及应用场合有哪些？

5．计算题

从新进的钢筋中抽样，并截取两根钢筋做拉伸试验，测得如下结果：屈服下限荷载分别为 42.4 kN，41.5 kN；抗拉极限荷载分别为 62.0 kN，61.6 kN，钢筋实测直径为 12 mm，标距为 60 mm，拉断时长度分别为 66.0 mm，67.0 mm。计算该钢筋的屈服强度，抗拉强度及伸长率。

第3章　混凝土

1．硅酸盐水泥由哪些矿物成分所组成？这些矿物成分对水泥的性质有何影响？它们的水化产物是什么？

2．试说明以下各条的原因？

①制造硅酸盐水泥时必须掺入适量石膏；②水泥必须具有一定细度；③水泥体积安定性不合格；④测定水泥强度等级、凝结时间和体积安定性时都必须规定加水量。

3. 有下列混凝土构件和工程,请分别选用合适的水泥,并说明其理由:

①现浇楼板、梁、柱;②采用蒸汽养护的预制构件;③紧急抢修的工程或紧急军事工程;④大体积混凝土坝、大型设备基础;⑤有硫酸盐腐蚀的地下工程;⑥高炉基础;⑦海港码头工程。

4. 在硅酸盐系列水泥中,采用不同的水泥施工时(包括冬、夏季施工)应分别注意哪些事项?为什么?

5. 当不得不采用普通硅酸盐水泥进行大体积混凝土施工时,可采取哪些措施来保证工程质量?

6. 对混凝土用砂为何要提出级配和细度要求?两种砂的细度模数相同,其级配是否相同?反之,如果级配相同,其细度模数是否相同?

7. 当混凝土拌和物流动性太大或太小时,可采取什么措施进行调整?

8. 当混凝土配合比不变时,用级配相同、强度等技术条件合格的碎石代替卵石拌制混凝土,会使混凝土的性质发生什么变化?为什么?

9. 有下列混凝土工程及制品,一般选用哪一种外加剂较为合适?并简要说明原因。

(1)大体积混凝土;(2)高强混凝土;(3)现浇普通混凝土;(4)混凝土预制构件;(5)抢修及喷锚支护的混凝土;(6)有抗冻要求的混凝土;(7)商品混凝土;(8)冬季施工用混凝土;(9)补偿收缩混凝土。

10. 某钢筋混凝土梁,断面尺寸 30 cm × 40 cm,钢筋间最小净距为 5 cm,试确定粗骨料最大粒径。

11. 用 32.5 级普通硅酸盐水泥配制卵石混凝土,灌制 100 mm × 100 mm × 100 mm 立方体试件三块,在标准条件下养护 7 天,测得破坏荷载分别为 140 kN、135 kN、144 kN。

①试估计该混凝土 28 d 的标准立方体试件强度。

②估计该混凝土的水灰比值。

12. 已知混凝土的水灰比为 0.60,单位用水量为 180 kg/m^3,砂率为 33%,水泥密度 $\rho_c = 3.10\ g/cm^3$,砂子表观密度 $\rho'_s = 2.65\ g/cm^3$,石子表观密度 $\rho'_G = 2.70\ g/cm^3$。

①试用绝对体积法计算 1 m^3 混凝土中各项材料的用量;

②用假定表观密度法计算 1 m^3 混凝土中各项材料用量(设混凝土表观密度 $\rho_{oh} = 2\ 400\ kg/m^3$)。

13. 设计要求的混凝土强度等级为 C20,要求强度保证率 $\rho = 95\%$。

①当强度标准差 $\sigma = 5.5$ MPa 时,混凝土的配制强度应为多少?

②若提高施工管理水平,$\sigma = 3.0$ MPa 时,混凝土的配制强度又为多少?

③若采用 42.5 级普通水泥,卵石,用水量 180 kg/m^3,将 σ 从 5.5 MPa 降到 3.0 MPa,每立方米混凝土可节约水泥多少千克?

14. 某工地施工人员拟采用下述几个方案提高混凝土拌和物的流动性,试问哪个方案不可行?哪个方案可行?哪个方案最优?并说明理由。

①多加水;

②保持水灰比不变,增加水泥浆用量;

③加入氯化钙;

④加入减水剂；

⑤加强振捣。

15．骨料有哪几种含水状态？为何施工现场必须经常测定骨料的含水率？

16．简述减水剂的作用机理，并综述混凝土掺入减水剂可获得的技术经济效果。

17．在下列情况下均可能导致混凝土产生裂缝，试述裂缝产生的原因是什么？并提出可防止裂缝产生的措施。

①水泥水化热大；②水泥体积安定性不良；③混凝土碳化；④气温变化大；⑤碱－骨料反应；⑥混凝土早期受冻；⑦混凝土养护时缺水；⑧混凝土遭硫酸盐腐蚀。

18．某公路路面用水泥混凝土、交通量属中等，按（GBJ97—1994）规定设计抗折（抗弯拉）强度$(f_{cf,k})=4.5$ MPa，要求施工坍落度 $S_L=10\sim30$ mm，原材料用的是普通水泥，实测水泥胶砂抗折强度 $f_{cef}=7.83$ MPa，密度 $\rho_c=3.10\ g/cm^3$；碎石为石灰岩，属一级石料，最大粒径为 40 mm，饱和面干堆积密度 $\rho'_{of}=2.75\ g/cm^3$；砂为河砂，属中砂范围，饱和面干堆积密度 $\rho'_{os}=2.70\ g/cm^3$。

19．在拌制混凝土中砂越细越好。

20．在混凝土拌和物中水泥浆越多和易性就越好。

21．从含水率的角度看，以饱和面干状态的集料拌制混凝土合理，这样的集料既不放出水，又不吸收水，使拌和用水量准确。

22．间断级配比连续级配空隙小，可节省水泥，故工程中应用较多。

23．某混凝土的实验室配合比水泥：砂：石为 1:2.0:4.0，$W/C=0.60$，混凝土的体积密度为 2 410 kg/m^3。求 1 m^3 混凝土各材料用量。

24．某工程现浇钢筋混凝土梁，混凝土设计强度等级为 C25，施工要求坍落度为 50～70 mm。不受风雪等作用。施工单位的强度标准差为 4.0 MPa。所用材料：42.5 普通硅酸盐水泥，实测其 28d 强度为 48 MPa，$\rho_c=3.15\ g/cm^3$；中砂，符合 2 区级配，$\rho_{0s}=2.60\ g/cm^3$；碎石，粒级 5～40 mm，$\rho_{0s}=2.65\ g/cm^3$；自来水。请进行混凝土配合比计算。

第 4 章　混凝土工程

1．某工程队于 7 月份在湖南某工地施工，经现场试验确定了一个掺木质素磺酸钠的混凝土配方，经使用一个月情况均正常。该工程后因资金问题暂停 5 个月，随后继续使用原混凝土配方开工。发觉混凝土的凝结时间明显延长，影响了工程进度。请分析原因，并提出解决方法。

2．某混凝土搅拌站原使用砂的细度模数为 2.5，后改用细度模数为 2.1 的砂。改砂后原混凝土配方不变，发觉混凝土坍落度明显变小。请分析原因。

3．混凝土结构裂缝的主要成因有哪些？如何预防混凝土结构的早期塑性收缩裂缝？

4．阐述混凝土的常用浇筑方法、各自特点和适用场合。

5．混凝土养护方法和机理是什么？

6．造成混凝土表面质量事故的原因和处理方法有哪些？

7．如何从施工角度提高混凝土工程的质量？

第5章　预应力混凝土工程

1. 预应力混凝土与一般结构混凝土有何异同？

2. 阐述先张法预应力混凝土与后张法预应力混凝土的优缺点以及适用场合。

3. 如何减少预应力结构中预应力的损失？

第6章　模板工程

1. 常用模板种类、特点和应用场合有哪些？

2. 阐述模板设计的内容和基本计算步骤。

3. 如何提高模板的使用寿命和经济效益？

第7章　沥青混合料

1. 选择题

(1) 沥青混合料的技术指标有 ________。

A 稳定度　　B 流值　　C 空隙率　　D 沥青混合料试件的饱和度　　E 软化点

(2) 石油沥青的标号是根据 ________来划分的。

A 针入度　　B 延度　　C 软化点　　D 闪点

2. 判断题

(1) 当采用一种沥青不能满足配制沥青胶所要求的软化点时，可随意采用石油沥青与煤沥青掺配。

(2) 沥青本身的粘度高低直接影响着沥青混合料粘聚力的大小。

(3) 夏季高温时的抗剪强度不足和冬季低温时的抗变形能力过差，是引起沥青混合料铺筑的路面产生破坏的重要原因。

3. 问答题

(1) 土木工程中选用石油沥青牌号的原则是什么？在地下防潮工程中，如何选择石油沥青的牌号？

(2) 请比较煤沥青与石油沥青的性能与应用的差别。

(3) 何谓沥青混合料？沥青混凝土与沥青碎石有什么区别？

(4) 沥青混合料的组成结构中有哪几种类型？它们各有何特点？

(5) 试述沥青混合料应具备的主要技术性能，并说明沥青混合料高温稳定性的评定方法。

(6) 在热拌沥青混合料配合比设计时，沥青最佳用量(OAC)是怎样确定的？

4. 计算题

(1) 某防水工程需石油沥青 30t，要求软化点不低于 80℃，现有 60 号和 10 号石油沥

青，测得他们的软化点分别是60℃和98℃，问这两种牌号的石油沥青如何掺配？

(2) 试计算细粒式AC－131沥青混凝土的矿质配合比。

第8章　砌体材料

1．填空题

(1) 目前所用的墙体材料有 ________，________和 ________三大类。

(2) 烧结普通砖具有 ________，________，________和 ________等缺点。

2．选择题

(1) 下面哪项不是加气混凝土砌块的特点。

A 轻质　　B 保温隔热　　C 加工性能好　　D 韧性好

(2) 利用煤矸石和粉煤灰等工业废渣烧砖，可以 ________。

A 减少环境污染　　B 节约大片良田粘土　　C 节省大量燃料煤　　D 大幅提高产量

3．判断题

(1) 红砖在氧化气氛中烧得，青砖在还原气氛中烧得。

(2) 加气混凝土砌块多孔，故其吸声性能好。

4．问答题

(1) 加气混凝土砌块砌筑的墙抹砂浆层，采用用于烧结普通砖的办法往墙上浇水后即抹，一般的砂浆往往易被加气混凝土吸去水分而容易干裂或空鼓，请分析原因。

(2) 未烧透的欠火砖为何不宜用于地下？

(3) 多孔砖与空心砖有何异同点？

(4) 砌墙砖有哪几种？它们各有什么特性？

(5) 按成岩条件天然岩石分为哪几种？它们各具有什么特点？

第9章　木　　材

1．填空题

(1) 木材在长期荷载作用下不致引起破坏的最大强度称为 ________。

(2) 木材随环境温度的升高其强度会 ________。

2．选择题

(1) 木材含水率变化对以下哪两种强度影响较大？

A 顺纹抗压强度　　B 顺纹抗拉强度　　C 抗弯强度　　D 顺纹抗剪强度

(2) 真菌在木材中生存和繁殖必须具备的条件有 ________。

A 水分　　B 适宜的温度　　C 空气中的氧　　D 空气中

3．判断题

(1) 木材的持久强度等于其极限强度。

(2) 针叶树材强度较高，表观密度和胀缩变形较小。

4．问答题

(1) 有不少住宅的木地板使用一段时间后出现接缝不严,但亦有一些木地板出现起拱。请分析原因。

(2) 某工地购得一批混凝土模板用胶合板,使用一定时间后发现其质量明显下降。已送检,发现该胶合板是使用脲醛树脂作胶粘剂。请分析原因。

(3) 木材为什么是各向异性材料?

(4) 何谓木材的纤维饱和点、平衡含水率?在实际使用中有何意义?

(5) 木材腐朽的原因是哪些?如何防止木材腐朽?

第10章　复合材料

1. 填空题

(1) 木材是由 ________ 和 ________ 组成,灰口铸铁是由 ________ 和 ________ 组成的。

(2) 纤维增强复合材料中,性能比较好的纤维主要是 ________、________、________、________。

(3) 纤维复合材料中,碳纤维长度应该 ________,碳纤维直径应该 ________,碳纤维的体积含量应该是在 ________ 范围内。

(4) 玻璃钢是 ________ 和 ________ 的复合材料,钨钴硬质合金是 ________ 和 ________ 的复合材料。

2. 选择题

(1) 细粒复合材料中细粒相的直径为________ 时增强效果最好。

A $<0.01\ \mu m$　　B $0.01 \sim 0.1\ \mu m$　　C $>0.1\ \mu m$

(2) 设计纤维复合材料时,对于韧性较低的基体,纤维的膨胀系数可 ________,对于塑性较好的基体,碳纤维的膨胀系数可 ________。

A 略低　　B 相差很大　　C 略高　　D 相同

(3) 车辆车体本身可用 ________ 制造,火箭支架可用 ________ 制造,直升机螺旋浆叶可用 ________ 制造。

A 碳纤维树脂复合材料　　B 热固性玻璃钢　　C 硼纤维树脂复合材料

3. 判断题

(1) 金属、陶瓷、聚合物可以相互任意地组成复合材料,它们都可以作基本相,也都可以作增强相。

(2) 纤维与基体之间的结合强度越高越好。

(3) 复合材料为了获得高的强度,其纤维的弹性模量必须很高。

(4) 纤维增强复合材料中,纤维直径越小,纤维增强的效果越好。

(5) 玻璃钢是玻璃和钢组成的复合材料。

4. 问答题

(1) 复合材料的分类有哪些?

(2) 粒子增强、纤维增强的机理是什么?

(3) 影响复合材料广泛应用的因素是什么？通过什么途径来进一步提高其性能，扩大其使用范围？

(4) 常用增强纤维有哪些？它们各自的性能特点是什么？

第11章 土

1．分析下列各对土粒粒组的异同点：①块石颗粒与圆砾颗粒；②碎石颗粒与粉粒；③砂粒与粘粒。

2．甲乙两土样的颗粒分析结果列于下表，试绘制颗粒级配曲线，并确定不均匀系数以及评价级配均匀情况。

粒径/mm		2～0.5	0.5～0.25	0.25～0.1	0.1～0.075	0.075～0.02	0.02～0.01	0.01～0.005	0.005～0.002	<0.002
相对含量/%	甲土	24.3	14.2	20.2	14.8	10.5	6.0	4.1	2.9	3.0
	乙土			5.0	5.0	17.1	32.9	18.6	12.4	9.0

3．某砂土土样的密度为1.77 g/cm^3，含水量为9.8%，土粒比重为2.67，烘干后测定最小孔隙比为0.461，最大孔隙比为0.943，试求孔隙比 e 和相对密实度 D_r，并评定该砂土的密实度。

4．某一完全饱和粘性土试样的含水量为30%，土粒比重为2.73，液限为33%，塑限为17%，试求孔隙比、干密实度和饱和密度，并按塑性指数和液性指数分别定出该粘性土的分类名称和软硬状态。

参考文献

[1] 湖南大学,等.土木工程材料[M].北京:中国建筑工业出版社,2005.
[2] 苏达根.土木工程材料[M].北京:高等教育出版社,2003.
[3] 中华人民共和国国家标准.普通混凝土拌和物性能试验方法标准(GB/T50080—2002)[S].北京:中国建筑工业出版社,2003.
[4] 中华人民共和国国家标准.普通混凝土力学性能试验方法标准(GB/T50081—2002)[S].北京:中国建筑工业出版社,2003.
[5]《建筑用钢筋标准汇编》编写组.建筑用钢筋标准汇编[M].北京:中国标准出版社,2002.
[6] 中华人民共和国行业标准.普通混凝土用砂、石质量及检验方法标准(JGJ52—2006)[S].北京:中国建筑工业出版社,2007.
[7] 中华人民共和国行业标准.公路工程集料试验规程(JTJ058—2000)[S].北京:人民交通出版社,2002.
[8] 中华人民共和国行业标准.公路工程沥青及沥青混合料试验规程(JTJ052—2000)[S].北京:人民交通出版社,2003.
[9] 中华人民共和国国家标准.防水沥青与防水卷材术语(GB/T18378—2001)[S].北京:中国标准出版社,2001.
[10] 何业东,等.材料腐蚀与防护概论[M].北京:机械工业出版社,2005.
[11] 中华人民共和国行业标准.公路土工合成材料应用技术规范(JTJ/T019—1998)[S].北京:人民交通出版社,2001.
[12] 中华人民共和国行业标准.普通混凝土配合比设计规程(JGJ55—2000)[S].北京:中国建筑工业出版社,2001.
[13] 中华人民共和国国家标准.轻集料混凝土小型空心砌块(GB/T15229—2002)[S].北京:中国标准出版社,2002.
[14] 中华人民共和国国家标准.水泥胶砂强度检验方法(ISO法)(GB/T17671—1999)[S].北京:中国标准出版社,2001.
[15] 中华人民共和国国家标准.通用硅酸盐水泥[S].报批稿,2006.
[16] 中华人民共和国国家标准.用于水泥和混凝土中的粒化高炉矿渣粉(GB/T18046—2000)[S].北京:中国标准出版社,2000.
[17] 中华人民共和国国家标准.混凝土外加剂(GB8076—1997)[S].北京:中国标准出版社,2000.
[18] 中华人民共和国行业标准.砌筑砂浆配合比设计规程(JGJ98—2000)[S].北京:中国建筑工业出版社,2001.
[19] 中国建筑工业出版社.现行建筑材料规范大全[M].北京:中国建筑工业出版社,2000.

[20] 杨斌.建筑材料标准汇编:建筑墙体材料[M].北京:中国建筑工业出版社,2002.
[21] 迟培云,等.现代混凝土技术[M].上海:同济大学出版社,1999.
[22] 重庆建筑工程学院,等.建筑施工[M].北京:中国建筑工业出版社,1987.
[23] 赵品.材料科学基础教程[M].哈尔滨:哈尔滨工业大学出版社,2006.
[24] 薛伟辰.现代预应力结构设计[M].北京:中国建筑工业出版社,2004.
[25] 东南大学,等.土力学[M].北京:中国建筑工业出版社,2005.

内容提要

本书共分为十一章，内容包括材料学基础，建筑金属材料，混凝土，混凝土工程，预应力混凝土工程，模板工程，沥青混合料，砌体材料，木材，复合材料概论，土，试验及习题。

本书适用于高等院校本科材料科学与工程专业，也可用于土木工程类及其他相关专业，并可供土木工程设计、施工、材料科学研究的专业人员参考。

图书在版编目(CIP)数据

建筑结构材料/迟培云编著. —哈尔滨：哈尔滨工业大学出版社，2007.8(2015.1 重印)

ISBN 978－7－5603－2272－8

Ⅰ.①建… Ⅱ.①迟… Ⅲ.①建筑材料 Ⅳ.①TU5

中国版本图书馆 CIP 数据核字(2007)第 086530 号

材料科学与工程
图书工作室

责任编辑 张秀华
封面设计 卞秉利
出版发行 哈尔滨工业大学出版社
社 址 哈尔滨市南岗区复华四道街 10 号 邮编 150006
传 真 0451－86414749
网 址 http://hitpress.hit.edu.cn
印 刷 黑龙江省地质测绘印制中心印刷厂
开 本 787mm×1092mm 1/16 印张 19 字数 440 千字
版 次 2007 年 8 月第 1 版 2015 年 1 月第 2 次印刷
书 号 ISBN 978－7－5603－2272－8
定 价 30.00 元

“十二五”国家重点图书出版规划项目

材料科学研究与工程技术系列

建筑结构材料

迟培云　编著

哈爾濱工業大學出版社